中国轻工业“十四五”规划立项教材
普通高等教育化妆品系列教材

化妆品原料学

王　领　杨效登　主编

中国轻工业出版社

图书在版编目（CIP）数据

化妆品原料学/王领，杨效登主编. --北京：中国轻工业出版社，2025. 6. --ISBN 978-7-5184-5482-2

Ⅰ. TQ658

中国国家版本馆 CIP 数据核字第 2025145LX0 号

责任编辑：杜宇芳　　责任终审：腾炎福
文字编辑：刘梓萱　　责任校对：晋　洁　　封面设计：锋尚设计
策划编辑：杜宇芳　　版式设计：致诚图文　　责任监印：张　可

出版发行：中国轻工业出版社（北京鲁谷东街 5 号，邮编：100040）
印　　刷：三河市万龙印装有限公司
经　　销：各地新华书店
版　　次：2025 年 6 月第 1 版第 1 次印刷
开　　本：787×1092　1/16　印张：16. 25
字　　数：395 千字
书　　号：ISBN 978-7-5184-5482-2　定价：59. 80 元
邮购电话：010-85119873
发行电话：010-85119832　010-85119912
网　　址：http：//www. chlip. com. cn
Email：club@ chlip. com. cn

241242J1X101ZBW

《化妆品原料学》编写组

主　编： 王　领　杨效登

副主编： 刘向慧　魏　涛　李天铎　王兴建　郭英姝
王金桂

参　编： 刘念祖　陈长利　傅　莉　邢　澍　胡　伟
王玉玲　黄福山　岳立芝　任　洁　崔　彬
刘佳伟　张　群　姚德云

前　言

化妆品是指以涂擦、喷洒或者其他类似方法，施用于皮肤、毛发、指甲、口唇等人体表面，以清洁、保护、美化、修饰为目的的日用化学工业产品。在当今追求健康和美的时代，我国化妆品行业蓬勃发展、日新月异，已经成为人们日常生活中不可或缺的一部分。截至 2024 年 7 月，我国化妆品持证生产企业数量达 5700 余家，各类化妆品注册备案主体 87000 余家，有效注册备案产品数量近 160 万种。

化妆品原料学是一门集化学、生物学、材料学、皮肤科学等多学科交叉的核心基础学科，是支撑化妆品科技进步的基石。它涉及化妆品研发、生产、检测、营销、监管等各个环节，对于保证化妆品质量安全，保障消费者健康，促进化妆品产业高质量发展具有举足轻重的作用。

《化妆品监督管理条例》自 2021 年 1 月 1 日起施行，这是我国化妆品发展史上具有里程碑意义的大事，与 1989 年由原卫生部发布的《化妆品卫生监督条例》相比，发生了天翻地覆的变化。《化妆品监督管理条例》第二章第十二条到第十五条规定了化妆品原料的新内容和要求。围绕《化妆品监督管理条例》，配套的《管理办法》《技术指南》等文件陆续推出和发布，新法规内容变化较大。近几年开设化妆品相关专业（化妆品科学与技术、化妆品技术与工程）的高校有 20 多所，《化妆品原料学》是专业基础课也是必修课。由于新规中众多原料内容在之前的相关教材中尚无涉及，现有教材已远远达不到人才培养所需。

为适应我国化妆品行业的快速发展以及高校培养相关人才的需要，我们参阅了近年来国内外相关文献资料，并结合多年教学实践、科研成果编撰了本书。本书主要介绍化妆品中使用的各类原料，着重从化妆品原料的来源、类型、特点、性质等基本特征来介绍化妆品原料学，并将最新的前沿化妆品原料和与原料相关的法律法规内容增添进去，让学生和读者系统地掌握化妆品常用原料的特性、指标和功效。全书共分 18 章，主要内容包括：绪论、油脂与蜡质原料、表面活性剂原料、溶剂粉质胶质原料、香料香精与色素类原料、防腐剂原料以及诸如螯合剂、抗氧化剂等其他辅助原料；同时还介绍了保湿、紧致抗皱及舒缓、控油祛痘去屑、染发烫发防脱发、美白祛斑、防晒等功效类原料；另外，还针对化妆品及原料的法律法规以及化妆品新原料注册与备案进行了简要总结。新教材巩固了学生对化妆品科学的研究兴趣与素养，提高其探究性学习、创新性思维的能力，为其后续专业课程的学习奠定坚实的基础。

本书由齐鲁工业大学化药学部王领、杨效登担任主编，魏涛、李天铎、王兴建、郭英姝、王金桂以及洛阳师范学院刘向慧老师担任副主编。部分章节由刘念祖、陈长利、傅莉、邢澍、胡伟、刘佳伟、张群、姚德云参与编写。初稿完成后，华熙生物技术总监王玉玲博士、齐鲁师范学院岳立芝老师、齐鲁医药学院任洁老师、中狮化学崔彬工程师、优科美谷黄福山工程师对书稿部分章节进行了精修，并提出了众多宝贵意见，在此一并致谢。同时，编写过程中参阅较多的专业书籍与文献资料均列于书后，在此向参考资料中所有作者表示感谢。

本教材适用于全国化妆品专业或相关方向的本科生以及研究生，也可作为日化行业从业者以及化妆品或美容爱好者的参考用书。由于编者水平有限，书中难免有疏漏或不足之处，敬请读者与专家批评指正，万分感激。

《化妆品原料学》编写组

2024 年 9 月

目　录

第1章　绪　　论

1.1　化妆品的定义与发展史

1.1.1　化妆品的定义

“化妆”一词，最早来源于古希腊，含义是“化妆师的技巧”或“装饰的技巧”，意思是发扬人体自身的优点，弥补人体自身的缺陷。广义的化妆品是指人们化妆用的各种物品，狭义的化妆品因各国的习惯与定义方法不同而略有差别，但从使用目的来看，均为保护皮肤、毛发，维持仪容整洁，遮盖某些缺陷，美化面容，促进身心愉快的日用品。

目前，国际上对化妆品的概念尚没有统一。美国食品药品监督管理局（Food and Drug Administration，FDA）对其定义为：通过涂擦、喷洒、倾倒或者其他方式应用于人体部位的物品，能够起到清洁、美化、提升吸引力或改变外观的作用。欧盟（European Union）在《化妆品规程（Cosmetics Regulation）》中对其定义为：用于接触人体表面任何部位［表皮、毛发、指（趾）甲、唇及外生殖器］或牙齿及口腔黏膜，以清洁、增加香气、改变容颜、修正人体气味、保护或保持其处于良好状态为目的的物质和制剂。日本《医药法典（Japanese Pharmacopoeia）》中对其定义为：用于清洁、美化人体、增加魅力、改变容貌或保持皮肤、毛发的健康而在身体上涂抹、喷洒或用类似的方法，使皮肤或头发保持健康，是对人体作用较为缓和的产品。

我国之前颁布的《化妆品卫生规范》《化妆品卫生监督条例》等文件中也有对化妆品的定义。目前最权威的官方定义为自2021年1月1日起施行的《化妆品监督管理条例》中第三条内容：化妆品是指以涂擦、喷洒或者其他类似方法，施用于皮肤、毛发、指甲、口唇等人体表面，以清洁、保护、美化、修饰为目的的日用化学工业产品。

1.1.2　化妆品的发展史

爱美之心人皆有之，随着国民经济的发展与人民生活水平的提高，化妆品的使用越来越普遍，化妆品从过去的“奢侈品”变成了满足人们日常需求的必需消费品，我国已成为世界上第二大化妆品消费市场。

化妆品作为人类日常生活中的一类必需品，也是人们自古以来对于“青春永驻”或“长生不老”朴素诉求的产物之一，其历史悠久、源远流长。化妆品最原始的应用与发展建立在各种动植物原料的应用基础上，在各类古典典籍与历史遗迹中均有记录。

大约在四千年前，古埃及人就开始使用某些植物提取物，将其涂抹到脸上或身上，并将动植物油脂或蜂蜡调制成护肤脂。克莉奥帕特拉七世（埃及艳后）当时就使用指甲花（凤仙花）提取物来染发。

化妆品在我国的使用历史同样悠久，从原始社会部落祭祀活动，到上古时代“大禹选粉”“纣烧铅锡作粉”“文王敷粉以饰面”，再到春秋战国时期的“粉敷面”“黛面眉”，古人对美的追求从没停止过。

我国现存第一部理论专著《黄帝内经》中，不但论述了经络、气血与美容的关系，还介绍了不少美容问题，如痤疮、酒渣鼻、毛拔、爪枯、发落和唇损等皮肤疾病的机理以及治疗方法。《神农本草经》中记载了中药 365 味，其中具有美容作用的有 160 余味，书中对白芷、白瓜子、白僵蚕等的美容功效进行了详细的论述。随后的《肘后备急方》《备急千金要方》《本草纲目》《普济方》等医学名著记载了大量的美容、美体药方。

以粉质化妆品为例，我国女性早在战国时期就开始使用粉质化妆品来涂抹敷面美化自己，使皮肤光洁白嫩。主要有两种妆粉：一种是以米粉碾碎制成的，另一种是白铅加工成的糊状物，又称胡粉、铅华。除了单纯的米粉、胡粉以外，我国古代女性的妆粉还有不少其他式样，如魏晋南北朝时期，宫人段巧笑以米粉、胡粉掺入葵花子汁，合成“紫粉”。唐朝宫中以细粟米制成“迎蝶粉”。宋朝则有以石膏、滑石、蚌粉、蜡脂、壳麝及益母草等材料调和而成的“玉女桃花粉”。明朝则有用白色茉莉花花瓣提炼而成的“珍珠粉”，以及用玉簪花和胡粉制成玉簪状的“玉簪粉”。清朝有以珍珠加工而成的“珠粉”，以及用滑石等细石研磨而成的“石粉”等。还有以产地出名的妆粉，如浙江的“杭州粉”（官粉），荆州的“范阳粉”，河北的“定粉”，桂林的“桂粉”等。粉的颜色也由原来的白色增加为多种颜色，并掺加了各种名贵香料，使其具有更迷人的魅力。

古代典籍和文学作品对于化妆品进行美容的描述也是层出不穷，如“芳泽无加，铅华弗御”（三国　曹植《洛神赋》）；“铅华潜惊曙，机杼暗传秋”（唐　卢纶《七夕》）；“北客相逢疑姓秦，铅花抛却仍青春”（唐　刘长卿《戏赠干越尼子歌》）；“一女子可二十许岁，粉黛铅华，如新傅者”（宋　洪迈《夷坚乙志卷十　余杭宗女》）；“小屏山远色，妆薄铅华浅”（清　纳兰性德《菩萨蛮》），唐朝白居易也有诗云：“洗尽铅华始见金，褪去浮华归本真”。

随着近代工业化革命的兴起，化妆品逐渐实现了工业化生产。19 世纪末，化学合成的成分开始被用于生产化妆品，一些化妆品工厂开始生产香水、香粉、冷霜等。随着科学技术和工业化的进步，化妆品的生产变得更加广泛和多样化。20 世纪以来，随着人们对个人形象和美容的重视程度的提升，化妆品行业迎来了前所未有的发展机遇。化妆品的种类和品牌数量急剧增加，涵盖了护肤品、彩妆、香水、头发护理等多个领域。

自我国改革开放以来，随着经济的飞速发展，人民生活水平迅速提高，对化妆品的需求也越来越大，各种功能性原料推陈出新，化妆品行业发展日新月异。化妆品早就成为我们日常生活中不可缺少的一部分。截至 2024 年 7 月底，全国化妆品注册备案人有 20152 家、化妆品境内责任人有 3145 家、化妆品生产企业有 5846 家，有效注册备案产品近 160 万种。

1.1.3　化妆品的使用方式与属性

从化妆品的作用部位来看，主要是针对人的皮肤表面或相关衍生物。通常，化妆品的使用方式相对较简单，主要如下：

① 喷洒。通过喷洒或喷雾方式将化妆品均匀地分布在相应皮肤表面或毛发上。常见的香水、护肤水主要通过此种方式进行使用。

② 涂抹。最为常见的使用方式，即通过涂布揉搓的方式将化妆品均匀地摊开于相应

皮肤表面。常见的各种膏霜、乳液、啫喱、水剂、油剂类大多通过此种方式进行使用。

③ 黏敷。通过贴敷将化妆品黏附于皮肤表面发挥作用的方式，因为与皮肤接触紧密，作用时间长，这种方法可让功效组分更好地渗透到皮肤深层。常见的各种面膜类化妆品大多通过此种方式进行使用。

④ 按摩。在其他使用方式的基础上，同时辅以揉搓、按摩的方式，适度的按摩能够改善皮肤表面的微循环状态，也可让功效组分更好地渗透到皮肤深层。常见的各类美白祛斑、延缓衰老类等功效性护肤品常通过此种方式使用。

⑤ 熏蒸。在其他使用方式的基础上，同时辅以热蒸汽或红外照射的方式，原理与西方桑拿类似，通过加热让皮肤表面毛孔扩张，微循环增强，以此促使功效组分更好地渗透到皮肤深层，达到护肤效果。

⑥ 超声导入。在其他使用方式的基础上，同时辅以超声仪器超声作用的方式，利用超声波高频振动促使功效组分更好地渗透到皮肤深层，达到护肤效果。

从化妆品的本质来看，作为一类常见日用化学品，化妆品的属性主要如下：

① 安全性。化妆品作为日用化学品属于长期使用产品，严格规范其长期使用的安全性至关重要。人们使用化妆品的主要目的是清洁、护肤或保持美丽，因此必须保证化妆品对人体无毒或作用缓和。

② 稳定性。是指产品在有效期内不会发生变质，包括其成分相容性、乳化体系、增稠体系以及防腐体系的设计，以及外观、气味、黏稠度、透明度等理化指标的稳定，这些都是为了保证产品在市场流通和消费者使用过程中的稳定性。

③ 使用性。是指在使用过程中的感觉，不仅在色彩、香味、包装上吸引消费者，还要有使用舒适感。一款好的化妆品，应从香气、颜色到外形，从内在质量到外包装，都要经得起检验，而且要迎合广大消费者的爱好，使其用后自我感觉良好。

④ 功效性。是指产品的功效和使用效果，其功效性主要依赖于配方体系中的相应功效组分对皮肤发挥出的作用。常见的功效主要有清洁、保湿、滋润、美容修饰等，此外还有一些特殊的功效如染发、烫发、美白祛斑、防晒等。

1.1.4 化妆品的主要作用

化妆品作用主要针对皮肤及其衍生出的附属器官（毛发、指甲等），所起作用主要如下：

（1）清洁作用　清洁作用是化妆品最基本的作用之一，原始人类懂得使用清洁产品以后，人类的健康与文明才真正开始飞速发展。清洁型化妆品主要针对皮肤表面及毛发表面的各种灰尘、油渍，还有致病性微生物等各类污垢，这些产品一般以具有洗涤、发泡作用的表面活性剂作为主要成分，辅以其他增稠、稳泡、调理等辅助成分。常见类型包括清洁膏、洁面乳、洗发水、洗手液、沐浴露等。

（2）护理作用　护理作用也是化妆品最基本的作用之一，主要体现为减缓皮肤内部或外部环境各种不良因素刺激，补充皮肤或毛发正常生理代谢所需营养，改善或修复皮肤的各类问题让皮肤光滑柔润，甚至延缓皮肤的老化。护理类化妆品类型多样，最常见的是保湿类化妆品，如各种保湿乳霜、润肤油等。此外还有针对紫外线伤害的各类防晒乳，针对头发枯燥断裂的护发素，针对皮肤老化的祛斑霜等。

（3）美容作用　美容作用也是化妆品最基本作用之一，主要是通过各种色素颜料的色彩起到遮盖、美化、修饰等作用，让皮肤或毛发变得更加鲜艳亮丽，从而提升个人魅力。具有美容作用的化妆品一般指彩妆化妆品，这类产品可以突出五官的轮廓，掩盖皮肤缺陷，美化容貌，如粉饼、染发剂、口红、眼影等。

（4）辅助作用　除了清洁、护理、美容等作用以外，现代化妆品还能针对一些常见皮肤问题（不属于皮肤疾病，如轻度痤疮、过敏、头皮屑、瘙痒、暗疮、色斑等），在一定范围内起到舒缓或辅助治疗的作用。

1.1.5　化妆品的主要分类

化妆品种类繁多，分类方法也多种多样。可以按使用目的、剂型、使用部位、使用年龄、性别分类等进行分类。

（1）按使用目的分类

① 清洁类。主要指去除皮肤或其衍生物的各类污垢的化妆品。清洁皮肤的如洗面奶、沐浴液等；清洁毛发的如洗发水、洗发香波等；清洁口腔或牙齿的如牙膏、漱口水等。

② 护理类。主要指给皮肤提供相关养分或减少内外环境不良刺激因素影响的化妆品。如润肤霜、保湿护肤水、发乳等，还有添加了如维生素、蛋白肽、各类提取物活性成分的产品，如护肤精华液、活力润肤乳等。

③ 美容类。主要指用来美化和修饰皮肤、毛发、指（趾）甲等部位的化妆品，如唇膏、眼影、粉底、睫毛膏、烫发剂、染发剂等。

④ 特殊用途类。这类化妆品通过某些特殊功效达到美容、护肤、消除人体不良气味等目的，介于化妆品与药品之间，经过了严格特殊测试和卫生安全性评价。在之前颁布的《化妆品卫生监督条例》等文件中，曾将化妆品分为非特殊用途化妆品与特殊用途化妆品两大类，其中第十条规定“特殊用途化妆品指用于育发、染发、烫发、脱毛、美乳、健美、除臭、祛斑、防晒的化妆品”，如减肥霜、祛斑霜、防晒霜、粉刺霜、除臭剂、抑汗剂等，这九类特殊用途化妆品以外的化妆品，则属于普通化妆品范畴。同时，为控制美白类化妆品安全风险，原国家食品药品监督管理总局在2013年12月发布《关于调整化妆品注册备案管理有关事宜的通告》（2013年第10号），将美白类化妆品纳入祛斑类化妆品进行管理。

自2021年1月1日起施行的最新版《化妆品监督管理条例》第十六条里，对特殊化妆品做出了最新的定义：用于染发、烫发、祛斑美白、防晒、防脱发的化妆品以及宣称新功效的化妆品为特殊化妆品。特殊化妆品以外的化妆品为普通化妆品。

（2）按剂型分类　剂型是指从生产工艺和配方特点角度出发，化妆品产品体现出来的外观上的理化性状，大体可以分为如下类型：

① 水剂类。普通环境下都为液体水样产品，如香水、花露水、化妆水等。

② 油剂类。普通环境下都为液体油样产品，如发油、发蜡、防晒油、沐浴油等。

③ 乳化类。各类水油分散在一起的乳化体产品，如各类膏霜、乳液等。

④ 凝胶类。普通环境下都为半固半液状产品，如啫喱、沐浴凝胶、染发胶等。

⑤ 固体类。常见的各类固体粉状、块状、锭状、笔状等产品，如香粉、爽身粉、粉饼、胭脂、唇膏、发蜡、眼线笔、眉笔等。

⑥ 气溶胶类。常见的液体与气体混合产品，如喷发胶、摩丝等。

(3) 按使用部位分类 使用部位是指从使用者的角度出发，根据化妆品使用部位不同而进行的分类，主要分为如下类型：

① 皮肤类。指的是涂抹后黏附在皮肤上发挥作用的各类化妆品，常见化妆品多属于此类，如洗面乳、保湿霜、面膜等。

② 毛发类。指的是用于人体毛发上发挥作用的各类化妆品，常见的如洗发水、染发剂、护发素等。

③ 甲类。指的是用于人体指甲或趾甲上发挥美化修饰等作用的各类化妆品，常见的如指甲油、趾甲抛光剂等。

1.1.6 化妆品的发展趋势

当前，化妆品更新换代主要以各类化妆品新原料为基础，向更加科学、天然、安全和有效等方向发展。比如仿生化妆品、天然化妆品、绿色化妆品、延缓衰老类化妆品、儿童化妆品、男士化妆品等。

(1) 仿生化妆品 采用生物技术制造与皮肤相仿且具有高亲和力的生物精华原料，添加到化妆品中，以补充、修复和调整相应的各类细胞因子，发挥延缓衰老、修复受损皮肤等功效，这代表了化妆品的发展方向。随着人们生活品位的提高和护肤观念的更新，护肤品功效向多元化方向发展，仿生化妆品将产生强大冲击力，使化妆品市场出现消费新热点。

(2) 天然化妆品 从回归自然的理念出发，主要以天然植物或其提取物为原料，制备出各种化妆品。近年来，天然植物或中草药提取物作为添加剂已成为新产品开发热点，中草药迸发出来的能量也深深地影响并引导着天然化妆品的蓬勃发展。

(3) 延缓衰老类化妆品 古今中外，人们对于延缓衰老类产品格外热衷，延缓衰老类化妆品在市场里也扮演着举足轻重的角色。永葆青春的渴求使消费者对见效快、效果显著的延缓衰老类化妆品格外青睐。

1.2 化妆品原料

1.2.1 化妆品原料的重要性

化妆品，究其本质，就是各类化妆品原料按照一定的科学配比混合分散在一起，通过特定加工技术制得的混合物。化妆品质量的优劣与所用原料关系密切，化妆品的安全性、稳定性、使用性、功效性等所有属性都跟其原料的属性不可分割。制备化妆品所使用的原料必须是对人体无害，不得对皮肤有刺激、过敏或使皮肤色素加深现象，更不得具有累积毒性和致癌性。因此，从专业的角度来讲，化妆品原料是化妆品科学与技术、化妆品工艺学、化妆品分析与评价的基石。

化妆品行业发展史中曾出现过的多起重要事件，如“二噁烷事件”“杜鹃醇事件”“大脸娃娃事件”等，都是化妆品原料中存在风险物质导致的。此外，国家药品监督管理局公布的抽检报告中，众多产品不合格也是由于产品中各种限用物质超标或者添加违禁成分等。因此，原料是化妆品安全和品质保证的核心。

《化妆品监督管理条例》中对化妆品原料进行了各种严格规定，如第一章总则中第四条规定：国家按照风险程度对化妆品、化妆品原料实行分类管理。化妆品原料分为新原料和已使用原料，国家对风险程度较高的化妆品新原料实行注册管理，对其他化妆品新原料实行备案管理。

目前，《已使用化妆品原料目录》（2021 年版）中收录了 8972 种原料，在目录中有原料中文名称、INCI 名称（国际化妆品原料名称，International Nomenclature Cosmetic Ingredient）以及淋洗类和驻留类产品最高历史使用量等信息。针对原料安全方面的具体规定，详细参照《化妆品安全技术规范》（2015 年版）。

近几年，国家药品监督管理局围绕着原料又陆续出台了《化妆品新原料注册备案资料管理规定》《化妆品风险物质识别与评估技术指导原则》《化妆品原料安全信息填报技术指导原则》《化妆品禁用原料目录》《化妆品原料数据使用指南》等文件，这充分表明了国家对化妆品原料安全的高度重视。

自 2016 年起，教育部批准设立了多个与化妆品行业直接相关的本科专业，包括“香料香精技术与工程”“化妆品技术与工程”“化妆品科学与技术”。截至 2024 年，近 20 所本科院校设置了化妆品相关专业，化妆品原料学是专业基础课也是核心课程，在化妆品相关专业课程中占据重要位置。因此，高校和行业急需一本《化妆品监督管理条例》颁布后的适合本科生的化妆品原料学教材。

化妆品因用途不同而种类繁多、成分各异，不同类别的化妆品原料与配比都有各自独特原则或方式。针对整个化妆品体系而言，各种化妆品原料仍有其共性，按其在化妆品中的性能和用途通常分为主体原料和辅助原料（包括添加剂）两大类。主体原料是指能够根据各种化妆品类别和形态的要求，赋予产品基础骨架结构的主要成分，是化妆品的主体，是配制中必不可少的原料。而辅助原料则是对化妆品的成型、色、香和某些特性起作用，辅助原料用量一般较少，但也不能缺少。主体原料主要包括油性原料、粉质原料、胶质原料、溶剂原料和表面活性剂等，而辅助原料包括增稠剂、防腐剂、抗氧化剂、香精、色素、螯合剂和各种功效添加剂等。

化妆品原料的重要性具体体现在以下几个方面：

（1）品质保障　化妆品原料学可以帮助了解各种化妆品成分的化学结构和性质，以及它们在化妆品中的作用机理。这不但有助于确保化妆品的品质，还可以通过科学合理的配方设计和原料选择，制作出更符合消费者需求的高品质产品。

（2）安全需要　化妆品原料对产品的安全性至关重要。化妆品原料学注重原料对消费者身体的安全性，以确保化妆品不会对肌肤造成伤害或不良刺激反应，有助于保障消费者的健康和权益。

（3）创新发展　化妆品原料学还致力于开发新型化妆品原料，如各种特色植物提取物、海洋生物提取物、生物合成类原料等，以提高化妆品的品质和功效。这有助于推动化妆品行业的创新和发展，满足消费者对于各类产品不断升级的需求。

（4）科学认知　通过化妆品原料学的研究，可以更深入地了解各种化妆品成分的性质和作用机理，提高对化妆品科学的认知。有助于消费者在选择和使用化妆品时更加理性，避免盲目跟风或轻信广告宣传，从而更好地保护皮肤健康。

（5）产业提升　从产业角度来看，化妆品原料学也有助于提升整个化妆品行业水平。

通过深入了解化妆品原料特性和作用机理，化妆品生产商可以更加科学地组织生产，提高产品质量和安全，也能推动整个化妆品产业链优化和升级，提升产业的竞争力和可持续发展能力。

因此，化妆品原料学对于规范化妆品产品设计、生产经营、分析检测、监督管理至关重要，对保证化妆品质量安全、保障消费者健康、促进化妆品产业高质量发展具有举足轻重的作用。

1.2.2 化妆品原料学的主要内容

化妆品原料学作为化妆品相关专业的基础学科，内容涵盖了传统的油脂、蜡质、表面活性剂、粉质、胶质、溶剂、色素、防腐剂、抗氧化剂等主体与辅助原料，还包括保湿、抗皱、美白祛斑、防晒、染发、烫发等各类功能性的化妆品原料，同时对国内外化妆品原料法律法规以及新原料开发备案注册也作了介绍。

化妆品原料学系统地介绍了各类原料的来源、类型、理化特性、制备及应用，以及各类功效原料的作用机理和使用方法，为化妆品的研发、生产和分析检测提供支持与参考。具体包括以下方面。

（1）油脂与蜡质原料　主要介绍油脂与蜡质的性质、制备方法、应用以及与化妆品性能的关系等。

（2）粉质和胶质原料　主要介绍粉质和胶质原料的种类、性质、制备方法、应用以及对化妆品性能的影响等。

（3）溶剂和表面活性剂　主要介绍溶剂和表面活性剂的理化性质、制备方法、应用以及对化妆品性能的影响等。

（4）色素　主要介绍色素的种类、性质、制备方法、应用以及对化妆品性能的影响等。

（5）防腐剂和抗氧化剂　主要介绍防腐剂和抗氧化剂的种类、性质、制备方法、作用机理、应用以及对化妆品性能的影响等。

（6）保湿原料　主要介绍保湿原料的种类、性质、制备方法、应用以及对化妆品性能的影响等。

（7）祛斑美白原料　主要介绍美白祛斑原料的种类、性质、制备方法、作用机理、应用以及对化妆品性能的影响等。

（8）防晒原料　主要介绍防晒原料的种类、性质、制备方法、作用机理应用以及对化妆品性能的影响等。

（9）抗皱及营养性原料　主要介绍抗皱及营养性原料的种类、性质、制备方法、作用机理、应用以及对化妆品性能的影响等。

此外，《化妆品原料学》中还会涉及皮肤生理学、生物化学、物理化学等领域相关知识，以便更好地展示化妆品原料的作用机理和应用效果。

1.2.3 化妆品原料学的学习要求与方法

（1）理解原料基本性质　理解各化妆品原料的基本理化性质，如颜色、气味、稳定性、pH 等，以及这些性质如何影响改变原料的性能和用途。

（2）了解原料来源和制取方法　了解化妆品原料的来源，包括天然来源和合成来源。了解制取这些原料的基本制备方法和工艺，有助于理解原料的性质和用途。

（3）研究原料的美容作用和安全性　化妆品原料在皮肤上产生的效果和可能带来的风险是学习的重点。需要了解每种原料的美容作用、安全性、可能引起的皮肤反应等。

（4）参考专业书籍和学术论文　参阅专业书籍如《化妆品科学》等，为学生提供了系统全面的理论知识，学术论文则提供了最新的研究成果和趋势。

（5）实践与应用　理论知识和实践应用相结合是学习化妆品原料学的关键。可以通过实验、实践等方式，将所学的理论知识应用到实际中，加深理解和记忆。

（6）持续学习和更新知识　化妆品原料学是一个不断发展的领域，新的原料和技术不断涌现，要保持对行业的关注，持续学习和更新知识。

总之，通过对本教材的学习，学生可以了解化妆品中常见的各种类型原料的概况，为进一步学习了解化妆品知识打下扎实的基础。同时建立或巩固对化妆品科学的研究兴趣与素养，提高其探究性学习、创新性思维的能力，为后续专业课程的学习奠定基础，也为学生将来从事化妆品的研发、生产、技术管理、产品营销等工作打下良好基础。

1.2.4　化妆品原料学的发展及展望

目前，化妆品原料学的发展主要体现在科技创新、绿色可持续、个性化定制、天然产物筛选等方面。

（1）科技创新　近年来，化妆品行业进入了快速发展阶段，科技创新成为推动行业发展的关键。合成生物学的兴起，如透明质酸钠、类人源胶原蛋白等原料的研发，都体现了科技创新在化妆品原料领域的应用。此外，通过改变多肽的氨基酸序列或对某些基团进行修饰，可以形成具有不同结构的多肽衍生物，发挥不同功效，这显示了通过科技创新提升原料性能的可能性。

（2）绿色可持续　随着“碳达峰、碳中和”战略的实施，绿色化学合成工艺及发酵工艺等成为践行可持续发展理念的首选。这些工艺具有污染物生成较少等优势，虽然现阶段使用环保原料的成本较高，但实施可持续发展战略是企业的重要社会责任。

（3）个性化定制　随着消费者对个性化化妆品需求的增加，定制护肤品相关原料迎来了发展机遇。通过开发具有不同功效和特性的原料，支持个性化产品的制造，化妆品原料企业可以与化妆品品牌合作，提供个性化的原料解决方案，从而在市场中占据竞争优势。

（4）天然产物筛选　天然产物是指从微生物、植物、动物、海洋生物中获得的具有一定护肤功效的化合物。在化妆品原料领域，通过应用高通量筛选技术、计算化学和AI技术等，可以从天然产物中筛选出新的结构功效分子，这将为化妆品功效原料的创新提供新的方向。

此外，随着信息技术渗透及基因组学、蛋白组学、脂质组学等各类功能组学的融合发展，对于化妆品各类功效原料的深入研究开发与综合利用成为当前人们关注的一个焦点领域，尤其是涉及调节身体抗老延衰的各类生物活性原料研究利用备受瞩目。

随着产业的发展和升级，国内日化大省陆续推出了产业高质量实施方案或者意见。2020年，浙江省药监局联合经信厅发布了《浙江省化妆品产业高质量发展实施方案》

（2020—2025 年），广州市人民政府办公厅发布《广东省推动化妆品产业高质量发展实施方案》；2021 年，上海市药监局和经信委联合发布了《上海市化妆品产业高质量发展行动计划》（2021—2023 年）；2022 年，山东省工信厅和药监局共同发布《山东省促进化妆品产业高质量发展实施意见》等。从这些政府出台的文件中可以看出，化妆品原料是发展的重中之重，如《山东省促进化妆品产业高质量发展实施意见》第二条重点任务中，将化妆品产业列入发展重点，鼓励多学科联合攻关，运用现代科学技术，基于山东省透明质酸等原料优势和牡丹、玫瑰、海藻、牛蒡、灵芝、银杏、金银花等特色植物资源，鼓励企业加大对化妆品研发投入，打造企业技术研发中心并开展化妆品新原料研发。我国资源丰富，随着经济的腾飞及化妆品产业的快速发展，化妆品原料的国产化和民族特色原料的发展受到越来越多的关注。

从 2021 年以来，行业新规陆续落地实施，进一步规范了化妆品原料产业的发展：①提交产品配方表。配方表要求包括原料序号、原料名称、百分含量、使用目的、原料生产商信息，并上传原料质量安全信息文件，此举有助于明确原料种类、来源和用量，杜绝概念性成分添加；②原料报送码制度。原料生产商需要提交报送原料质量安全相关信息后获得原料报送码。每一个生产企业生产的每一种原料都需要申请相应的报送码，如果品牌方选择未获得报送码的企业，有可能无法获得原料的安全信息文件，将直接影响化妆品产品的注册备案。报送码制度实现一码溯源，强化原料商与品牌商的合作关系，使上下游绑定进一步加深；③新原料注册备案。具有防腐、防晒、着色、染发、祛斑美白功能的化妆品新原料需要经过药监局部门注册后方可使用，其他化妆品新原料需备案后使用。从而规范新原料研制，加快原料审批进度；④功效宣称评价。化妆品注册人、备案人应对化妆品的功效宣称进行评价，并在药监局指定的网站上传产品功效宣称依据的摘要。明确化妆品的功效宣称需要有充分的科学依据，提升原料重要性。这些新规的出台和发布，为化妆品原料的高质量发展提供了机遇和挑战，也为民族原料企业的发展注入了新的活力。

《化妆品原料学》不但是化妆品科学发展的重要基石，也是满足消费者对高品质生活追求的基础。化妆品原料学帮助读者掌握各化妆品原料的理化特性，在保证化妆品原料安全性的前提下推动高品质日化产品快速发展，为我国化妆品科学发展和人民美丽健康保驾护航。

思 考 题

1. 什么是化妆品原料学？
2. 化妆品原料学的重要性体现在哪些方面？
3. 化妆品原料学的主要研究内容有哪些？
4. 化妆品原料学的形成及发展趋势是怎样的？

第 2 章　油脂与蜡质原料

化妆品工业中，可使用的化妆品原料数量目前已超过 9000 种。其中，油脂、蜡及其衍生物是非常重要的一部分。随着精细化工有机合成技术的不断进步，合成油脂的种类得到了极大的丰富。这些油脂、蜡及其衍生物作为化妆品的主要原料或辅助原料，在各种化妆品中占据相当大的比例，是制备膏霜、乳液等乳剂型及油蜡型化妆品的基质原料，主要起滋润、柔滑、护肤、护发、固化赋形等作用。化妆品中能使用的油脂原料，除了来自天然资源的油脂、精制蜡类能直接使用外，其他大都需要经过水解、氢化、还原、醇解等工序，通过分馏、溶剂提取、冷榨等方法加工制成各种衍生物使用。此外，常见的还有来自石油精细化学的合成品。

油脂和蜡质是用于化妆品生产的油性原料的总称，通常以常温时原料的物理形态来区分。在常温下呈液态的被称为油，呈半固态的被称为脂，呈固态的被称为蜡。

2.1　油脂与蜡质原料概述

2.1.1　定义和分类

狭义上的油脂是指高级脂肪酸与丙三醇生成的酯，即甘油三酯。广义上的油脂是指不溶于水的油性原料，包括脂肪酸酯、聚硅氧烷、脂肪酸、脂醇、烷烃等各种结构的油性物质。

油脂和蜡质是用于化妆品生产的油性原料的总称，通常以常温时原料的物理形态来区分。在常温下呈液态的被称为油，呈半固态的被称为脂，呈固态的被称为蜡。此外，根据来源不同，可以分为天然油脂、矿物油脂、半合成以及合成油脂，其中，天然油脂又可以分为植物油脂和动物油脂。

2.1.2　油脂与蜡质原料的作用

油脂在化妆品中的主要作用包括：赋予皮肤及毛发柔软、润滑和光泽效果；通过其油溶性溶剂作用清洁皮肤油性污垢；抑制皮肤水分的蒸发，防止皮肤干裂；促进皮肤对于特定有效成分的吸收等。

蜡在化妆品中的主要作用包括：提高液态油的熔点，赋予产品触变性；提高产品的稳定性；在皮肤表面形成的油性薄膜；提高产品的光泽度；改善产品成型机能，便于加工操作。

2.1.3　油脂与蜡质原料的化学组成

油脂的主要组成包括：脂肪酸（RCOOH）、脂肪（脂肪酸甘油酯）、高级脂肪醇、其他酯类和烃类、金属皂等。蜡的主要成分是高级脂肪酸与高级一元醇形成的酯质，天然油脂的主要化学成分是由三分子脂肪酸和一分子甘油形成的甘油三酯，结构通式如图 2-1 所示。

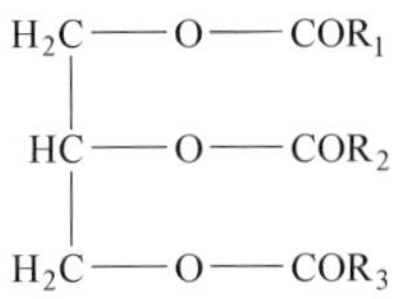

图 2-1　甘油三酯结构通式（R_1，R_2，R_3：脂肪族烃基或烯基）

这些脂肪酸的混合比例和生成脂肪酸甘油酯结构不同（包括 α、β 位，不饱和脂肪酸顺、反式异构体），构成多样性的天然油脂、蜡类中的甘油三酯。在植物中，影响油脂化学组成的因素包括气候条件、土壤类型、生长地理位置、植株的成熟程度、植株的健康状况以及其他环境因素等。在动物界中，脂肪的组成因动物的物种而有差异，此外，还与动物的饲料以及油脂在动物体内所处的位置有关。

2.2　油脂原料的基本性质

油脂的特征和品质可以通过以下物理化学参数来表征：黏度、相对密度、熔点、酸值、碘值、皂化值、折射率等。这些参数对化妆品的外观、稳定性和使用效果有着重要的影响。例如，黏度和相对密度会影响产品的质地和稠度，熔点决定了产品的固态特性，酸值和碘值反映了油脂的稳定性和氧化程度，而皂化值则与油脂的成分和品质相关联。正确控制这些参数才能保证化妆品的性能和品质。

2.2.1　油脂的物理性质

（1）色泽和气味　多数天然油脂含有如胡萝卜素、叶黄素、叶绿素等天然色素而带有特定色泽，而合成油脂因其成分单一一般为透明或者白色。天然油脂本身带有特有的气味，若存储不当导致酸败，会产生异味。而合成油脂大多无味，也可能易挥发组分产生的特征气味，或因生产过程中存在残留易挥发杂质的气味。

（2）黏度　黏度是指分子间阻止液体流动的阻力（或摩擦力）。不同温度下油脂的黏度不同，升高温度，油脂的黏度降低，反之，黏度升高。相对分子质量、不饱和度、分子极性等也会影响油脂的黏度。黏度随着油脂不饱和度的增加而降低，饱和程度相同时，含相对分子质量低的油脂黏度低。油脂的黏度随分子极性的增加而增大。一些常见油脂的黏度如表 2-1 所示。

表 2-1　　一些常见油脂的黏度

油	酸值/(mg KOH/g)	相对密度 d (20°/4℃)	运动黏度 γ/(mm^2/s)		赛氏黏度/s	
			37.8℃	98.9℃	37.8℃	98.9℃
杏仁油	2.85	0.9188	43.20	8.74	201	54.0
橄榄油	—	0.9158	46.68	9.09	216	55.2
菜籽油	0.34	0.9114	50.64	10.02	234	59.4
芥子油	—	0.9234	45.13	9.46	209	56.9
棉籽油	14.24	0.9187	35.88	8.39	181	52.7
豆油	3.50	0.9228	28.49	7.60	134	50.1
亚麻仁油	3.42	0.9297	29.60	7.33	139	49.2

续表

油	酸值/(mg KOH/g)	相对密度 d (20°/4℃)	运动黏度 γ/(mm²/s)		赛氏黏度/s	
			37.8℃	98.9℃	37.8℃	98.9℃
粗苏籽油	1.36	0.9297	25.24	6.85	120	47.6
葵花籽油	2.76	0.9207	33.31	7.68	156	50.3
蓖麻油	0.81	0.9619	293.40	20.08	1368	97.7
椰子油	0.01	0.9226	29.79	6.06	140	45.2
棕榈仁油	9.00	09190	30.92	6.50	145	46.5
猪脂	3.39	0.9138	44.41	8.81	206	54.2
沙丁鱼油	0.57	0.9384	27.86	7.60	131	48.3
鳕鱼肝油	—	0.9138	32.79	7.80	153	50.7
精致鲸油	0.73	0.9227	31.47	7.45	147	49.7
抹香鲸油	0.80	0.8829	22.99	5.70	110	44.1

（3）相对密度　油脂的相对密度与油脂的相对分子质量和黏度成正比，与油脂的温度成反比。通常来说，油脂的相对分子质量越大，相对密度也会相应增加，因为更大的相对分子质量意味着更多的原子或分子被包含在相同的体积内，从而增加了密度。此外，油脂的不饱和程度越高，通常意味着分子中包含更多的碳-碳双键或三键，这也会导致相对密度的下降。

另一方面，油脂的温度增加会使其相对密度减小。这是因为随着温度升高，油脂分子之间的间隙会扩大，分子的平均间距增加，从而降低了密度，导致相对密度减小。

油脂相对密度的大小直接影响到化妆品产品的稳定性。一般来说，为了保障化妆品产品的稳定性和质地，选择相对密度与水比较接近的油脂。这样可以减少不同成分之间的相分离或沉淀的风险，有助于保持产品的均匀性和稳定性。

（4）熔点　油脂的熔点是指油脂由固态转变为液态的温度。不同类型的油脂具有不同的熔点，这取决于其组成和结构。一般来说，脂肪酸链长、饱和度，以及其他微量成分的含量都会影响油脂的熔点。

例如，饱和脂肪酸（如硬脂酸）比不饱和脂肪酸（如油酸）的熔点要高，因为饱和脂肪酸的分子排列更加紧密，更容易形成固态结构。此外，油脂中含有的其他成分，如蜡类物质，也会影响油脂的熔点。

油脂的熔点可以通过实验测定或文献资料获得。了解油脂的熔点对于调配化妆品配方和调整产品性能非常重要，因为它直接影响到产品的质地、稳定性和使用感受。

（5）溶解度　20℃时油脂在100g溶剂中溶解的最大克数为油脂在该溶剂中的溶解度。油脂不溶于水，可溶于大多数的有机溶剂，如热乙醇。油脂溶解度非常重要，对于乳化体系，多种油脂必须具有良好的溶解性，膏体才可能细腻。对于防晒产品，还要考虑油脂能将防晒剂溶解，才能达到预期的防晒效果。对于唇膏、发蜡等油膏类产品，油脂、蜡要具有一定的互溶性，否则可能导致膏体低温易变粗，高温易发汗。

（6）沸点和蒸气压　沸点和蒸气压是油脂重要的物理常数之一。脂肪酸及其酯类的沸点是按照如下顺序排列的：甘油三酯>甘油二酯>甘油一酯>脂肪酸>脂肪酸的低级一元醇酯。甘油酯的蒸气压总是远低于脂肪酸的蒸气压。油脂的沸点在 300℃ 以上，而油脂在温度达到沸点前就会分解。

（7）密度和相对密度　油脂在单位体积的质量为油脂的密度。油脂在 20℃ 时与水在 4℃ 时的密度之比为油脂的相对密度。油脂的相对密度小于 1，一般为 0.9~0.95。

（8）折射率　一般来说，折射率较高的油脂具有更高的透明度和光泽度。而且，折射率还可以在化妆品中用来调整产品的外观和质感。例如，在唇膏或护肤油中，选择具有适当折射率的油脂可以增加产品的光泽度，并使其在皮肤上更加自然。

（9）铺展性　铺展性指油脂在表面上流动展开的能力，可以用一定量的油脂所能展开的面积或者直径进行表征。油类的铺展性与黏度成反比，决定消费者的主观感觉“油的感觉”和“吸收作用”。乳霜中油脂直接影响配方的涂开性和黏腻感，这是消费者可感觉到的和影响产品选择的两种主要特性，与油类铺展性有关。

（10）闪点　闪点是指油脂在规定条件下受热后，与外界空气形成混合气，与火焰接触时发生闪燃的最低温度。闪点是油脂存储、运输及使用的一个安全指标，也是油脂的挥发性指标。闪点低的油脂，挥发性高，容易着火，安全性差，在运输、存储和使用过程中都需要注意安全。

2.2.2　油脂的化学性质

（1）酸值与水解反应　油脂在较高的温度、压力、催化剂作用下，可以水解生成甘油和游离脂肪酸。油脂的水解反应是分步进行的，先水解成甘油二酯，再水解成甘油单酯，最后水解成甘油和脂肪酸。无机酸、酶、金属氧化物等会加快油脂的水解速率。油脂的酸值变大说明油脂发生水解反应。

油脂的酸值是指中和 1g 油脂中游离脂肪酸所需 KOH 毫克数。酸值的高低反映了油脂中酸性物质含量的高低，可指示油脂新鲜程度。新鲜油脂水解程度低，游离脂肪酸少，故酸值低，酸值升高表明油脂变质，是评估油脂质量和稳定性的一个重要参数。

（2）碘值与加成反应　使油脂中不饱和脂肪酸的双键变为饱和键的反应为加成反应。主要的加成反应有加氢、加卤素（碘）、硫酸化反应等。氢化反应就是一种典型的加成反应，油脂在金属催化剂的作用下加氢，可制得氢化油。加氢后油脂中饱和脂肪酸的含量提高，由液态转变为半固态或固态，因此又被称为硬化油。油脂加氢后凝固点和熔点都会改变，更加不易氧化变质。

油脂中含有的不饱和脂肪酸与碘可发生加碘反应。油脂的碘值是衡量油脂不饱和程度的一个重要指标。它表示的是每 100g 油脂能够吸收（加成）碘的克数，通常以“g/100g”或“mg/g”的形式表示。油脂的碘值反映了其中不饱和脂肪酸的含量和稳定性。碘值较高的油脂不饱和程度高，更容易发生氧化而变质，最终发生酸败。

（3）皂化值与不皂化物　脂肪的碱水解过程被称为皂化反应。皂化反应中脂肪酸与碱反应生成金属盐（通常是钠盐或钾盐），水解后的脂肪酸转化成脂肪酸盐和甘油。

反应过程如式（2-1）、式（2-2）所示。

$$(RCOO)_3C_3H_5+3KOH \rightarrow 3RCOOK+C_3H_5(OH)_3 \tag{2-1}$$

$$RCOOH+KOH \rightarrow RCOOK+H_2O \tag{2-2}$$

油脂的皂化值是指 1g 油脂完全皂化时所需 KOH 的毫克数。它是一个衡量油脂中脂肪酸含量的指标，通常以“毫克 氢氧化钾/克油脂（mg KOH/g）”表示。脂肪的皂化价与其相对分子质量成反比关系（也与其所含脂肪酸相对分子质量成反比关系）。测定皂化值的意义：①判断油脂品质，常规油脂都有一定的皂化值范围，如测出的值在此范围之外，表明该油脂不纯；②通过皂化价的数值，可以推断出混合脂肪（或脂肪酸）的平均相对分子质量；③皂化值可以帮助确定所需的皂化剂用量，以及计算配方中脂肪酸的含量。

不皂化物则是指油脂中不与碱发生反应的部分，通常是指油脂中的非脂肪酸成分，如甘油、胆固醇、蜡质物质等。这些成分不参与油脂的皂化反应。不皂化物的含量会影响到产品的性质和稳定性，因此需要在配方中加以考虑和控制。

（4）酯值、乙酰值和羟值含义　酯值是指挥发油中酯类成分的含量，以水解 1g 挥发油中所含酯需 KOH 的毫克数表示。乙酰值是指 1g 乙酰化的油脂分解出的乙酸用 KOH 中和时所需 KOH 的毫克数，又称乙酰化值。羟值又称羟基含量（或浓度），指 1g 重量的样品中所含羟基的量，相当于 KOH 的量，以 mgKOH/g 表示。

2.3　油脂变质的机理及品质评价

2.3.1　油脂变质机理

（1）氧化作用　油脂的氧化作用是一种常见的变质机理，由氧气与油脂中的不饱和脂肪酸发生反应而引起。这一过程分为起始阶段、自由基传递阶段和自由基终止阶段。在起始阶段，氧气与不饱和脂肪酸形成过氧自由基，随后自由基会在自由基传递阶段与其他脂肪酸反应，形成新的自由基，引发链式反应的快速进行。最终，在自由基终止阶段，自由基之间的反应减缓，油脂的氧化过程停止。氧化作用导致油脂中不饱和脂肪酸氧化，产生过氧化物、醛类、酮类等氧化产物，使油脂的品质和营养价值下降。为了延缓油脂的氧化作用，可以采取措施，如添加抗氧化剂、避免高温和光照等。

（2）水解变质　油脂的水解变质是一种在高温和湿度条件下发生的变质机理，其主要过程是水分介入导致油脂中的酯键断裂，生成游离脂肪酸和甘油。这一过程通常发生在油脂的储存或加工过程中，尤其是当油脂在潮湿环境中暴露时。首先，水分渗入油脂中，然后与油脂中的酯键发生反应，导致酯键的断裂。这一反应产生游离脂肪酸，使油脂的酸值升高，同时可能导致异味的产生。此外，由于酯键的断裂，油脂可能变得浑浊和不透明。为了预防水解变质，应采取适当的储存条件，避免高温和潮湿环境，使用防潮的包装材料，并添加抗水解剂。定期检测油脂的状态并及时替换变质的油脂是保持其品质的关键步骤。

（3）微生物作用　油脂的变质过程中，微生物作用是一个关键因素，尤其在含水量较高或存储条件不佳的情况下更为突出。微生物包括细菌、霉菌和酵母等，它们能够利用油脂中的营养成分进行生长和繁殖。细菌和霉菌的代谢产物会导致油脂酸度增加，引发酸败作用，使油脂的味道和气味发生变化，甚至降低其营养价值。此外，部分微生物引发的氧化还原反应也会导致油脂中不饱和脂肪酸的氧化，影响油脂的品质和口感。为了预防微生物引起的油脂变质，需要保持生产和储存环境的清洁和干燥，控制油脂中的水分含量，添加适量的防腐剂，并采用密封包装以减少微生物的污染。

2.3.2　油脂变质品质测定

(1) 过氧化值　油脂过氧化值是衡量油脂氧化程度的一个指标，它表示在 1kg 油脂中所含有的氢过氧化物的毫摩尔数。氢过氧化物是油脂氧化的主要初级产物，而过氧化值是一种用于监测油脂在储存或使用过程中氧化程度的方法。

在油脂氧化的初期阶段，随着氧化程度的加深，过氧化值会增高。这是因为氧气与油脂发生反应，产生氢过氧化物。这个过程是氧化的初级阶段，而过氧化值的升高反映了这一初期的氧化过程。

然而，当油脂深度氧化时，氢过氧化物的分解速度可能会超过其生成速度。这时，氢过氧化物的浓度开始下降，导致过氧化值的降低。因此，过氧化值在油脂氧化过程中的降低可以被解释为氧化已经进入更深的阶段。

综合而言，过氧化值可以用作衡量油脂氧化初期程度的指标。在实际应用中，通过监测过氧化值的变化，可以及时了解油脂的氧化状态，有助于判断其质量和保鲜状况。

过氧化值常用碘当量法测定，生成的碘再用硫代硫酸钠溶液滴定，即可定量氢过氧化物的含量。

测定原理：油脂氧化过程中产生过氧化物，与碘化钾作用，生成游离碘，以硫代硫酸钠溶液滴定，计算过氧化值。

反应过程如式 (2-3)、式 (2-4) 所示。

$$ROOH+2KI \rightarrow ROH+I_2+K_2O \tag{2-3}$$

$$I_2+2Na_2S_2O_3 \rightarrow 2NaI+Na_2S_4O_6 \tag{2-4}$$

过氧化值计算方式如式 (2-5) 所示。

$$过氧化值=[(V-V_0)\times c\times 0.126]/m\times 100\% \tag{2-5}$$

式中　V——样品滴定时消耗硫代硫酸钠标准溶液的体积，mL；

V_0——空白滴定时消耗硫代硫酸钠标准溶液的体积，mL；

c——硫代硫酸钠标准溶液的浓度，mol/L；

m——抽样的质量，g；

0.126——1mol 硫代硫酸钠 1mL 相当于碘的克数。

油脂过氧化值的测定：

① 首先，取 2~3g 混合均匀的油样放入碘量瓶中，或先估计其过氧化值，再按表称样。

② 加入 30mL 氯仿-冰醋酸混合液，并充分混合样品，确保油样与溶剂充分接触。

③ 接着，加入 1mL 饱和碘化钾溶液，并加上塞子，摇匀混合。将混合物放置在暗处，让反应进行 3min。

④ 在反应完成后，加入 50mL 蒸馏水，并再次充分混合。立即开始用 0.01mol/L 的硫代硫酸钠标准溶液滴定混合物，直到溶液由浅黄色变为蓝色。这表示油中的碘已被完全滴定。

⑤ 再加入 1mL 淀粉指示剂，然后继续滴定，直到蓝色消失为止。这是为了确定终点，即油中碘已完全滴定而消耗殆尽。

⑥ 同时做不加油样的空白试验。

（2）酸值　酸值是指中和1g油脂中游离脂肪酸所需的氢氧化钾的毫克数。该指标可衡量油脂中游离脂肪酸的含量，也反映了油脂品质的好坏。

测定原理：原料中游离脂肪酸用氢氧化钾标准溶液滴定，每克原料消耗的氢氧化钾的毫克数称为酸值。

反应过程如式（2-6）所示。

$$RCOOH+KOH \rightarrow RCOOK+H_2O \tag{2-6}$$

酸值计算结果见式（2-7）。

$$AV=Vc/m \tag{2-7}$$

式中　V——滴定试样所消耗的氢氧化钾标准溶液的体积，mL；

c——氢氧化钾标准溶液的浓度，mol/L；

m——试样的质量，g；

AV——酸值，mg KOH/g。

油脂酸值的测定：

① 根据样品的性质，准备样品。对于液态样品，充分混匀备用；对于固态样品，缓慢升温使其融化成液态，并充分混匀备用。

② 称取3~5g试样放入250mL的锥形瓶中。

③ 测定。加入50mL预先中和过的乙醚-95%乙醇混合溶剂溶解试样，再滴2~3滴酚酞指示剂，使用KOH标准液滴定，直到出现微红色，并在0.5min内不发生褪色为终点。这表示试样中的酸已完全中和。

（3）碘值　油脂的碘值是指每100g油脂能够吸收（加成）的碘的克数。这个值反映了油脂中不饱和脂肪酸的含量，因为不饱和脂肪酸的碳链上含有不饱和键，可以与碘发生加成反应。碘值越高，说明油脂中不饱和脂肪酸的含量越高，因为油脂中的不饱和脂肪酸能够吸收更多的碘。通常情况下，干性油的碘值会比较高，半干性油次之，而不干性油的碘值相对较低。对于特定的油脂产品，其碘值是由其组成和处理方法决定的，可以作为评价其品质和特性的重要指标之一。

测定原理：该值的测定利用了双键加成反应。碘值越高则表明油脂中双键（不饱和度）越高。反应中，碘被转化为溴化碘，然后与油脂中的不饱和双键进行加成反应。过量的溴化碘会在碘化钾的作用下析出碘，然后使用硫代硫酸钠溶液进行滴定。通过滴定所需的硫代硫酸钠溶液的体积，可以计算出油脂中吸收的碘的量，从而得出碘值。

反应过程如式（2-8）、式（2-9）所示。

$$IBr+KI \rightarrow KBr+I_2 \tag{2-8}$$

$$I_2+2Na_2S_2O_3 \rightarrow 2NaI+Na_2S_4O_6 \tag{2-9}$$

计算结果见式（2-10）。

$$\text{碘值}=[(V_1-V_2)m_1]\times 10/m \tag{2-10}$$

式中　V_1——滴定空白用去的硫代硫酸钠溶液平均体积，mL；

V_2——滴定样品用去的硫代硫酸钠溶液平均体积，mL；

m——样品质量，g；

m_1——与1mL 0.05mol/L硫代硫酸钠溶液相当的碘的质量，g。

测定脂肪酸和其他脂类物质的碘值时，操作方法完全相同。

油脂碘值的测定：

① 用玻璃小管准确称量 0.3～0.4g 花生油（或者约 0.1g 蓖麻油，约 0.5g 猪油）2 份。

② 将样品和小管一起放入两个干燥的碘值测定瓶内，确保油脂不会黏在瓶颈或壁上。

③ 向每个瓶内加入 10mL 四氯化碳，并轻轻摇动，使油脂完全溶解于四氯化碳中。

④ 用滴定管仔细地向每个碘值测定瓶内准确加入汉诺斯（Hanus）溶液 25mL，勿使溶液接触瓶颈。

⑤ 用玻璃塞密封瓶口，添加几滴 10%碘化钾溶液在玻璃塞与瓶口之间，防止碘升华溢出引起测定误差。

⑥ 在 20～30℃暗处放置 30min。根据经验，不同油脂的测定时间有所不同，测定碘值低于 110 的油脂需要 30min，而碘值高于 110 的油脂则需要 1h；放置温度应保持 20℃以上，若温度过低，放置时间应增至 2h。放置期间应不时地摇动。卤素的加成反应是可逆反应，只有在卤素绝对过量时，该反应才能进行完全。所以油吸收的碘量不应超过 Hanus 溶液所含碘量的一半。在碘值测定实验中，如果发现混合液颜色很浅，就需要重新称取适量的油，以确保实验结果的准确性和可靠性。

⑦ 放置 30min 后，立刻小心打开玻璃塞，使塞旁的碘化钾溶液流入瓶内。

⑧ 用新配制的 10%的碘化钾 10mL 和蒸馏水 50mL 把玻璃塞上和瓶颈上的液体冲入瓶内，并混匀。

⑨ 用 0.05mol/L 硫代硫酸钠溶液迅速滴定至瓶内溶液呈浅黄色。

⑩ 加入 1%淀粉溶液约 1mL，继续滴定。临近终点时，用力振荡，使碘由四氯化碳全部进入水溶液内。再滴至蓝色消失为止，即达到滴定终点。用力振荡是滴定成败的关键之一否则容易滴定过量或不足。如果振荡不够，四氯化碳层呈现紫色或红色，此时需继续用力振荡使碘全部进入水层。

⑪ 滴定完毕放置一段时间后，滴定液应变回蓝色，否则就表示滴定过量。另作两份空白对照，除不加油样品外，其余操作同上。

⑫ 滴定完成后，将废液倒入废液瓶，以便回收四氯化碳。

2.4　常见的油脂与蜡质原料

2.4.1　植物油脂与蜡质

植物油脂主要来自植物的种子、果实、叶、皮、根、花瓣和花蕊等部位。这些植物油脂具有丰富的化学成分，包括脂肪酸、甘油、维生素等。一般而言，植物油脂可根据其碘值分为三大类：干性油、半干性油和不干性油。

（1）干性油　碘值在 130 以上。这类油脂在氧化时能形成坚硬的膜，通常用于油漆、油墨等需要快速干燥和形成硬膜的工业产品。在化妆品中，它们较少被使用，因为它们可能导致产品在皮肤上表现得油腻，而且稳定性较差。如大豆油、红花油等。

（2）半干性油　碘值在 100～130。这类油脂具有一定的干燥性能，但相对于干性油而言较为柔软。半性油在化妆品中可能会被使用，但由于其稳定性相对较差，通常需要经过精制加工，去除其中的不饱和成分。如棉籽油、胡麻油等。

（3）不干性油　碘值在 100 以下。这类油脂在氧化时不会形成坚硬的膜，常被用于食品加工和化妆品等领域。不干性油脂中的常见种类包括橄榄油、甜杏仁油、葵花籽油等，在化妆品中较为常见，具有较好的稳定性，且不会使产品油腻。

在化妆品制造中，不论是半干性油还是不干性油，都需要经过精制加工，以去除其中的不饱和成分和其他可能引起不稳定性的物质，有助于确保植物油脂在化妆品中的性能和稳定性。

2.4.1.1　植物油

（1）椰子油（Coconut oil）

INCI 名：椰子油［*Cocos nucifera*（coconut）oil］，CAS 编号：8001-31-8。

① 来源。椰子油是从椰子肉的勺干（椰子干）中得到的。椰子干一般含油质量分数为 65%~68%，水分质量分数为 4%~7%。在产油率方面，椰子干占油料的首位。

② 组成。椰子油脂肪酸组成（以质量分数计）：月桂酸 44%~52%，肉豆蔻酸 13%~19%，棕榈酸 8%~11%，癸酸 6%~10%，辛酸 5%~9%，硬脂酸 1%~3%，油酸 5%~8%，棕榈油酸 0~1%，亚油酸微量至 2.5%，己酸 0~0.8%，花生酸 0~0.4%。

③ 性质。常温下为白色或淡黄色猪脂状的半固体，具有椰子之特殊芬芳气味。暴露于空中极易被氧化。可溶于乙醚、苯和二硫化碳。相对密度（99℃/15.5℃）0.869~0.874、（25℃/15.5℃）0.917~0.919，折射率（40℃）1.448~1.450，碘值 7.5~10.5，皂化值 250~264，酸值 6.0 以下，不皂化物质量分数为<0.5%，脂肪酸凝固点 20~24℃，椰油凝结点 21.8~23℃。

④ 用途。椰子油是制作香皂所不可缺少的油脂原料，也是制取天然脂肪酸、脂肪醇和表面活性剂的原料。皂化后可以用于制造洗发水、沐浴露、肥皂等。其天然、滋润和抗氧化的特性使其成为许多化妆品制造商青睐的成分之一。

（2）棕榈仁油（Palm kernel oil）

INCI 名：棕榈仁油［*Elaeis guineensis*（palm）kerel oil］，CAS 编号：8023-79-8。

① 来源。棕榈仁油是从棕榈果的果核（或称为棕榈仁）中提取的油脂。棕榈果是棕榈树（*Elaeis guineensis*）的果实，这种树主要生长在热带地区，如东南亚、非洲和拉丁美洲等地。

② 组成。棕榈仁油的脂肪酸组成（以质量分数计）：月桂酸 46%~52%，肉豆蔻酸 14%~17%，棕榈酸 6.5%~9%，硬脂酸 1%~2.5%，癸酸 3%~7%，辛酸 3%~4%，油酸 13%~19%，亚油酸 0.5%~2%，不皂化物体为 0.2%~0.8%，微量己酸。

③ 性质。棕榈仁油是白色或淡黄色油脂状物质。新鲜的棕榈仁油有令人愉快的气味。相对密度（60℃/25℃）0.887~0.900，折射率（40℃）1.449~1.451，碘值 14~20，皂化值 244~254，酸值 3~17，熔点 25~30℃，脂肪酸冻点 20~28℃。

④ 用途。主要用作制造肥皂的原料。超精炼棕榈仁油也开始在化妆品制剂中应用。

（3）棕榈油（Palm oil）

INCI 名：棕榈油［*Elaeis guineensis*（Palm）oil］，CAS 编号：8002-75-3。

① 来源。以油棕的果肉为原料用压榨法制得。

② 组成。棕榈油的脂肪酸平均组成（以质量分数计）：棕榈酸 42.5%，油酸 43.0%，

亚油酸 9.5%，硬脂酸 4.0%，肉豆蔻酸 1.0%，微量的二十四烷酸。不皂化物质量分数为 0.2%~1.0%，其中类胡萝卜素 500~700mg/kg 油，生育酚（维生素 E）500~800mg/kg 油，固醇约 300mg/kg 油，磷脂 500~1000mg/kg 油。

③ 性质。棕榈油是橙红色半固体，有特殊气味。相对密度（60℃/25℃）0.921~0.925，折射率（60℃）1.451~1.458，碘值 53~57，皂化值 200~205，酸值 2~100。熔点范围 27~42.5℃，脂肪酸冻点 40~47℃。不溶于水，溶于醇、醚、氯仿、二硫化碳。天然生长和人工种植的油棕，以及不同地区生长的油棕制得的棕榈油物理性质差别较大。

④ 用途。主要用于肥皂制造。精炼棕榈油可用于涂抹油和油膏制品。

（4）橄榄油（Olive oil）

INCI 名：油橄榄果油［*Olea europaea*（Olive）friut oil］，CAS 编号：8001-25-0。

① 来源。橄榄油是由橄榄树的果实榨取而得的油脂。取自常绿树油橄榄（*Olea Europaea*）的果实和种子。

② 组成。橄榄油为脂肪酸甘油酯的混合物。其脂肪酸组分：棕榈酸 9.2%，油酸 83.1%，亚油酸 3.9%。

③ 性质。淡黄色或黄绿色油状液体，特殊香味。不溶于水，溶于乙醚、氯仿和二硫化碳。相对密度（25℃/25℃）0.909~0.915，折射率（20℃）1.468~1.471，酸值≤1.0，碘值 80~88，皂化值 188~196。不同于其他植物油，有较低的碘值。温度低于 20℃时还能保持液体状态，与茶籽油相似。代表性的橄榄油浊点-5.5℃，滴点-10℃。可被氢氧化钠皂化，含有高比例不饱和脂肪酸，较容易被氧化。

④ 用途。橄榄油可以用于面部护肤产品，如面霜、乳液和精华液，以提供持久的保湿效果，减少干燥和皱纹的出现。此外，它也常用于身体护理产品，如身体乳液、沐浴产品和按摩油，有助于保持皮肤柔软、滋润和光滑。在头发护理产品中，橄榄油可以用于制造洗发水、护发素、发膜和发油，以滋养头发、修复受损，增加光泽和柔软度。

（5）花生油（Peanut oil）

INCI 名：花生油［*Arachis hypogaea*（Peanut）oil］，CAS 编号：8002-3-7。

① 来源。花生油是花生果（*Arachis hypogaea*）经压榨精制而来。仁中含油量为 44%~55%。主产于印度、非洲和中国。

② 组成。花生油的脂肪酸组成（以质量分数计）：油酸 35%~72%，亚油酸 13%~43%，山嵛酸 1.0%~5.0%，棕榈酸 7.0%~16.0%，硬脂酸 1.3%~6.5%，正二十酸（花生酸）0.5%~3.0%，二十四酸 1.0%~2.5%，二十碳烯酸 0.5%~2.1%，芥子酸<0.5%和亚麻酸<0.6%。不皂化物包含固醇、生育酚、角鲨烯、β-胡萝卜素和叶黄素，含量≤1.0%（欧洲药典标准）。不同产地花生油组成不同。花生酸是花生油的特有组分。

③ 性质。花生油为淡黄色油状液体，淡淡的坚果气味和清淡的坚果香味。略溶于乙醇（质量分数 95%），可溶于乙醚、氯仿和轻质矿物油。相对密度（25℃/25℃）0.910~0.915，折射率（25℃）1.467~1.470，碘值 84~100，皂化值 188~197，酸值<0.5，脂肪酸凝固点 26~32℃。表面张力（25℃）：37.5mN/m；动力黏度（37℃）：35.2mPa·s。

④ 用途。花生油作为化妆品原料常用于其出色的滋润和保湿能力，含有丰富的脂肪酸和维生素 E，能深层滋养肌肤，减少水分流失，同时具备抗氧化、舒缓修复的功效，可改善干燥、粗糙或受损的皮肤，另外也适用于柔软滋养发质，减少毛躁和分叉。

（6）霍霍巴籽油（Jojoba oil）

INCI 名：霍霍巴籽油［*Simmondsia chinensis*（Jojoba）seed oil］，CAS 编号：61789-91-1。

① 来源。从霍霍巴种子经压榨后再用有机溶剂提取精制而得。

② 组成。主要成分是长链单不饱和蜡酯，主要包括油酸（分子式为 $C_{20}H_{40}O_2$）和二十碳一烯酸（分子式为 $C_{22}H_{42}O_2$），这些蜡酯的相对分子质量在 400~600。

③ 性质。霍霍巴籽油在常温下为液态，具有非常稳定的化学特性，几乎不含三酸甘油酯，这使得它在储存过程中极为稳定，不易氧化，其保质期长于多数植物油。密度为 0.865~0.915g/cm^3，呈现为黄色至金色的液体，具有轻微的坚果香味。熔点约为 10℃，表明在室温下它保持为液态，但在低温下可能会变得稍微浑浊或固化。其独特的化学稳定性和非常低的挥发率，使得霍霍巴籽油在化妆品行业中非常受欢迎，尤其是在需要长期保质的产品配方中。

④ 用途。广泛用于护肤和护发产品中。它的高穿透性和修复性能使其成为理想的皮肤和头发保养成分，特别适合用作面霜、润肤乳、唇膏、洗发水和护发素的基础或添加油。荷荷巴油能够模仿皮肤的天然油脂，帮助调节皮肤的油脂平衡，增强皮肤的保湿能力，同时还能促进头发的光泽和弹性。此外，由于其抗炎和抗氧化特性，霍霍巴籽油也被用于治疗皮肤问题，如干燥、痤疮和皮肤炎症，以及保护皮肤免受环境伤害。

（7）棉籽油（Cottonseed oil）

INCI 名：草棉籽油［*Gossypium herbaceum*（cotton）seed oil］，CAS 编号：800-1-29-4。

① 来源。棉籽油是棉花种植业的副产品，取自各类棉（*Gossypium*）的种子，整粒棉籽含油质量分数为 5%~24%，棉仁含油质量分数为 30%~38%。

② 组成。棉籽油的脂肪酸组成（以质量分数计）：亚油酸 32%~38%，油酸 13%~44%，亚麻酸 0.1%~2%，棕榈酸 17%~29%，硬脂酸 1.0%~4.0%，肉豆蔻酸 0.5%~2.0%，棕榈油酸 0.5%~1.5%，花生酸、二十碳烯酸、山嵛酸、芥酸和二十四烷酸均小于 0.5%。

③ 性质。淡黄或黄色的油状液体，其气味强烈，几乎无味或具有淡坚果味。在物理性质方面，它略溶于 90%乙醇，可溶于乙醚、氯仿和轻质矿物油。其相对密度（25℃/25℃）为 0.916~0.918，折射率（25℃）为 1.468~1.472。碘值为 99~113，皂化值为 189~198，酸值小于 0.5。不皂化物质量分数低于 1.5%。脂肪酸的凝固点为 30~37℃，在 0~5℃时有冻凝现象。

④ 用途。精制棉籽油在化妆品中可以替代杏仁油和橄榄油的应用。它被认为是一种半干性油，这意味着它的氧化速度介于干性油和非干性油之间。然而，由于其半干性质，制品的保存可能受到较大的影响，这在一定程度上限制了它在化妆品中的应用。尽管如此，精制棉籽油仍然是工业上生产硬化油的重要原料之一。

（8）芝麻油（Sesame oil）

INCI 名：芝麻籽油［*Sesamum indicum*（Sesame）seed oil］，CAS 编号：8008-74-0。

① 来源。取自芝麻（*Sesamun indicum*）的种子，种子含油量为 45%~54%。芝麻主产于中国、印度、缅甸、墨西哥和苏丹。

② 组成。芝麻油的脂肪酸组成（以质量分数计）：油酸为 37%~49%，亚油酸为

35%~47%，棕榈酸为 7%~9%，硬脂酸为 4%~5%，花生酸为 0.4%~1%，而十六碳（烯）酸则少于 1%。此外，肉豆蔻酸含量微量。芝麻油中的不皂化物质量分数通常不超过 1.8%，其中包括约 0.19%的固醇和 0.02%~0.05%的生育酚。值得注意的是，一些特有成分如芝麻素（Sesamin）、芝麻酚（Sesamol）和芝麻酚林（Sesamolin）也是芝麻油的组成部分，它们具有较强的抗氧化稳定性，尤其是芝麻酚。此外，芝麻油中的虫菊素（Pyrethrum），以及芝麻酚林，还起到增效作用。这些组分共同赋予芝麻油其特有的营养和抗氧化特性。

③ 性质。无色或淡黄色透明油状液体，带有特殊芝麻香气味和滋味。它冷却至 0℃也不凝固。稍溶于乙醇（90%），溶于乙醚、氯仿和轻质矿物油。相对密度（25℃/25℃）0.914~0.919，折射率（25℃）1.470~1.474，碘值 103~118，皂化值 187~194，酸值≤0.6，过氧化物值≤10.0，脂肪酸冻点 20~25℃，羟值 1~10。

④ 用途。吸留性保湿剂。主要代替橄榄油用作膏霜类、乳液类的油脂成分和按摩油等，医药上可作锌油、软膏基剂。用于清洁制品、彩妆基质、晒黑膏霜乳液、浴液浴皂浴盐浴油、泡沫浴、足粉等。

（9）玉米油（Corn oil）

INCI 名：玉米油［*Zea mays*（Corn）oil］，CAS 编号：8001-30-7。

① 来源。由晒干后玉米胚芽压榨制得。它是玉米加工的副产品，平均含油量为整玉米粒的 4.8%，其中胚芽部分约占 85%油分。

② 组成。玉米油的脂肪酸组成（以质量分数计）：油酸 17.0%~49.1%，亚油酸 36.4%~70.8%，棕榈酸 9.4%~13.3%，硬脂酸 1.2%~11.5%，肉豆蔻酸为微量至 1.7%，饱和酸为微量至 0.2%。玉米油含较多磷脂（1%~3%）和较多的非油物质（主要是固醇，1%以上），游离脂肪酸含量（约 1.5%）高于一般质量相当的植物油。重要的是，不皂化物中含约 0.1%的生育酚、角鲨烯和少量的阿魏酸酯，所以虽然其含有较多的不饱和脂肪酸，但氧化稳定性很好。

③ 性质。玉米油是淡黄色透明油状液体，略有特征性气味。相对密度（25℃/25℃）0.915~0.920，折射率（25℃）1.470~1.474，碘值 103~128，化值 187~193，酸值 2~6，脂肪酸冻点 14~20℃，羟值 8~12，与苯、氯仿、二氯甲烷、乙醚和己烷混溶；几乎不溶于乙醇（95%）和水。动力黏度 37~39mPa·s。

④ 用途。玉米油在化妆品原料中具有广泛的应用。其富含亚油酸和维生素 E 等营养成分，赋予其出色的保湿滋润能力，可有效预防皮肤干燥。同时，玉米油的抗氧化性质有助于减缓皮肤老化过程，保护肌肤免受自由基损伤。其不饱和脂肪酸能够渗透肌肤，软化角质层，使肌肤更加柔软光滑。此外，玉米油还常用于护发产品中，为头发提供滋养，增加发丝光泽与柔软度。因其温和性，玉米油适用于各类肤质，包括敏感肌肤和婴儿护理产品。

（10）葵花籽油（Sunflower seed oil）

INCI 名：向日葵籽油［*HeLianthus annuus*（Sunflower）seed oil］，CAS 编号：8001-21-6。

① 来源。葵花籽油是由葵花籽压榨制得的油。葵花籽是一种含油很高的油料，其平均出油率为 40%，而大豆和棉籽两者都只能出油约 17%。主要产区为美国、阿根廷和白俄罗斯、乌克兰等东欧地区国家。

② 组成。葵花籽油属于一种油酸-亚油酸油。它的脂肪酸组成（以质量分数计）：亚油酸 48.0%~74.0%，油酸 14.0%~40.0%，棕榈酸 4.0%~9.0%，硬脂酸 1.0%~7.0%，山嵛酸约 0.8%，花生四烯酸约 4.0%。不同地区长出来的葵花籽其油的脂肪酸组成也不同。

③ 性质。葵花籽油为透明的、淡黄色的液体，有柔和、可口的味道。高油酸向日葵籽油清澈、无味几乎无色。葵花籽油密度 0.9164~0.9214，折射率（40℃）1.472~1.474，酸值≤0.3，过氧化氢值≤10，碘值 125~140，皂化值 188~194。溶解度：可与苯、氯仿、四氯化碳、乙醚及石油醚混溶；几乎不溶于乙醇（质量分数 95%）和水。

④ 用途。皮肤调理剂、吸留性保湿剂。其无色的特性、润湿能力使其用于彩妆产品、防晒品中易于配伍二氧化钛等颜料，无味的特色适用于气味灵敏的芳香制品、按摩膏霜中。滋润、营养、柔软皮肤，有促进皮肤新生的作用，可用于夜霜滋润霜。可生物降解。

（11）红花油（Safflower seed oil）

INCI 名：红花油［*Carthamus tinctorius*（Safflower）seed oil］，CAS 编号：8001-23-8。

① 来源。用红花（*Carthamus tinctorius*）的种子压榨得到的油，又称种间杂交红花油。最早源于古埃及，后来传播至世界各地干旱地区，中国是主要产地之一。

② 组成。饱和脂肪酸含量低于质量分数 10%，没有亚麻酸的存在，富含维生素 E。随季节、地区和变异品种不同，油脂含量变化。标准的红花油的脂肪酸组成（以质量分数计）：棕榈酸 6%~8%，硬脂酸 2%~3%，油酸 16%~20%，亚油酸 71%~75%，不含亚麻酸。

③ 性质。黄色至琥珀酸油状液体，温和的特征气味，溶于异丙醇酯和矿物油。相对密度（25℃/25℃）0.919~0.924，折射率（25℃）1.473~1.476，脂肪酸凝固点 15~17℃。游离脂肪酸（按油酸计）0.15%~0.6%，碘值 141~147，皂化值 186~194，酸值小于 2，不皂化物质量分数 0.3%~0.6%。

④ 用途。精油组分、润肤剂。易与阴离子、阳离子和非离子表面活性剂配伍，在中性或微酸微碱性体系中稳定。红花油还可以抗炎和抗过敏、调理肌肤、抗氧化、舒缓敏感肌肤、头发保养以及护唇。其含有丰富的生物活性成分，如红花素和油酸，能够缓解皮肤敏感和炎症，保湿滋润肌肤，抵御自由基，减缓皮肤老化，同时也适用于头发护理和唇部保养。因其具有多重功效，红花油成为护肤和美容产品中备受青睐的天然成分之一。

（12）小麦胚芽油（Wheat germ oil）

INCI 名：小麦胚芽油［*Triticum vulgare*（Wheat）germ oil］，CAS 编号：68917-73-7。

① 来源。取自小麦胚芽（Triticum），胚芽占麦粒（质量分数）1%~2%，胚芽含油量为 6%~10%。

② 组成。小麦胚芽油的脂肪酸组成（以质量分数计）：油酸 8%~30%，亚油酸 44%~65%，亚麻酸 4%~10%，棕榈酸 11%~16%，硬脂酸 1%~6%，C_{20}~C_{22} 饱和酸 0~1%，不皂化物为 2%~6%。

③ 性质。浅黄色透明油状液体，略有特殊气味。一种半干性油类。相对密度（25℃/25℃）0.925~0.933，折射率（40℃）1.469~1.478，碘值 115~129，皂化值 182~191，酸值 6~20，羟值 10~48。

④ 用途。吸留性保湿剂。生育酚含量极高，是一种优质的干性油，被广泛用作老化

皮肤的滋润剂。它具有保护细胞膜、延长循环系统中血液红细胞寿命的功能，有助于人体充分利用维生素 A。生育酚在保持皮肤清洁、健康以及抵御疾病感染方面发挥着重要作用。常用于头发调理剂、香波、滋润霜和乳液、夜霜、清洁膏霜、须后水、脱毛膏等各类化妆制品中。

（13）蓖麻籽油（Castor oil）

INCI 名：蓖麻籽油［*Ricinus communis*（Castor）seed oil］，CAS 编号：8001-79-4。

① 来源。蓖麻油取自蓖麻（*Ricinus communis*）种子（含油质量分数约为 50%）。它的主要产地为巴西、印度和俄罗斯。

② 组成。蓖麻油的脂肪酸组成（以质量分数计）：麻油酸（12-羟基-9-十八烯酸）87%，硬脂酸 1.0%，油酸 7%，亚油酸 3.0%，三萜烯 0.05%，固醇 0.28%，生育酚 400～500mg/kg 油，以及微量的二羟硬脂酸不皂化物≤0.89%。

③ 性质。无色至微黄色透明油状液体，属不干性油，具有蓖麻籽特殊芬芳气味。相对密度（25℃/25℃）0.945～0.965，折射率（20℃）1.473～1.477，碘值 82～90，皂化值 176～187，酸值≤2，凝固点 10～18℃，旋光度不小于+3.5°。动力黏度（20℃）1000mPa · s。表面张力（20℃）39.0mN/m。羟值高是蓖麻油的特性参数。蓖麻油几乎不发生氧化酸败，储藏稳定性好。与其他油脂不同，蓖麻油溶于氯仿乙醚、乙醇，冰醋酸和甲醇；任意比溶于乙醇（质量分数 95%）和石油醚；几乎不溶于水；除非与其他植物油混合不溶于矿物油。

④ 用途。蓖麻籽油在化妆品和个人护理产品中拥有多重用途。它被广泛用于口红、发蜡条、发膏、透明肥皂、含酒精发油、烫发水、指甲油增塑剂、指甲去光剂等产品中，为这些产品增添滋润性和保湿性。在护发产品中，蓖麻籽油作为润丝的油分，有助于修复受损和脆性头发，使头发更加柔软有光泽。此外，它还可作为睫毛调理油，滋养睫毛，减少干燥和脆弱。在含溶剂产品中，如养发水、喷发胶和指甲油清除剂等，蓖麻籽油可用作赋脂剂和软化剂，提高产品的润滑性和光滑度。此外还是制造各种不饱和脂肪酸盐、酯、磺化和乙酰化衍生物的原料。

2.4.1.2　植物脂

（1）可可籽脂（Coeoa seed butter）

INCI 名：可可籽脂［*Thaobroma cacao*（Coeoa）seed butter］，CAS 编号：8002-31-1。

① 来源。取自热带可可树（*Theobroma cacao*）种子——可可豆，可可豆的仁含油为 50%～55%。

② 组成。可可籽脂的脂肪酸组成（以质量分数计）：棕榈酸 24.0%～27.0%，硬脂酸 32.0%～35.4%，油酸 33.8%～36.9%，亚油酸 2.7%～4.0%，C/C 之比为 0.69～0.82。可可籽脂含磷脂 0.05%～0.13%。不皂化物中含有碳氢化合物、脂肪醇、三萜（烯）醇、固醇和生育酚。不皂化物为 0.2%～0.6%。

③ 性质。白色或淡黄色固态脂，略带令人愉快的可可豆的滋味和香味。稍溶于 90% 乙醇，可溶于乙醚氯仿和轻质矿物油。相对密度（100℃/25℃）0.858～0.864、（25℃/25℃）约 0.973，折射率（40℃）1.456～1.458，碘值 33～40，皂化值 190～198，酸值 1～4，脂肪酸冻点 45～50℃，熔点 32～35℃。

在 27℃以下时，可可籽脂是脆的，温度稍高即软化及融化。可可脂的熔点与其晶型有关，可可籽脂可能有六七种晶型。它的多晶型性关系到其独特的融化性质，这是一个复杂问题。可可籽脂虽然不含相对分子质量低的脂肪酸，但其熔点不高。它的组成与羊脂相似，但在低于其熔点温度时，显得脆硬而无油腻感。

④ 用途。可籽脂在化妆品中被广泛应用，主要用于保湿滋润、抗氧化、皮肤修复、护唇、护发以及提升产品质感等方面。其富含脂肪酸和抗氧化物质，能有效滋润肌肤、减缓皮肤老化、修复受损皮肤，同时也适用于唇部护理和头发保养，为肌肤和头发提供全面的护理与滋养，并能提升产品的触感与舒适度。

（2）牛油果树果脂（Shea butter）

INCI 名：牛油果树果脂［*Butyrospermum parkii*（Shea）butter］，CAS 编号：68920-03-6，194043-92-0。

① 来源。取自非洲酪脂树（*Butyrospermum parkii*）果实，果仁含油量质量分数为45%～55%。

② 组成。牛油果树果脂的脂肪酸组成（以质量分数计）：棕榈酸 24.4%，硬脂酸35.4%，油酸 38.1%，亚油酸 2.1%。不皂化物含量高达 3%～11%，其中萜烯醇 65%～75%，植物固醇 3.5%～8.0%。

③ 性质。未精炼牛油果树果脂是灰白色软蜡状物质，精炼脂的颜色和稠度较稳定。酸值 1～30，皂化值 178～190，碘值 53～65，相对密度（100℃/25℃）0.859～0.869，折射率（40℃）1.463～1.467，熔点 32～45℃，冻点 49～54℃。

④ 用途。主要用于保湿滋润、抗氧化、皮肤修复和提升产品质感，为肌肤提供全面的护理和滋养。有报道称牛油果树果脂可吸收 275nm 紫外线，可作防晒制品辅助添加剂。

（3）芒果籽脂（Mango seed butter）

INCI 名：芒果籽脂［*Mangifera indica*（mango）seed butter］。

① 来源。来自芒种籽核仁的油脂。核仁占芒果籽 54%～84%，芒果籽脂含量（干基）3.7%～12.6%，一般为 7.7%～10.6%。

② 组成。芒果籽脂的脂肪酸组成见表 2-2。

表 2-2　芒果籽脂的脂肪酸组成

脂肪酸	质量分数/%	脂肪酸	质量分数/%
月桂酸(C_{12})	0～0.3	反式亚麻酸(C_{18})	0～0.2
肉豆蔻酸(C_{14})	0～0.2	亚麻酸(C_{18},n-3)	0.3～0.6
棕榈酸(C_{16})	7.2～7.6	花生酸(C_{20})	2.3～2.4
棕榈油酸(C_{16})	0.1～0.2	鳕油酸(C_{20})	0.1～0.2
硬脂酸(C_{18})	36.5～43.7	山嵛酸(C_{22})	0.4～0.5
反式油酸(C_{18})	0～0.3	芥酸(C_{22})	0～0.3
顺式油酸(C_{18},n-9,n-7)	38.9～45	木蜡酸(C_{24})	0.4～0.6
反式亚油酸(C_{18})	0～0.2	游离脂肪酸含量	≤0.6
亚油酸(C_{18},n-6)	3.9～5.6		

芒果籽脂含有各类生育酚：α-生育酚 95mg/kg，β-生育酚 5mg/kg，γ-生育酚 17mg/kg，γ-生育三烯酚 8mg/kg，δ-生育三烯酚 3mg/kg。此外，还含有 16 种固醇类，主要是谷固

醇、豆固醇、菜油固醇等；也有报告芒果籽脂含有三萜（烯）醇类（和 4,4-甲基固醇）。

③ 性质。淡黄色软蜡状物，无气味和天然的味道。碘值 43～52，不皂化物质量分数 0.7%～2.4%，皂化值 183～198，熔点 28～38℃。氧化稳定性（110℃）22～26h。

④ 用途。芒果籽脂具有深层滋养的特性，可用于修复干燥、粗糙或受损的肌肤，使肌肤更加柔软光滑。其轻盈的质地也使其成为护发产品中的理想成分，有助于改善发质、增加光泽，并减少头发分叉。

2.4.1.3　植物蜡

（1）巴西棕榈蜡（Carnauba wax）

INCI 名：巴西棕榈蜡［*Copernicia cerifera*（Carnauba）wax］，CAS 编号：8015-86-9。

① 来源。取自巴西蜡棕（*Copernica cerifra*）叶和嫩芽，主产巴西的北部和东北部地区。

② 组成。烷基蜡酸酯［主要是蜡酸蜂花酯（$C_{26}H_{53}COOC_{30}H_{61}$）和蜡酸蜡酯（$C_{26}H_{53}COOC_{26}H_{53}$）］84%～85%，游离蜡酸 3%～3.5%，$C_{28}$、$C_{30}$ 和 C_{32} 的烷醇 2%～3%，内酯（Lactones）2%～3%，碳氢化合物 1%～3%，4%～6%醇不溶的树脂。

③ 性质。除粗小冠巴西棕蜡外，巴西棕榈蜡是最硬、熔点最高的天然蜡。精制品为淡棕色至灰黄色粉末、薄片或形状不规则且质地硬脆的蜡块。质硬，具有韧性和光泽，有光滑断面。几乎无味。巴西棕榈蜡不发生酸败。溶于四氯化碳、异丙醚、三氯乙烷和杂醇油。可溶于热乙醚、乙醇、氯仿、二噁烷和石脑油。相对密度（25℃/25℃）0.996～0.998，折射率（60℃）1.463，碘值 7～14，皂化值 78～88，酸值 2～10，酯化值 75～85，不皂化物质量分数 50%～55%，熔点 82.5～86.0℃。

④ 用途。常用于制作护唇膏、乳液和面霜，能够为肌肤提供滋润保湿的效果。此外，其在蜡烛制造中也被广泛采用，为蜡烛赋予良好的硬度和燃烧性能。

（2）木蜡（Japan wax）

INCI 名：野漆果蜡［*Rhus succedanea* fruit wax］，CAS 编号：8001-39-6。

① 来源。木蜡取自日本的漆树（Sumac）的果浆，也称日本蜡。

② 组成。木蜡虽被称为蜡，其实其组成系属甘油酯，为植物性脂肪或高熔点脂肪，其中三甘油酯 93%～97%，游离脂肪酸 3.8%～5.5%，游离脂肪醇 1.2%～1.6%。甘油酯中脂肪酸组成大致如下。饱和酸：棕榈酸 77.0%，硬脂酸 5.0%，C_{22}～C_{23} 的二元酸 6.0%；不饱和酸：油酸 12.0%，亚油酸少许。

③ 性质。淡奶色蜡状物，有胶黏感，不硬，但有韧性、可延展性和黏性。有牛脂气味，放置会起箱和变黑。易破裂，裂口表面无光泽，可溶于热的乙醇、氯仿、乙醚、苯、石油醚、四氯化碳、异丙醚、甲苯、二甲苯、三氯乙烷和松节油等。相对密度（25°/4℃）0.975～0.984，折射率（60℃）1.450～1.456。碘值 4～15，皂化值 217～237，酸值 6～20，酯化值 210～225，不皂化物质量分数为 2%～4%，熔点 50～56℃。

④ 用途。它主要用于乳液和霜类制品，如发霜和香脂等。

2.4.2　动物油脂与蜡质

动物油脂、蜡在常温下为白色固体，其碘值较植物油脂低，但皂化值较高。甘油酯中饱和脂肪酸含量较高。羊毛脂虽被称为“脂”，但按其成分应属黏性软膏状的蜡。卵磷脂是脂肪醇的磷酸酯，它是半油脂性的化合物。一般动物油脂、蜡都带有各种不同程度的特殊气味，很少直接被使用于化妆品中。

2.4.2.1 动物油

（1）水貂油（Mink oil）

INCI名：水貂油［Mink oil］，CAS编号：8023-74-3。

① 来源。取自水貂皮下脂肪所得的脂肪油。中国水貂油产地主要分布于浙江、江苏、山东和吉林等地。

② 组成。貂油的脂肪酸组成（以质量分数计）：肉豆酸4%，棕榈酸16%，棕榈油酸18%，硬脂酸2%，油酸42%，亚油酸18%。未经超精炼的貂油还含有约3%的亚麻酸和花生酸。

③ 性质。超精炼貂油近乎无色，无味透明液体，一般精制貂油略带淡黄色。相对密度（25℃/25℃）0.910~0.916，折射率（20℃）1.4670~1.4746，碘值75~95，皂化值188~208，酸值<1.0，不皂化物质量分数为0.2%~0.4%，凝固点≤7℃。在异丙醇、乙醇和一些混合溶剂中都有相当大的溶解度。貂油有较好吸收紫外线性能，在207~208nm处显示吸收峰。具有优良的抗氧化性能，抗氧化性比猪油和棉籽油要高8~10倍，对热和氧都是稳定的，贮存不易变质。它的扩散系数较大，约是肉豆蔻酸异丙酯的2倍，而在水中则是同等黏度矿物油的3倍。

④ 用途。水貂油含有丰富的脂肪酸和维生素，能够有效滋润皮肤，使其感觉柔软、光滑，同时减少干燥和粗糙感。其次，水貂油具有温和的舒缓作用，能够缓解皮肤不适，提供长时间的保湿效果，尤其适用于干燥、敏感或受损皮肤。此外，水貂油据称对一些皮肤问题具有一定的疗效，如黄褐斑、单纯糠疹、痤疮、干性脂溢性皮炎、手足皲裂等，能够减轻症状并促进皮肤修复。在头发护理方面，水貂油能够调节头皮油脂平衡，促进头发生长，使其柔软、有光泽和弹性。因其出色的保湿和修护效果，水貂油常见于各种化妆品中，如发油、唇膏、指甲油、清洁霜、固发剂、香皂等，为用户提供全面的护肤体验。

（2）鲨鱼肝油

INCI名：鲨鱼肝油［Sharkliver oil］，CAS编号：68990-63-6。

① 来源。取自鲨鱼肝脏，肝脏含油量为30%~70%。这类海洋动物油脂组成受到季节变化、成熟程度、地理位置和所在地区生态环境的影响。

② 组成。鲨鱼肝油的脂肪酸组成（以质量分数计）：肉豆蔻酸2%，棕榈酸12%，棕榈油酸7%，硬脂酸4%，油酸30%，亚油酸6%，亚麻酸5%，二十二碳六烯酸10%；其余为C_{20}以上不饱和脂肪酸。还含有生育酚、维生素A、维生素D、不皂化物。

③ 性质。超精炼鲨鱼肝油近乎无色、无味的透明油状液体。碘值300~350，皂化值10~40，酸值1.0，不皂化物变化很大，一般质量分数为1%~3%。

④ 用途。用作吸留性保湿剂、护肤剂和溶剂。其含有丰富的角鲨烯，角鲨烯是皮脂和皮肤天然脂质体的组分。鲨鱼肝油在化妆品和医药领域中具有多种用途。其丰富的维生素A和维生素D、不饱和脂肪酸等营养成分，赋予了它出色的护肤功效，可滋润肌肤、减少皮肤干燥、炎症和敏感等问题。同时，这些营养成分也对头发有益，因此鲨鱼肝油被广泛应用于护发产品中，改善头发质地，减少分叉和断裂。此外，鲨鱼肝油作为药物基质原料，被用于制备口服补充剂或药膏，用于治疗皮肤病、关节炎等疾病。另外，由于其某些

成分具有抗紫外线损伤作用，鲨鱼肝油也常见于防晒产品中，有助于保护皮肤免受紫外线伤害。综上所述，鲨鱼肝油在美容和保健领域中发挥着重要作用，常见于各类化妆品、护肤品和药品中。

2.4.2.2　动物蜡

（1）蜂蜡（Beeswax）

INCI 名：蜂蜡［Beeswax］，CAS 编号：8012-89-3，8006-40-4（White）。

① 来源。来自蜂巢，是约两周龄工蜂前腹部蜡腺体分泌出来的脂肪性物质。经与腹部接触后固化而成鳞片状，再由这些鳞片聚合而成蜂蜡。一般为天然黄蜂蜡（Yellow wax），氧化漂白后被称为白蜂蜡（White wax）。

② 组成。蜂蜡的化学成分因产地不同，略有差异。蜂蜡主要成分为质量分数 72%的高级脂肪酸酯，质量分数 13.5%的游离蜡酸（C_{14} ~ C_{32}），质量分数 12.5%的碳氢化合物（C_{25} ~ C_{31}），其中，主要是蜂花醇棕榈酸酯，蜡酸（二十二烷酸）是主要酸。约质量分数 1%的游离蜡醇和脂肪酸的硬脂醇酯；未皂化物质量分数为 52% ~ 55%，还含具有独特性能的 300 多种微量组分，使蜂蜡成为化妆品和药物制剂的理想原料。

③ 性质。天然蜂蜡是黄色至棕褐色无定形蜡状固体，其颜色随蜂种、加工技术、蜜源及蜂巢的新旧而不同，有类似蜂蜜的香味，在咀嚼时不黏牙，有油脂的芳香味。用手捏揉时有塑性，稍硬，敲击后成碎片，断面呈片状晶粒。白蜂蜡为白色或淡黄色的半透明薄片或小颗粒，无味，略淡蜂蜜的香味。黄蜂蜡色或淡棕色的碎片或块状物，呈细颗粒状的非晶态断裂。本品轻微具特征气味，而且加热后变柔软。白蜂蜡滴点 61.0~65.0℃，酸值 17.0~24.0，酯化值 70.0~80.0，酸化值与酸值 3.3∶4.3，皂化值 87.0~104.0。

蜂蜡溶于乙醚、四氯化碳、异丙醚、三氯乙烯、松节油和杂醇油；溶于热乙醇（76℃）、热丙酮和氯仿蜂蜡，与矿物蜡、脂肪酸、甘油酯、碳氢化合物、脂肪醇等几乎所有其他蜡类和油类配伍。

④ 用途。用作黏结剂、乳化稳定剂、脱毛剂、助悬剂、增稠剂、乳化剂及非水体系增黏剂。主要用于化妆品和医药膏霜乳液，其收缩性能尤其适用于棒状化妆产品，易于从模具中脱除。还被应用于胭脂、眼影、睫毛膏、发蜡和各种固融体油膏制品。

（2）鲸蜡（Spermaceti）

INCI 名：鲸蜡［Spermaceti］，CAS 编号：8002-23-1。

① 来源。取自抹香鲸头腔和其他鲸鱼的鲸脂的蜡状物。也来自鲸油的氢化产物。

② 组成。鲸蜡要由鲸蜡醇棕榈酸酯组成，一般酯类质量分数 95.4%，高级脂肪醇质量分数 2.6%，脂肪酸 1.2%；酯类还有高级脂肪醇的月桂酸酯、肉豆蔻酸酯和硬脂酸酯等，此外，含有较多游离脂肪醇。

③ 性质。精制鲸蜡是白色半透明、有珠光略带油性的结晶性蜡状固体。无臭、无味、质脆易成粉状。溶于氯仿、四氯化碳、三氯乙烯、乙醚、溶剂（石脑）油、松节油等油类，溶于热乙醇、四氯化碳和丙酮，不溶于冷乙醇。相对密度（25℃）0.940~0.946，熔点 45~49℃，折射率（60℃）1.440，皂化值 116~126，酸值<0.5，酯化值 116~125，不皂化物质量分数 45%~60%，碘值<3.0，长期暴露于空气中易氧化酸败变黄。

④ 用途。鲸蜡加碱水溶液部分皂化，形成乳液。可与蜂蜡、乙基纤维素和硬脂酸配伍。主要用于制冷霜和需要较好光泽及稠度的乳液，也用于唇膏和固融体油膏状的制品。

《国际捕鲸管制公约》实施以来，鲸蜡的使用被逐步取代。由抹香鲸油氢化制得的蜡，性质与鲸蜡相近，抗氧化性好，不会酸败，可代替鲸蜡，鲸蜡醇与棕榈酸反应制得固体蜡酯，用于乳液产品作润肤剂及润肤剂增稠剂，用于棒状产品作基料及膏体的硬化剂，可替代鲸蜡使用。

2.4.3 矿物油脂与蜡质

矿物油脂和蜡是高碳烃，属于非极性物质，其沸点大多在300℃以上，主要成分为直链饱和烃。它们来源丰富，易精制，是化妆品价廉物美的原料。对氧和热的稳定性高，不易腐败和酸败，油性也较高，尽管有些方面不如动植物蜡，但至今仍是化妆品工业重要的原料。

（1）石蜡（Paraffin wax）

INCI 名：石蜡［Paraffin］，CAS 编号：8002-74-2。

① 来源。碳氢化合物的固态混合物。由石油馏分油经冷冻脱蜡、脱油精制而成，又被称为硬蜡。

② 组成。主要是 C_{24} ~ C_{32} 正构烷烃，还含有异构烷烃、环烷烃和少量芳烃。相对分子质量 337~456。

③ 性质。无色或白色，无臭、无味半透明蜡状固体，触摸有滑腻感，有脆性。断面呈结晶状，微观下为微晶簇的混合物。相对密度（84℃/4℃）0.7526 ~ 0.7687，密度（20℃）0.84 ~ 0.89g/cm^3；折射率（84℃）1.4226 ~ 1.4315，熔点 50 ~ 70℃，沸点范围 300~500℃。微溶于乙醇和丙酮，易溶于四氯化碳、三氯甲烷、乙醚、苯、石油醚、二硫化碳、各种油脂和液体石蜡。对氧和热稳定性高。充分精制的白蜡为 C_{23} ~ C_{29}，熔点范围 53.5~54.5℃。石蜡化学性质较为稳定，不易与碱类、无机酸类及卤族元素起作用。石蜡遇热熔化，遇高热则燃烧并分解。

④ 用途。吸留性保湿剂、非水增黏剂。用于发用调理制品发霜发乳，可与其他油脂混合制造各类护肤膏和乳液，也可供制备固融体油膏等制品。

（2）凡士林（Vaselline 或 Petroleum jelly）

INCI 名：矿脂［Petrolatum］，CAS 编号：8009-03-8。

① 来源。凡士林是石油残油脱蜡精制而成，其主要成分是石蜡烃和少量不饱和烃，成分随产地不同略有差异。

② 性质。白色或淡黄色均匀膏状物，几乎无臭、无味。相对密度（60°/4℃）0.820~0.865，折射率（60℃）1.460~1.474，熔点范围 38 ~ 54℃。在阳光照射后略带荧光白凡士林冷冻至 0℃时仍能保持透明。不溶于水、甘油，难溶于乙醇，溶于苯、四氯化碳，乙醚和各种油脂。

③ 组成。烷烃 $C_{16}H_{34}$ ~ $C_{32}H_{66}$，少量不饱和烃。

④ 用途。主要用作皮肤润滑剂和油溶性溶剂。它是较常用化妆品油类原料，用于各类霜和乳液及固融体油膏等。凡士林（白色）是许多药物的软膏载体，因为它对皮肤的刺激性很低。还可用作赋形剂，如软膏基质、润滑剂、黏合剂、增黏剂、赋形剂等。

（3）液体石蜡（Paraffin oil 或 Mineral oil）

INCI 名：液体石蜡［Mineral oil］，CAS 编号：8042-47-5。

① 来源。液体石蜡是炼油生产过程中沸点 315~410℃范围的烃类的馏分。也被称为白油或石蜡油。

② 性质。无色、无臭、无味黏性液体，加热后稍有石油气味，对酸、热和光都很稳定。液体石蜡不溶于水、冷乙醇和甘油，但溶于二硫化碳、乙醚、氯仿、苯和热乙醇。除了蓖麻油外，它与大多数脂肪油均能混溶。此外，液体石蜡可溶解樟脑、薄荷及麝香等物质。相对密度（15°/4℃）0.831~0.883，流动点-15~22.5℃，雾点 4.5℃以下，闪点 220℃。

③ 组成。主要由正构烷烃组成，含有少量的异构烃、环烷烃和苯基烷烃等。

④ 用途。用于发油、发乳、发蜡、洗面奶和婴儿护肤品等各种乳化制品的油相原料，也是固融体油膏的重要原料。

（4）微晶蜡（Microcrystalline wax 或 Amorphous wax）

INCI 名：微晶蜡［Microcrystalline wax］，CAS 编号：63231-60-7。

① 来源。微晶蜡是从提炼润滑油后的残留物中，经过脱蜡精制而得到的产物，也称无定形蜡。

② 性质。黄色或棕黄色，无臭、无味、无定形固体蜡，纯微晶蜡为白色。不溶于冷乙醇（质量分数为 95%），稍溶于无水乙醇，可溶于乙醚，四氯化碳，苯和二硫化碳等，与温热脂肪油可互溶。相对密度（15°/4℃）0.90~0.92，（99°/4℃）0.78~0.80，折射率（99℃）1.435~1.445，赛氏黏度（99℃）75~85s，闪点≥260℃，熔点 65~90℃。

③ 组成。主要由 C_{41}~C_{50} 带长侧链的环烷烃和异构烷烃和少量的直链烃和烷基芳烃所组成。相对分子质量 580~700。其含油量随不同等级为 2%~12%。

微晶蜡的结晶结构和大小与石蜡不同，其韧性、柔软性和抗拉强度比石蜡高，熔点也较高，黏着性也好，但光泽和油性不如石蜡。与石蜡并用，可防止石蜡结晶变化和调节产品的熔点，它对油的亲和力强，可吸收较多油分，防止固融体渗油，保持产品稳定。

④ 用途。广泛应用于化妆品中，可作为香脂、唇膏、发蜡等的基质基料。对皮肤和毛发的附着性好，对微生物十分稳定。

2.4.4　合成油脂与蜡质

合成油脂和蜡是通过对各类油脂或原料进行改性加工而得的产品。它们与原材料油脂在成分上相似，保留了其优点，并通过改性赋予了新的特性。这些合成油脂和蜡不仅具有稳定的组成，还展现出卓越的功能，因此在各种化妆品中被广泛采用。

2.4.4.1　角鲨烷（Squalane）

INCI 名：角鲨烷［Squalane］，CAS 编号：111-01-3。

化学名称：2,6,10,15,19,23-六甲基二十四烷，相对分子质量为 422.80。结构式见图 2-2。

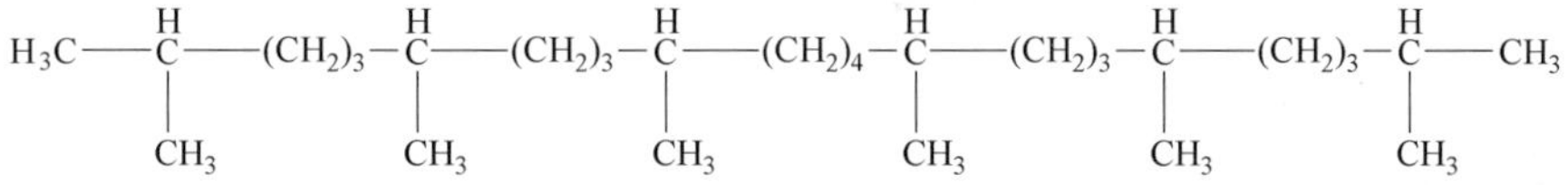

图 2-2　2,6,10,15,19,23-六甲基二十四烷的结构式

① 来源。角鲨烷又名异三十烷、鲨烷，是由角鲨烯氢化后制得，可用作香脂、营养乳液等基础化妆品油性原料。角鲨烯是从蓝鲨（Centrophorus）或其他深海鲨鱼类肝油中取得，开始作为由鲨鱼肝油生产维生素 A 的副产物。近年发现，橄榄油不皂化物含丰富的角鲨烯，以它为原料生产角鲨烷（即全氢化角鲨烯）。

② 性质。精制角鲨烷是无色、无味、无臭、惰性的透明油状黏稠液体。微溶于甲醇、乙醇、丙酮和冰醋酸、能与苯、氯仿、四氯化碳、石油醚、乙醚、矿物油和其他动植物油混合。相对密度（15℃/4℃）0.812，折射率（15℃）1.4530，碘值 0~5，皂化值 0~5，酸值 0~0.2，凝固点-38℃，沸点 350℃。在空气中稳定，阳光作用下会缓慢氧化。皮脂腺可合成角鲨烯，皮脂含有角鲨烯，儿童皮脂质量分数为 1%，成人皮脂质量分数可达 10%；皮脂含角鲨烷质量分数约为 2%。其渗透性、润滑性和透气性较其他油脂好，与大多数化妆品原料匹配。

③ 用途。角鲨烷是一种化学稳定性极高的动物油脂，具有出色的使用感，对皮肤亲和性强，不会引起过敏刺激。在婴儿护理用品中推荐使用，可加速其他活性成分渗透至皮肤。此外，角鲨烷在彩妆和唇膏中具有良好的分散作用，同时可促进血液微循环，增进细胞新陈代谢，有助于修复破损细胞。

2.4.4.2 羊毛脂衍生物

精制羊毛脂经分馏、氢化、乙酰化、乙氧基化、烷氧基化、色谱分离和分子蒸馏等加工方法，可产生一系列羊毛脂衍生物。

（1）羊毛脂醇（Lanolin alcohol）

INCI 名：羊毛脂醇［Lanolin alcohol］，CAS 编号：8027-33-6。

① 来源。取自无水羊毛脂不皂化物，经纯化、分子蒸馏等方法，制得各种不同等级精制羊毛脂醇。

② 组成。羊毛脂醇的基本组成见表 2-3。

表 2-3　羊毛脂醇的基本组成

组分	质量分数/%	组分	质量分数/%
正构和支链的脂肪醇（C_{18}~C_{26}）	18	羊毛固醇（$C_{30}H_{50}O$）	10
二元醇	4~5	二羟羊毛固醇（$C_{30}H_{52}O$）	10
固醇	—	羊毛固三烯醇（$C_{30}H_{45}O$）	1
胆固醇（$C_{27}H_{26}O$）	25	二羟羊毛固三烯醇（$C_{30}H_{50}O$）	4
二羟胆固醇，胆固烷醇（$C_{27}H_{48}O$）	2.5~5.0	未测定组分	20
三萜烯醇	—		

③ 性质。淡黄色至浅棕色蜡状固体，略有特征性气味。不溶于水，稍溶于无水乙醇、矿物油和肉豆蔻酸异丙酯，可溶于蓖麻油和油醇。皂化值≤12.0，酸值≤2.0，羟值 120~180，过氧化值≤15.0，干燥失重≤0.5%，总灰分质量分数为≤0.1%，熔点≤58℃，胆固醇含量质量分数为≤30.0%。平均相对分子质量约 370。

④ 用途。羊毛脂醇可代替羊毛脂用于要求色淡、味淡、耐氧化酸败的各类化妆品。与皮肤制剂中的水杨酸、苯酚、类固醇和其他药物都可匹配。用作油包水（W/O）型乳化剂，也用作水包油（O/W）乳液的乳化稳定剂。还用于唇膏、发胶、指甲油、晚霜、

雪花膏和剃须膏等。

（2）羊毛脂肪酸（Lanolin fatty acid）

INCI 名：羊毛脂肪酸［Lanolin fatty acid］，CAS 编号：68424-43-1。

① 来源。羊毛脂肪酸是自然羊毛蜡脂水解后，经分离、纯化后的复杂的脂肪酸混合物。

② 组成。直链脂肪酸 40%，支链脂肪酸 20%，羟基脂肪酸 40%，大多数为 $C_7 \sim C_{40}$ 的饱和酸。它很容易熔化，能与其他脂肪油、油脂和蜡复配。不能长时间保持在高温熔融状态，由于在高温下内酯生成，导致酸值降低。应贮存在密封容器内，防止受热。

③ 性质。淡黄至浅棕色膏状油脂，有特征性气味。不溶于水，微溶于丙酮、无水乙醇、异丙醇、矿物油和肉豆蔻酸异内酯等。精制羊毛脂肪酸皂化值 170~190，酸值 138~152，羟值 24~46，灰分质量分数≤0.1%，水分质量分数≤0.25%，滴点 50~60℃。

④ 用途。它较少直接使用。用三乙醇胺中和后，产生皂基，制备 O/W 膏霜，对皮肤有良好滋润作用，特别适用于剃须膏。

（3）羊毛脂油（Lanolin oil）

INCI 名：羊毛脂油［Lanolin oil］，CAS 编号：70321-63-0，8038-43-5。

① 来源。由无水羊毛脂经低温分级结晶，将室温下为固体的酯类分离而制得的产物。

② 组成。由固醇、三萜醇和脂肪醇类与混合天然脂肪酸生成的酯类的混合物。平均相对分子质量约为 360。

③ 性质。淡黄色略带特征气味的黏稠油状液体，易与其他油类混合，不易析出。不溶于水，可溶于丙酮、异丙醇、矿物油和肉豆蔻酸异丙酯，稍溶于无水乙醇。皂化值 85~105，酸值≤2.0，灰分质量分数为 0.15%，水分质量分数为<0.5%，浊点 32.2℃，流动点 15.6℃。

④ 用途。发用调理剂、润肤剂。性质与羊毛脂相似，润滑作用和 W/O 乳化作用很强。易被皮肤吸收，添加入各类化妆品中，可调节产品黏度、浊点和流动性。它用于无水油膏、乳液、卸妆油、浴油和发油等，能保持制品流动性或透明。在油类制品 O/W 型和 W/O 型乳液中是很好的润肤剂。用于干性皮肤油膏、日霜和护发素等。在 W/O 型乳液中代替部分的矿物油，可提高乳液稳定性。

（4）羊毛脂蜡（Lanolin wax）

INCI 名：羊毛脂蜡［Lanolin wax］，CAS 编号：68201-49-0。

① 来源。精制天然羊毛脂低温分级结晶后分离而得，在常温下呈半固态的产物。

② 组成。由直链脂肪酸、支链脂肪酸和羟基脂肪酸与脂肪醇、固醇和三萜烯醇组成的混合酯。

③ 性质。淡黄色略带特征性气味的软油脂。不溶于水，部分溶于丙酮、无水乙醇、异丙醇、矿物油和肉豆蔻酸异丙酯等。碘值 18~36，皂化值 80~110，游离脂肪酸 0~0.56%，干燥失重 0~0.2%，熔点 42~52℃。高温（80℃以上）长时间加热会发生氧化。一般添加 150mg/kg 的抗氧化剂 BHT，可保存两年。

④ 应用。润肤剂、发用调理剂、黏结剂、非水体系增黏剂。容易加入配方，乳液制品较白，可改善产品质地，对皮肤的黏附性使其适用于需要持久性的彩妆产品。用于乳化制品膏霜和油膏中，具有较好的高温稳定性，适于热带气候使用。它属非离子型，能容忍

较高浓度的水溶性电解质，在较宽 pH 范围内稳定。易被人体皮肤吸收，有很好的润肤、保湿作用。唇膏和发用制品中也常使用，制成发乳有一些定型作用。一般用量 0.5%~5%。

（5）乙酰化羊毛脂（Acetylated lanolin）

INCI 名：乙酰化羊毛脂［Acetylated lanolin］，CAS 编号：61788-48-5。

① 来源。无水羊毛脂乙酰化后精制而得。

② 组成。除自由羟基被乙酰化外，其余组成与羊毛脂相近。

③ 性质。黄色略带特征性气味的软油脂。不溶于水，稍溶于丙酮、无水乙醇和异丙醇，亲油性强、油溶性好，特别易溶于矿物油，易溶于肉豆蔻酸异丙酯，其溶液在贮存时不易析晶。碘值 23~40，皂化值 100~120，酸值≤3.0，羟值≤8，灰分≤0.15%，水分<0.5%，滴点 33~39℃。

④ 用途。润肤剂、吸留性保湿剂、发用调理剂、非水体系增黏剂。本身无乳化能力，但容易被 W/O 和 O/W 型乳化剂乳化形成稳定的乳液，是优良的皮肤润滑剂，用于膏霜和乳液可增加润滑性，无气味，不黏，但加入量大时，有“蜡”感。可用于婴儿润肤油、防晒油和浴油，添加乙氧基羊毛醇增溶后可用于香波，赋予皮肤和头发光泽。

（6）聚氧乙烯羊毛脂（Polyoxyethylene lanolins）

INCI 名：聚氧乙烯羊毛脂［Polyoxyethylene lanolins］，CAS 编号：61790-81-6。

① 来源。聚氧乙烯羊毛脂是在羊毛脂的游离脂肪酸的羟基上加成环氧乙烷所得到的产品。

② 性质。黄色至黄棕色膏状物，有特殊性气味。分子中随着环氧乙烷（EO）摩尔数的增加，亲水性增强，当 EO 增加至 70~75mol 时，产品才能成为水溶性的，耐酸、碱性能较好。

③ 用途。由于聚氧乙烯羊毛脂具有平衡的亲水、亲油特性以及它可作为非离子型乳化剂、润湿剂、分散增溶剂等，所以它是羊毛脂衍生物中应用于液状化妆品中最方便和经济的一种，广泛用于各类护肤、护发用品中。

（7）氢化羊毛脂（Hydrogenated lanolin）

INCI 名：氢化羊毛脂［Hydrogenated lanolin］，CAS 编号：8031-44-5。

① 来源。羊毛脂经氢化或钠还原等方法，制得氢化羊毛脂。

② 性质。白色至淡黄色糊状半固体，不溶于水，稍溶于无水乙醇，溶于丙酮苯等有机溶剂，在矿物油中的溶解度比一般羊毛脂大。乳化能力和一般羊毛脂相近。碘值≤20，皂化值≤6，非皂化成分质量分数为 94%~98%，游离脂肪酸质量分数≤0.5%，水分质量分数≤0.1%，灰分质量分数为 0.05%，熔点 48~54℃。氢化羊毛脂稳定性高、色浅、气味低，不黏，吸水性良好。

③ 用途。代替天然羊毛脂用于要求色淡、味淡、耐氧化酸败的各类化妆品。它和皮肤制剂中水杨酸、苯酚、类固醇和其他药物都可匹配。一般也用于唇膏、发胶、指甲油、晚霜和剃须膏等中。

（8）羊毛脂酸异丙酯（Isopropyl lanolate）

INCI 名：羊毛脂酸异丙酯［Isopropyl lanolate］，CAS 编号：63393-63-1。

① 来源。异丙醇重新酯化精炼羊毛脂水解后分离出的羊毛脂混合脂肪酸，再分离得各种等级的羊毛脂酸异丙酯。

② 性质。淡黄色略带特征气味软固体，分为液态和固态两种，溶解性有区别。固态羊毛脂酸异丙酯不溶于水，溶于矿油、肉豆蔻酸异丙酯（IPM），部分溶于丙酮、无水乙醇、无水异丙醇，液态羊毛脂酸异丙酯不溶于水，上述其他溶剂均可溶。酸值≤0.15，皂化值≤125～155，碘值 6～20，熔点范围 28～38℃。

③ 用途。熔化温度范围低于 40℃，润滑，易在皮肤上分散，被皮肤快速吸收。可作为药物的载体，促进皮肤对活性成分的吸收，特别是液态羊毛脂酸异丙酯，皮肤完全吸收所用的时间不到 2s。用于膏霜和乳液减少矿物油油腻感，赋予皮肤光滑光泽。也是唇膏理想的润滑剂和光亮剂。还用作香皂的过脂剂和润滑剂。与其他化妆品组分易配伍。

2.5　脂肪酸、醇和脂

（1）月桂酸（Lauric acid）

INCI 名：月桂酸［Lauric acid］，CAS 编号：143-07-7。

① 来源。来自可可油（Coconut oil），经一次或两次蒸馏除去低相对分子质量脂肪酸，有时需要氢化处理减少不饱和脂肪酸的比例。

② 分子式。$CH_3(CH_2)_{10}COOH$；相对分子质量 200.19。

③ 组成。一般月桂酸组成（以质量分数计）：C_8<8%、C_{10} 1%～7%、C_{12} 39%～96%、C_{14} 2%～28%、C_{16} 2%～14%、C_{18} 2%～8%，不饱和酸 2%～14%。氢化处理后组成变化（以质量分数计）：C_8 1%、C_{10} 3%、C_{12} 60%、C_{14} 18%、C_{16} 7%、C_{18} 8%，不饱和酸 3%。

④ 性质。白色结晶的蜡状固体，相对密度（80℃/4℃）0.8477，折射率（80℃）1.4191，酸值 239～282，熔点 22～44℃，沸点 299℃（101kPa）。不溶于水，溶于乙醚、石油醚、氯仿及其他有机溶剂。

⑤ 用途。香精组分、清洁剂。用于生产香皂、各种表面活性剂和纺织油剂等，是化妆品主要间接原料。较少直接应用于化妆品。

（2）肉豆蔻酸（Myristic acid）

INCI 名：肉豆蔻酸［Myristic acid］，CAS 编号：544-63-8。

① 来源。以甘油酯形式存在于豆蔻油、棕榈油、椰子油等植物油脂中，经水解油脂精制而成。

② 分子式。$CH_3(CH_2)_{12}COOH$；相对分子质量 228.36。

③ 组成。一般市售肉豆蔻酸是混合酸，含有棕榈酸或月桂酸，或者三者混合物。

④ 性质。白色结晶性蜡状固体，无臭、无味。冻点 48～53.5℃，酸值 244～249，碘值 1，皂化值 246.1，酸值 246.1，熔点 53.8～60℃。不溶于水，溶于丙酮、苯、四氯化碳、己烷、甲醇、丁醇、甲基和丁基溶纤剂等。

⑤ 用途。清洁剂、剃须用品、护肤乳液等。除高级香皂外，其他化妆品很少直接应用，但由它合成的酯（如 IPM，肉豆蔻酸异丙酯）和表面活性剂等应用很广，也是化妆品的重要间接原料。

（3）棕榈酸（Palmitic acid）

INCI 名：棕榈酸［Palmitic acid］，CAS 编号：57-10-3。

① 分子式。$CH_3(CH_2)_{14}COOH$；相对分子质量 256.26。

② 性质。白色结晶性蜡状固体。不溶于冷乙醇，可溶于热乙醇、乙醚和氯仿等。纯棕榈酸相对密度（80℃/4℃）0.8414，折射率（80℃）1.4272，碘值 0，皂化值 219.0，熔点 62.85℃。

③ 用途。与硬脂酸复配使用，调节膏体或乳液的触变性。它也是各种表面活性剂和酯类的重要原料。

（4）硬脂酸（Stearic acid）

INCI 名：硬脂酸［Stearic acid］，CAS 编号：57-11-4。

① 来源。以甘油酯形式存在于动植物油脂中，经水解精制而成。

② 分子式。$CH_3(CH_2)_{16}COOH$；相对分子质量：284.48。

③ 组成。不同来源硬脂酸组成和性质不同。

④ 性质。纯硬脂酸为白色鳞片状结晶固体。稍有气味，有动物脂肪味道。溶于乙醇、乙醚、氯仿、二硫化碳、四氯化碳和甲醇等溶剂。市售硬脂酸主要是棕榈酸与硬脂酸的混合物。各国药典都有药用硬脂酸的标准。

⑤ 用途。用碱或三乙醇胺部分中和后用作乳化剂、清洁剂。一般乳化制品不可缺少的原料，用于粉底霜、剃须膏、染发烫发剂、护发素和护肤膏霜乳液、彩妆制品。

（5）油酸（Oleic acid）

INCI 名：油酸［Oleic acid］，CAS 编号：112-80-1，2027-47-6。

① 来源。来源于天然植物油脂，经分离后制得。

② 分子式。$CH_3(CH_2)_7CH=CH(CH_2)_7COOH$；相对分子质量 282.47。

③ 组成。一般多次蒸馏油酸含油酸质量分数 81%~90%，肉豆蔻酸质量分数 2%~6%，棕榈酸质量分数 2%~9%，硬脂酸质量分数 8%，聚不饱和物质量分数≤10%。低多不饱和油酸含油酸质量分数 89%，肉豆蔻酸质量分数 6%，棕榈酸质量分数 2%，聚不饱和物质量分数≤3%。

④ 性质。无色或淡黄色的透明油状液体，具有油脂气味。置于空气中色泽逐渐变深呈深棕色或深红色，而且油臭味增强。不溶于水，可溶于质量为分数 90% 的乙醇、乙醚、氯仿、苯和汽油等有机溶剂，也可与脂肪互溶。相对密度（20℃/4℃）0.889~0.895，折射率（20℃）1.4571，4℃ 时冻凝成固体，浊点 5~12℃。一般多次蒸馏油酸滴点 2~11℃，碘值 84~95，酸值 195~202；低多不饱和油酸冻点 5~11℃，碘值 85~95，酸值 191~197。

⑤ 用途。对头发和皮肤具有柔软和渗透作用，尤其适用于烫发、染发剂，其渗透作用优于植物油，有利于上色、营养滋润，并略有杀菌的作用。常用中和剂为氨水和三乙醇胺。也被用于雪花膏、剃须膏、冷霜、发油和指甲光亮剂、浴油、彩妆基质和医用制剂等。特别适用于含有电解质的乳化制品，也是合成表面活性剂的原料。油酸在食品和局部用药物制剂中用作乳化剂，还可用作透皮制剂的透皮促进剂。可用于提高片剂中水溶性差的药物的生物利用度，并可作为软胶囊基质的一部分。

（6）十六醇/鲸蜡醇（Cetyl alcohol）

INCI 名：鲸蜡醇［Cetyl alcohol］，CAS 编号：36653-82-4。

① 来源。最早由鲸蜡水解得到的。工业上可由油脂还原，或用硼氢化钠还原十六酰氯制得。

② 分子式。$CH_3(CH_2)_{14}CH_2OH$；相对分子质量 242.45。

③ 组成。一般化妆品中所用鲸蜡醇含有 10%~15%硬脂醇，少量肉豆蔻醇。精制品鲸蜡醇含 98%以上，及少量硬脂醇。鲸蜡醇部分硫酸化后，得到约含 10%鲸蜡醇硫酸酯的鲸蜡醇，被称为自乳化醇（Self-emulsifying alcohol），与水易形成 O/W 型乳液。

④ 性质。蜡状白色或小立方状的固体。不溶于水，溶于沸腾的 95%乙醇、乙醚、氯仿、油脂和矿物油。纯十六醇熔点 49℃，沸点 344℃，闪点 135℃，酸值、碘值和酯值均为 0，酰值 197。市售产品冻点 46~54℃，皂化值 0.2，碘值 1~5，羟值 215~235。

⑤ 用途。耦合剂、润肤剂、助乳化剂。与 O/W 型乳化剂结合形成稳定 O/W 乳液，增加乳液稳定性，也可与 W/O 型乳化剂结合，制得稳定的 W/O 乳液。十六醇的加入可使产品变软，赋予皮肤天鹅绒般柔软、平滑的感觉。

（7）十八醇/硬脂醇（Stearyl alcohol）

INCI 名：硬脂醇［Stearyl alcohol］，CAS 编号：112-92-5。

① 来源。植物油脂水解精制而成。

② 分子式。$CH_3(CH_2)_{16}CH_2OH$，相对分子质量 270.50。

③ 组成。市售产品为鲸蜡醇和硬脂醇的混合物，还含有少量肉豆蔻醇或花生十醇。硬脂醇的组成（以质量分数计）：$C_{14}\leq0.5\%$，$C_{16}\leq2.5\%$，$C_{18}\geq95.0\%$，$C_{20}\leq3.0\%$。

④ 性质。白色蜡状小片晶体。不溶于水，溶于乙醇（质量分数 95%）、乙醚、丙二醇、四氯化碳、菜籽油。纯硬脂醇熔点 58.5℃，沸点>249℃。市售化妆品用硬脂醇冻点 56~60℃，皂化值 1~2，碘值 0.5~3，羟值 200~220。

⑤ 用途。乳化稳定剂、助乳化剂、稳泡剂、水及非水增黏剂。与鲸蜡醇相同，其增稠乳液的作用比鲸蜡醇强，与鲸蜡醇匹配使用，调节制品的稠度和软化点，可用于 W/O 或 O/W 乳液。与各种表面活性剂配伍，具有较好的润滑作用。

（8）油醇（Oleyl alcohol）

INCI 名：油醇［Oleyl alcohol］，CAS 编号：143-28-2。

① 来源。动植物油脂水解，加氢部分还原而得到的不饱和油醇。

② 分子式。$CH_3(CH_2)_7CH=CH(CH_2)_7CH_2OH$；相对分子质量 268.49。

③ 组成。市售油醇一般为 $C_{16}\sim C_{18}$，不饱和脂肪醇的混合物。

④ 性质。淡黄透明液体。不溶于水，溶于 70%以上乙醇、乙醚和 65%以上异丙醇。市售产品碘值 67~95，皂化值 0.1~3.0，酸值 0.5~1.5，羟值 207~216，浊点 13~15℃。超精制油醇为无味，浅白色透明液体。

⑤ 用途。润肤剂、溶剂、非水增黏剂、香精组分。经皮渗透增强剂，特别适用于经皮吸收药剂以及含活性物的膏霜乳液。不黏，易分散，渗透性好，用于发类制品，如染发、烫发剂、发油、发用修饰制品，提高光泽度。也应用于各类乳化制品、唇膏、浴油浴皂、须后水、祛臭剂、彩妆品等赋予皮肤平滑、柔软和清新感。

2.6　不溶性金属皂类

在化妆品工业中，较常用不溶性金属皂包括 $C_{14}\sim C_{22}$ 的 Al、Ca、Li、Mg 和 Zn 脂肪酸皂。

不溶性金属皂可以用可溶性皂基与金属盐溶液复分解反应，经沉淀、干燥和粉碎制得；或通过金属氧化物、氢氧化物或碳酸盐与液态脂肪酸反应制得。

（1）硬脂酸锌（Zinc stearate）

INCI 名：硬脂酸锌［Zinc stearate］，CAS 编号：557-05-1。

① 分子式。$Zn(C_{18}H_{35}O_2)_2$；相对分子质量 632.32。

② 性质。白色黏结的细粉，有滑腻感，微具刺激性气味。密度 1.095，熔点 130.4℃。不溶于水、醇和醚。能溶于苯和松节油等有机溶剂。

③ 用途。普遍用于粉类彩妆化妆品，油性、粉饼黏结剂。

（2）硬脂酸镁（Magnesium stearate）

INCI 名：硬脂酸镁［Magnesium stearate］，CAS 编号：557-04-0。

① 分子式。$Mg(C_{18}H_{35}O_2)_2$；相对分子质量 591.24。

② 性质。白色粉末，有滑腻感，无味，无臭，细腻无砂粒感，有清淡的特征性香气。密度 1.028，熔点 200℃。能溶于热醇，不溶于水。

③ 用途。普遍用于粉类彩妆化妆品，油性、粉饼黏结剂，用作香波遮光剂。C_{16} ~ C_{18} 脂肪酸镁用于透明发蜡。

（3）硬脂酸铝（Aluminum stearate）

INCI 名：硬脂酸铝［Aluminum stearate］，CAS 编号：637-12-7。

① 分子式。$Al(C_{18}H_{35}O_2)_3$；相对分子质量 877.39。

② 性质。白色粉末。密度 1.01，熔点 103℃。不溶于乙醇、乙醚、水，溶于碱、松节油、矿油、煤油、石油及苯等溶剂中。遇强酸分解成硬脂酸和相应的盐。

③ 用途。用作矿油和其他不碳氢化合物的胶凝剂。

（4）硬脂酸钙（Calcium stearate）

INCI 名：硬脂酸钙［Calcium stearate］，CAS 编号：1592-23-0。

① 分子式。$Ca(C_{18}H_{35}O_2)_2$；相对分子质量 607.02。

② 性质。白色细微粉末。密度 1.08，熔点 147~149℃，沸点 359.4℃（760mmHg），闪点 162.4℃。易溶于热吡啶，微溶于热醇、热的植物油及矿油，不溶于水、醚、氯仿、丙酮及冷醇。

③ 用途。用于粉类彩妆化妆品，拒水性较强。

思考题

1. 天然植物油脂在化学组成上有什么相似之处？其在化妆品的应用中有哪些优势与劣势？

2. 油脂、蜡、磷脂在结构上的主要区别是什么？

3. 在化妆品油脂的复配中加入矿物油脂的优、缺点是什么？

第 3 章　表面活性剂原料

3.1　表面活性剂的概述及特征分类

3.1.1　表面活性剂的概述

表面活性剂是一类具有表面活性的重要精细化学品，在较低浓度下就能显著降低界面表面张力，表面活性剂在化妆品、日用品、医疗保健品、食品加工、纺织印染、电镀、石油开采、建筑工程、金属加工、环境保护、油漆涂料、造纸、制革、印刷、农药等行业中有着广泛的应用，常被称为“工业味精”，在各种使用场合下，往往添加少量就会使产品的性能或者使用效果发生显著变化。

纯液体中只含有一种分子，在恒温恒压下，其表面张力是一个恒定值。而当溶液体系由两种及两种以上分子组成时，溶液表面的化学组成不同于溶剂表面，形成单位溶液表面时体系所增加的能量也不同。因此，溶液的表面张力受溶质的性质和浓度影响。水溶液的表面张力随溶质浓度的变化可分为三类，如图 3-1 所示。它们的特点如下：第一类（曲线 1）溶液表面张力随溶质浓度增加而缓慢升高，大致成直线性关系。多数无机盐，如 NaCl、Na_2SO_4、KNO_3 等的水溶液及蔗糖、甘露醇等多羟基有机物的水溶液属于这一类型；第二类（曲线 2）溶液表面张力随浓度增加而逐步降低。一般低相对分子质量的极性有机物如醇、醛、酸、酯、胺及其衍生物属于此类；第三类（曲线 3）溶液表面张力在浓度很低时急剧下降，很快达到最低点，此后溶液表面张力随浓度变化很小。

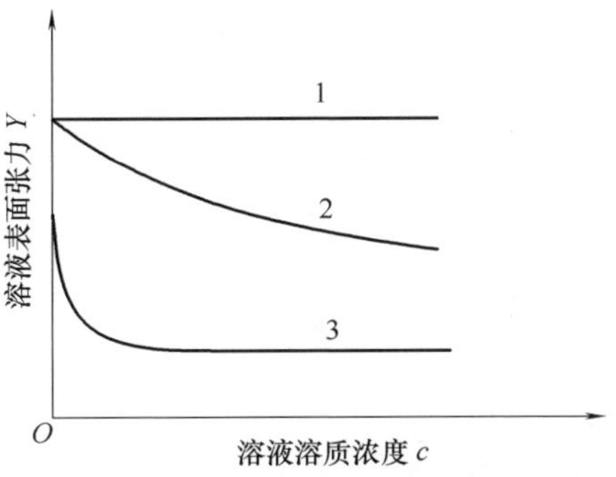

图 3-1　溶液表面张力曲线

只有第三类物质才被称为“表面活性剂”，表面活性剂使得水溶液表面张力达到最低点的浓度一般在 1%以下，属于这一类的物质一般主要是由长度大于 8 个碳原子的碳链和典型的亲水基团构成的极性有机化合物，例如，高碳链的羧酸盐、硫酸盐、烷基苯磺酸盐、季铵盐、酰化氨基酸盐等。

3.1.2　表面活性剂的特征和功能

表面活性剂在化妆品和洗涤用品行业有着极为重要的应用，无论是品种还是数量都位居表面活性剂应用的前列，离开了表面活性剂原料的添加，绝大多数化妆品和洗涤用品根本无法制造出来。表面活性剂在化妆品中的添加量通常只有 1%～20%，利用其润湿、吸附等基本物理化学性能降低界面张力。在各种产品中主要起发泡、洗涤、渗透、去污、除油、增溶、分散等作用，满足消费者多种多样的使用需求。

表面活性剂的分子结构通常包含亲水头部和疏水尾部，因此被称为两亲性化合物。这种双重性质使得它们在水和油之间形成界面，并降低界面张力。表面活性剂的分子结构不对称，其中一部分具有亲水性质，被称为亲水基（Hydrophilic group），常见的基团有羧基、硫酸基、磺酸基、磷酸基和季铵基等。另一部分具有亲油性，被称为亲油基（Lipophilic group）或疏水基（Hydrophobic group），一般为含有 $C_8 \sim C_{22}$ 碳的直链烃，如碳氢链、碳氟链、聚硅氧烷以及聚氧丙烯基等。近年来，新型表面活性剂，如双子表面活性剂和生物表面活性剂逐渐出现。双子表面活性剂的分子具有至少两个以上亲水基团（极性基团）或至少两个以上亲油基团（碳氢链、碳硅链或碳氟链），并通过化学键在亲水基团或靠近亲水基团的部分连接而成。

胶束是表面活性剂在适当浓度下在溶液中由疏水相互作用驱动聚集形成的聚集体。这种现象的产生，是由于表面活性剂分子具有两亲性质，即同时具有亲水性和疏水性。当表面活性剂分子被引入水中时，它们倾向于将亲水头部朝向水分子，而疏水尾部则相互靠近形成一个疏水核心。由于亲水端基的相互排斥，分子聚集体趋向于形成球状结构，其中疏水核心被亲水头部包围，形成一个稳定的胶束结构。这种胶束结构形成时所对应的浓度，被称为临界胶束浓度（CMC）。临界胶束浓度是指表面活性剂在溶液中的最低聚集浓度，达到这个浓度时，表面活性剂开始形成胶束。这种胶束形成的性质使表面活性剂在清洁、乳化、分散和稳定泡沫等应用中发挥着重要的作用。通过胶束形成，表面活性剂不仅能够改善油溶性物质在水中的分散性，还能提高其溶解度和稳定性，使其更易于被处理和利用。

表面活性剂的独特性质为许多工业应用提供了广泛的可能性。其在稳定泡沫和乳液方面的性质，使其在食品工业和化妆品工业等领域得到广泛应用。通过增强溶解度，表面活性剂可以促使一些物质更容易在水中溶解，拓展了其在溶液化学领域中的应用范围。这些多重功能使得表面活性剂成为科学研究和工业生产中不可或缺的重要组成部分。

3.1.3 表面活性剂的分类

表面活性剂根据其分子结构和性质可被划分为多个类别。首先，根据分子发挥表面活性部分带电荷的性质，表面活性剂可分为阴离子、阳离子、两性离子和非离子表面活性剂。其次，按照单体结构，可分为单体型和聚合型表面活性剂。此外，根据分子结构，表面活性剂可分为脂肪族和芳香族表面活性剂。按照应用领域，可以将其分为工业用、个人护理用和食品用表面活性剂。这些分类原则有助于深入理解表面活性剂的多样性及其在不同领域的广泛应用。

当然，目前最流行，也是最实用的分类原则是基于分子电离程度的差异。这种分类方式将表面活性剂划分为阴离子、阳离子、两性离子和非离子表面活性剂。阴离子表面活性剂的亲水头基带有负电荷，而阳离子表面活性剂的亲水头基带有正电荷，两性离子表面活性剂的亲水头基既带有正电荷又带有负电荷。非离子表面活性剂则是不带电的，亲水头基通常包含氧或氮原子等可以与水分子形成氢键的原子。这种基于亲水性和疏水性基团的分类原则对于理解表面活性剂在不同环境中的作用至关重要。亲水性和疏水性的平衡决定了表面活性剂在水中形成胶束的能力，进而影响其在乳化、分散、稳定泡沫和湿润等方面的应用。因此，这一分类方式凸显了表面活性剂的分子结构对其性质和功能的重要影响，为科学研究和工业应用提供了有力的指导。脂肪族和非离子表面活性剂常被用于个人护理产品，而工业用表面活性剂则在生产过程中发挥作用。这种分类体系为科研和工业生产提供了便利，使人们能更好地选择和利用表面活性剂。

3.1.4　表面活性剂在化妆品中的应用

表面活性剂作为一类分子结构独特、性质多样的化学物质，在化妆品领域发挥着重要的作用。它们的亲水性和疏水性基团赋予了它们在化妆品配方中被广泛应用的能力，影响着产品的清洁性、稳定性、质地以及使用感受。美国《国际化妆品原料字典和手册（International Cosmetic Ingredient Dictionary and Handbook）》（第十六版）按功能将表面活性剂分为六类：清洁剂、乳化剂、增泡剂、水溶助长剂、加溶剂和悬浮剂。在下面的内容中，我们将深入探讨表面活性剂在化妆品中的实际应用，以及它们在清洁、乳化、稳定、起泡、润湿、分散和渗透增强等方面的关键作用。

（1）清洁作用　表面活性剂所具备的清洁作用使其成为化妆品中不可或缺的成分，为肌肤和头发提供卓越的清洁效果。这种清洁性质主要体现在其能够与水和油脂相互作用的能力上。当表面活性剂存在于清洁化妆品中时，它的分子中的疏水性基团，油脂污垢通过疏水相互作用结合将其带走，实现被洗涤物品表面的清洁。在洗面奶中，表面活性剂的清洁力被充分发挥，有效地去除面部的多余油脂、化妆残留以及日常环境中的污染物。这不仅有助于维持皮肤的清爽感，还为后续的护肤步骤提供了干净的肌肤基础；在沐浴露中，表面活性剂因其清洁作用使其成为理想的沐浴伴侣。它不但轻柔而有效地清除身体表面的油脂，同时在洗净的过程中保持皮肤的水分平衡。这样的清洁体验不仅让人感到清新舒适，还有助于维持皮肤的健康状态。

（2）乳化作用　表面活性剂的乳化能力在化妆品中发挥着关键的作用，为产品提供长期的稳定性和高品质的使用体验。这一性质主要表现在它对乳液、霜等乳化产品中的分散相的有效控制上。具体而言，表面活性剂通过在水和油相之间形成稳定的乳液结构，防止了分层或沉淀的发生。在乳液中，表面活性剂的添加不仅使油脂在水分子中能够均匀分散，形成乳状液体，同时还通过形成较小的分散相颗粒，防止它们在产品中沉淀。这种稳定性确保了乳液的整体质地和成分分布，使其在包装、运输和使用的过程中保持稳定；对于霜状产品，表面活性剂的乳化能力同样发挥关键作用。霜状产品通常包含水和油的高浓度配方，而表面活性剂能够有效地将这两者结合在一起，防止其相互分离。乳化剂根据其亲水疏水平衡值（Hydrophilcity Lipophilic Balance，简称 HLB 值）可以分为 O/W 型乳化剂和 W/O 型乳化剂。HLB 值也称水油度，用于表示表面活性剂（或乳化剂）分子中亲水基与亲油基的大小和力量平衡程度，HLB 值越大代表亲水性越强（最大值 40），HLB 值越小代表亲油性越强（最小值 0）。

（3）稳定作用　表面活性剂因其稳定性质在化妆品工业中扮演着不可或缺的角色，为各种乳液、霜等产品的研发提供了坚实的基础。这一性质的重要性不仅体现在防止产品分层或沉淀上，还延伸到提高整体产品质量和延长保存期的多个方面。在乳液中，表面活性剂通过形成稳定的乳化结构，将水相和油相有效地结合在一起。这种微细的乳液结构不仅保证了产品的均匀性，还避免了成分的分层现象，使得产品在瓶中和使用时都能够维持稳定的状态。这对于包含水和油成分的复杂配方尤为重要，确保了产品在各种环境条件下都能够保持一致性；在霜状产品中，表面活性剂的稳定性质同样表现得尤为显著。霜状产品通常含有较高浓度的油脂成分，而表面活性剂能够有效地将这些油脂分散并与水相结合，防止其分离或沉淀。这为产品的质地、触感和使用体验提供了关键的支持，使得产品更容易涂抹和吸收，同时保持了长时间的稳定状态。表面活性剂的稳定性还有助于防止氧化、微生物污染以及其他可能对产品质量产生不利影响的因素。这不仅提高了产品的整体质量，还延长了产品的有效使用期限，为用户提供了更加持久和可靠的化妆品。

（4）起泡作用　表面活性剂的起泡性质不仅仅是化妆品中必须的一项功能，更是提升清洁产品使用体验的关键因素。这特有的性质使表面活性剂在洗发水、沐浴露等清洁产品中得到广泛应用，为用户带来丰富细腻的泡沫，提升了整体清洁感和使用愉悦度。在洗发水中，表面活性剂通过其起泡性质能够将油脂和污垢有效地与头发或头皮剥离，随后轻松冲洗，这不仅为头发提供了彻底的清洁，还使得洗发的过程更为轻松愉悦，用户可以享受到沐浴般的清新体验。同样地，在沐浴露中，表面活性剂的起泡性质为整个沐浴过程注入了轻松愉悦的元素。泡沫的形成不仅能够更均匀地分布清洁成分，也为使用者带来柔和的按摩感觉，提高了沐浴的舒适度。这种清洁产品的使用体验，使得洗澡成为一种令人期待和愉悦的日常活动。除了提升清洁感，表面活性剂的起泡性质还具有一定的经济性，因为少量的表面活性剂就能产生大量细密泡沫，使得产品更为耐用。这对于用户来说不仅意味着更长时间的使用，也降低了频繁更换产品的成本。

（5）润湿作用　表面活性剂在化妆品中的应用不仅局限于清洁产品，它还在彩妆和护肤产品中发挥了关键作用。其中，表面活性剂的润湿性质对提高产品对皮肤的附着性、涂抹性以及延展性发挥重要作用，为用户带来更加舒适的使用体验。一方面，表面活性剂通过提高产品的附着性，使得化妆品更紧密地附着在皮肤表面。这种附着性的提高有助于确保化妆效果更加持久，防止产品在使用过程中易于脱落或消失。对于眼影、口红等彩妆产品，这意味着更加持久的妆容，用户无需频繁补妆，提高了使用的便利性；另一方面，表面活性剂的润湿性质改善了产品在皮肤上的使用效果，使得化妆品更易于涂抹和延展。这对于粉底、乳液等护肤产品尤为重要，因为它们需要被均匀地涂抹在整个面部。湿润的质地有助于产品更加顺滑地在皮肤上滑动，使得涂抹的过程更为轻松，并确保了产品能够均匀分布，避免了不均匀的斑驳感。此外，润湿作用还有助于产品在皮肤表面形成一层薄薄的保湿膜，提供额外的滋润感，增强使用者的舒适感。这对于护肤产品尤其重要，因为用户往往期望在使用化妆品的同时获得舒适的护肤效果。

（6）分散作用　表面活性剂作为分散剂在彩妆产品中发挥了至关重要的作用，其独特的性质确保了颜料、粉末状成分在产品中均匀分散，有效地避免结块现象。这一性质对于彩妆产品的质地、颜色表现和用户体验都具有重要影响。首先，表面活性剂通过其分散作用，能够有效地将颜料和粉末状成分均匀地分散在彩妆产品的基质中。这对于眼影、腮红、散粉等粉状彩妆产品尤为关键，因为均匀的颜色分布能够确保产品在使用时呈现出一致、自然的效果。避免结块的发生，使得产品在质地上更为细腻，提高了彩妆的整体品质；其次，分散剂的加入有助于确保彩妆产品在容器中的稳定性。颜料和粉末状成分如果发生结块，不仅影响了产品的外观，还可能导致用户在使用时难以获得均匀的涂抹效果。表面活性剂的作用就是有效防止这种结块现象，保证了产品在包装和存储过程中能够维持稳定的状态。此外，分散剂还有助于提高彩妆产品的延展性，使得产品更易于涂抹在皮肤上。这对于眼线笔、唇膏等需要精准涂抹的产品而言至关重要，用户能够更轻松地实现所期望的妆容效果。

(7) 渗透增强作用　表面活性剂是具有降低液体表面张力和增强液体间界面活性的物质。在化妆品中，表面活性剂通过与皮肤细胞发生相互作用对皮肤渗透性产生一定影响，这些作用可能包括破坏角质层的结构、改变表皮层的关联蛋白、干扰皮肤的水脂平衡等。因此，过量使用或长期接触含有高浓度表面活性剂的化妆品可能导致皮肤出现干燥、敏感、炎症等问题。

大部分化妆品中使用的表面活性剂浓度较低，经过相关机构的安全评估和浓度限制，符合可用于皮肤的标准。因此，化妆品中的表面活性剂对皮肤的渗透性的影响可控制在安全范围内。

总体而言，表面活性剂通过其多样的性质，如清洁、乳化、稳定、起泡、湿润和分散等，为化妆品提供了关键功能，助力创造出更具品质和效果的产品。

3.2　阴离子表面活性剂

3.2.1　阴离子表面活性剂的概述

阴离子表面活性剂的演进历程展示了化学科学与工业技术在清洁剂领域的不断创新。从最初的天然肥皂到现在的合成洗涤剂，阴离子表面活性剂的发展一直致力于提高清洁效果、降低生产成本，并适应不断变化的社会需求。随着 20 世纪初合成化学的崛起，研究者们开始寻找替代天然肥皂的合成材料。这一时期，磺酸盐和磺酸酯等合成方法的引入为阴离子表面活性剂的制备提供了新的途径。这使得清洁剂和洗涤剂的生产更加经济高效，并在家庭和工业中得到广泛应用。然而，随着人们对环境影响的关注不断增加，阴离子表面活性剂的研究重心逐渐转向了环保和可持续性。在 80 年代和 90 年代，研究者们开始寻找更环保的替代品，关注生物降解性和可再生资源的利用，这推动了绿色表面活性剂的研发。进入 21 世纪，阴离子表面活性剂不仅在清洁产品中持续发挥作用，还逐渐涉足了新的应用领域。研究者们对其性能、生态友好性以及在医药和生物医学领域的潜在应用进行了深入研究，并且不断努力创新，以适应当代社会对可持续性和环保的迫切需求。

阴离子表面活性剂是表面活性剂中发展历史最悠久、产量最大、品种最多的一类产品。阴离子表面活性剂按其亲水基团的结构主要分为羧酸盐、磺酸盐、硫酸（酯）盐和磷酸（酯）盐等。它们在清洁产品、化妆品、药物输送系统等领域中有广泛的应用。

3.2.2　阴离子表面活性剂在化妆品中的应用

阴离子表面活性剂主要包括羧酸盐类、磺酸盐类、硫酸（酯）盐类及磷酸（酯）盐类等，化妆品中常用阴离子表面活性剂见表 3-1。

表 3-1　化妆品中常用阴离子表面活性剂

类型	典型表面活性剂	典型结构	特点	应用
羧酸盐类	脂肪酸盐	ROOM	最古老、应用最广泛的阴离子表面清洁剂，由动植物油脂与碱水加热皂化而得	皂基，手洗衣物的洗衣皂和香皂等
	脂肪醇聚氧乙烯醚羧酸盐	$R(OCH_2CH_2)_nOCH_2COOM$	具有良好的去污性、润湿性、乳化性、分散性和钙皂分散力、发泡性和泡沫稳定性； 对眼睛和皮肤温和，并能显著改善配方的温和性，易生物降解； 有很好的增溶能力，适于配制功能性透明产品	作为去污剂、乳化剂等，广泛应用于香波、浴液、洗面奶、洗手液、护肤品等个人护理用品领域
磺酸盐类	烷基磺酸盐	RSO_3M	易溶于水，有良好的发泡力和清洁力，酸性溶液不易水解，主要用于洗涤剂	对皮肤有较强的脱脂和刺激作用，会引起皮肤和毛发过分干燥，在化妆品中应用较少，主要用于衣物、餐具等清洁剂
	脂肪酰氧乙基磺酸盐	$RCOOCH_2CH_2SO_3Na$		
硫酸(酯)盐类	脂肪醇硫酸盐	$ROSO_3M$	其水溶液呈中性或弱碱性、对硬水稳定，有良好的去污力、润湿性、乳化性和发泡力	广泛应用于洗面奶、香波、沐浴露等清洁类化妆品，以及餐具洗涤剂、硬表面活性剂等洗涤制品
	脂肪醇聚氧乙烯醚硫酸盐	$RO(CH_2CH_2O)_nSO_3M$		
磷酸(酯)盐类	脂肪醇聚氧乙烯醚磷酸盐	$RO(CH_2CH_2O)_nPO(OM)_2$	优异的洗涤和去污能力，对油脂类具有很好的洗涤效果，易被生物降解	可与各种阴离子和非离子清洁剂复配，耐碱，应用于洗面奶、沐浴露、洗发水等清洁类化妆品

阴离子表面活性剂在化妆品中主要作为洁肤、洗发类化妆品的主表面活性剂。根据其在化妆品中的作用，可以将阴离子表面活性剂分为不同类别，以下是一些常见的分类及其举例。

（1）清洁剂

举例：十二烷基硫酸钠（Sodium dodecyl sulfate，SDS）

分子式：$C_{12}H_{25}SO_4Na$，相对分子质量：168。

化学结构：SDS 的化学结构包括一个十二烷基链（长链脂肪酸）和一个硫酸盐基团。

性质：白色结晶粉末，易溶于水。

应用：因具有良好的表面活性，能够形成丰富的泡沫，使其在清洁和洗涤产品中得到广泛应用。由于其优良的清洁性能，SDS 常被用作牙膏、沐浴露、洗涤剂等清洁产品的主要成分。它能有效地去除油脂、污垢和其他杂质，使其成为家庭和工业清洁产品中的重要组成部分。SDS在生物化学和分子生物学实验中也得到广泛应用。它常被用作蛋白质电泳中的离子性表面活性剂，有助于使蛋白质在凝胶中带有负电荷，从而在电场中进行迁移和分离。

毒性和安全性：SDS在一定浓度下可能对皮肤和眼睛产生刺激，因此在使用时需要在安全浓度下。

（2）乳化剂

举例：烷基磷酸酯盐（Alkyl phosphate salt）

分子式及相对分子质量：这个是一个通用的名称，没有具体指定烷基和醚链的长度，所以分子式和相对分子质量会根据具体的结构而变化。

化学结构：烷基磷酸酯盐的结构包括一个烷基链和磷酸酯基，其中磷酸酯盐基团连接在烷基链上。具体的结构可以根据烷基链的长度和醚基的不同而有所变化。

性质：烷基磷酸酯盐通常呈固体状态，易溶于水。其物理性质取决于烷基链的长度和醚基的类型。

应用：作为乳化剂，烷基磷酸酯盐能够稳定乳液。这使得它在化妆品制造中常被用于配方中的油水相乳化，确保产品的均匀性和稳定性，被广泛应用于洗发水、沐浴露、面霜等，包括需要水和油相互混合并保持稳定的产品。

毒性和安全性：大多数烷基磷酸酯盐在适当浓度下是安全的，高浓度的对皮肤具有一定刺激性。因此，使用时，需要考虑合适的浓度以确保安全性。

（3）稳定剂

举例：十六烷基硫酸钠（Sodium cetyl sulfate）

分子式：$C_{16}H_{33}SO_4Na$，相对分子质量：344.49。

化学结构：十六烷基硫酸盐是一种硫酸酯类表面活性剂，其化学结构包括一个十六烷基链和硫酸盐基团。

性质：一般为乳白色的液体或固体，易溶于水。它具有较强的表面活性，使其在护发产品中具有良好的分散性和稳定性。

应用：在化妆品中主要用作乳化剂、清洁剂和稳定剂，提高化妆品的稳定性，防止成分分离或沉淀。它有助于保持产品中水和油均匀分散，增加产品的稳定性和质感，常被用于各种个人护理产品，如洗发水、沐浴露、面部洁面产品等。

毒性和安全性：在适当浓度下，十六烷基硫酸盐通常被认为是相对安全的，但过高浓度可能导致头皮刺激。因此，在产品设计中需要谨慎考虑其使用浓度，以确保安全性。

（4）表面活性剂

举例：月桂酰肌氨酸钠（Sodium lauroyl sarcosinate）

分子式：$C_{15}H_{29}NO_3Na$，相对分子质量：294.39。

化学结构：月桂酰肌氨酸钠是一种磺酸酰胺类表面活性剂，其化学结构包括肌氨酸基团（Sarcosinate）和一个十二烷基链，与钠离子形成盐。

性质：通常呈无色或淡黄色的液体，易溶于水。

应用：是一种温和表面活性剂，被广泛用于洗发产品。它能够有效地去除头发上的油脂和污垢，同时为洗发产品提供了优越的泡沫性能，使得使用者在清洗头发时感到更加舒适。

毒性和安全性：月桂酰肌氨酸钠通常被认为是相对安全的，对皮肤和头发的刺激性通常较低，并且在许多护发产品中得到了广泛应用。然而，对于个别人群可能存在过敏反应的情况，因此在产品设计中需要注意安全性。

3.2.3　阴离子表面活性剂与可持续发展

阴离子表面活性剂在一些情况下可能对环境产生一定的影响，这取决于其特定的化学结构、用途和排放方式。以下是一些关于阴离子表面活性剂可能产生的生态影响的主要考虑因素。

（1）生物降解性　一些阴离子表面活性剂可能不容易生物降解，尤其是在大量使用的情况下。长期存在于水体中的阴离子表面活性剂可能对水生生物和生态系统产生负面影响。

（2）毒性　部分阴离子表面活性剂在高浓度下可能对水生生物产生毒性作用，扰动水中生态系统。

（3）累积效应　长期和频繁地使用阴离子表面活性剂，导致这些物质在环境中积累，可能引起一些生态问题，特别是对于生活在水体中的生物。

（4）影响水体质量　排放进水体中的阴离子表面活性剂可能导致水体污染，影响水体的质量，甚至对供水系统造成一定的影响。

为了减轻阴离子表面活性剂的生态影响，一些行业和科研机构已经在努力研发更环保和可生物降解性的表面活性剂，包括改良现有的产品配方，寻找替代品或生产更可持续的表面活性剂。

监管机构、行业和消费者关注的逐渐提高，促使更环保的表面活性剂的开发和使用，以将其对生态系统的潜在不利影响最小化。

3.3　阳离子表面活性剂

3.3.1　阳离子表面活性剂的概述

阳离子表面活性剂分子中发挥表面活性的部分带正电荷。这类表面活性剂通常在溶液中，正电荷的头基部分会吸引水分子，而疏水性的尾基则趋向于聚集在一起，使得阳离子表面活性剂在液体界面上形成一层正电荷的膜，具有吸附于带负电荷的表面的能力。

阳离子表面活性剂的分子结构中至少含有一个长链疏水基，此长链疏水基可以是直链或支链烷基、脂肪族羧酸衍生物或者芳环等。长链疏水基的改变可以显著改变表面活性剂的性能和使用领域。

阳离子表面活性剂分子带有的正电荷，通常来源于氮、磷或硫等原子，相对而言，阳离子表面活性剂的亲水基结构要简单些。尽管理论上正电荷可以由氮原子、磷原子和硫原子等来携带（作为亲水阳离子基团的核心原子），然而到目前为止，绝大多数具有商业价值的阳离子表面活性剂都是有机胺的盐类，亲水阳离子基团的核心原子几乎都是氮原子。阳离子表面活性剂溶解性良好，能够有效地与水和其他溶质相互作用。此外，阳离子表面活性剂表现出强烈的表面活性，有助于改善液体的润湿性和分散性，同时对泡沫的生成具有促进作用。

3.3.2　阳离子表面活性剂在化妆品中的应用

阳离子型表面活性剂主要是含氮的有机胺衍生物，如有胺盐、季铵盐、杂环类等，化妆品中常用阳离子表面活性剂见表 3-2。

表 3-2　　化妆品中常用阳离子表面活性剂

类型	典型表面活性剂	典型结构	备注
	烷基三甲基季铵盐	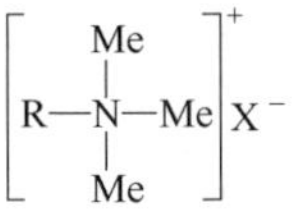	
季铵盐	烷基二甲基苄基季铵盐	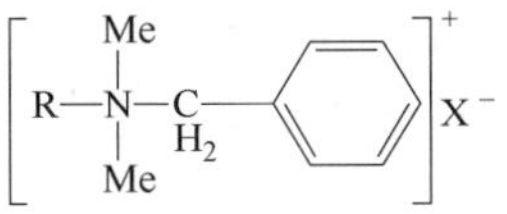	HX：HCl、HBr、CH_3COOH、HCOOH、H_2SO_4、H_3PO_4
	二烷基二甲基季铵盐	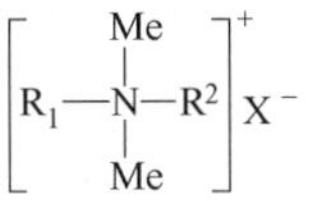	

以下是一些典型的阳离子表面活性剂及其在化妆品中的应用。

（1）清洁作用

举例：十六烷基三甲基溴化铵（Cetrimonium bromide）

分子式：$C_{19}H_{42}BrN$；相对分子质量：364.45。

化学结构：带有正电荷的氮离子与十六碳烷基链相连，溴原子连接到十六碳烷基链的末端。

性质：在水中易溶，形成溴化铵离子，增强其在水中的活性。

应用：存在溴原子，使其具有抗菌和防腐性质，这使得它在一些护肤和清洁产品中起到防腐和抗菌作用。

疏水性：分子中的十六烷基链具有疏水性，这使得它在去除油污和清洁头发等方面表现出色。

（2）起泡性

举例：氯化十六烷基吡啶（Cetyl pyridinium chloride）

分子式：$C_{21}H_{38}ClN$；相对分子质量：339.97。

化学结构：包括一个吡啶环，吡啶环上连接着一条长链的十六碳烷基基团。在吡啶环上，氮原子带有正电荷，形成一个季铵离子，氯离子连接到十六碳烷基链的末端。

性质：吡啶结构上的氯离子赋予其抗菌性质，同时也可以起到一定的防腐作用。

应用：易溶于水，能够在水中形成泡沫，发挥良好的清洁效果。

（3）柔顺剂

举例：十六烷基二甲基乙酰胺盐酸盐（Stearamidopropyl dimethylamine hydrochloride）

分子式：$C_{18}H_{37}NOCl$；相对分子质量：318.95。

化学结构：由一个十六碳的长链烷基（即十六烷基）连接到一个含有二甲基乙酰胺

结构的季铵盐部分。具体来说，分子的结构包含一个氯化铵（盐酸盐）根，其上连接着一个烷基链。这个链的开端有一个氮原子，与两个甲基基团相邻，接着连接到一个含有乙酰胺基团的碳链。

性质：包含季铵盐结构，使其具有阳离子性质，有助于与头发表面形成薄膜，提高头发的柔顺度和光滑度。

抗静电性：能够减少头发的静电效应，防止头发打结，使头发更易梳理。

保湿性：具有一定的保湿性，有助于保持头发的水分平衡，减少干燥和毛躁现象。

应用：常用于护发产品中，如柔顺剂和护发素，为头发提供护理和改善发质的效果。

（4）防腐作用

举例：苯甲基二十二烷基二甲基氯化铵（Benzalkonium chloride）

分子式：$C_{68}H_{126}ClN$；相对分子质量：991.5。

化学结构：包含一个季铵盐结构，其中氮原子带有正电荷。在氮原子的一个侧链上，连接着一个苯甲基基团，这是一个苯环与一个甲基基团的结合。在另一个侧链上，连接着一个长链烷基，该烷基链包含22个碳原子。此外，氯原子连接到季铵盐结构的碳原子上。季铵盐结构：含有苯甲基和长链烷基，赋予分子阳离子性质。

性质：由于其具有季铵盐结构，苯甲基二十二烷基二甲基氯化铵具有强大的抗菌和杀菌作用，被广泛用作防腐剂。具有表面活性剂的性质，有助于在水中形成乳化体，提高对微生物的接触和杀灭能力。

（5）抗菌性

举例：苄基二甲基十六烷基溴化铵（Benzalkonium bromide）

分子式：$C_{21}H_{30}BrN$；相对分子质量：375.9。

化学结构：在氮原子的一个侧链上，连接着一个苯甲基基团，这是一个苯环与一个甲基基团的结合结构。在另一个侧链上，连接着一个长链烷基，该烷基链包含十六个碳原子。此外，氢原子被溴原子替代，形成强大的溴化铵部分。

性质：分子具有季铵盐结构，氮原子带有正电荷。含有十六碳的长链烷基，增强了在生物膜上的吸附能力，提高了抗菌效果。溴离子具有强烈的杀菌作用，特别对细菌和真菌有较强的抑制能力，具备广泛的抗菌谱，对多种细菌、真菌和病毒有杀灭作用。

3.3.3 阳离子表面活性剂与可持续发展

阳离子表面活性剂在许多化妆品和清洁产品中的广泛应用带来了一些可持续性问题，其中一些主要问题如下。

（1）生态毒性　部分阳离子表面活性剂可能对水生生物产生毒性影响。当这些表面活性剂进入水体后，可能会对水生生物的健康造成危害，破坏水生态系统的平衡。

（2）生物降解性　许多传统的阳离子表面活性剂不容易被生物降解，导致在环境中积累和持久存在的问题。这可能会导致土壤和水体的污染，进而影响生态系统的可持续性。

（3）资源消耗　阳离子表面活性剂的生产通常依赖于石油等有限资源，这会增加对非可再生资源的需求，对环境造成负面影响。

（4）生产过程的能源消耗和排放　阳离子表面活性剂的生产过程可能涉及能源密集

型操作，导致温室气体排放和对环境的其他影响。因此，减少生产过程中的能源消耗和排放是提高其可持续性的重要一环。

为解决这些可持续性问题，需要跨学科的合作与创新，推动更环保、更可持续的阳离子表面活性剂的开发和应用。这包括从产品设计、生产技术到废弃物管理等各个环节的改进与创新。

3.4　两性离子表面活性剂

3.4.1　两性离子表面活性剂的概述

两性离子表面活性剂的组成包括亲水头基和疏水尾基。头基是该类表面活性剂的关键组成部分，它同时包含正电荷和负电荷的官能团。常见的两性离子表面活性剂头基有氨基酸、磷酸基团等。以氨基酸型两性离子表面活性剂为例，其头基包括阴离子部分的羧基（$—COO^-$）和阳离子部分的氨基（$—NH_3^+$）。

两性离子表面活性剂虽然同时带有两种离子，但不可能同时表现出阴、阳离子表面活性剂的性质，要视使用环境条件而定。

两性离子表面活性剂在水溶液中发生电离后所带的电性与溶液的 pH 密切相关。在等电点的 pH 溶液中阴、阳离子相互作用形成内盐，正负电性抵消后呈现非离子性，此时表面活性较差；在等电点以下的 pH 溶液中呈阳离子性，显示阳离子表面活性剂的作用；在等电点以上的 pH 溶液中呈阴离子性，显示阴离子表面活性剂的作用。因此两性表面活性剂在酸性、碱性和中性溶液中均可使用，而且能够与阳离子或阴离子表面活性剂配伍使用，相容性好。

疏水尾基是与常规表面活性剂相似的部分，通常是疏水性的烷基链或烷基环，负责与油脂性物质结合。这两部分的共同存在赋予两性离子表面活性剂在水和油的界面活动中独特的性质，使其在乳化和分散油脂的过程中表现出卓越的性能。

首先，其复合结构使其具备在水和油的界面活动的能力，表现出卓越的乳化和分散油脂的特性。其次，通过调节溶剂的 pH，可以调控两性离子表面活性剂的溶解度，因为它同时包含阳离子和阴离子，呈现出不同的离子性质，进而影响其在水中的溶解度和表面活性。此外，由于其结构的复杂性和多功能性，这类表面活性剂在洗涤剂、乳液、药物传递系统等多个领域都表现出广泛的适用性。

两性离子表面活性剂还有耐硬水、发泡力好、毒性低、对皮肤刺激性小等特点。近年来，化妆品产品更加强调安全性和调理性，对表面活性剂的选择有所改变，在配方里更多地使用这类性质温和的两性离子表面活性剂。

3.4.2　两性离子表面活性剂的合成方法

两性离子表面活性剂的合成方法主要包括以下几种。

（1）乙烯氧化物/丙烯酸酯共聚物与胺的反应　一种常见的合成方法是将乙烯氧化物或丙烯酸酯与胺进行共聚反应。这种方法产生的两性离子表面活性剂通常具有较长的疏水链和疏水部分。

（2）季铵盐与羧酸的反应　另一种合成方法是将含有季铵盐基团的化合物与含有羧基的化合物反应。这种反应通常在碱性条件下进行，并且产生的产物具有两性离子性质。

（3）乙烯基氧化物与胺的加成反应　这是另一种常见的合成路径，其中乙烯基氧化物与胺发生加成反应，产生两性离子表面活性剂。

3.4.3　两性离子表面活性剂的应用

常用于化妆品中的两性离子表面活性剂主要有甜菜碱型和咪唑啉型，见表 3-3。

（1）甜菜碱型　甜菜碱型两性离子表面活性剂的基本分子由季铵盐型阳离子和羧酸型或磺酸型阴离子所组成，包括羧酸型和磺酸型。具备的特点：①在酸性或碱性条件下均具有优良的稳定性；②与各种类型的表面活性剂复配性能良好；③皮肤刺激性低，具有优良的抗静电性、抗硬水性、杀菌性和柔软性。

表 3-3　化妆品中常用两性离子表面活性剂

类型	典型表面活性剂	典型结构
甜菜碱类	羧基甜菜碱	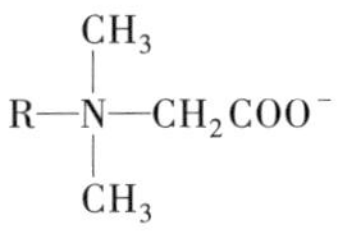
	磺基甜菜碱	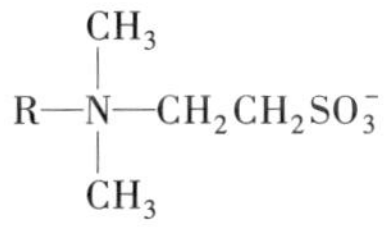
	硫酸酯基甜菜碱	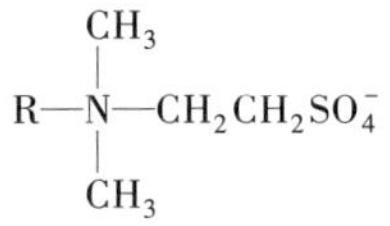
	磷酸酯基甜菜碱	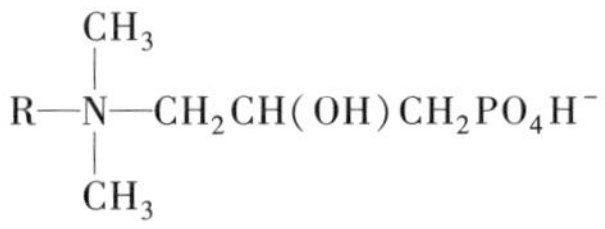
咪唑啉类	乙酸型咪唑啉	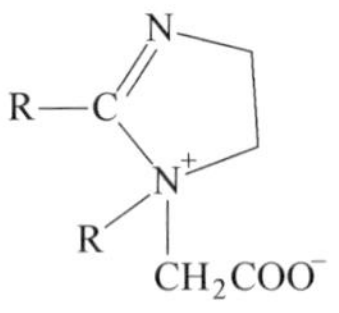

举例：椰油酰胺基丙基甜菜碱（Cocamidopropyl betaine）

分子式：$C_{16}H_{31}NO_3$，相对分子质量：289.42。

化学结构：椰油酰胺基丙基甜菜碱是一种椰子油中的脂肪酰胺基与丙烯酸基结合的两性离子表面活性剂。

性质：具有良好的表面活性，能够在水和油之间形成乳化体系，使其成为洁面产品中理想的清洁剂。由于其两性离子的性质，椰油酰胺基丙基甜菜碱不仅能够去除油脂和污垢，同时对皮肤较为温和，可减轻刺激感。

（2）咪唑啉型　1888 年，霍夫曼（Hoffmann）合成了第一个咪唑啉，是长链脂肪酸与羟乙基乙二胺发生缩合反应，生成咪唑啉中间体，在碱性条件下再与氯乙酸反应而制得的。

举例：月桂酰两性基乙酸钠（Sodium lauroamphoacetate）

分子式：$C_{18}H_{35}N_2O_4Na$，相对分子质量：366.48。

性质：无色至微黄色透明黏稠液体。具有良好的发泡力，泡沫丰富细密，肤感好，能显著改善体系泡沫状态；与各种清洁剂相容性好；耐盐性好；在宽 pH 范围稳定，安全性好。

应用：常被用于洗面奶、洁面啫喱、儿童洗涤剂中，尤其适用于温和、低刺激、无泪配方中，推荐用量 8%~20%。

（3）磷脂型　两性离子表面活性剂多被用作清洁剂，在乳化剂应用比较少，以乳化剂使用的以磷酯类比较常见。具有两亲分子结构，其中亲水基由带负电荷的磷酸和带正电荷胆碱等基团组成，疏水基为两个脂肪链。

来源：磷脂是一种重要的天然分子，广泛存在于生物体内，尤其丰富于细胞膜中。其在生物体内发挥着多种关键的生物学功能，并且具有表面活性剂的特性，能够降低界面张力，稳定胶体系统，促进乳化和分散。

化学结构：磷脂分子结构包括一个疏水的脂肪酸基团、一个亲水的磷酸甘油头基以及一个含氮基团，这种结构使其同时具有疏水性和亲水性。这种双亲性质使得磷脂在水性和脂性环境中都能够发挥重要的作用，是细胞膜的主要组成成分之一。

性质：磷脂的主要特点是具有两性分子结构，其中两个脂肪酸链是疏水的，而磷酸和胆碱等基团是亲水的。自然界中存在的磷脂是多种 α-型磷脂的混合物。磷脂具有吸附界面、形成胶团、乳化、生成液晶和脂质体等性质。磷脂的双亲性结构与其在生物体内的功能密切相关。细胞膜的主要组成是双层磷脂分子，这种结构允许离子和分子的传递和运动。磷脂在维持细胞结构完整性、调节细胞信号传导和细胞内物质运输等方面起着关键作用。

应用：在化妆品工业中，磷脂作为乳化剂和表面活性剂，有助于使乳液更易涂抹，改善质地，提升产品稳定性。在彩妆产品中，特别是液体和膏状的产品中，磷脂常用作乳化剂和稳定剂。洗发露中也常含有磷脂作为助乳化剂和表面活性剂。磷脂的存在有助于将洗发露中的水和油成分混合均匀，形成稳定的配方。这不仅使产品更易于使用，还可以改善洗发露的质地，使其更加顺滑。此外，磷脂还有助于洗发露在湿发上形成均匀的薄膜，提供保湿效果，同时有助于洗净头发，详见表 3-4。

表 3-4　化妆品中常见合成磷脂类表面活性剂及应用

典型表面活性剂	应用
椰油酰胺丙基二甲基磷脂	温和洗涤作用，高皮肤调理作用，良好的润湿特性 用于婴儿产品和敏感皮肤清洁剂，生物祛臭剂
硬脂酰胺丙基二甲基磷脂	乳化作用，持久皮肤平滑特性，消除其他组分（如甘油）引起的发黏/油腻感
亚麻油酰丙基二甲基磷脂	没有蓖麻油的油腻感 对皮肤和头发直接作用，美观持久 用于防晒黑产品，损伤皮肤护理、放松的调理剂

续表

典型表面活性剂	应用
二聚酰胺丙基二甲基磷脂	由于二聚亲油基团,具有特别的屏障特性 隔离霜、乳液、润肤纸巾和尿布衬垫处理
红花油酰丙基二甲基磷脂和 PEG-8 二甲基硅氧烷	兼有天然油脂和二甲基硅氧烷特性 增加对头发和皮肤调理作用

3.5 非离子表面活性剂

3.5.1 非离子表面活性剂的概述

非离子表面活性剂是一类不带电的表面活性剂，在水溶液中不会产生电离现象。疏水链可以是脂肪醇、烷基或芳香族链等，赋予分子一定的疏水性，亲水头基常常是羟基（—OH）、醚氧基（—O—）等。非离子表面活性剂具有良好的温和性，适用于敏感皮肤，同时在水中具有较好的溶解性。这类表面活性剂常见的代表包括聚氧乙烯型、多元醇型、烷醇酰胺型、聚醚型和氧化胺型，如脂肪醇聚氧乙烯醚、环氧基二乙酸酯、烷基本分聚氧乙烯醚、烷基葡糖苷等，被广泛应用于洗涤剂、洗发水、护肤品等个人护理产品中。

温和性使得非离子表面活性剂成为理想的选择，特别适用于那些对皮肤较为敏感的用户。这种温和性源于其电中性结构，不会引起明显的刺激感，为个人护理产品赋予了更加舒适的使用体验。

大部分非离子表面活性剂表现出优越的溶解性，这是由于其分子中不包含电离基团，使得它们在水中能够迅速而彻底地分散、溶解，为各种液体制品的制备提供了便利。

非离子表面活性剂通常表现出良好的兼容性，为制造更为复杂的化妆品或个人护理产品提供了可能性，使得产品配方更加灵活和创新。

3.5.2 非离子表面活性剂在化妆品中的应用

随着人们对个人护理和美容的需求不断增加，清洁剂、卸妆产品、润发产品、护肤品、口腔护理产品、香水和香体产品以及彩妆品等日常用品中所含的成分逐渐成为关注焦点。其中，非离子表面活性剂是这些产品中常见的功能性成分之一，其主要成分有辛基聚氧乙烯醚、山梨醇脂肪酸酯、聚甘油醚、聚氧乙烯硬脂醇醚、辛醇聚氧乙烯醚和聚山梨醇醚等。

（1）聚氧乙烯型　聚氧乙烯型非离子表面活性剂是用具有活泼氢原子基团（—OH、—COOH、$—NH_2$、$—CONH_2$）的憎水性原料与环氧乙烷进行加成反应制得的，包括脂肪醇聚氧乙烯醚和聚乙二醇脂肪酸酯两种类型。

举例：辛基聚氧乙烯醚（Octyl phenol ethoxylate）

分子式：$C_8H_{17}(C_2H_4O)_nH$（n 表示乙氧基的数量），相对分子质量：$144.23+44n$。

化学结构：辛基聚氧乙烯醚是一种非离子表面活性剂，其化学结构包括辛基尾基和多个氧乙烯单元，通常表示为 $C_8H_{17}(OCH_2CH_2)_nH$。

性质：具有良好的油水分离性，能够有效去除皮肤表面的油脂和污垢。其温和性质使其适用于日常洁面，不会引起皮肤刺激。

（2）山梨醇型 山梨醇类乳化剂主要有失水山梨醇脂肪酸酯和聚氧乙烯失水山梨醇脂肪酸酯。合成路径为山梨醇与脂肪酸直接反应的过程中，既发生分子内的失水形成醚酯，同时发生酯化反应，得到失水山梨醇脂肪酸酯，然后将其进一步乙氧基化，得到聚氧乙烯失水山梨醇脂肪酸酯。

失水山梨醇脂肪酸酯商品名称为司盘（Span），由于分子中长链烷基碳原子数的差异形成一系列产品，均为白色或微黄色的油溶性液体或蜡状物。聚氧乙烯失水山梨醇脂肪酸酯的商品名为俗称吐温（Tween），一般呈淡黄色到琥珀色黏稠液体。吐温对电解质、弱酸和弱碱稳定，遇强酸强碱逐渐皂化，常用作O/W型乳化剂，性质温和，无毒无刺激，水溶性和分散性好，与司盘搭配成“乳化剂对”为O/W型乳化剂在化妆品中应用广泛。

举例：山梨坦硬脂酸酯（Sorbitan stearate）

别名：失水山梨醇硬脂酸酯，商品名：司盘-60（Span 60）。

性质：棕黄色蜡状物或米黄色块状物，能分散于热水中，HLB为4.7。

应用：用于化妆品与食品中，是W/O型非离子乳化剂，具有较强的乳化、分散、润湿作用，适合与吐温-60配合使用，用量为0.5%~3%。

（3）甘油脂肪酸酯 主要指甘油单脂肪酸酯，由脂肪酸和甘油酯化而成。

举例：甘油油酸酯（Glyceryl oleate）

分子式：$C_{21}H_{40}O_4$，相对分子质量：356.54。

性质：米黄色蜡状液体或半固体，HLB约为3.5，可在强碱性条件下水解。甘油油酸酯是皮肤的重要组成成分，是皮肤脂质层的屏障，随着年龄的增长皮肤中甘油油酸酯逐渐减少，导致皮肤保湿能力变差。

应用：W/O型乳化剂，具有乳化、增稠性能，常用于保湿护肤品中重塑皮肤脂质层屏障，减少水分的散失，起到长效保湿抗衰老的功效。用作生产膏霜类化妆品和清洁类产品，添加量为0.5%~2%。

（4）聚甘油脂肪酸酯类 简称聚甘油酯（PGFE），由聚甘油和脂肪酸形成的酯，是一类高效、性能优良的多羟基酯类非离子型乳化剂。根据各种聚甘油的聚合度、脂肪酸的种类、酯化度、脂肪酸与聚甘油的比例的不同组合，可得到从亲水性到亲油性，外观从淡黄色液体到蜡状固体的多种酯。其制备方法为：①通过甘油缩合或甘油酯与甘油加成反应制备聚甘油；②通过聚甘油与脂肪酸的直接酯化反应，或聚甘油与甘油三酯进行酯交换反应，得到相应的聚甘油脂肪酸酯。可以利用来自天然植物油脂水解产生的甘油和脂肪酸实现天然来源的甘油脂肪酸酯的制备。

举例：聚甘油-3二异硬脂酸酯（Polyglyceryl-3 diisostearate）

分子式：$C_{45}H_{88}O_9$，相对分子质量：773.17。

性质：淡黄色高黏液体或糊状，不溶于水，HLB约为4.5，闪点118℃。

应用：W/O型乳化剂、分散剂。可应用于冷配工艺，适合W/O型膏霜、乳液、粉底等产品配方。对于色粉和钛白粉具有很好的分散性和稳定性，适用于粉底霜、粉底蜜和物理防晒配方，用量5%。

（5）糖苷类 糖苷类表面活性剂是一类在表面活性剂家族中具有独特性质的分子，

由直链或环状结构的葡萄糖单元作为亲水性头基。

化学结构：糖苷类表面活性剂的基本结构包括一个或多个糖基和一个疏水性的脂肪酸链。这种特殊的结构赋予糖苷类表面活性剂独特的生物相容性和环境友好性，使其在一些敏感性领域，如医药和食品工业，得到广泛应用。

性质：糖苷类表面活性剂具有良好的乳化、分散和稳定泡沫的性质，在表面张力降低、乳化分散、增稠等方面，糖苷类表面活性剂表现出色，被广泛用于食品、药品和化妆品等领域。

应用：糖苷类表面活性剂在医药领域被用作药物传递系统的载体；在食品工业中，用于改善食品的质地和口感；在农业领域，被用作农药的增效剂。此外，糖苷类表面活性剂还在生物技术、环境保护等领域展现出巨大的应用潜力。

3.5.3 非离子表面活性剂与可持续发展

非离子表面活性剂在许多方面表现出卓越性能，但也存在一些缺点。它们比传统表面活性剂成本更高，这可能限制在大规模应用中的使用。特殊的合成非离子表面活性剂仍具有较低的生物降解性，对环境造成一定影响。

研究人员正在努力寻找更环保、更可持续的替代品。以下是一些关于非离子表面活性剂可替代性研究的方向。

（1）天然来源（衍生）表面活性剂　天然来源表面活性剂是从天然来源（如植物油、脂肪醇、糖等）提取的表面活性剂。这些天然来源表面活性剂通常具有较好的生物降解性能，可以减少对环境的影响。例如，脂肪醇聚醚和脂肪醇糖苷是一些常见的天然来源表面活性剂。天然表面活性剂的发展推动了绿色技术和创新的进步。制造商不断寻找更环保、可持续的生产方法，例如，采用创新生物技术生产、绿色合成路线等，以降低生产过程的能耗和废弃物产生，促进了行业向更可持续的方向发展。

（2）微生物产生的表面活性剂　一些微生物能够产生具有表面活性剂性质的化合物，被称为生物表面活性剂。如熊蜂生假丝酵母产生的糖脂，这些生物表面活性剂可能具有较高的生物降解性和低毒性，因此被认为是潜在的非离子表面活性剂替代品。

（3）可再生资源制备的表面活性剂　利用可再生资源制备表面活性剂是可持续性研究的一个重要方向。这包括利用植物油、生物质和其他可再生原材料合成表面活性剂，以减少对有限资源的依赖。韩国多美化学公司利用假单胞菌属 SY-16 开发出发酵橄榄油、发酵绿茶籽油、发酵山茶花籽油等多种产品，均含有甘露糖基赤藓糖醇脂质，配方中添加发酵油后不要再额外添加表面活性剂。该物质是一种类神经酰胺结构，除了表面活性外，还可以修护皮肤屏障，作用温和，具有抗衰老、保湿、减少刺激等护肤功效。

（4）绿色化学设计　绿色化学原则强调设计和开发对环境友好的化学品。研究人员在设计新型非离子表面活性剂时会考虑其合成过程的环境友好性，以及最终产物的降解性能。

思　考　题

1. 什么是表面活性剂？它在不同行业中的应用有哪些？

2. 溶液中的表面张力受溶质性质和浓度的影响，可分为哪三类？请说明它们的特点。
3. 为什么只有第三类物质被称为表面活性剂？这类物质的典型结构是怎样的？
4. 简述阴离子表面活性剂的分子结构以及其在洗涤产品中的作用机理。
5. 阳离子表面活性剂的结构特征是什么？它们在液体界面上的表现如何？
6. 非离子表面活性剂相较于离子表面活性剂有哪些优势？

第4章 溶剂原料

4.1 溶剂原料的概述

溶剂类原料是各种液状、浆状和膏状化妆品，如洗发水、乳液膏霜、香水、指甲油等配方中不可或缺的主要成分。其作为配方的载体，能够使其他成分互相配合、溶解在其中，从而使产品保持一定的稳定剂型并呈现出特定的理化特性。除此之外，溶剂本身也赋予化妆品各种功效特性，如润湿性（如去离子水）、防冻性（如甘油）、收敛性（如乙醇）、挥发性（如指甲油中的苯类）、香气及保香（如酯类、萜类）等。

根据化学性质和相似相溶原理，化妆品中常用的溶剂原料可以分为两大类，即水和油。广义上来说，前者的“水”也包括能和水形成氢键或自身能与其他溶质形成氢键的各种醇类；而“油”，则包括各种常温下呈液态的长链烃类、酯类及芳香族化合物。

4.2 化妆品用溶剂原料——水

水是生命之源，是所有生命机体所必需的物质，作为细胞外的介质和细胞内的溶剂，水通过水分子之间形成氢键而具备了良好的流动性及热传导性，又通过与各种化合物形成氢键、离子键从而使其溶解，并促成氧化、还原、缩合、水解等生物化学反应，为生物体的存在提供了物质基础。任何生命体的存活都离不开一定量的水。基于生物学的概念，在食品、制药等行业中，水分活度（Water Activity，简称 Aw，又称水活度或水活性）是反映产品中平衡状态下自由水分多少的重要指标，自由水会影响产品中微生物繁殖、化学特性和酶的稳定性。在纯的油类及蜂蜡等原料中，由于水活度低于微生物生存所需的最低值，因此久置而不会有细菌生长。

在化妆品行业中，水是使用最广泛的原料。由于水具有良好的溶解性能，在液态化妆品尤其是洗涤用品，如洗发水、沐浴露中均含有大量的水；而在乳液、膏霜等水油两相化妆品中，依据水包油和油包水的不同分散方式，水也占据一定的比例。但需要注意的是，虽然水是最普通、最常见、价格低廉的化妆品组分，并不意味着化妆品中的水是随手可得、随心添加的。化妆品用水有着严格的质量要求，其比例也同时是化妆品体系稳定性的关键。

化妆品用水与普通生活用水有着不同的质量要求。普通生活用水一般是来源于城市供水系统的自来水，其以满足生活用水标准为基础。一般来说，生活用水的水质要求主要为：①生物学安全性：水中不含传染病致病性微生物如致病细菌、病毒、寄生虫卵；不含生物毒性物质；②理化安全性：水中不含毒性、放射性的化学物质；③感官良好、水质易用：澄清透明、无明显异味、硬度（钙、镁离子含量）适中。而化妆品用水则在生活用水的标准上，在电解质含量和微生物含量方面具有更高的要求。

（1）电解质含量方面 自来水厂初步净化的自来水除去了大部分重金属及有害物质，但仍含有一定量的钾、钠、钙、镁离子；而在输水过程中，输水管道中的铁离子溶解在其中。同时，水中添加了次氯酸起到杀菌防腐作用，因而具有一定的氯离子残留。这些电解质虽然对人的日常生活危害和干扰较小，但如果以普通自来水作为化妆品用水来源，则会对化妆品生产产生诸多不良影响。例如，在香水生产中，水中如残留钙、镁、铁等离子，会与本身水溶性就较差的香精挥发油产生沉淀；护肤品配方中，一些酚类抗氧化剂及防腐剂会与钙、镁、铁离子产生不溶性沉淀，或反应、络合形成有色化合物；乳化工艺中，镁、锌等离子的存在会干扰某些表面活性剂体系的静电荷平衡，从而对配方稳定性产生较大影响，而 Cl^- 含量大于 300ppm 时会严重影响乳化稳定性，造成析水破乳。

（2）微生物含量方面 自来水（生活饮用水），其水质微生物标准为细菌总数≤100 CFU/mL。但是经过输水及一定时间的贮存后，水中的这些营养需求较低的细菌（大部分是革兰氏阴性菌），在接触营养源后会短期内大量繁殖。另外，虽然净化过程如氯处理使大部分细菌失活从而达到杀菌作用，但一些细菌和真菌的芽孢仍然在水中存在，在合适的营养环境下会继续繁殖。因此，即使饮用水的细菌含量标准低于化妆品要求的小于 1000 CFU/mL 或者小于 1000 CFU/g，由于化妆品中各种营养元素的存在，如果仅以自来水作为化妆品生产用水，细菌仍然会在化妆品生产及存储、销售过程中大量增殖。化妆品中的细菌不仅会对人类皮肤和健康有直接的伤害性，还引起代谢作用，产生酸性代谢物和有色物质等造成化妆品配方的不稳定，降低 pH，从而引起物质的沉淀或乳液的破乳等。

在工业生产中最为常见的水处理方法有以下几种：①活性炭法：使用活性炭吸附悬浮的颗粒与杂质，以及去除掉一定部分的细菌；②螯合剂处理法：通过螯合作用，去除水中的钙镁离子，降低水的硬度；③蒸馏法：蒸馏法产出的水最为纯净，但是成本最高；④去离子法：通过离子交换树脂或渗析等方法去除水中的离子与各种杂质。

在 20 世纪 60 年代的化妆品工业生产中，用的精制水多为蒸馏水。但是由于制备蒸馏水耗能过多，现在已不太常用。在蒸馏过程中可以去除非挥发性的有机、无机物质，除去悬浮体胶体、细菌、病毒等。但一般一次蒸馏效率不高，至少需要蒸馏两次，称其为双蒸水。通过离子交换树脂法生产去离子水是最为广泛及符合经济效益的方法，但是这种方法不能去除掉水中的有机物和全部细菌，因此需要进一步的经过灭菌处理。

化妆品的品种很多，不同的品种对用水的要求也有差别。洗涤类制品要求软化水，不含钙、镁、铁等重金属，无菌或菌落总数低于特定要求。而乳液和膏霜、古龙水、含水的气溶胶制品、凝胶类制品等，要求使用去离子水。优质的化妆品生产用水应为一般纯水，含盐量要低于 1mg/L，即电导率低于 1~6μs/cm，细菌总数≤100 CFU/mL。近年来，随着人们对配方稳定性要求的提高，大型企业的化妆品生产用水标准已逐渐变更为使用无菌纯水。

4.3 化妆品用溶剂原料——醇类

化妆品中常用的醇类溶剂主要包括以下几种。

（1）乙醇（Ethanol）

① 分子式为 C_2H_5OH，由 2 个碳原子、5 个氢原子和 1 个羟基（—OH）组成。

② 物理性质。无色透明的液体，具有特有的醇类气味。沸点约为78.37℃，其熔点为-114.1℃，因此，在常温下是液态。醇是一种极性溶剂，可以和水以任意比例混合，同时也能溶解许多有机化合物和一些无机盐。密度约为0.789g/cm^3（20℃），低于水的密度，折射率约为1.361（20℃）。

③ 化学性质。易于挥发成气体。它是易燃液体，其蒸气与空气可以形成爆炸性混合物，燃烧时产生蓝色火焰。能够参与多种化学反应，包括酯化反应、脱水反应、氧化反应等，在氧化反应中可以被氧化成乙醛或乙酸。

④ 应用。是最常用的化妆品溶剂之一，用于溶解产品中的各种成分，同时也具有抗菌作用。乙醇在制药和化妆品工业、实验室和日常生活中有着广泛的应用，包括作为溶剂、消毒剂、饮料酒精的主要成分等。

（2）异丙醇（Isopropyl alcohol）

① 分子式为C_3H_8O，也被称为2-丙醇。

② 物理性质。异丙醇是无色透明且具有刺激性气味的液体，沸点较高约为82.6℃，使其在提取和溶解过程中非常有用。熔点较低，约为-89℃，保证了在大多数环境条件下都是液态。作为一种极性溶剂，能够溶解多种有机物质。它的密度约为0.786g/cm^3（20℃），略低于水。

③ 化学性质。异丙醇容易挥发，且为易燃液体，其蒸气与空气混合可形成爆炸性混合物，燃烧产生透明的火焰。在化学反应中，异丙醇可以参与多种反应，如脱水、氧化和酯化反应等。

④ 应用。异丙醇在工业清洁、溶剂、消毒剂以及化学合成中有着广泛的应用。在化妆品等行业中，其也被称为擦拭酒精，在化妆品中作为溶剂和抗菌剂。

（3）丙二醇（Propylene glycol）

① 分子式为$C_3H_8O_2$，这种化合物具有2个醇基，属于二元醇，使其在化学性质上具有多功能性。

② 性质。无色、无味、具有轻微甜味的黏稠液体，不易挥发。能够与水和许多有机溶剂混溶，这种溶解性使其在工业和医药领域非常有用。沸点约为188.2℃，熔点约为-59℃，在广泛的温度范围内都是液态，密度约为1.036g/cm^3（20℃），相比于乙醇和异丙醇，丙二醇的蒸气压较低。

③ 应用。丙二醇的极性较高，可以作为有效的湿润剂和溶剂，用于多种化学、食品和制药产品中。在化妆品中既作为溶剂也作为湿润剂和皮肤调理剂。

（4）丁二醇（Butylene glycol）

① 分子式为$C_4H_{10}O_2$，是一种有机化合物，属于二醇类。

② 性质。无色至微黄色的液体，具有轻微的特殊气味，在常温下不易蒸发。可以与水以及多种有机溶剂混溶，沸点相对较高，大约为230℃，而它的熔点则较低，通常在-47.2℃左右，密度略高于水，约为1.017g/cm^3（20℃）。挥发性较低，作为一种黏度较高的液体，丁二醇在应用时可以提供良好的润滑性能。

③ 应用。其独特的化学结构使得丁二醇在制造柔软剂、湿润剂以及特定类型的塑化剂中尤为重要。在化妆品中作为溶剂，湿润剂，以及皮肤调理剂。

④ 安全性。低毒性，相比许多其他溶剂更为安全。

（5）己二醇（Hexylene glycol）

① 分子式为 $C_6H_{14}O_2$，通常指的是1,6-己二醇。

② 性质。无色固体，在室温下表现出微弱的甜味。具有良好的化学稳定性和多功能性，能够与水和多数有机溶剂混溶。沸点相对较高，约为250℃，这表明其具有较强的分子间作用力。熔点在42~44℃，意味着在室温下它能够从固态转变为液态。密度约为0.96g/cm³（20℃）。

③ 应用。具有较低的毒性和良好的生物相容性，使得其在医药和个人护理产品中的使用成为可能。作为化学合成的原料，1,6-己二醇用于生产聚酯、塑料、润滑剂等工业化学品，其长链结构和双醇功能性在生产高分子材料和特殊化工产品方面非常重要。在化妆品行业中，作为溶剂使用，也有助于其他成分的渗透。

（6）甘油（Glycerin）

① 分子式为 $C_3H_8O_3$，别名丙三醇。

② 性质。无色、无味的黏稠液体，以其甜味而闻名。与水和多种有机溶剂混溶性良好，沸点相对较高，约为290℃，在加热过程中稳定。熔点约为17.8℃，在大多数环境条件下保持液态，便于处理和混合。甘油的密度约为1.26g/cm³（20℃），比水重。甘油的低挥发性减少了产品在存储和使用过程中的水分损失，有助于维持化妆品的湿润状态和保质期。

③ 应用。作为一种三元醇，甘油具有3个羟基，这使得它具有极好的湿润性和吸湿性，能够从空气中吸收水分。甘油在化妆品行业中常作为保湿剂、溶剂和润滑剂。它不仅为皮肤提供保湿效果，还有助于软化皮肤，增加产品的感官质量。在化妆品行业中，甘油的多功能性让它成为制造保湿、修复和清洁产品的理想成分。它的吸湿性能帮助保持皮肤的水分平衡，减少干燥和粗糙，使得甘油在护肤品中的应用尤为重要。此外，甘油在提高产品稳定性和增强活性成分传递方面也发挥着关键作用。

（7）乙二醇（Ethylene glycol）

① 分子式为 $C_2H_6O_2$。

② 性质。无色、几乎无味。乙二醇具有2个羟基，这赋予了它良好的溶剂性能和化学稳定性。能够与水和多数有机溶剂混溶，常作为防冻剂和溶剂。乙二醇的沸点约为197.3℃，显示出良好的热稳定性，适合于高温工艺。它的熔点约为-12.9℃，意味着在大多数环境条件下它保持液态，便于运输和使用。乙二醇的密度大约为1.1132g/cm³（20℃），比水稍重。由于其低挥发性，乙二醇在常温下不易蒸发，这有助于减少挥发性损失，并确保长期稳定性。

③ 应用。乙二醇在工业应用中非常有价值，但由于其对人体具有毒性，因此，在个人护理产品和食品工业中的使用受到限制，较少被用于化妆品中，但在某些特定的应用中可能作为溶剂。

这些醇类溶剂在化妆品中的使用量和用途会根据产品的特定需求和配方而有所不同。它们可能用于增加产品的溶解性，改善质地，或者作为防腐剂的一部分来提高产品的稳定性和安全性。在选择和使用这些溶剂时，生产商需要考虑到它们的安全性、效果以及对最终产品性质的影响。

思 考 题

1. 化妆品用溶剂原料可以分成哪两大类？其分类的化学原理是什么？

2. 水作为最常使用的化妆品溶剂原料，其质量有何要求？为何不能使用普通生活用水来制备化妆品？

3. 化妆品用的醇类溶剂原料主要有哪些？为何醇类原料可以与水互溶？

第 5 章　胶 质 原 料

5.1　胶质原料的概述

胶质原料多为水溶性高分子化合物。结构一般含有羟基、羧基、氨基等亲水性基团。可膨胀成凝胶，在化妆品中应用非常广。当与水发生水合作用时，呈水溶液或胶状液态。溶液中聚合物分子的大小和形状与自身的结构相关，也与溶剂的性质、溶液的浓度及温度相关。在稀溶液中，分子间隙距离大，相互干扰小，聚合物分子和溶剂分子处于相对自由状态。

5.1.1　胶质原料分类

胶质原料可以根据其来源、成分和形成机理分为多种类型，包括：①天然胶质：如明胶、卡拉胶和黄原胶，通常来源于动植物；②合成胶质：如聚乙烯醇、聚丙烯酸等，这些通过化学合成获得；③半合成胶质：如改性淀粉，是通过对天然材料进行化学修改获得的。胶质原料在许多领域都有广泛的应用，如在食品工业中包括作为增稠剂、稳定剂和凝胶剂，用于改善食品的质地和延长保质期；在医药领域用于药物释放系统，如凝胶药膏、贴剂等，以控制药物的释放速率和提高应用的便捷性。

在化妆品配方中，胶质原料是不可或缺的组成部分，作为增稠剂、稳定剂和助乳化剂，为产品提供所需的质地、稳定性和触感。由于胶质原料主要作为增稠剂使用，因此在化妆品原料学范畴中，广义上也常混用胶质原料和增稠剂的概念。

5.1.2　胶质原料在化妆品中的作用

胶质原料具有一系列的独特性质：①黏弹性：胶质同时表现出黏性和弹性的特点，能够在外力作用下变形，并在撤去外力后恢复原状；②吸水性：许多胶质能吸收并保持大量的水分，这是由于其网络结构中多孔性和亲水性基团较为丰富所致；③稳定性：胶质能够稳定悬浮液和乳化液，防止成分分离。

胶质原料在化妆品中的主要功能是作为增稠剂、稳定剂和乳化剂。

（1）提升黏度和具备流变特性　当高分子电解质溶于离子强度较低的水溶液时，由于分子内带电基团之间的排斥，引起聚合物离子膨胀，形成伸张的构型，从而使溶液黏度增加。分散体系的化妆品，既有黏性又有弹性，具有流变学特性。水溶性聚合物的水溶液除个别外，几乎都显示假塑性流动，即黏度随着剪切速率或剪切应力的增大而改变。大部分非牛顿流体即属于假塑性流体。具有假塑性的食品通常含有由巨大链状分子构成的高分子胶体粒子，在低流速或静止时，这些粒子因互相缠结而导致较大的黏度。但是，当流速增大时，这些粒子会因为受到剪应力作用而减少互相钩挂，从而发生滚动旋转并收缩成团，导致剪切稀化的现象。例如，为减少 O/W 型乳液的油腻感，减少油相比例，可以添加增稠剂，使之成为有一定的黏度、不油腻、触变性良好的乳液。

（2）增泡和稳泡作用　羟甲基纤维素、改性淀粉等具有独特的表面凝胶化作用，可以强化气泡膜，延长气泡寿命，产生致密和稳定的气泡，对于洗发、洗浴等产品作用显著。

（3）成膜作用　由于水溶性聚合物中水分挥发，聚合物分子相互卷缠，分子间相互作用，从而形成网状结构，生成性质不同的膜。由此，可以通过添加胶质材料合适配比而达成面膜等化妆品的即时紧致效果。

（4）润滑和保湿效果　通过胶质的保水性达到润滑保湿效果。

（5）黏合作用　固体块状和饼状化妆品，能使粉末相互黏合。

（6）营养作用　一些动物性胶质、透明质酸、明胶、酪蛋白等，增稠的同时，含有各种氨基酸，还能起营养保健作用。

需要注意的是，胶质原料的各种作用不是排他的，如透明质酸作为一种天然多糖，既具备增稠性，同时也是优秀的保湿剂，提供润滑保湿效果。

5.1.3　化妆品增稠剂的使用要求

理想的化妆品增稠剂应具备以下特点。

（1）安全性和生物相容性　必须对皮肤温和，不引起刺激或过敏反应。应当是非毒性的，并且在长期使用时依然安全。

（2）稳定性　能够在化妆品的保质期内保持化学和物理稳定性，不分解或变质。能抵抗微生物污染，或者与防腐剂配合使用，保持产品卫生。能在广泛的温度和 pH 范围内保持稳定，不受环境条件影响。

（3）增稠和触感　能提供适宜的黏度和稠度，满足不同类型化妆品的需求（如乳液、凝胶、面膜）。能赋予产品顺滑、丰富的触感，提升使用体验。

（4）凝胶形成能力　对于需要形成凝胶的产品，如面膜和啫喱，胶质材料应具有良好的凝胶形成能力，以提供所需的产品形态和感官体验。

（5）乳化和稳定乳化体系　能有效地稳定油水两相，防止分层或乳化破坏。对乳化体系提供足够的黏性，以支持悬浮颗粒或活性成分。

（6）兼容性　与化妆品中的其他成分（如油脂、活性成分、防腐剂）具有良好的兼容性，能够适应不同的配方要求，包括清洁产品、护肤品和彩妆等。

（7）透明度　对于需要透明或半透明外观的产品，胶质材料能够提供良好的透明度。

5.2　化妆品中常用胶质原料

化妆品中常见胶质原料按其来源可以分为天然胶质及合成胶质。前者指来源于动物、植物及矿物的胶质材料；后者是通过化学合成改性制造出的材料。常见的化妆品胶质原料类型见图 5-1。

5.2.1　天然胶质原料

天然胶质原料是以植物或动物的天然成分为原料，通过物理过程或者物理化学方法加

- 水溶性聚合物
  - 有机物
    - 天然聚合物
      - 植物类
        - 树胶、果胶类：黄原胶、阿拉伯树胶、瓜尔胶、果胶等
        - 苔、藻类：海藻酸钠、爱尔兰苔粉等
      - 动物类：蛋白多肽类——骨胶、明胶、胶原蛋白、酪蛋白等
    - 改性聚合物
      - 纤维素类：(羧)甲/乙/丙基纤维素、阳离子纤维素聚合物等
      - 淀粉类：羧甲基淀粉等
      - 其他多糖/聚糖衍生物类：改性瓜尔胶、改性壳聚糖等
    - 合成聚合物
      - 乙烯类：聚乙烯醇、聚乙烯甲基醚及共聚物、聚乙烯吡咯烷酮等
      - 丙烯酸类：聚丙烯酸钠、甲基丙烯酸衍生物、卡波姆等
      - 聚氧化乙烯等
  - 无机物：改性二氧化硅、硅酸镁铝、膨润土等

图5-1　化妆品常见胶质原料类型

工而成的有机天然聚合物。这一类胶质原料多为水溶性，常见的胶原蛋白类（动物）和聚多糖类聚合物（植物）。在目前崇尚绿色、自然、可持续发展的潮流下，有机天然胶质原料在化妆品中的应用颇为广泛。

（1）卡拉胶

INCI名称：角叉菜胶钠［Sodium carrageenan］，CAS编号11114-20-8。

① 别名。麒麟菜胶、石花菜胶、鹿角菜胶。

② 来源。是从麒麟菜、石花菜、鹿角菜等红藻类海草中提炼出来的亲水性胶体。

③ 结构。由半乳糖及脱水半乳糖所组成的多糖类硫酸酯的钙、钾、钠、铵盐。由硫酸基化的或非硫酸基化的半乳糖和3，6-脱水半乳糖通过α-1,3糖苷键和β-1,4键交替连接而成，在1,3-D-半乳糖单位C_4上带有1个硫酸基，相对分子质量为20万以上。

④ 性质。具备出色的凝胶形成能力，特别是κ-卡拉胶和ι-卡拉胶，在水中可形成不同强度和特性的凝胶。这些凝胶是由于卡拉胶分子间的相互作用，以及在特定条件下与金属离子（如钾和钙）形成的不同交联作用而区分。此外，卡拉胶在水中具有很好的溶解性，尤其是在热水中，而λ-卡拉胶则表现出较好的增稠效果，而不形成凝胶。这些性质使得卡拉胶成为一种多功能的增稠剂、稳定剂和凝胶形成剂。

⑤ 应用。在化妆品行业中，卡拉胶主要用作增稠剂和凝胶形成剂，在各种护肤和美容产品中提供所需的质感和稳定性。例如，在面霜、洁面乳、身体乳以及发胶和其他定型产品中，卡拉胶可以帮助形成滑顺的凝胶基质，改善产品的涂抹感和持久性。此外，卡拉胶还能作为乳化稳定剂，帮助保持产品中油水成分的均匀分布，防止油水分离。卡拉胶不仅能提升产品的物理特性，还具有一定的生物相容性和温和性，适合敏感肌肤使用。

（2）黄原胶

INCI名称：黄原胶［Xanthan gum］，CAS编号11138-66-2。

① 别名。汉生胶。

② 来源。由野油菜黄单胞杆菌（*Xanthomnas campestris*）以碳水化合物为主要原料

（如玉米淀粉）经发酵工程生产的一种作用广泛的微生物胞外多糖。

③ 性质。米白色至淡黄色粉末，具有独特的流变性，良好的水溶性、对热及酸碱的稳定性、与多种盐类有很好的相容性，金属离子（钠、镁、钙等）存在的情况下也易在水中发生水合作用。在极低浓度下即能显著增加溶液黏度，并显示出极佳的稳定性。它还表现出假塑性流变特性，即黏度随着剪切速率的增加而减少，使得含黄原胶的产品在使用时更易于涂抹和吸收。此外，黄原胶具有稳定乳化体系的能力，能够有效防止油水相分离，增强产品的整体稳定性。

④ 应用。在化妆品行业中，黄原胶因其增稠、稳定和乳化特性常被用作乳液、霜、凝胶以及洗涤产品如洗发水和沐浴露的增稠剂和稳定剂，帮助改善这些产品的质地和流变性。黄原胶还作为乳化助剂和悬浮剂使用，帮助稳定油水乳化体系并均匀分散活性成分或颗粒，以保持产品的一致外观和质感。此外，它的假塑性使得产品具有顺滑的触感，更容易涂抹和吸收，提升了用户的使用体验。

（3）阿拉伯树胶

INCI 名：阿拉伯胶树（*Acacia senegal*）胶［*Acacia senegal* gum］，CAS 编号 9000-01-5。

① 别名。阿卡西亚胶。

② 来源。来源于阿卡西亚树（主要是阿卡西亚塞内加尔和阿卡西亚阿拉伯树种）的树干和枝条。这种树脂是通过在树干上刻划伤口后收集自然渗出的胶性物质并干燥得到的。

③ 结构。阿拉伯树胶主要由高分子多糖和少量蛋白质组成，这些多糖主要是由半乳糖、阿拉伯糖、半乳糖醛酸和鼠李糖等单糖通过糖苷键连接而成。

④ 性质。浅白色至淡黄褐色半透明块状，或为白色至橙棕色粒状或粉末，无臭、无味。相对分子质量为 22 万~30 万的高分子电解质。阿拉伯树胶具有良好的乳化特性，能够帮助不相容的物质（如油和水）混合形成稳定的乳化体系。由于其分子结构中的蛋白质部分，能够降低相界面的张力。阿拉伯树胶还具有良好的溶解性，能够在冷水中快速溶解形成透明的溶液，并且具有很低的黏度和良好的流动性。此外，阿拉伯树胶还表现出一定的成膜性和黏合力，在食品和制药工业中作为天然黏合剂和成膜剂被广泛应用。

⑤ 应用。在化妆品行业中，阿拉伯树胶常作为天然乳化剂被用到乳液、面霜、液态化妆品等配方中，以帮助稳定产品的乳化体系，防止成分分离。其成膜性能使其在发型产品（如发胶和发喷雾）中尤为有用，提供持久的定型效果，同时保持头发的自然外观和感觉。阿拉伯树胶的低黏度特性令其能够改善产品的涂抹性和感官体验，不会留下沉重或黏腻的感觉。此外，由于其良好的水溶性，阿拉伯树胶还被用作化妆品中的溶剂和增溶剂，帮助提升有效成分的溶解度和生物可用性。

（4）海藻酸钠（Sodium alginate）

INCI 名称：藻酸钠［Algin］，CAS 编号 9005-38-3。

① 别名。褐藻酸钠、藻酸钠。

② 来源。从褐藻类的海带或马尾藻中提取碘和甘露醇之后的副产物。

③ 结构。海藻酸钠是一种天然多糖，是海藻酸的钠盐形式，由 β-D-甘露糖醛酸和 α-L-古洛糖醛酸交替连接而成的长链聚合物。

④ 性质。白色或棕色粉末，可溶于水，热稳定性高。能在水中快速溶解形成黏稠的

溶液，在添加钙盐等二价金属离子时能形成凝胶状结构，这是因为金属离子能与海藻酸钠分子中的羧基反应，形成“蛋箱”结构的凝胶网络。此外，海藻酸钠还表现出良好的成膜性和稳定性，能够在皮肤或其他表面形成保护膜，同时对 pH 和温度的变化具有较高的稳定性。

⑤ 应用。在化妆品行业中，海藻酸钠常被用作增稠剂和凝胶形成剂，在面膜、眼霜、乳液和凝胶等产品中增加质地的稠密和滑润感。海藻酸钠的凝胶形成能力特别适用于需要快速形成膜或具有紧致效果的产品，如提拉紧致面膜和眼部凝胶。其成膜性能也被用来在皮肤上形成一层保护膜，有助于保湿和保护皮肤免受外界环境的伤害。此外，由于海藻酸钠能稳定悬浮颗粒，作为悬浮剂，保持化妆品中的活性成分或颜色颗粒均匀分布，提高产品的整体性能。

（5）明胶（Gelatin）

INCI 名称：明胶［Gelatin］，CAS 编号 9000-70-8。

① 来源。明胶是一种大分子的亲水胶体，一般由动物的皮肤、骨和结缔组织经过部分水解得到。

② 结构。主要由氨基酸如甘氨酸、脯氨酸和羟脯氨酸组成，这些氨基酸通过肽键连接形成长链多肽。明胶的特点是含有大量的亲水基团，如羟基和氨基，使其能够与水分子形成强烈的相互作用。

③ 性质。白色或淡黄色、半透明、微带光泽的薄片或粉粒，明胶在物理化学性质上表现出独特的凝胶形成能力。在水中，明胶能溶解形成溶液，当其浓度足够且温度降低时，会形成凝胶。这种凝胶是一种热可逆的凝胶，意味着它在加热时溶解，在冷却时凝固。此外，明胶溶液表现出一定的黏性，这种黏性随溶液浓度和温度的变化而变化。明胶的这些特性，包括其能够形成稳定的凝胶网络、优良的成膜性和黏结性，使其在多个领域内具有广泛的应用。

④ 应用。在化妆品行业中，明胶被用于多种产品中，利用其凝胶形成能力、增稠和成膜性。常作为面膜、乳液、膏霜及其他护肤品的成分，有助于改善产品的质地和稠度，同时提供良好的皮肤附着性。明胶在发制品中也很常见，比如用于发胶和定型产品中，增加产品的稳定性和持久性。此外，由于其良好的成膜性，明胶还被用作护肤品中的保湿成分，帮助锁住皮肤表面的水分，减少水分蒸发，从而保持皮肤的滋润。

5.2.2 半合成胶质原料

有机半合成胶质原料是由天然成分经化学改性得到的，主要有两大类：改性纤维素类和改性淀粉类。这类胶质原料兼有天然化合物和合成物质的优点，资源广泛易得。常见的有甲基纤维素、乙基纤维素、羧甲基纤维素、羟乙基纤维素、羟丙基纤维素和玉米淀粉、辛基淀粉琥珀酸铝等改性淀粉。

举例：甲基纤维素（其他纤维素同系物如羟乙基纤维素与此类同）

INCI 名称：甲基纤维素［Methyl cellulose］，CAS 编号 9004-67-5。

① 别名。纤维素甲醚、纤维素甲基醚。

② 来源。在制备甲基纤维素时，纤维素首先从植物源如棉花或木浆中提取，然后通过处理纤维素与甲醇发生醚化反应，引入甲基获得甲基纤维素。这种改性增加了纤维素的

水溶性，同时保留了其许多天然特性。

③ 性质。甲基纤维素的物理化学性质包括其在冷水中的优异溶解性，形成无色透明的溶液，而在热水中则不溶或溶解性显著降低，这一特性称为热凝胶性。这种独特的溶解行为使得甲基纤维素能够在低温时提供稳定的增稠效果，而在加热过程中形成凝胶。此外，甲基纤维素具有良好的成膜性，能在皮肤或其他表面形成一层薄膜，提供保护作用。它还具有稳定剂和乳化剂的作用，能够改善产品质地和增强配方稳定性。

④ 应用。作为一种有效的增稠剂，甲基纤维素被用于各种液体和凝胶配方中，如洁面产品、沐浴露、护发产品和手工皂，以提供理想的黏度和丝滑的质感。其成膜性质使得甲基纤维素适用于发胶、眉胶等造型产品，可以提供持久的定型效果并在皮肤或头发上形成保护层。此外，甲基纤维素的热凝胶性质使其在某些特殊配方中具有独特的应用，如温感面膜和自加热护理产品，提供独特的使用体验。

5.2.3 合成胶质原料

有机合成胶质种类居多，主要是由乙烯、丙烯酸、丙烯酰胺、甲基丙烯酸酯等单体聚合而成。该类增稠剂结构多样，增稠效率高，可提供多种性能，批次稳定性好，在化妆品中应用广泛。化妆品中常用的合成水溶性聚合物有：聚丙烯酸、聚丙烯酰胺、聚乙二醇、聚氧乙烯等。

（1）卡波姆（Carbomer）

INCI 名称：卡波姆［Carbomer］，商品名：卡波普（Carbopol）。

① 制法。卡波姆是由丙烯酸交联得到的均聚物。

② 性质。白色疏松状粉末，有特征性微臭，有吸湿性。是一类非常重要的流变调节剂，中和后的卡波是优秀的凝胶基质，有增稠、悬浮等重要用途，工艺简单，稳定性好，广泛应用于乳液、膏霜、凝胶中。

③ 应用。卡波姆是高分子聚合物，后面连接数字（如 Carbopol 940）越大代表聚合分子越大。常用到的卡波姆系列原料包括 Carbopol 940、Carbopol 941、Carbopol Ultrez 21、Carbopol Ultrez 20、Pemulen TR-1 等，在开发不同产品时，需要考虑不同卡波姆的长短流变特性、耐离子特性、耐剪切特性等，它在很低的用量下（常规用量 0.25%~0.5%）就能产生高效的增稠作用，从而制备出黏度范围很宽和不同流变性的乳液、膏霜、凝胶等产品。

卡波姆需维持中至弱碱性才有稠度，在使用的时候通常将卡波姆中和成盐，使卷曲的分子因电荷斥力张开而增稠，稀释后的氢氧化钠溶液、三乙醇胺是常用的中和剂，如果中和不彻底，无论是偏酸性还是偏碱性，可能会刺激皮肤，这也是卡波姆对黏膜具有刺激性的原因所在。

（2）聚乙烯醇（Polyvinyl alcohol，PVA）

① 制法。通过部分或完全水解聚乙烯醋酸酯（Polyvinyl acetate，PVAc）获得。这一过程涉及 PVAc 链中的醋酸酯基团转化为醇基，形成聚乙烯醇。

② 性质。聚乙烯醇具备优异的溶解性、成膜性和黏合力。在水中可溶，但不溶于大多数有机溶剂，其水溶液的黏度随聚合度和水解度的不同而变化。PVA 能形成强韧、透明的薄膜，这些膜具有良好的柔韧性和化学稳定性。此外，聚乙烯醇具有较高的机械强度

和耐磨性，以及良好的黏结特性。

③ 应用。在化妆品行业中，聚乙烯醇因其独特成膜特性，可以提供持久性、防水性或特定的质感，使其适用于撕拉式面膜、鼻贴、睫毛膏等化妆品。例如，PVA 在撕拉式面膜中用作成膜剂，使面膜干燥后能整片揭下，帮助去除面部死皮和杂质。在发型产品（如发胶和定型喷雾）中，PVA 的黏合力和成膜性质提供了强力支持和持久定型效果。此外，PVA 也被用作增稠剂和稳定剂，在液体洁面产品、沐浴露和护肤乳液中调节产品的黏度和流动特性。

（3）聚乙烯吡咯烷酮（Polyvinylpyrrolidone，PVP）

① 制法。聚乙烯吡咯烷酮通常通过乙烯吡咯烷酮的自由基聚合反应制备。

② 性质。白色或乳白色的粉末，可溶于水和其他多种溶剂，如醇和氨水，但几乎不溶于油脂和烃类。具备优良的溶解性、成膜性、黏合性和稳定性。PVP 能够形成坚韧而透明的薄膜，具有良好的黏附力和抗摩擦性。此外，PVP 是一种优秀的增稠剂和稳定剂，能够提高溶液的黏度并稳定悬浮体系。它还具有吸湿性，能够吸收并保持水分，从而在一定程度上提供保湿效果。

③ 应用。在化妆品行业中，聚乙烯吡咯烷酮因其多功能性而被广泛应用于各种产品中。PVP 的成膜性使其特别适用于发型产品，如发胶、发泥和发蜡，其中 PVP 提供了定型效果、增加头发的光泽度并保持风格的持久性。睫毛膏和眼线液中，PVP 的成膜性能增加了产品的耐水性和耐磨性，帮助产品保持更长时间。此外，在液体化妆品和护肤产品中，PVP 还用作增稠剂和稳定剂，改善产品的质地和流动性，如洁面乳、沐浴露和乳液。它的吸湿性和良好的皮肤兼容性使得 PVP 成为保湿霜和护肤面膜的常见成分，有助于保持皮肤水分和柔软性。

5.2.4 微粉增稠剂

微粉增稠剂是指不溶于溶剂，但与溶剂具有很好亲和性的用于增稠作用的超细固体粉末。微粉增稠剂粒径非常小，比表面积大，通过在液相中连接形成空间网络，来改变液体流变性。包括无机微粉增稠剂、有机微粉增稠剂、表面改性微粉增稠剂等。无机微粉增稠剂有硅酸铝镁、硅酸锂镁、二氧化硅等，有机微粉增稠剂主要有微晶纤维素等。无机微粉增稠剂和有机微粉增稠剂一般都亲水性强，适合水相的增稠。表面改性增稠剂的表面经过疏水改性，一般用于油相的增稠，如改性膨润土、有机改性水辉石、疏水处理的气相二氧化硅等。

（1）膨润土

① 来源。膨润土是一种天然黏土材料，主要由蒙脱石（Montmorillonite）矿物组成，以及其他如石英、长石、云母和钙质矿物的混合物。它的形成通常是由火山灰在海水中沉积和转化的结果，这一过程发生在数百万年前。膨润土的独特之处在于其颗粒的层状结构，具有极高的吸水能力和膨胀能力。

② 性质。具有优异的吸附性、离子交换能力、膨胀性和黏结性。当膨润土与水接触时，它能够吸收多倍于自身重量的水分，并显著增加体积。这种膨胀能力使其在多种应用中非常有用，尤其是在需要吸收和锁定水分的场合。此外，膨润土的层间具有高度的离子交换能力，允许它吸附和保留正离子，如金属离子。它还表现出良好的黏结性和成膜性，

能够在表面形成保护层。

③ 应用。在化妆品行业中，膨润土的吸附性和膨胀性使其成为理想的油脂吸收剂，其离子交换能力也被用来吸附皮肤上的有害物质，提供深层清洁效果，因此常用于护理清洁类产品，如清洁面膜和磨砂膏、牙膏等，用于去除皮肤或牙齿表面的多余油脂和杂质。此外，膨润土在护肤和彩妆产品中通过稳定和增稠作用，提升产品的质地和一致性。在某些情况下，膨润土还能作为乳化助剂，帮助水和油相混合，形成稳定的乳液或霜体。它的成膜性质也使得膨润土能在皮肤上形成一层轻薄的保护膜，有助于保持皮肤水分和平滑度。

（2）硅酸铝镁

① 来源。硅酸铝镁是由天然硅酸铝镁矿石精选、粉碎、活化制得。

② 性质。具有良好的吸水性和吸油性，能够调节产品黏度和质地。作为一种天然矿物黏土，硅酸铝镁在水中形成高黏度的胶体悬浮液，这种特性使其成为优秀的增稠剂和稳定剂。此外，它的层状结构还能提供一定程度的悬浮能力，有助于稳定配方中的不溶性颗粒，如颜料和微粒。

③ 应用。在化妆品和个人护理产品中，硅酸铝镁主要用作增稠剂和稳定剂。它被广泛应用于面霜、乳液、防晒霜和彩妆产品，如粉底和眼影，以改善产品的涂抹性和提供均匀的覆盖效果。它的吸油性能也使其成为控油面膜和清洁产品的理想成分，能有效吸附皮肤表面的多余油脂和污垢，从而提供清爽的肤感和改善皮肤外观。此外，硅酸铝镁在某些护肤品中的应用还可以帮助减少皮肤刺激和血色沉着，为敏感肌肤提供温和的护理。它的悬浮特性能保持配方中活性成分的均匀分布，从而增强产品功效。

思　考　题

1. 什么是胶质原料？其由哪两部分构成？
2. 胶质原料在化妆品中有哪些作用？
3. 化妆品中使用胶质原料作为增稠剂有哪些要求？
4. 化妆品常用胶质原料按其来源可以如何分类？
5. 试比较卡拉胶、黄原胶和明胶的异同。
6. 现代高分子材料发展日新月异。通过调查文献，发掘可以用于化妆品增稠的新胶质原料。

第 6 章　粉 质 原 料

6.1　粉质原料的概述

粉质原料是香粉（香料载体）、爽身粉、胭脂、唇膏、眼影粉、CC 霜等的基质原料。其在粉剂及膏剂化妆品中质量比可高达 30%~80%。主要作用包括赋予皮肤色彩、遮盖色斑、吸收油脂和汗液等。另外，粉质原料也常作为着色剂使用，如无机（矿物类）粉类着色剂铁红、铁黑、群青、普鲁士蓝，以及人工合成或提取自天然动植物的有机粉类着色剂酞菁红、酞菁蓝、永固黄等。因色素类原料在第 8 章专辟一章讲解，在此不再赘述。本章所涉及的粉类原料主要为粉体填充剂（Extender 或 Filler），起填充、摩擦、悬浮、增稠、保湿等作用，或赋予化妆品基底白色或珠光色泽（主要依赖于折光作用）。

6.1.1　粉质原料在化妆品中的作用

粉质原料不仅提供了化妆品的基本形态和质地，还具有多种功能性作用，从而提升化妆品的使用效果和用户体验。其主要作用包括但不限于以下几个方面。

（1）提供遮盖力和色彩　粉质原料如钛白粉、氧化铁等矿物质提供了化妆品的遮盖力和着色能力。它们可以遮盖皮肤瑕疵，统一肤色，并且给予产品所需的颜色和光泽。例如，在粉底、散粉、眼影和腮红等产品中，粉质原料是实现颜色多样性和自然遮瑕效果的关键原料。

（2）吸油和控油　某些粉质原料如滑石粉、高岭土等具有良好的吸油性，能够吸收皮肤表面的多余油脂，减少面部光泽，从而为油性皮肤提供控油和哑光效果。这种特性使得粉质原料特别适用于控油和长时间维持妆容的产品中。

（3）改善质地和感官体验　粉质原料通过其独特的颗粒大小和形态，能够显著改善化妆品的质地和感官体验。例如，细小的硅藻土和纤维素微珠可以为化妆品提供轻盈的感觉，而硬脂酸镁和硬脂酸锌等可以作为润滑剂，改善产品的延展性和涂抹性。

（4）增强持久性　粉质原料可以帮助化妆品更好地附着于皮肤上，延长妆效。通过与皮肤表面的油脂和汗水相结合，形成持久的妆效层，减少因油脂分泌或外界因素而导致的脱妆。

（5）提供防晒保护　特定的粉质原料，如钛白粉和氧化锌，具有反射、散射紫外线的能力，可以保护皮肤免受紫外线伤害，减少晒伤和光老化的风险，因此作为物理性防晒原料常被用于防晒产品中。

（6）提供配方稳定性　粉质原料有助于提高化妆品配方的稳定性。可以防止产品分层、沉淀，确保产品在存放过程中的均一性和有效性。

6.1.2 粉质原料的性质

粉体粒子形态繁多，难以用直径来衡量。根据制造条件、干燥方法、粉碎方法、是否经过表面处理而不同。衡量、描述粉体原料的性质，主要通过以下几方面的指标进行。

（1）比表面积 单位质量或单位体积料体的总表面积，单位是 m^2/g。比表面积通常指的是固体材料的比表面积，例如粉末、纤维、颗粒、片状、块状等材料。可以以比表面积作为衡量粉体粒子大小的尺度。

（2）充填性 可用表观密度、比体积、空隙率表示。

① 表观密度。粉体质量与体积之比，粉体内有空隙，不代表真实密度。

② 比体积。单位质量粉体所具有的体积。

③ 空隙率。颗粒间空隙体积与整个颗粒物料层体积之比。

（3）流动性 粉体流动性由颗粒间的吸附凝聚力决定（范德华力、静电力、表面张力等），以休止角、摩擦因数、流动速度等衡量。

休止角（θ）：测定粉末在平面上慢慢落下所堆积成的粉末山的倾斜角。休止角越小，摩擦力越小，流动性越好，一般认为 $\theta \leqslant 30$ 度时流动性好。

6.1.3 粉质原料应具备的性能

（1）遮盖力 可遮盖肌肤的色斑和不良肤色。钛白粉、锌白粉等。

（2）伸展力 指粉体涂抹于肌肤时，可形成薄膜，平滑伸展，有圆润触感的性能。

（3）附着力 是否容易附着在皮肤上，不易散妆。

（4）吸收力 吸收汗腺和皮肤分泌的多余分泌物。

6.2 化妆品中常见粉质原料

（1）高岭土（Kaolin）

INCI 名称：高岭土［Kaolin］，CAS 编号：1318-74-7。

组成：主要由高岭石（Kaolinite）组成，其化学式为 $Al_2Si_2O_5(OH)_4$。也称为中国白，是一种常见的天然黏土矿物。

性质：通常呈现为白色或近白色粉末，但根据其中所含杂质的类型和含量，也可以呈现为黄色、红色或灰色，基本无气味。在高温下（1300~1500℃）会发生相变，转变为更稳定的莫来石。密度通常在 2.6g/cm^3 左右，稳定性好，不易与大多数化学物质发生反应，具有良好的吸附性能，能够吸附水分、油脂和其他物质。

应用：在化妆品行业中，高岭土因其良好的覆盖力、吸油性和吸湿性使其成为粉底、散粉、眼影和其他干粉类化妆品的重要成分。高岭土的吸油性能使其成为控油护肤品和化妆品的理想选择，帮助减少皮肤油光，改善肤质。此外，高岭土的温和和低过敏性质使其适合敏感肌肤使用，也常被用于婴幼儿产品中，提供轻柔的护肤效果。

（2）滑石粉（Talcum powder）

INCI 名称：滑石粉［Talc］，CAS 编号：14807-96-6。

组成：主要由滑石［$Mg_3Si_4O_{10}(OH)_2$］组成，是镁硅酸盐的一种。

性质：白色或带有淡绿色的粉末，几乎无气味。熔点较高，一般在1500℃左右，而它几乎不具有沸点，因为在达到沸点之前滑石会分解。滑石粉的密度在2.7~2.8g/cm^3，这取决于具体样品中可能存在的杂质。在化学反应性方面，滑石表现出极佳的稳定性，不易与大多数化学物质发生反应。它在正常条件下具有良好的耐热性和耐酸碱性，但可在强酸环境下缓慢分解。

应用：滑石粉因其结晶结构，具有良好的滑爽性和吸油能力，使其在化妆品中作为填充剂和载体，广泛应用于各种化妆品中，包括婴儿粉、散粉、粉底、眼影、腮红和其他干粉类化妆品。它能够提供丝滑的触感，帮助改善化妆品的质地和延展性，同时吸收皮肤表面的油脂和湿气，减少光泽，给予皮肤哑光和柔和的外观。

安全性：滑石粉的使用也引起了一些健康和安全方面的关注，特别是关于其可能含有石棉纤维的问题，因此在使用滑石粉的化妆品成分中，确保其纯净和无石棉污染是非常重要的。

（3）钛白粉（Titanium dioxide）

INCI名称：二氧化钛［Titanium dioxide］，CAS编号：13463-67-7。

分子式：TiO_2，相对分子质量：79.87。

性质：白色粉末，几乎无气味，是所有白色颜料中遮盖力最强的。钛白粉的熔点非常高，约为1843℃，而其沸点更高，超过2500℃，在这种温度下，它会分解而不是沸腾。钛白粉的密度约为4.23g/cm^3（纯净物质），但在商业产品中可能因为颗粒大小和表面处理而略有不同。在化学反应性方面，钛白粉被认为非常稳定，几乎不与其他化学物质发生反应，对光和热稳定，不易被酸碱腐蚀。

应用：在化妆品行业中，钛白粉被广泛用作着色剂和遮盖剂，尤其在防晒霜、粉底、散粉、口红等产品中，不仅提供高遮盖力，还能反射UVA和UVB辐射，为皮肤提供物理防晒效果。此外，钛白粉也用于提高产品的白度和亮度。

表面处理：由于其在紫外线下的光催化活性，钛白粉在某些应用中会经过表面处理（如涂覆硅烷、铝烷等）以提高其化学稳定性和安全性，减少光催化活性，以避免可能的自由基生成，这对于确保化妆品产品的安全性和稳定性至关重要。

（4）硅藻土（Diatomaceous earth，DE）

INCI名称：硅藻土［Solum diatomeae］，CAS编号：61790-53-2。

组成：古代硅藻（一种微小水生藻类）的化石组成的天然物质，主要成分是二氧化硅（SiO_2），也可能含有少量的铝、铁和其他矿物质。

性质：白色或淡黄色的粉末，几乎无气味。熔点较高，通常在1700℃以上，这表明它在正常使用条件下具有很高的热稳定性。密度相对较低，干燥条件下为0.1~0.6g/cm^3，轻质。稳定，不易与大多数化学物质反应，对水、大多数酸（除氢氟酸外）和有机溶剂都具有很好的耐性。硅藻土具有良好的吸附性能，能够吸收其重量约3倍的液体，这一特性使其在多种应用中非常有用。

应用：在化妆品行业中，硅藻土因其独特的吸附性、温和的磨砂效果以及作为载体的能力而被广泛应用。它可以作为面膜、磨砂膏、粉底和其他护肤产品的成分，帮助去除皮肤上的死皮细胞，吸收多余的油脂，从而改善皮肤质地。此外，硅藻土的高孔隙性使其成为增加产品稳定性和控制释放成分的理想选择。然而，由于硅藻土的物理特性，一些应用场景下可能引起皮肤干燥，所以在化妆品配方中需要控制其含量。

（5）聚乙烯（Polyethylene，PE）

INCI 名称：聚乙烯［Polyethylene］，CAS 编号：9002-88-4。

组成：由乙烯单体（分子式为 C_2H_4）聚合而成的热塑性聚合物，相对分子质量范围可以从几千到几百万 g/mol 不等，具体取决于聚合过程和所用催化剂的类型。

性质：白色粉末，几乎无气味。聚乙烯的熔点范围在 105～135℃，熔点范围在 105～135℃，密度范围在 0.91～0.96g/cm^3。具有较高的稳定性，对大多数酸、碱和溶剂具有良好的抵抗力。然而，它可能会在强氧化剂存在下反应，且在高温下或长时间紫外线照射下可能会逐渐降解。

应用：在化妆品行业中，聚乙烯粉被用作物理磨砂颗粒，提供温和的去角质效果，用于面部和身体磨砂膏、清洁剂等产品中。聚乙烯粉也可用作黏度调节剂和稳定剂，帮助改善产品的质地和延长保质期。然而，由于环保方面的考虑，特别是关于微塑料对水生环境的潜在影响，聚乙烯粉的使用已经受到限制和严格监管，逐渐被纤维素微珠等可降解材料取代。

（6）硬脂酸盐

① 硬脂酸镁（Magnesium stearate）

组成：由硬脂酸和镁离子形成的盐，化学式为 $Mg(C_{18}H_{35}O_2)_2$。

性质：白色粉末，不溶于水，但可溶于热的酸和一些有机溶剂中，室温下稳定，没有明确的熔点，但在加热至约 88℃时会开始分解。密度大约为 1.028g/cm^3，但作为一种轻质粉末，其堆积密度通常较低。

② 硬脂酸锌（Zinc stearate）

组成：由硬脂酸和锌形成的金属皂，化学式为 $Zn(C_{18}H_{35}O_2)_2$

性质：白色至淡黄色的粉末，几乎无气味，几乎不溶于水，微溶于醇，而在酸和一些有机溶剂中可溶，室温下稳定。具有较高的熔点，为 120～130℃，这使得它在多数应用条件下保持固态。硬脂酸锌的密度约为 1.1g/cm^3。

应用：硬脂酸镁和硬脂酸锌因其出色的润滑性和抗结块能力而被广泛用作粉末化妆品（如散粉、粉底、眼影）的成分，帮助提升产品的质感和流动性，确保粉末均匀、轻盈、易于涂抹。此外，它的乳化性能也使其成为乳液和霜类产品的有用添加剂，能够帮助水和油相混合，增加产品的稳定性和均匀性，且有助于延长产品的保质期。

思　考　题

1. 粉质原料可以作为哪些化妆品的基质原料？
2. 粉质原料在化妆品中有哪些作用？
3. 粉质原料的性质一般通过哪些方面来进行表征？
4. 化妆品用粉质原料应具备何种性能？
5. 试比较高岭土、滑石粉与钛白粉的异同。
6. 除本章节所介绍的常用粉质原料外，还有哪些粉质原料在化妆品中使用？试调研化妆品原料目录。

第 7 章　香料香精原料

香料香精是化妆品类产品中不可或缺的组成成分，它可以使产品芬芳浓郁、清新宜人，遮盖不良气味，令消费者心情愉悦。香料香精的原料来源广泛，主要包括天然和人工合成两大类。天然原料可以来自植物、动物或矿物等，如檀香、玫瑰、薄荷等植物性香料，以及某些动物分泌物等动物性香料。这些天然原料通过水蒸气蒸馏法、浸提法等方法提取出精油、浸膏等，或者直接作为天然香料使用。人工合成香料则是通过化学合成方法制取的芳香物质，这些合成香料已经成为精细有机化工的重要组成部分，许多天然香料中的成分也可以通过有机合成的方法制备出来。

7.1　香料香精的发展

7.1.1　香料香精发展史

7.1.1.1　国外香料香精的发展历史

人类使用香料的历史可以追溯到 5000 年以前，最早使用的是天然香料，中国、古埃及古印度、古巴比伦等文明古国是最早使用香料的国家。英语中香料一词即“Perfume”来自拉丁语“*Perfumum*”，是“通过烟雾”的意思，这说明古代西方使用香料是从熏香开始的。

古埃及对使用香料很有研究，他们认为在沐浴时加些香精或香膏，既有益于肌肤，又能使身心感到愉快。古埃及法老去世后用香料处理尸体防腐，被制作成木乃伊，可以永久保存。

早期使用的香料都是未加工过的动植物发香部位，在 8 至 10 世纪，中东阿拉伯文化的发源地巴比伦，人们就开始用蒸馏法从玫瑰花中提炼玫瑰油和玫瑰水。1096 年至 1291 年，东方的香料被传到当时落后的欧洲，英国、法国等国才开始使用香料和化妆品。1370 年，出现了第一批用乙醇配制成的香水，被称为匈牙利水。自 1420 年，将蛇形冷凝器用于蒸馏后，精油的提取效率发展迅速。起初是蒸馏一些辛香料，如肉桂、丁香、肉豆蔻，以及香料植物，如紫苏、迷迭香、薰衣草等，后来，人们开始从柑橘属的花、果实和叶片中提取精油。到 19 世纪，随着有机化学的发展，出现了合成香料。除动植物香料外，增加了以煤焦油等为起始原料的合成香料，大大丰富了调香所需香料的来源种类，并且显著降低了香精的价格，促进了香料香精工业的发展。

7.1.1.2　中国香料香精的发展历史

我国对芳香物质的应用有着悠久的历史。早在黄帝、神农氏时期，就有采集树皮、草根作为医药用品来驱疫避秽的记载。当时人类对植物挥发出来的香气已经非常重视，因此，在上古时代就把这些有香味的物质作敬神拜佛、清净身心之用，同时也用于祭祀和丧葬。后来才逐渐用于饮食、装饰、美容。我国在夏、商、周三代前就开始了对香料的使用。商朝人刻写在龟甲或兽骨上的文字被称为甲骨文。甲骨文已经具备了汉字结构的基本形式，是一种比较成熟的文字。甲骨文中的“香”字见图 7-1，从象形文字观察，香字原为黍和甘的合体。《春秋传》曰“黍稷馨香”；《说文句解》解释“甘者穀之味，香者穀之臭”；《说文通训定声》析“按穀与酒之臭曰香”；又有《说文解字部首订》析“草臭之美者曰芳，穀臭之美者曰黍”。可以看出，香原与酒谷物、花草有着密切的联系，且古文的“香”已将香味与香气都包含在其中，这与现在泛指的香有类似之处。

图 7-1 “香”字的演变

公元前 770 年—公元前 221 年的春秋战国时代，兰花曾普遍受到人们的喜爱，当时文字已趋完善，也有了记载工具。最早的国别史《国语》上写有“人芝兰之室，久而不闻其香”。

公元前 343 年—公元前 277 年，楚国著名诗人屈原所著的《九歌・东太一》中有“蕙看兮兰藉，奠桂酒兮椒浆”的描述，据研究屈原的著名学者文怀沙考证，蕙是指薰，别名罗勒，是一种天然香料；兰是鸢尾，也是一种香料；桂酒是用肉桂皮浸泡的酒，椒浆是花椒汁。这说明当时香料在饮食方面的使用已相当考究。

公元前 206 年—公元前 208 年，汉代的汉官典礼中记载着用熏香的办法使官服沾上香气。从那以后到隋朝（581 年—618 年）、唐朝（618 年—907 年），香料已成为达官贵人使用的奢侈品。例如，《杜杨杂编》中记载，隋炀帝每年除夕夜，都要在宫殿前同时点燃数十处沉香木堆，香飘溢达数十里，甚为壮观。唐朝的《开元天宝遗事》中则有关于杨贵妃的长兄杨国忠建有“斯香阁”，以沉香木做门，檀香木做栏杆，将麝香和乳香加入涂料中涂在墙壁上，在每年春季，芍药花盛开的时候，就在这里请客赏花的记载。

唐朝以后的五代十国时期（907 年—960 年），已有使用茉莉油和桂花油的记载。后周显德年间（951 年—960 年）有云南的昆明国进贡蔷薇水的记载。当时香料的使用方法除焚薰外，还有煮汤、沐浴和食用。

公元 960 年—1279 年，宋朝进士洪刍曾写有专门的论著《香品》《香事》《香法》，其中详细记述龙脑、麝香、白檀、苏合香、郁金香、丁香、兰香、迷迭香、芸香、甘松等 81 种香料的产地、性质和应用。

宋朝是中国历史上经济高度发达的时代，北宋时期与其他国家的贸易已十分频繁，樟脑、麝香、乳香等香料由海上输往日本、埃及和欧洲等地。当时，福建提举市舶司（海外贸易监督官）赵汝南在 1225 年编著的《诸蕃志》中，介绍有 47 种贸易商品的名称、产地、使用价值和采收方法，其中，香料有 23 种之多，包括乳香、芍药、苏合香、安息香、檀香、丁香、胡椒、肉豆蔻、白豆蔻、山苍子、芦荟、龙涎香、栀子花、蔷薇水、沉香等，这些记载比意大利航海家哥伦布开始大海航行时代还要早 267 年。

在我国古代，芳香植物也早已作为药物来治疗疾病。汉朝前后所编的一本最早的中药著作《神农本草经》的附录中，记载着芳香植物如何当作药物来使用。后来经过发展，明朝李时珍汇编成的《本草纲目》中专门写有芳香篇，其中记载的作为医药使用的芳香植物就多达 60 种。

清朝后期，香料的使用已普及百姓之家。19 世纪初期，出现了专业化妆品作坊，上海有妙香宝香粉局和戴春林香粉局，扬州有流传至今的谢馥春香粉局，杭州有孔凤春香粉局，它们的主要产品是百姓用的香粉和宫廷用的香粉。第一次世界大战后，欧洲现代香精倾销至我国，逐渐改变了我国化妆品加香的传统。中华人民共和国成立前，我国出口的香料品种很少，主要有麝香、大茴香、肉桂和薄荷脑四种。

中华人民共和国成立后，我国的香料香精工业逐步走上正轨，不仅增添了天然与合成香料的品种，还逐步扩大了产量，提高了质量。从此，国内香精生产开始以国产香料为主，辅以少量进口香料。

7.1.2　国内外香料香精工业发展的现状

7.1.2.1　国际香料香精工业发展的现状

随着世界各国（尤其是发达国家）经济的发展，消费水平不断提高，全球香料香精工业也加速发展。近年来，国际香料香精贸易销售额呈不断增长的趋势。2019 年，全球香料香精市场的价值约为 350 亿欧元；到了 2022 年，这一数值增长到约 390 亿欧元。根据莫多尔情报（Mordor Intelligence）市场价值的数据，预计发布从 2023 年的 364 亿美元增长到 2028 年的 4616 亿美元，复合年增长率为 4.87%。大视野研究（Grand view research）的报告显示，2023 年全球香料香精市场规模估计为 306.1 亿美元，预计从 2024 年到 2030 年的复合年增长率为 5.4%。财富商业洞察力（Fortune business insights）提供的数据表明，2021 年全球香料香精市场规模为 258.9 亿美元，预计到 2029 年将达到 364.9 亿美元，展现出 4.7%的复合年增长率。虽然全球有几百家香料企业，但大多数的销售额仅被十几家跨国大公司所占据。现将 2022 年香料香精行业位居全球十强的企业列于表 7-1。这些跨国公司来自瑞士、美国、德国、法国、日本等发达国家。2022 年全球十强企业的销售额约 2297.15 美元，从行业垄断指标来看，已经属于中度垄断程度（表 7-1）。

表 7-1　　2022 年香料香精行业全球十强企业

公司名称	2022 年销售额/亿美元	总部所在国家
国际香料公司(International Flavors & Fragrances Inc,. IFF)	118.75	美国
芬美意(Firmenich SA)	53	瑞士
奇华顿(Givaudan SA)	81	瑞士
巴斯夫(BASF SE)	940	德国
德之馨(Symrise AG)	49	德国
阿奇尔丹尼斯米德兰公司(Kerry Group PLC Archer Daniels Midland Company)	1016	美国
罗伯特(Robertet SA)	7	法国
曼氏(Mane Group)	18	法国
森馨(Sensient Technologies Corporation)	14.4	美国

全球香料香精行业的大公司主要分布在欧洲、美国和日本。由于这些地区和国家本土市场日渐饱和，其在本土的销售额仅占30%~50%，其余50%~70%的产品均在境外销售，亚洲、大洋洲和南美洲等第三世界国家和地区成为主要竞销地区，这些地区中，中国、东南亚及澳大利亚的香料香精市场成为最具潜力也是竞争最激烈的市场。

7.1.2.2 国内香料香精的现状

改革开放以来，中国在合成香料工业方面取得了长足进展，2011年，我国香料香精行业总收入为470亿元，其中合成香料产量是39万吨，总销售额为220亿元。2012年，我国香料香精行业的总销售额为245亿元。截至2015年，我国香料香精行业总销售收入已高达630亿元，产业竞争力不断提升。与天然香料相比，由于合成香料具有不受气候和地理条件的限制、工艺稳定、质量和产量易于控制、能保证稳定供应等优点，现已成为调配香精的重要基础原料。近几十年来，合成香料发展十分迅速，合成工艺水平不断提高。

随着中国居民生活水平的提高与消费结构的升级，日化、食品等行业在下游需求的推动下得到了持续发展，进而为香料香精产业链的上游和中游企业提供广阔的市场空间和机遇。全球新经济产业第三方数据挖掘和分析机构iiMedia Research（艾媒咨询）最新发布的《2024—2025年全球及中国香料香精行业运行大数据与投资价值分析报告》数据显示，2023年中国香料香精行业市场规模为439亿元，同比增长2.6%。未来在国家和政府的大力支持下，中国香料香精行业凭借原料优势、成本优势与多样化的市场需求，向着高端化、数字化、绿色化的方向发展，预计2026年中国香料香精行业市场规模有望突破500亿元。基于庞大的人口基数和日益提高的国民收入，中国等发展中国家市场已成为食品、日化品等行业市场规模增长最为迅速的市场，并带动了香料香精行业的发展。2021年我国香料香精产量为2027吨，同比增长4.48%。

近年来，中国香料香精行业呈现出稳定发展的态势，但与外资企业相比，国内企业和品牌的发展突破需要更多的技术实力与创新作为支撑。未来在国家和政府的大力支持下，中国香料香精行业凭借原料优势、成本优势与多样化的市场需求，将向着高端化、数字化、绿色化的方向发展。

7.2 香　　料

香料能够通过嗅觉和味觉被感知，带来令人愉悦的芳香体验，是调配香精的主要原料。

香料从广义上讲是香原料与香精的统称，从狭义上讲是指香原料，不包含香精。通常所说的香料只代表香原料的含义。香料可分为天然香料与合成香料。

天然香料存在于自然界中，可分为动物性香料和植物性香料。动物性香料很少，主要有麝香、灵猫香、海狸香、龙涎香和麝鼠香五种，产量极少，且价值极高；而植物性香料品种繁多，如玫瑰精油、茉莉精油、桂花浸膏、香荚兰酊等。天然香料都含有复杂的成分，是天然的混合物。

采用物理或化学的方法从天然香料中分离出来的单一化合物，称为单离香料，例如，从香茅精油中分离出香叶醇和香茅醛，从山苍子精油中分离出柠檬醛，从薄荷精油中分离出薄荷醇（即薄荷脑），从丁香精油中分离出丁香酚。单离香料属于天然香料，使用时要注明来源，如香叶醇（单离自香茅精油）、柠檬醛（单离自山苍子精油）。

合成香料是指采用各种化工原料，经过化学或生物合成的途径制备或创造出的某一“单一体”香料。合成香料如按其化学结构或官能团来区分，则有烃类、醇类、酸类、酯类、醛类、酮类、酚类、醚类、腈类、大环类、多环类、杂环类、硫化物类、卤化物类香料等。

香料的分类，按出发点不同，可以有不同的分类方法，大体上可分为以下三类。

7.2.1 天然香料

天然香料是指原始而未加工过的直接应用的动物、植物发香部位；或通过物理方法进行提取或精炼加工而未改变其原来成分的香料。天然香料包括植物性香料和动物性香料。为更容易理解香料的一些特性和加工方式，总结了常见的天然香料的一些术语，详见表 7-2。

表 7-2　天然香料中的常用术语

名称	概念
精油(Essential oil)	也称香精油、挥发油或芳香油，是植物性天然香料的主要种类之一。对于多数植物性原料，主要是用水蒸气蒸馏法和压榨法制取精油。如玫瑰精油、薄荷精油、薰衣草精油、鸢尾精油、茴香精油、冷杉精油等均是利用此方法制取的。对于柑橘原料，则主要用压榨法制取精油，如红橘精油、甜橙精油、圆柚精油、柠檬精油等
浸膏(Concrete)	是一种含有精油及植物蜡等是膏状的浓缩的非水溶剂萃取物，是植物性天然原料的主要品种。用挥发性有机溶剂浸提香料植物原料，然后蒸馏回收有机溶剂，蒸馏残余物即为浸膏。在浸膏中除含有精油外，尚含有相当量的植物蜡、色素等杂质，所以在室温下多数浸膏呈深色膏状活蜡状，如茉莉浸膏、桂花浸膏、墨红浸膏、晚香玉浸膏等
酊剂(Tincture)	也称乙醇溶液，是以乙醇为溶剂，在室温或加热条件下，浸提植物原料、天然树脂或动物分泌物所得到的乙醇浸出液，经冷却、澄清、过滤而得到的产品，如枣酊、咖啡酊、可可酊、黑香豆酊、香荚兰酊、麝香酊等
净油(Absolute)	用乙醇取浸膏、香脂或树脂所得到的萃取液，经过冷冻处理滤去不溶的蜡质等杂质，再经减压蒸馏去乙醇，所得到的流动或半流动的液体统称为净油。净油比较纯净，是调配化妆品、香水的佳品
香脂(Pomade)	采用精制的动物脂肪或植物油脂吸收鲜花中的芳香成分，这种被芳香成分所饱和的脂肪或油脂统称为香脂。香脂可以直接用于化妆品香精中，也可以经乙醇萃取制得
香膏(Balsam)	香膏是香料植物由于生理或病理的原因而渗出的带有香成分的膏状物。香膏大部分呈半固态或黏稠液状态，不溶于水，几乎全部溶于乙醇。其主要成分是苯甲酸及其酯类、桂酸及其酯类，如秘鲁香香膏、吐鲁香香膏、安息香香膏、苏合香香膏等
树脂(Resin)	树脂分为天然树脂和经过加工的树脂。天然树脂是指植物渗出植株外的萜类化合物因空气氧化而形成的固态或半固态物质，如黄连木树脂、苏合香树脂等。经过加工的树脂是指将天然树脂中的精油去除后的制品，如松树脂经过蒸馏后，除去松节油而制得的松香树脂
香树脂(Resinoid)	是指用烃类溶剂浸提植物树脂类或香膏类物质而得到的具有特征香气的浓缩萃取物。香树脂一般为黏稠液体、半固体或固体的均质块状物，如乳香香树脂、安息香香树脂等
油树脂(Oloresin)	一般是指用溶剂萃取天然辛香料，然后蒸除溶剂后而制得的具有特征香气或香味的浓缩萃取物。常用的溶剂油有丙酮、异丙醇等。油树脂通常为黏稠液体，色泽较深，呈不均匀状态，如辣椒油树脂、胡椒油树脂、姜黄油树脂等

7.2.1.1 植物性香料

（1）常用天然香料　化妆品中常用的天然香料包括薰衣草、玫瑰、橙花、茉莉、薄荷和柑橘类精油等。这些天然香料不仅能提供愉悦的香气，还可能具有舒缓、抗菌和促进皮肤健康的特性。天然香料在化妆品中的应用越来越受到消费者的青睐，因为它们被认为更加安全、温和，且对环境友好。

① 薰衣草精油

香气：花香、清韵。清香带甜的花香，有清爽之感，香气透发且持久。它的清爽花香特征，是由其成分中薰衣草醇、香叶醇、橙花醇、庚酮和适量的桉叶素和龙脑衬于大量的芳樟醇、乙酸芳樟酯和乙酸薰衣草酯中而发出。

成分：包括乙酸芳樟酯（约60%）、乙酸薰衣草酯、芳樟醇、薰衣草醇等。

性质：薰衣草精油是由薰衣草提炼而成，具有可以清热解毒，清洁皮肤，控制油分，祛斑美白，祛皱嫩肤、祛除眼袋黑眼圈，还可促进受损组织再生恢复等护肤功能。无色或黄绿色挥发性精油，具有新鲜薰衣草花所特有的香气和木香香韵，略带苦味，溶于乙醇。

应用：是重要天然香料之一，被广泛用于香水、薰衣草水、古龙水、花露水、爽身粉、头蜡、香皂等的香精中。它与橙花、龙涎香搭配可得古龙（Cologne）型香气，芳香避秽。

安全性：几乎无毒，LD_{50}（半数致死量）= 9040 mg/kg（大鼠，经口）。《GB/T 22731 日用香精》中未作限用及禁用规定，但芳樟醇、香叶醇是致敏性物质，使用时注意在不同类型产品中的最大使用量。

② 玫瑰精油

香气：花香，甜韵。甜香如蜜（含醇甜、酿甜、蜜蜡甜），三甜合一，芬芳四溢，属花油之冠，是最重要的鲜花精油之一。

成分：包括近300种成分，主要有香茅醇、香叶醇、橙花醇、乙酸香叶酯、乙酸香茅酯、金合欢醇、突厥酮、丁香酚、丁香酚甲醚、玫瑰醚、壬醛等。

性质：玫瑰精油是世界上最昂贵的精油之一，被称为“精油之后”。它能调整女性内分泌，滋养子宫，缓解痛经，改善性冷淡和更年期不适。尤其是具有很好的美容护肤作用，能以内养外淡化斑点，促进黑色素分解，改善皮肤干燥状况，恢复皮肤弹性，让女性拥有白皙、紧致的健康肌肤，是女性保健的理想选择。

应用：玫瑰精油香气美好，常应用于香水、膏霜、唇膏等中高端产品中，添加量一般较低。

安全性：几乎无毒，LD_{50}>5000 mg/kg（大鼠，经口）。《GB/T 22731 日用香精》中未作限用及禁用规定，但香叶醇、香茅醇、芳樟醇、柠檬醛、丁香酚、丁香酚甲醚是致敏性物质，使用时注意在不同类型产品中的最大使用量。

③ 橙花精油

香气：花香，甜韵。花香甜美的清新。其香气甜美且带有柑橘的清爽感，香气浓郁持久。

成分：α-蒎烯、芳樟醇、乙酸芳樟醇、香叶醇、橙花醇、柠檬烯、柠檬醛、橙花醛等。

性质：橙花精油的主要化学成分 α-蒎烯、莰烯、β-蒎烯、α-萜品烯、橙花醇、橙花醇乙酸酯、金合欢醇、酸酯和吲哚。例如，柑橘属精油遇热后化学成分会改变，所以保存时要注意温度，同时保存期限比其他种类的精油要短。从苦橙白色花瓣中提取，具有镇定神经作用，治疗失眠的好处方，还可改善神经痛、头痛和眩晕。

安全性：几乎无毒，《GB/T 22731 日用香精》中未作限用及禁用规定。

④ 茉莉精油

香气：花香，鲜韵。清鲜温浓的茉莉花香，香气细致而透发，有清新之感。

成分：包括乙酸苄酯、苯甲酸苄酯、苯甲酸叶醇酯、茉莉内酯、茉莉酮酸甲酯、顺式茉莉酮、芳樟醇、乙酸芳樟酯、苄醇、对甲酚、吲哚、邻氨基苯甲酸甲酯、丁香酚等。

性质：茉莉精油以其浓郁、甜美且略带异国情调的花香而闻名，常用于芳香疗法和个人护理产品中。它被认为具有提振心情、减轻压力和焦虑、改善睡眠质量以及具有抗抑郁作用的性质。此外，茉莉精油还可能对皮肤有益，帮助改善干燥、老化或敏感肌肤的状况。然而，由于其强烈的香气和潜在的过敏反应，使用时应稀释并小心测试。

应用：茉莉精油被广泛应用于复方按摩油、膏霜、乳液、身体护理品等。

安全性：在《GB/T 22731 日用香精》中，对茉莉精油（包括小花和大花茉莉）在各个日用品品类中都有限用的规定，在使用前务必查阅相关规定。茉莉浸膏未作限用及禁用规定。

⑤ 茶树精油

香气：强烈的草本香气，闻起来像新鲜的草或植物叶子清新且略带辛辣，具有一定的刺激感，隐约带有一点木质香气，使其更加复杂和层次丰富。

成分：1,8-桉树脑、4-松油醇、γ-松油烯、α-松油烯、α-蒎烯、香芹酚、α-萜品烯、香叶醇等。

性质：茶树精油，来自澳大利亚茶树的叶子，是一种广泛使用的天然油。它因具有强大的抗菌、抗炎和抗真菌特性而受到推崇。常用于治疗痤疮、头皮屑和皮肤感染，也被用于芳香疗法以减轻压力和焦虑。使用时应稀释，以避免皮肤刺激。

应用：由于其广泛的抗菌和抗炎功能，茶树精油广泛应用于护肤、头发护理、芳香疗法和清洁产品中。

安全性：《GB/T 22731 日用香精》中未作限用及禁用规定。茶树精油用于食品不得超过 0.001%，外用于未破损的皮肤。

⑥ 薄荷精油

香气：青滋香中的凉香，薄荷样香气，有凉感，醒脑。香气新鲜，强烈透发，凉气中带青气，留香不甚长。

成分：包括左旋薄荷脑、薄荷酮、胡薄荷酮、乙酸薄荷酯、丙酸乙酯、香叶醇、蒎烯、月桂烯、苧烯、水芹烯等。

性质：薄荷精油以其清凉、提神的性质而知名，常用于缓解肌肉疼痛、头痛以及改善消化不良。它还具有抗菌作用，能够提升精神状态，减轻压力和焦虑。使用时需稀释以避免皮肤刺激。

应用：薄荷油是重要的香料，主要用于牙膏、口腔清洁剂、空气清新剂等日用香精中。

安全性：《GB/T 22731 日用香精》中未作限用及禁用规定。

⑦ 柑橘类精油

香气：甜青果香，柑香，带有脂蜡醛香，有新鲜甜美之感，惹人馋欲。香气飘逸，留香不长。

成分：苧烯、柠檬醛、甜橙醛、辛醛、癸醛、芳樟醇、橙花醇、松油醇、香叶醇、乙酸辛酯、乙酸癸酯、邻氨基苯甲酸甲酯、月桂烯等。

性质：柑橘类精油，如橙、柠檬、柚子和佛手柑精油，以其清新、提神的香气而受欢迎。这些精油通常具有提振情绪、减轻压力和焦虑的特性。它们还可能有助于消化系统的健康，以及具有抗菌和抗炎作用。使用时应稀释，并注意避免阳光直射，因为某些柑橘精油可能导致光敏感。

应用：广泛应用于香水、古龙水、膏霜、香粉、唇膏、香皂等日用品中。

⑧ 晚香玉浸膏

香气：花香，幽韵。香气幽雅，有些橙花气息，略带药气。极浓甜蜜样花香，带油脂底香，是常用的鲜花香料之一。

成分：包括异丁香酚甲醚、苯甲酸苄酯、金合欢烯、香叶烯、丁香酚、茉莉内酯、金合欢醇、芳樟醇、松油醇、苯乙醇、叶醇、橙花醇、香叶醇、丁香酚、乙酸苄酯、乙酸苯乙酯、苯甲酸甲酯、香兰素等。

性质：浅棕至深棕色稠厚固体，呈蜜样花香，略有药气。

应用：晚香玉提取物（浸膏）可用于各类高档化妆品中，特别在清幽香型中，如百合花、葵花、栀子、紫罗兰及重东方型和幻想型等。亦可用于调配花香型食用香精。

安全性：晚香玉浸膏通常安全，但需注意过敏、光敏性、纯度、浓度和法规要求。使用前建议进行皮肤测试，并选择可靠品牌。如有不适，立即停用并咨询医生。

⑨ 迷迭香油

香气：清凉、尖辛的药草香。瞬间的清凉头香后显出木香、膏香和干苦药草气。有些像穗薰衣草、樟脑，又有些似豆蔻的香气，又有膏香、木香，给人以清爽之感。香气强烈、透发，而且留长。

成分：龙脑、樟脑、马鞭草烯酮、乙酸龙脑酯、乙酸芳樟酯、桉叶油素、蒎烯、柠檬烯等。

性质：为无色至淡黄色液体。

应用：最早用作“匈牙利水（Eau de la Reine de Hongrie）”的主香，可少量用于香皂、化妆品和牙膏等。

安全性：迷迭香油通常安全，但需注意皮肤刺激、过敏、光敏性、摄入剂量及特殊人群的使用限制。使用前建议进行皮肤测试，并遵循推荐剂量。如有不适，立即停用并咨询医生。

（2）天然香料的制备　天然香料（精油）提取方法繁多，包括传统的提取方法，如水蒸气蒸馏法和溶剂提取法等，以及新兴的绿色提取方法，如超临界萃取法和亚临界水提取法等。不同的提取方法所制备的精油，其化学组成、数量和结构有很大不同，因此应当根据精油的实际用途来选择合适的提取方法。

① 水蒸气蒸馏法。水蒸气蒸馏法是利用植物精油各组分蒸气压力的不同，利用水蒸气将精油从原料中提取出来的方法。该法适合于具有挥发性、随水蒸气蒸出而不被破坏、

与水不发生反应、又难溶于水的有效成分的提取，是精油提取中最常用的方法之一。一般认为是水通过水散作用使待提取成分从植物中渗透出来，被带到原料表面的成分呈油斑状，与水组成两相混合物而被水带出，最后油水分离后得到植物精油。

水蒸气蒸馏法是一种比较成熟的分离方法，所用溶剂为水，其作用机理是水携带油，而水对人无害，是环境友好的溶剂，而且具有设备简单、容易操作、成本低、对环境友好等优点，并且许多植物原料用此法所得精油质量最好。因此，水蒸气蒸馏法仍然是目前提取植物精油最常用的方法，并且是植物挥发性成分提取和检测的重要前处理方法。但由于植物材料长时间处于高温之下，可能会使其含有的热敏性成分发生热分解、易水解成分发生水解及原料焦化等，对精油产品质量造成不利影响。

② 溶剂提取法。溶剂提取法是利用有机溶剂如石油醚、正己烷、乙酸乙酯、丙酮等进行连续回流提取或冷浸、热浸提取等，提取液蒸馏或减压蒸馏除去溶剂即可得粗制精油。该法提取精油的产率较高，但因植物体中的树脂、蜡等也同时被提出，致使精油含杂质较多，从而掩盖主要致香成分，故必须进一步通过醇沉和柱分离等技术精制。溶剂提取法制备植物精油具有设备简单、廉价、产率高等特点，但制备过程中需要使用大量的有机溶剂，并且最终精油产品中的溶剂残留也很难除去，因此该方法适用于精油粗制品的制备，要获得高质量植物精油产品需要进一步精制。

③ 压榨法。压榨法是一种物理提取方法，提取的精油没有经过高温处理，因此能够较好地保留精油中的天然成分和香气，但这种方法主要适用于柑橘类果实，对于其他类型的植物材料则不太适用。

④ 超临界 CO_2 萃取法。超临界 CO_2 萃取法是近些年发展起来的方法，是一种利用超临界二氧化碳作为溶剂进行萃取和分离的方法。这种方法结合了精馏和液-液萃取的特点，具有操作参数易于控制、溶剂可循环使用、产率高的优点，尤其适合于精油类及中药热敏物质的分离，能够实现无溶剂残留的特点。超临界流体萃取法利用超临界流体的物理性质，即在其温度和压力超过临界点时，流体表现出既非气态又非液态的特殊物态，这种流体具有较大的密度和接近气体的黏度，因此具有良好的溶剂特性。

上述是制备天然香料（精油类）的主要制备方法，另外还有超声波辅助提取方法、微波辅助提取技术、生物酶制剂辅助提取法等，此处不再赘述。

以薄荷油为例，详细介绍其提取和制备工艺。

薄荷为唇形科薄荷属草本植物，是我国常用的传统中药之一，还是一种重要的香料，我国标准 GB 2760—1986 规定其为允许使用的食用香料。主要用于糕点、胶姆糖、甜酒、烟草等。薄荷有疏风、散热、解毒的功效，用于治疗风热感冒、头痛、目赤、咽喉肿痛、牙痛等。

利用薄荷的枝、叶和花序用水蒸气蒸馏而得的为薄荷油；薄荷脑（薄荷醇）是熔点为 43℃的结晶体，是天然香料中产量最大的晶体品种，可由薄荷油经冻析和精制至棱柱状透明大结晶；冻析后的母液经分馏得到的油液称为薄荷素油，一般含有 40%～60%的 L-薄荷脑。目前薄荷脑和薄荷素油已被广泛应用于药物、食品香精、薄荷型烟用香精和盥洗用品中。薄荷脑和薄荷素油是中国香料产品中最早的出口商品，上海的“白熊”牌薄荷脑因其质量优和产量大，一直荣居国际市场的首位，和第二位的巴西及近些年崛起的印度同为世界薄荷脑的三大来源。

如何提高薄荷油出油率和薄荷醇得率是薄荷油提取工艺研究的主要内容之一。亚洲薄荷油由唇形科（*Labiatae*）草本植物亚洲薄荷（*Mentha arvensis* var. *piperascens*）的全株开花植物（地上绿色部分）经水蒸气蒸馏而得，以干物料计，得率1.3%~1.6%。每年7~8月收割的薄荷蒸得的被称为“头刀油”；10~11月收割的薄荷蒸得的被称为“二刀油”。亚洲薄荷油是具有强烈薄荷脑特征的辛、凉气息的淡黄色油液，新鲜透发，凉气中带青气，比椒样薄荷油少膏香和甜香。

薄荷油英文名：*Mentha arvensis*（Cornmint）oil；mint oil。主要成分：L-薄荷脑（70%~90%，又称薄荷醇）、α-蒎烯、1-苧烯、莰烯、甲基戊基甲醇、3-辛醇、百里香酚、*d*-新薄荷脑、L-薄荷酮、异薄荷酮、乙酸薄荷酯、胡椒酮、胡薄荷酮、异戊酸、己酸、石竹烯、异戊醛和糠醛等。基本性质：淡黄色或淡草绿色液体，存放日久，色渐变深，质渐变黏；凝固点5~28℃，稍遇冷即凝成固体；呈强烈薄荷香气和清凉的微苦味；溶于非挥发性油矿物油和丙二醇，易溶于水，与醇、醚、氯仿等均能任意混合，不溶于甘油。

薄荷油质量指标（中国企标）：游离薄荷脑含量0.8%~2.0%，游离和结合薄荷脑含量81%~87%，旋光度 $[\alpha]_D^{25}$ -32°~-37.7°，折射率 n_D^{20} 1.460~1.471，相对密度（d_{25}^{25}）0.895~0.910，醇中溶解度（OT-43）1mL样品可溶于3mL 70%乙醇中。

【具体提取步骤】

① 水蒸气蒸馏法提取。称取粉碎好的薄荷200g，置挥发油提取器中，加水1000mL，按《中华人民共和国药典》（以下简称“中国药典”）2000版附录XD挥发油测定法提取挥发油。提取6h，收集馏分，静置分层，收集薄荷油，用无水硫酸钠干燥脱水，滤纸过滤。

② 冷浸法提取。称取薄荷粉末20g，用600mL石油醚室温浸泡3次，每次用200mL溶剂，浸泡时间为3h/次，合并提取液，将滤液在旋转蒸发仪上蒸去石油醚即得薄荷油。

③ 超声波法提取。称取薄荷粉末20g，以200mL石油醚为溶剂，超声提取3次。超声频率40kHz，提取时间为30min/次。合并提取液，将滤液在旋转蒸发仪上蒸去石油醚即得薄荷油。

④ 超临界 CO_2 法提取。取薄荷粉末1.3kg，装入萃取釜。在萃取压力为9MPa，萃取温度为50℃，CO_2 流量为25L/h的条件下，萃取1.5h，收集薄荷油。

按上述方法分别提取薄荷油，并计算出油率。水蒸气蒸馏法提取薄荷油的得率为1.15%，冷浸法提取薄荷油的得率为1.27%，超声波法提取薄荷油的得率为1.34%，超临界 CO_2 法提取薄荷油的得率为2.43%。很明显，以超临界 CO_2 法提取薄荷油的得率为最高。

【附注与注意事项】

① 冷浸法和超声波法提取薄荷油的出油率和薄荷醇含量都比水蒸气蒸馏法高。在薄荷油的现实生产中，通常采用水蒸气蒸馏法，因为冷浸法和超声波法都使用了有机溶剂，容易造成溶剂残留。另外，水蒸气蒸馏法提取相对操作简单，成本较低，因此在生产中应用较广。

② 4种提取方法中，超临界 CO_2 法提取薄荷油的出油率最高。这是因为超临界 CO_2 提取过程在密闭系统中进行，且操作温度低，因此萜烯类成分不易损失，热不稳定性成分

及易氧化的组分也不会受到破坏，同时部分高沸点的成分也被提取出来。

③ 薄荷油的提取，不但要考虑主要有效成分含量，而且要考虑它的得率。在超临界 CO_2 法提取中，薄荷油中薄荷醇含量较低，但出油率高，因此薄荷样品中薄荷醇得率比其他提取方法高。

④ 超临界 CO_2 法提取的薄荷油出油率和薄荷醇得率高，而且具有操作温度低、无毒害效率高、操作简单等优点，能够保证有效成分及产品质量的稳定性及安全性，同时不会对环境器造成污染。因此，薄荷油的 4 种提取方法中，超临界 CO_2 提取法是最理想的方法。

7.2.1.2　常见动物性香料

动物性香料只有少数几种，如麝香、灵猫香、海狸香、龙涎香和麝鼠香等，但在香料中占有重要地位。它们均为动物体内的分泌物，香气各有特色，且留香持久，常添加在高端香水、香粉或香精中，是日用香精最理想的定香剂。由于资源稀少，价格相对昂贵。

（1）麝香

性质：麝香经干燥后呈不规则圆形或颗粒状，表面多呈紫黑色，油润光亮，微有麻纹，断面深棕色或黄棕色；散香呈粉末状，多呈棕褐色或黄棕色。麝香具有清灵而温存的动物样香气，甜而不浊，有些皮革香。香气的扩散力最强，留香也极持久。

主要成分：包括左旋麝香酮（0.5%～4%）、麝香吡啶、胆酸、胆固醇衍生物等。其中，麝香酮（图 7-2）化学名称为 3-甲基环十五酮，分子式为 $C_{16}H_{30}O$，相对分子质量为 238.42，具有强烈的麝香香气。

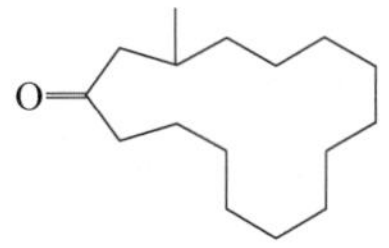

图 7-2　麝香酮化学结构

用途：广泛用于高档香水、化妆品香精配方中，是优秀的定香剂，并能提扬、生动及圆和香精的香气，赋予特殊的动物香。国际市场上畅销的香水，如“珞利亚”“如意花”“夜巴黎”等，都是以麝香香气为基调配以名花调制而成的。

安全性：低毒，LD_{50} = 5000mg/kg（大鼠，经口）。《GB/T 22731 日用香精》中未作限用及禁用规定。

（2）灵猫香

性质：新鲜的灵猫香膏为淡黄色黏稠液体，很像蜂蜜，久之会被氧化成棕褐色膏状半固体。灵猫香膏通常是制成酊剂（3%～6%）来使用，也有用溶剂浸提后再制成净油的，净油呈暗棕色黏稠状物。带有腥臭的动物香，甲基吲哚气息，浓时不愉快，稀释后有温暖的动物浊鲜和强烈而令人愉快的麝香香气。

主要成分：大、小灵猫香中均含有灵猫酮、环十五酮、吲哚、甲基吲哚等。其中灵猫酮（Civetone）为其主要成分，分子式为 $C_{17}H_{30}O$，相对分子质量为 250.43，化学结构见图 7-3，以顺式体形式存在于天然灵猫中。其香气比麝香更优雅，但不能完全替代天然灵猫香。

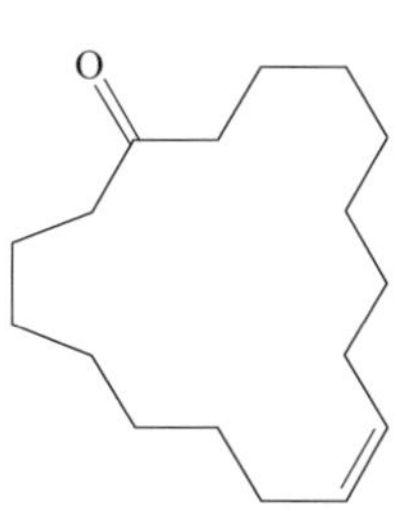

图 7-3　灵猫酮化学结构

用途：广泛用于高档日用香精配方中，如白兰、铃兰、茉莉、玫瑰、东方、百花等香型，对香精有圆和、生动、增鲜和定香的作用，是重要的动物香料。

（3）龙涎香

性质：龙涎香块为蜡状固体，色泽不一，有白、银灰、淡金、深灰、棕和黑色，以白色者香气最优，颜色越深，香气越差。获得后首先要放置数月，使色泽变浅而香气成熟，然后再制成酊剂（通常为3%），或用乙醇浸提后再浓缩为浸膏。

主要成分：包括降龙涎香醚、α-龙涎醇、γ-二氢紫罗兰酮、γ-可拉醛、γ-环高香叶基氯、甾醇等。最能体现龙涎香魂的降龙涎香醚（图7-4）是龙涎香的代表，其余组分有不同强度的龙香气。

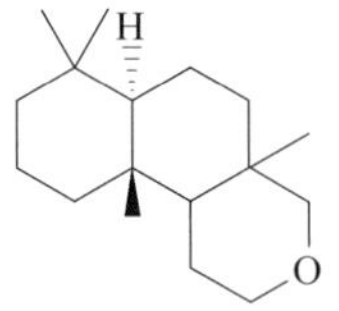

图7-4 降龙涎香醚化学结构

用途：龙涎香的应用由来已久，古人用之入药或熏香。因物稀价昂，限制了其应用范围。可用于高级香水香精，如醛香、花香及幻想型，与麝香、灵猫香同用，有增强香气的作用。也可用于果香、酒香等食用香精及烟草香精中，以圆和人造气息。

（4）海狸香

性质：新鲜时为乳白色，经日晒或干燥后呈红棕色树脂状物质。常制成酊剂（5%~6%）来使用，也有用溶剂浸提制成浸膏后再制成净油的。次等浸剂是用其空香囊浸制的。

主要成分：包括海狸香素（Castofin）、苯甲酸、醇、苯乙酮、左旋龙脑、对甲氧基苯乙酮对乙基苯酚、十多种含氮化合物（如喹啉类化合物、嗪类化合物）和内酯类等。

用途：海狸香是四种动物香中最价廉的一种，由于受产量、质量等影响，其应用不及其他几种动物性香料广泛，但必要时可用它来替代。可用于香水（特别是男用）、香粉、香皂等日用香精中，用以调配琥珀香、皮革香、百花、檀香、东方、奇、素心兰等香型，有协调及定香的作用。也可用于香荚兰豆、覆盆子、朗姆酒等食用香精及烟草香精中。

7.2.2 合成香料

随着近代科学的发展，合成香料化学的发展也越来越快，运用色谱和光谱技术，能很快将天然香料的芳香成分分离，并鉴定其结构，再用相应的化学方法生产出具有相同结构的化合物，如从突厥玫瑰精油中发现并合成了玫瑰香气的关键组分玫瑰醚、玫瑰呋喃、突厥酮等。这类合成。香料也被称为“天然等同物”，多借用所模拟的天然香料的名称来命名。还有许多天然化合物的结构过于复杂，合成代价过高，则代之以结构完全不同而香气基本相似的化合物。这类合成香料在天然香料成分中尚未被发现，属于人造香料，如各种合成麝香、洋茉莉醛等。

常见合成香料包括香草醛（模仿香草味）、丁香酚（模仿丁香味）、柠檬醛（柠檬和柑橘香味），以及芳樟醇（清新的木质和薄荷香味）。这些合成香料在化妆品、食品和日用产品中广泛使用，因为它们提供稳定和持久的香气，成本相对较低，且能够大量生产。然而，一些人可能对特定合成香料敏感，导致皮肤或呼吸道反应。

7.2.2.1 常用合成香料

（1）香兰素（又名香草醛）

性质：白色至微黄色的结晶，易溶于乙醇、乙醚、氯仿、冰乙酸及热挥发油，在冷的植物油中溶解度不高，略溶于水，溶解于热水，具有香荚兰豆特有的香气。易受光照影响而变化，在空气中能缓慢氧化。香兰素遇碱或碱性物质会发生变色现象，使用时应注意控制产品的pH。易受光的影响，在空气中逐渐氧化，贮存时应注意密封防潮。香兰素化学结构见图7-5。

用途：食品赋香剂；是配制香草型香精的主要原料；可单独使用，广泛用于饼干、糕点、冷饮、糖果等食品的增香，尤其是乳制品。

安全性：低毒，LD_{50} = 1580mg/kg（大鼠，经口）。《GB/T 22731 日用香精》中未作限用及禁用规定。美国 FEMA 编号为 3107。

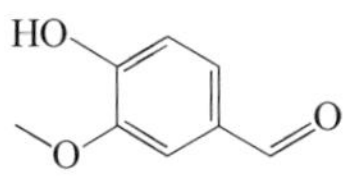

图 7-5　香兰素化学结构

（2）乙基香兰素

性质：白色至微黄色结晶或结晶性粉末，微溶于水，溶于乙醇等有机溶剂中。具有类似香荚兰豆的香气，纯品的香气是香兰素的 3~4 倍。乙基香兰素化学结构见图 7-6。

用途：食品赋香剂；可单独使用，也可与香兰素、甘油等混用。适用于乳制品赋香。

安全性：低毒，LD_{50} = 1590~2000mg/kg（大鼠，经口）。《GB/T 22731 日用香精》中未作限用及禁用规定。美国 FEMA 编号为 2464。

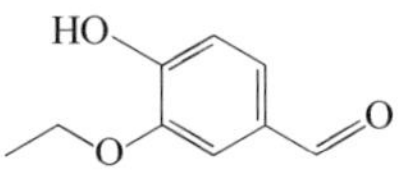

图 7-6　乙基香兰素化学结构

（3）苯甲醛（人造苦杏仁油）

性质：纯品为无色液体，普通品为无色至淡黄色液体，有苦杏仁的特殊芳香气味。性质不稳定，遇空气逐渐氧化成苯甲酸，还原可变成苯甲醇。微溶于水，与乙醇混溶。苯甲醛化学结构见图 7-7。

用途：广泛用于配制杏仁、樱桃等食用香精。

安全性：低毒，LD_{50} = 1300mg/kg（大鼠，经口）。《GB/T 22731 日用香精》中未作限用及禁用规定。美国 FEMA 编号为 2127。

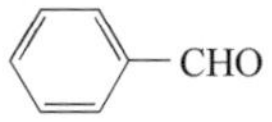

图 7-7　苯甲醛化学结构

（4）柠檬醛

性质：纯品为无色或淡黄色液体，有强烈柠檬样香气。不溶于水，溶于乙醇，与大多数天然和合成香料互溶。柠檬醛化学结构见图 7-8。

用途：用于配制柠檬油、白柠檬油、橘子油、香橙、苹果等各种果香型香精。广泛用于清凉饮料、糖果、冰激凌、焙烤制品等食品的赋香。

安全性：低毒，LD_{50} = 4960mg/kg（大鼠，经口）。《GB/T 22731 日用香精》中未作限用及禁用规定。美国 FEMA 编号为 2303。

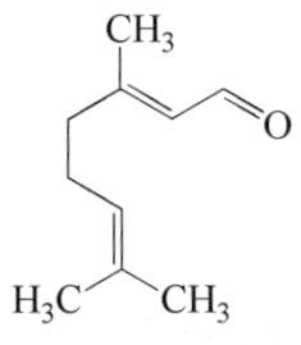

图 7-8　柠檬醛化学结构

（5）麦芽酚

性质：为白色或微黄色结晶或结晶粉末，有焦甜香气。易溶于热水，室温下冷水溶解度为 1.5%，在 90℃热油脂中溶解度为 2%，有升华性。麦芽酚化学结构见图 7-9。

用途：有缓和其他香料的性质，也可作为香味改良剂和定香剂使用。

安全性：低毒，LD_{50} = 2330mg/kg（大鼠，经口）。《GB/T 22731 日用香精》中未作限用及禁用规定。美国 FEMA 编号为 2656。

（6）丁香酚

性质：为无色至淡黄色液体，微溶于水，溶于乙醇、丙酮、乙酸乙酯、乙醚、氯仿等有机溶剂，主要用作配制丁香、香石竹、康乃馨等香精的主香剂，也可作食用香料，还可用作杀虫剂和防腐剂。丁香酚化学结构见图 7-10。

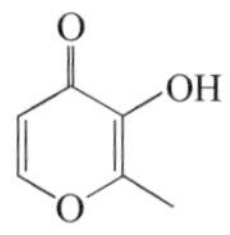

图 7-9　麦芽酚化学结构

用途：主要用作配制丁香、香石竹、康乃馨等香精的主香剂，也可作食用香料，还可用作杀虫剂和防腐剂。

安全性：《GB/T 22731 日用香精》中对丁香酚在日用香精中的用量有作限定，使用时务必查阅相关资料。美国 FEMA 编号为 2467。

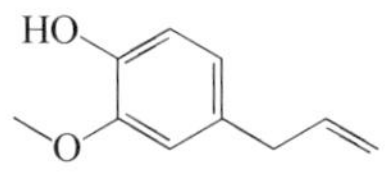

图 7-10 丁香酚化学结构

（7）芳樟醇（又名沉香醇、芫荽醇、伽罗木醇、里那醇等）

性质：属于链状萜烯醇类，有 α 和 β 两种异构体。还有左旋、右旋两种光异构体。在不同来源的精油中，多为异构体的混合物。消旋体存在于香紫苏油、茉莉油中，或是合成的芳樟醇中。具有浓青带甜的木青气息，似玫瑰木香气，更似刚出炉的绿茶青香，既有紫丁香、铃兰香与玫瑰的花香，又有木香、果香气息。香气柔和，轻扬透发，不甚持久。左旋偏甜润，右旋偏清青。芳樟醇化学结构见图 7-11。

用途：常用于合成香精、香料行业（FEMA 2635），同时也是合成异植物醇、维生素 E（VE）、维生素 K（VK）的原料。

安全性：《GB/T 22731 日用香精》中对丁香酚在日用香精中的用量有作限定，使用时务必查阅相关资料。美国 FEMA 编号为 2467。

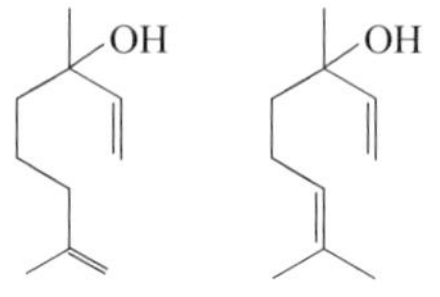

α-芳樟醇　β-芳樟醇

图 7-11 芳樟醇化学结构

（8）乙酸苄酯

性质：清甜、强烈茉莉、铃兰花香气息，并带有些似香蕉的果香，但薄弱不持久。乙酸苄酯化学结构见图 7-12。

用途：广泛应用于各种档次的化妆品和香皂香精中。价虽廉，但香气较好，且清灵透发在花香型、幻想型中能使香气格外清新，在东方香型等重香型香精中有提调香气的作用。它是茉莉、白兰等香型香精中的主香料；也可作为修饰剂或和合剂用于玫瑰、橙花、铃兰等香型香精中；还可用于苹果、葡萄、香蕉、覆盆子等食用香精中。

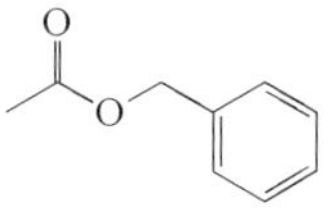

图 7-12 乙酸苄酯化学结构

安全性：低毒，$LD_{50}=2490\sim3696$mg/kg（大鼠，经口）。《GB/T 22731 日用香精》中未作限用及禁用规定。美国 FEMA 编号为 2135。

（9）二氢茉莉酮

性质：无色至浅黄色液体，沸点 230℃，相对密度 0.915～0.919，折射率 1.475～1.482。微溶于水，稍溶于丙二醇，溶于乙醇等有机溶剂。二氢茉莉酮化学结构见图 7-13。

用途：常用于合成香精、香料行业（FEMA 2635），同时也是合成异植物醇、VE、VK 的原料。清鲜花香，有较强青气并带果香和没药样气息。浓时青气较为突出并带苦涩气，稀释后方显出茉莉花清香。

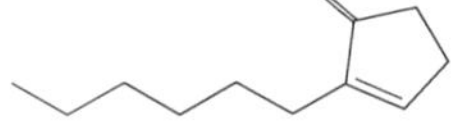

图 7-13 二氢茉莉酮化学结构

安全性：《GB/T 22731 日用香精》中对未作限定及禁用规定。美国 FEMA 编号为 3408。

（10）玫瑰醚

性质：无色至淡黄色晶体。有清新、清甜的花香，稀释后有玫瑰香韵。每种异构体的香气都有一定差别，顺式异构体香气细腻偏甜，反式异构体更偏清香，左旋体香气具有强烈清香，而右旋体则略带辛香。不溶于水，溶于乙醇、乙醚等有机溶剂。玫瑰醚化学结构见图 7-14。

用途：用于玫瑰、香叶香型的化妆品香精中，做主香剂。

安全性：《GB/T 22731 日用香精》中未作限用及禁用规定。美国 FEMA 编号为 3236。

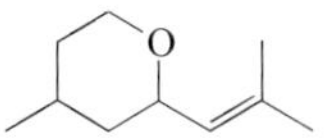

图 7-14　玫瑰醚化学结构

（11）吲哚

性质：白色晶体。浓度高时具有强烈的动物粪便气息，稀释后具有茉莉花、橙花样的鲜香。不溶于水，溶于乙醇、乙醚等有机溶剂。吲哚化学结构见图 7-15。

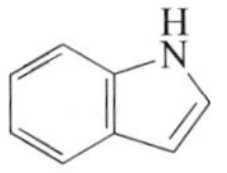

图 7-15　吲哚化学结构

用途：主要用于茉莉、紫丁香、橙花、水仙、荷花、依兰等鲜韵花香型和动物香型的日用香精中。在茉莉花香精中，吲哚用量很高，用于增加茉莉的浊香，而邻氨基苯甲酸甲酯也可用于茉莉花香精中增加浊香。

安全性：LD_{50} = 1000mg/kg（大鼠，经口）。《GB/T 22731 日用香精》中未作限用及禁用规定。美国 FEMA 编号为 2135。

（12）香豆素

性质：白色晶体。具有强烈而又甜润的黑香豆豆香，稀释后有干的药草和烟草香气。微溶于水，溶于乙醇、乙醚等有机溶剂。香豆素化学结构见图 7-16。

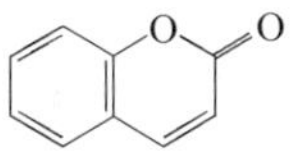

图 7-16　香豆素化学结构

用途：常用于紫罗兰、馥奇、薰衣草、葵花、素心兰、白兰、柑橘等香型的日用香精中。也可用于制造其他多种香料及化学品。

安全性：中等毒性 LD_{50} = 1000mg/kg（大鼠，经口）。《GB/T 22731 日用香精》中对香豆素在日用香精中的用量有作限定，使用时务必查阅相关资料。不许食用。

（13）β-苯乙醇

性质：无色黏稠液体，微溶于水，能与乙醇和油混合大量存在于玫瑰精油和玫瑰水中，少量存在于香叶、橙花、依兰、香石竹、黄兰、茶叶等精油中。β-苯乙醇化学结构见图 7-17。

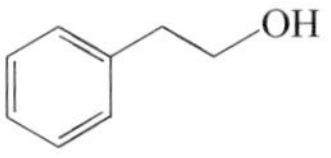

图 7-17　β-苯乙醇化学结构

用途：苯乙醇是应用最为广泛的大宗香料之一，价格虽廉但能与各类香气都有良好的协调性。主要用于玫瑰香精，也用于茉莉、橙花、铃兰等花香型以及东方、草香、酪香等非花香型香精。在日用香精配方中用量为 5%~20%，最高可达 40%。

安全性：中等毒性 LD_{50} = 400mg/kg（大鼠，经口）。LD_{50} = 558mg/kg（小鼠，经口）。美国 FEMA 编号为 2825。

（14）香叶醇

性质：香叶醇为 α-香叶醇及 β-香叶醇的混合物。无色至淡黄色液体。具有类似玫瑰的花香。几乎不溶于水，可用于有机溶剂。香叶醇化学结构见图 7-18。

用途：作为大宗香料而广泛用于日用香精配方中，是各类玫瑰型香精和配制香叶油的基本香料，也可用于晚香玉、紫罗兰、香石竹、栀子、茉莉等花香型香精中。用量最高可达 30%。

安全性：《GB/T 22731 日用香精》中对香叶醇在日用香精中的用量有作限定，使用时务必查阅相关资料。

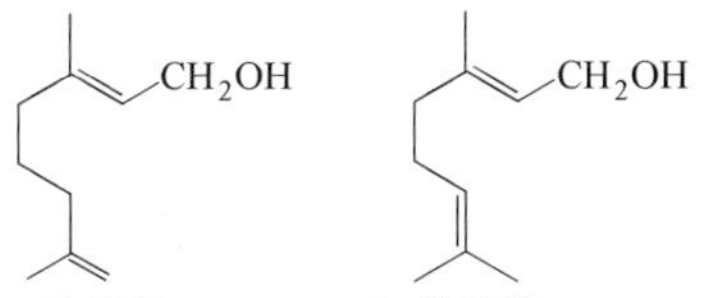

α-香叶醇　　β-香叶醇

图 7-18　香叶醇化学结构

美国 FEMA 编号为 2507。

（15）香茅醇

性质：香茅醇有 α-香茅醇和 β-香茅醇两种结构。无色液体。具有清新的玫瑰和香叶香气。微溶于水，可溶于乙醇、乙醚等有机溶剂。天然精油含有右或左旋香茅醇及其消旋体。右旋香茅醇主要存在于芸香油、香茅油和柠檬桉油中；左旋香茅醇主要存在于玫瑰油和天竺葵属植物的精油中。二者均为无色液体，具有甜玫瑰香，左旋体的香气比右旋体幽雅。香茅醇较香叶醇稳定，香茅醇脱氢或氧化生成香茅醛。香茅醇化学结构见图 7-19。

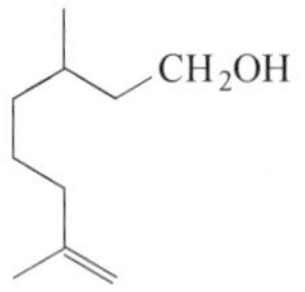

α-香茅醇

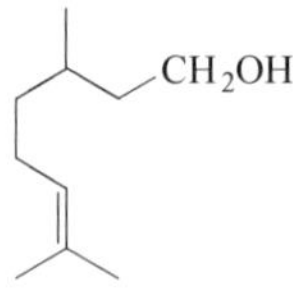

β-香茅醇

图 7-19　香茅醇化学结构

用途：可用于配制玫瑰、百合、兰花等花香香精，在玫瑰香精中做主香剂，用在铃兰、紫丁香、桂花等花香香精中可起到增甜的作用。香茅醇可氧化成香茅醛，也可制备玫瑰醚。

安全性：中等毒性 LD_{50} = 3450mg/kg（大鼠，经口）。芳樟醇在日用香精中的用量有作限定，使用时务必查阅相关资料未作限用及禁用规定。美国 FEMA 编号为 2309。

（16）水杨酸苄酯

性质：无色液体，几乎不溶于水。水杨酸苄酯化学结构见图 7-20。

用途：用于依兰、素心兰、晚香玉、紫罗兰、紫丁香、茉莉、栀子、铃兰等香型的香精中，作定香剂。大量而广泛地用于日用香精配方中，主要用作定香剂与和合剂。在香石竹、草兰、依兰、紫丁香、晚香玉等花香型香精中使用，能提高花香基调；也可作为溶解硝基麝香类香料的溶剂。用量在 40%以内。

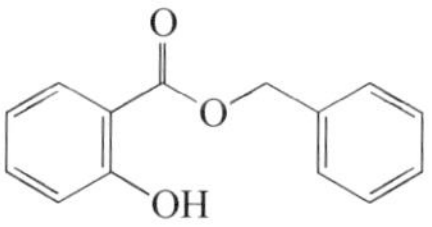

图 7-20　水杨酸苄酯化学结构

安全性：《GB/T 22731 日用香精》中对水杨酸苄酯在日用香精中的用量有作限定，使用时务必查阅相关资料。美国 FEMA 编号为 2151。

（17）铃兰醛

性质：无色透明液体，不溶于水，溶于乙醇等有机溶剂。具有清新的铃兰、兔耳草样的香气，香气头香清鲜。长期暴露在空气中易发生氧化反应，应储存于密闭环境中。铃兰醛化学结构见图 7-21。

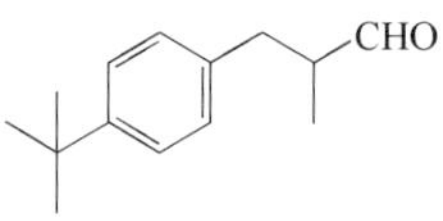

图 7-21　铃兰醛化学结构

用途：广泛用于化妆品、香皂、洗涤剂香精等日用香精中，既可用于铃兰、紫丁香、橙花玉兰等花香型香精，也可用于素心兰、东方型等非花香型香精，能赋予花香，又有很好的香气协调性。

安全性：《GB/T 22731 日用香精》中对铃兰醛在日用香精中的用量有作限定，使用时务必查阅相关资料。不作食用，可安全外用。

（18）薄荷醇

性质：薄荷脑有左旋、右旋及消旋三个异构体，还与异薄荷脑、新薄荷脑、异新薄荷脑互为立体异构体。自然界存在的大多为左旋体，常用的商品主要是天然的左旋体或合成的消旋体。无色针状或棱柱状结晶，微溶于水，溶于乙醇等有机溶剂。薄荷醇化学结构见图 7-22。

用途：薄荷脑是一种用途广、用量大的香料，可用于牙膏、漱口水、剃须用品等日用香精中；也可用于食品香精，尤其是糖果、饮料用香精；此外，在烟草、医药工业都有广泛应用。

安全性：《GB/T 22731 日用香精》中对薄荷醇在日用香精中的用量有作限定，使用时务必查阅相关资料。不作食用，可安全外用。美国 FEMA 编号为 2665。

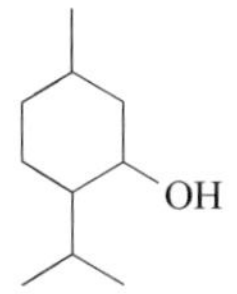

图 7-22　薄荷醇化学结构

（19）紫罗兰酮

性质：有三种异构体：α-紫罗兰酮（Ⅰ）、β-紫罗兰酮（Ⅱ）和 γ-紫罗兰酮（Ⅲ），但以 α-紫罗兰酮和 β-紫罗兰酮为常见。具有甜花香兼木香，并带膏香和果香。α-紫罗兰酮有似紫罗兰花香和鸢尾的甜香；紫罗兰酮有似柏木和紫罗兰花香气，并有悬钩子样果香底韵，木香稍重；香气均淳厚而留长。紫罗兰酮化学结构见图 7-23。

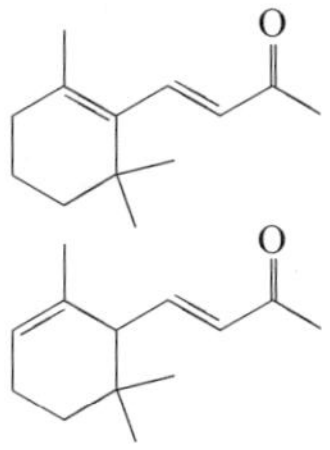

图 7-23　紫罗兰酮化学结构

用途：广泛用于香水、化妆品、洗涤剂等日用香精配方中，可用于各种香型，能起到修饰和合、增甜、增花香等作用。用量在 10% 以内，IFRA 没有限制规定。亦可用于覆盆子、樱桃、草莓等食用香精配方中。

安全性：《GB/T 22731 日用香精》中未作限用及禁用规定。美国 FEMA 编号为 2594、2595。

（20）邻氨基苯甲酸甲酯

性质：无色液体或晶体。具有愉快的花、果香气，稀释后具有橙花和葡萄样的香气。微溶于水，溶于乙醇、乙醚等有机溶剂。邻氨基苯甲酸甲酯化学结构见图 7-24。

用途：广泛应用于橙花、栀子、依兰、茉莉、晚香玉等鲜韵花香型日用香精中，具有增鲜的作用。

安全性：《GB/T 22731 日用香精》中未作限用及禁用规定。美国 FEMA 编号为 2594、2595。

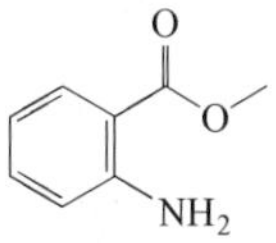

图 7-24　邻氨基苯甲酸甲酯化学结构

（21）γ-壬内酯

性质：无色至微黄色液体，几乎不溶于水和甘油，溶于乙醇等有机溶剂。清甜而浓的椰子样果香，又有似栀子、晚香玉样的花香及木香香韵。香气透发而持久。γ-壬内酯化学结构见图 7-25。

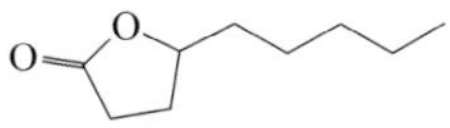

图 7-25　γ-壬内酯化学结构

用途：广泛应用于橙花、栀子、依兰、茉莉、晚香玉等鲜韵花香型日用香精中，具有增鲜的作用。

安全性：《GB/T 22731 日用香精》中未作限用及禁用规定。美国 FEMA 编号为 2781。

（22）癸醛

性质：无色至淡黄色液体，极微溶于水，溶于乙醇等有机溶剂。遇空气易氧化。具有强烈的脂蜡香气，极度稀释时有新鲜的柑橘皮样气息。香气与壬醛相似，但青辛气更过之。癸醛化学结构见图 7-26。

用途：可用于香水、化妆品、皂用等日用香精配方中，主要用于橙花、玫瑰、茉莉、薰衣草等花香型和甜橙、香柠檬等果香型，以增强香气强度及透发感。在一般配方中用量

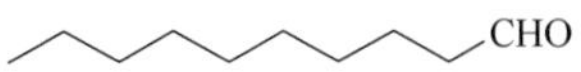

图 7-26　癸醛化学结构

宜少于1%在醛香香基中用量可较多。IFRA没有限制规定。也可用于调配橙子、柑橘、柠檬等食用香精。

安全性:《GB/T 22731 日用香精》中未作限用及禁用规定。美国FEMA编号为2362。

(23) 十一醛

性质:无色至浅黄色液体,极微溶于水,溶于乙醇等有机溶剂。强烈的玫瑰样脂蜡香气,稀释时有新鲜的柑橘气息。十一醛化学结构见图7-27。

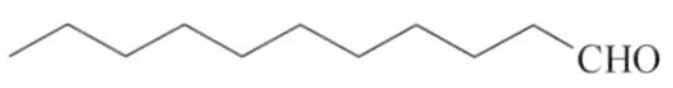

图7-27 十一醛化学结构

用途:可用于化妆品、皂基产品等日用香精配方中,常与其他醛联合使用,少量至微量用于花香型香精中,即能产生丰富而天然的花香效果。

安全性:《GB/T 22731 日用香精》中未作限用及禁用规定。美国FEMA编号为3092。

(24) 庚酸乙酯

性质:结构式见图7-28。无色液体,不溶于甘油和水,微溶于丙二醇,溶于乙醇等有机溶剂。有似康酿克油酒香的果香,但较之单薄,香气强烈但不够持久。庚酸乙酯化学结构见图7-28。

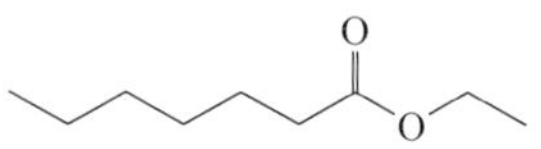

图7-28 庚酸乙酯化学结构

用途:可作为头香香料用于柑橘、古龙、玫瑰等香型日用香精中,能赋予自然感和圆熟感。广泛用于食用香精和酒用香精中,用以调配杏、桃、葡萄、草莓、覆盆子、奶油、干酪、白兰地朗姆酒、香槟等香精。

安全性:《GB/T 22731 日用香精》中未作限用及禁用规定。美国FEMA编号为3092。

7.2.2.2 常用合成香料实例

松油醇(Terpincol),又称萜品醇,是分子式为$C_{10}H_{18}O$的单环萜醇类化合物,具有异构体油即α-松油醇、β-松油醇、γ-松油醇和δ-松油醇。其中。α-松油醇为无色黏稠液体,相对密度0.931~0.941(20℃),折射率1.4825~1.4850(25℃),沸点214~224℃于乙醇等有机溶剂,难溶于水。

松油醇具有稳定的紫丁香气味,其香气能给人一种身处幽林的感觉,广泛存在于自然界中,至少在两百种精油中可以发现α-松油醇的存在。松油醇可用作医药、塑料、化肥农药等原料,为日用化工中广泛使用的重要香料,是香料工业中继薄荷脑之后,最重要单环萜醇类香料。

松油醇在天然精油中主要为α-松油醇和δ-松油醇构型,并以游离或酯类形式存在,其主要来自松油和薰衣草油。商品松油醇为α-松油醇、β-松油醇和γ-松油醇的混合物,并以α-构型为主。松油醇存在于多种天然精油当中,但大多含量不高,天然精油中分离提纯松油醇本昂贵,现在大多以松节油为原料通过催化水合反应制备,主要以松节油中的α-蒎烯或β-蒎烯在酸催化下通过水合反应制备得到。合成松油醇的催化剂主要有液体酸,如硫酸、酸等无机酸及三氯乙酸等有机酸;固体酸,如无机超强酸、离子交换树脂、分子筛、杂酸等;相转移催化剂,如采用季铵盐为相转移催化剂及膜催化剂等。

(1) 反应式 蒎烯异构化及酸催化水合反应见图7-29。

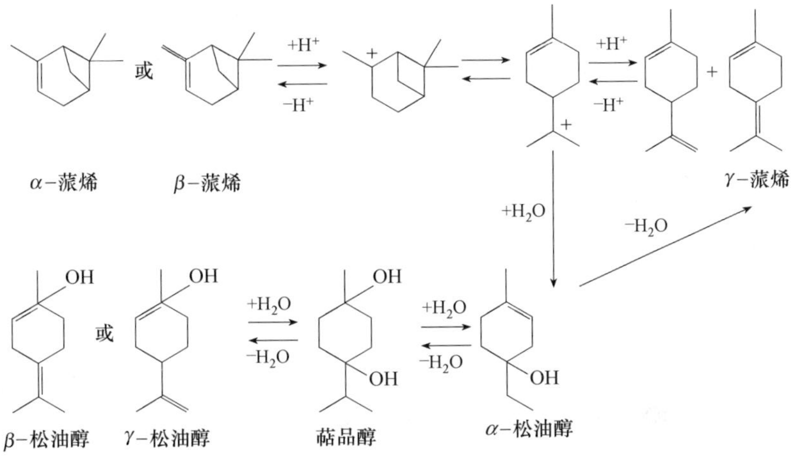

图 7-29　蒎烯异构化及酸催化水合反应过程

（2）仪器与试剂

主要仪器：机械（磁力）搅拌器；减压蒸馏装置；250mL 三口瓶；0~100℃温度计；500mL 分液漏斗；250mL 具塞锥形瓶；250mL 圆底烧瓶；球型冷凝管；直型冷凝管；尾接管分馏柱。

主要试剂：松节油（α-蒎烯含量>90%）75mL；30%磷酸水溶液 75mL；苄基三乙基氯化铵适量；氢氧化钠；氯化钠；无水硫酸钠。

（3）操作步骤　在装有搅拌器、温度计及冷凝管的 250mL 三口烧瓶中，分别加入松节油（α-蒎烯含量>90%）75mL，30%磷酸水溶液 75mL，苄基三乙基氯化铵适量，水浴加热至 70℃，保温反应 16 小时。

反应完毕，反应液转移至 500mL 分液漏斗，静置冷却分层，弃去水层，稀氧化钠洗涤有机层至近中性，饱和食盐水洗涤（3×20mL），用无水硫酸钠干燥。将已干燥完全的松油醇粗品转移至减压分馏装置中分馏，收集 76~79℃（0. 4~0. 53kPa）馏分。

（4）注释与注意事项

① 反应温度对反应的影响较大，随着反应温度的升高，α-蒎烯的转化率逐渐加大。然而、当反应温度大于 70℃时，松油醇的转化率反而下降。

② 磷酸浓度对反应的影响较大，当浓度为 30%左右时，松油醇的转化率最大。

③ 松节油在水中溶解性较差，为了提高产率，可加入适量的季铵盐作为相转移催化剂。

香料合成方法大致可以分为全合成法、半合成法、生物合成法。很多有机化学反应被应用于香料的合成，如氧化、还原、水解、缩合、加成、酯化等。近年来，随着合成化学的迅速发展，新设备、新方法及新型催化剂等不断被开发，极大地促进了合成香料的研究和生产，如超声电解合成、不对称合成、超临界合成及光化学反应等新技术不断应用于各种香料的制备。香料工业的不断繁荣与发展极大地提高了产品的质量，丰富了人们的物质生活，但也带来了一些负面影响。香料生产过程中的有害副产物、废旧试剂的排放等造成了严重的污染，破坏了生态环境，发展具有环境友好的新方法、新技术，从源头上消除或减轻污染已成为香料工业发展的主要趋势。绿色化学是 20 世纪 90 年代提出的新兴交叉学科，由于具有明确的社会需要，现已成为当今国际化学化工研究的前沿领域。

7.2.3　香气分子结构与香气的关系

香料分子结构与其香气之间的关系一直是科学研究的热门话题。然而，到目前为止，科学家们尚未完全确定其基本规律。这主要有以下几个原因：首先，香气的感知和评价因人而异；其次，香气会随浓度变化而改变；最后，混合物的香气并不能简单地看作是各成分香气的加和。因此，有机化合物的分子结构对香气的影响非常复杂。

进一步研究发现，有香物质需要具备的一些条件：

① 必须具有挥发性。只有挥发性的物质才能到达鼻黏膜并产生香味感觉，因此无机盐、碱和大多数酸由于不挥发，通常没有气味。

② 必须在类脂类和水等物质中具有一定的溶解度。有些低分子有机化合物虽然溶于水，但如果不溶于类脂类介质，几乎没有气味。

③ 相对分子质量应在 26~300。

④ 分子中必须含有例如—OH、—CO、—NH、—SH 等发香团（或称发香原子），这些发香原子在周期表中处于ⅣA 至ⅦA 族。这些发香团能够对嗅觉产生不同的刺激，赋予人们不同的香气感受。主要的发香团列于下表 7-3 中。

表 7-3　　主要的发香团

有香物质	发香团	有香物质	发香团
醇	—OH	醛	—CHO
酚	—OH	硫醚	—S—
酮	—CO	硝基化合物	$—NO_2$
羧酸	—COOH	腈	—CN
酯	—CCOR	异腈	—NC
内酯	—COO—	硫氰化合物	—SCN
硫醇	—SH	异硫氰化合物	—NCS
醚	—O—	胺	$—NH_2$

由于发香团在分子中的位置变化、基团之间的距离不同，以及环化和异构化等因素的影响，香气会产生显著的差异。如果能够找到某些化合物的香气与分子结构之间的关系，就有可能通过分子结构的设计，创造出具有特定新香气的新化合物。这在香料合成中可以帮助鉴别反应是否完成，以及最终产品是否合格等。因此，世界各地的学者对香气与香料化学结构之间的关系进行了大量研究，并提出了许多理论假说，但这些理论都有一定的局限性。

在此，我们依据官能团分类法，介绍不同类型化合物中分子的结构对香气产生的影响，包括烃类、醇类、酚类、醚类、醛类、酮类、酯类和含杂原子类等。例如，分子中碳原子的数量、取代基的位置、不饱和性、立体异构体和分子骨架等因素对香料香气的影响。虽然这些影响尚无法从理论上完全解释，但了解这些研究成果对于新香料的研制、开发和应用具有重要的指导作用。

(1) 烃类　脂肪族烃类化合物通常具有石油气味，其中烯烃的香气强度最大，但随着相对分子质量的增加，香气会减弱。相对分子质量超过 C_{10} 的脂肪族烃类通常没有香气。链状烃的香气强度一般高于环状烃。随着不饱和度的增加，香气也会相应增强。例如，乙烷是无臭的，而乙烯具有类似醚的气味，乙炔则有清香的香气。因此，在香料工业中，脂肪族烃类化合物很少用于调香。

芳香族烃类化合物在香料工业中的应用也较少，仅有少数，如二苯甲烷等用于皂用香精和香水香精的调配。脂肪族和芳香族烃类化合物主要作为合成其他香料的原料、反应溶剂或萃取剂使用。

在香料工业中，应用较为广泛的烃类是萜类化合物，如月桂烯和柠檬烯等。这些化合物具有令人愉快的香气，可用于调配花香型和果香型香精，同时也可以作为原料合成其他萜类香料。

（2）醇类　醇类化合物广泛存在于自然界中，许多醇类气具有令人愉快的香气，可直接用于调香。也可以作为原料合成其他原料。按其羟基所连结的主链不同，可分为脂肪醇、芳香醇、萜类醇，其香气也各不相同。

① 脂肪醇的香气随着碳原子数的增加而变化。低碳醇如甲醇、乙醇、丙醇具有酒香；C_4 和 C_5 的醇类具有杂醇油的香气；当碳原子数增加到 C_6 ~ C_7 时，除具有青香、果香外，开始带有油脂气味；C_8 的醇香气最强；当碳原子个数进一步增加时，则出现花香；C_{14} 以上的高级醇几乎无香味。

② 芳香醇类的香气一般比脂肪醇类要弱，以花香、皮香为主。如苏合香醇（Styralyl alcohol）（图 7-30），具有似栀子、玫瑰、紫丁香等花香。

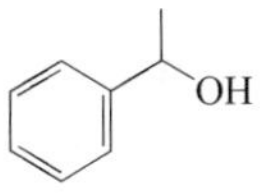

图 7-30　苏合香醇化学结构

③ 无环单萜烯醇（如芳樟醇、香叶醇）及倍半萜烯醇以花香为主；萜类化合物一般指通式为（C_5H_8）$_n$ 的链状或环状烯烃及其聚合物、氢化物或含氧衍生物，分子中的碳原子数目大多为 5 或 10 的整倍数。并且碳链骨架呈现以异戊二烯为单位按不同方式相连接的结构特征，即异戊二烯的聚合体。称为萜类结构的“异戊二烯规则”。单环、双环单萜烯醇与环状倍半萜类醇都是以木香为主；萜类醇香料大多属花香、青果香和蜜香。如 α-松油醇（图 7-31），具有紫丁香带松木气息。

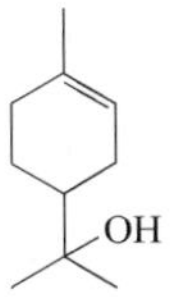

图 7-31　α-松油醇化学结构

（3）酚类和醚类　酚类化合物是合成香料的重要原料。例如，苯酚和邻甲酚常用于合成水杨醛和香豆素等香料。直接用于调香的酚类化合物较少，主要有丁香酚和百里香酚等。一元酚的香气最强，苯环上其他发香基的存在会影响其香气的强度和性质。

在脂肪族的对称醚中，当烃基的碳原子数在 6 ~ 7 时，香气强度随相对分子质量的增加而增强，而随后香气强度则逐渐减弱。实际上，这类醚中几乎没有一种具有令人愉快且强烈的香气，因此在调香中很少应用。由苯酚或萘酚制得的醚类化合物大多数具有强烈而愉快的香气，广泛应用于各种香精的调配。例如，二苯醚具有香叶香气，β-萘甲醚则具有橙花的香气。

环醚（内醚）在合成香料中极为珍贵，例如玫瑰醚，在香精配方中只需少量即可赋予香精独特的香韵。萜醇与无环脂肪醇的结合也在香料合成中有重要应用。

（4）醛类　醛类化合物在香料工业中占有极重要的地位，其中许多醛类不仅直接用于调配各种香精，同时也是合成其他香料的原料。如柠檬醛和香茅醛广泛用于调配食用、皂用和化妆品香精，也是合成紫罗兰酮、甲基紫罗兰酮、羟基香茅醛等重要香料的原料。

在脂肪族醛类化合物中，$C_1 \sim C_4$ 醛具有强烈而不愉快的刺激性气味。随着碳原子数的增加，刺激性减小，并逐渐出现愉快的香气，如 C_4 醛和 C_5 醛具有黄油型香气；$C_8 \sim C_{12}$ 醛在稀释下具有令人愉快的花香，在调香中可作为头香剂，其中 C_{10} 醛的香气最强。而 C_{16} 醛由于蒸气压减小，几乎无味。

在许多脂肪醛类中，碳链上的异构和不饱和性对其香气影响很大。通常，具有支链的脂肪族醛类，其香气较其直链异构体强，而且往往更为悦人。如正十二醛，只有在极度稀释下才有类似紫罗兰的花香，2-甲基十一醛则具有温和持久的柑橘果香。不饱和醛较饱和醛香气更强、更悦人，如十一醛具有油脂气的花香，而十一烯醛则具有强烈的玫瑰柑橘香气。

在芳香族醛中，官能团在环上的位置不同，香气也不一样，通常在 3，4 位上有取代基的，都具有很好的香草香气。

（5）酮类　大多数低级脂肪族酮类化合物通常具有微弱的异味，因此不常用于调香，但它们可以作为其他香料的合成原料。例如，丙酮广泛用于合成萜类香料和紫罗兰酮等。碳链长度在 $C_7 \sim C_{10}$ 的不对称脂肪族酮类化合物中，有些具有较好的香气，尤其是甲基酮类的香气最为强烈。例如，甲基壬基酮具有玫瑰和柑橘的香气，略带油脂气味，通常可以直接用于调香。

许多芳香族酮类化合物，如二苯甲酮和苯乙酮，具有令人愉快的香气，常被直接用于调香。萜类酮在酮类香料中占据重要地位，它们大多是天然植物精油的主要香成分，如薄荷酮和葛缕籽酮等。

大环酮中，$C_{14} \sim C_{16}$ 环酮具有类似杏仁和薄荷的香气，$C_{16} \sim C_{18}$ 环酮则具有樟脑香气；C_{18} 环酮具有木香，$C_{18} \sim C_{20}$ 环酮则具有麝香香气。特别是 C_{18} 环酮化合物的麝香香气最为强烈；当环内碳原子数增至 21 时，化合物几乎无香。如果在大环酮分子中引入第二个官能团，通常会削弱香气，并且官能团的位置不同对香气的影响也很大。环酮类物质化学结构见图 7-32。

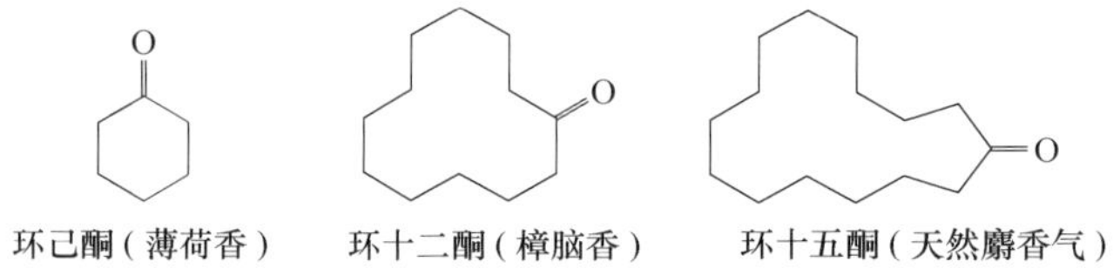

图 7-32　环酮类物质化学结构

（6）缩羰基类　缩羰基类化合物是指羰基化合物（如醛和酮）与一元醇或二元醇在酸性条件下缩合而生成的产物。由于羰基类化合物的化学性质较为活泼，在空气、光照和热的影响下，容易发生氧化、缩合等反应生成酸等物质，特别是在碱性条件下如皂类和洗涤剂中，容易变色并逐渐失去香气。此外，一些醛类香料具有不愉快的尖刺气味，严重影响加香产品的质量，限制了它们的应用。

与醛和酮相比，缩羰基类化合物不仅在加香产品中具有较高的稳定性，而且香气优雅持久，别具风格。例如，柠檬醛具有清甜的柠檬和柑橘果香，但在碱性加香产品中不稳定，容易引起变色。然而，当柠檬醛与甲酸三乙酯缩合形成柠檬醛二乙缩醛后，不仅在碱性介质中稳定性显著提高，还拥有柔和清新的柠檬和柑橘果香。但需要注意的是，缩羰基类化合物在酸性介质中不稳定。

（7）羧酸类　羧酸一般没有愉快的香气，不常单独作为香料使用，而作为合成酯类的基本原料广泛用于酯类生产中。

（8）酯类　酯类化合物在自然界中广泛存在，通常具有清新悦人的青香和果香。酯类香料是最早用于调香的香料之一，无论在品种还是产量上都是最大的一类香料，现广泛应用于各类香型香精的配方中。无论是高级还是低级脂肪酸构成的酯都具有特定的气息。高级脂肪酸（C_{12}~C_{18}）的酯带有油脂气，而低级脂肪酸（C_1~C_4）的酯大多具有芳香气息。低级脂肪酸和低级脂肪醇构成的酯具有果香，例如乙酸戊酯具有香蕉和苹果的香气，戊酸异戊酯具有苹果香。低级脂肪酸与萜醇构成的酯通常具有花香和木香，如乙酸香叶酯具有玫瑰香气，乙酸柏木酯具有柏木香。

低级脂肪酸与芳香族醇形成的酯类大多具有果香和花香，例如，乙酸苄酯具有新鲜果香的茉莉花香，丙酸桂酯具有水果、香脂和玫瑰的香气。芳香族羧酸的酯大多具有花香，如苯乙酸乙酯具有玫瑰花香，苯甲酸香叶酯具有玫瑰和琥珀样香气。

由芳香族羧酸和芳香族醇制得的酯类，其香气较弱，但由于相对分子质量较大、沸点较高且挥发度较低，可用作香精的定香剂，如苯甲酸苄酯，具有微弱的香脂样香气，但沸点高达 323~324℃，是一种优良的定香剂。

具有双键的不饱和脂肪酸酯类通常具有花香和青香，如惕各酸香叶酯具有甜润的花香和青香，有较高的应用价值，主要用于调配玫瑰系列化妆品用香精。具有叁键的化合物通常带有不愉快的大蒜气，但炔类的羧酸酯具有令人愉快的青香和紫罗兰香气，例如辛炔羧酸酯具有强烈的青香、果香、紫罗兰香叶的香气。

（9）内酯类　内酯是羟基酸的内部酯类，生成酯的醇基和羧基是处在同一分子中，其通式见图 7-33，当 $n=1$ 时，称 β-内酯；当 $n=2$ 时，称 γ-内酯；当 $n=3$ 时，称 δ-内酯。

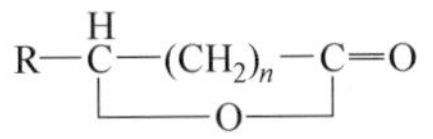

图 7-33　内酯结构通式

内酯为羟基酸的内部酯类，因此具有酯类的化学性质。内酯和酯在香气上有相似之处。根据内酯分子的大小与结构以及取代基等情况，其香气有所不同。如 γ-内酯具有水果香气，而大环内酯类具有极珍贵的麝香香气。

γ-壬内酯存在于许多食物中。它具有椰子的清甜气息，可用于配制椰子、桃、杏等食用香精及月下香精等重花香型化妆品香精和皂用香精。

（10）含氮、硫的化合物及杂环类　在谷物、土豆、蔬菜、水果、咖啡、茶叶和肉类的化学成分分析中，除了烃、醚、酚、醇、醛、酮、酸、酯、内酯等一般有机化合物外，还发现了大量的含氮、含硫和各种杂环化合物。

① 含氮类。含氮类主要包括硝基麝香和腈类等。

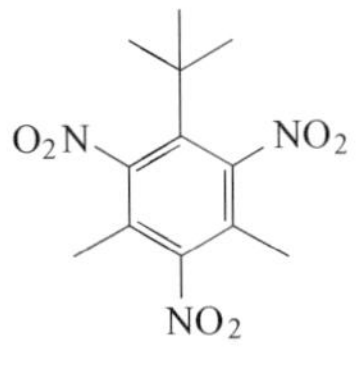

二甲苯麝香

图 7-34　二甲苯麝香化学结构

硝基麝香在调香中不仅赋予麝香香气，而且还具有极好的定香作用，一般同天然麝香一起调配各种香精。目前世界上硝基麝香的产量仍占各种合成麝香的首位。

其中最有代表性的香料有二甲苯麝香（图 7-34）、酮麝香和葵子麝香。硝基麝香与大环麝香和多环麝香相比则相形见绌，在香气和化学稳定性方面都不如后二者，葵子麝香还对人体皮肤有强烈的刺激。

② 含硫类。含硫类化合物主要是硫醇和硫醚。存在于许多天然食品和植物精油中。随着含硫化合物在许多香精中的应用，已逐渐为人们所重视。如二甲基硫醚一般用于调配紫菜、咖啡和黄油等食用香精。

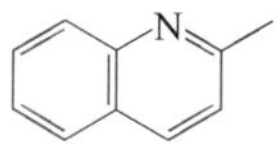

图 7-35　2-甲基四氢喹啉化学结构

③ 杂环类。杂环类香料是近几年发展起来的合成香料系列品种，虽然问世不久，但已经充分显示出其竞争力，目前已广泛地应用于食品加工和各种调味品的生产中。除此之外，在其他香精中的应用也日趋广泛，如 2-甲基四氢喹啉（图 7-35）具有紫丁香型香气，一般用于调配花香型香精。

7.3　香　　精

香精也被称为调和香料，是一种由人工调配出来的含有几种、十几种乃至几十种香料的混合物，或由发酵、酶解、热反应等方法制造的含有多种香成分的混合物。一种香精往往由几种至上百种香料所组成。它们具有一定的香型，调和比例常用质量分数表示。天然香料及合成香料由于它们的香气香味比较单调，多数都不能单独直接使用，而是将香料调配成香精以后，才用于加香产品中。事实上，在产品加香过程中使用的大多是香精。

在化妆品行业中，香精的作用是为了掩盖原料中的异味，增加使用体验。根据《GB/T 22731—2017 日用香精》的定义，日用香精是由日用香料以及辅料按一定配方调制而成的混合物。可见，香精既是一种混合物，又是一种加工产品。日用香精的安全性取决于其所用辅料和香料的安全性。对于香料系指天然或人工合成的、能被人类嗅觉嗅出香气的物质，它具有特定功能团或特定化学结构。从来源的角度，指从带香物质中提取或人工合成方法得到的致香物质，是配制香精的原料。很多合成香料是化合物单体，如清香型香精常采用顺式 3-己烯醇等香料。按照上述定义，必须明确在化妆品中对香精和香料叫法。根据国食药监许［2010］258 号，在化妆品配方申报时，如配方中使用了香精原料，原料仅以“香精”命名即可，不须申报香精中具体香料组分的种类和含量。

7.3.1　香精的分类

按照用途，香精一般可分为食用香精、烟用香精和日用香精。其中，日用香精用量最大，其销售额约占全世界香精总销售额的 50%。

（1）按照香精用途分类　香精按用途可分为日用香精、食用香精和其他用途香精三大类。

① 日用香精（Fragrance）。是供日用化学品使用的香精，以遮盖不良气息、赋予美好香气为主要目的。如再进一步细分可分为化妆品用（还可分为香水用、盥洗水用、香粉用、唇膏用、膏霜用、香波用、头油用、发蜡用等）、洗涤剂用、卫生纸品用（还可分为空气清新剂用、清凉油用、卫生熏香用、祛臭剂用等）、劳动防护品用、地板蜡用等。

② 食用香精（Flavour）。是一种能够赋予食品或其他加香产品（如药品、牙膏等）香味的混合物。根据国际食品香料香精工业组织（International Organization of the Flavor Industry，IOFI）的定义，食用香精中除了含有对食品香味有贡献的物质外，还允许含有对食品香味没有贡献的物质，如溶剂、抗氧剂、防腐剂、载体等。可以进一步将食用香精划

分为：食品用香精、烟用香精、酒用香精、药用香精、牙膏用香精、饲料用香精等。

③ 其他用途香精。是供其他工农业品用的香精，可进一步划分为塑料用香精、橡胶用香精、纺织品用香精、人造革用香精、纸张用香精、油墨用香精、工艺品用香精、涂料用香精、饲料用香精、杀虫剂用香精等。

（2）按照香精形态分类 香精按形态可分为液体香精、膏状香精和粉末香精三大类。其中，液体香精又可分为水溶性香精、油溶性香精和乳化香精三种。

① 液体香精

a. 水溶性香精。也称水质香精，是将各种天然或合成香料调配而成的香精，溶解于40%~60%的乙醇（或丙醇、丙二醇、甘油等其他水溶性溶剂）中，必要时再加入果汁等制成。此类香精广泛应用于果酱、果汁、果冻、果子露、汽水、冰激凌、烟草和酒类中。化妆品，如香水、花露水等中也必不可少。其优点是在水中有较好的透明度，且具有轻快的头香；缺点是耐热性较差。

b. 油溶性香精。也称油质香精，是将天然香料和合成香料溶解在油性溶剂中或者直接用天然香料和合成香料调配而成的。常用的油性溶剂分为两类：一类是天然油脂，如花生油、菜籽油、芝麻油、橄榄油、茶油等；另一类是有机溶剂，常用的有苯甲醇、三乙酸、甘油酯等。以植物油脂作为溶剂调配而成的油溶性香精具有香味浓度高、耐热性好、留香时间较长的优点，但在水相中不易分散，主要用于饼干、点心、糖果、巧克力、口香糖等热加工的食品中。以植物油脂作为溶剂调配而成的油溶性香精，通常用于膏霜、唇膏、发油、发脂等化妆品中。

c. 乳化香精。是在油溶性香精中加入适当的乳化剂和稳定剂，使其在水中分散成微粒而制成。在此类香精中，只有少量的香料、乳化剂和稳定剂，大部分是蒸馏水。由于乳化效果不同，乳化后产品的形态也不同，具体见表 7-4。

表 7-4 乳化后产品形态

乳化液滴直径/m	外观	稳定性
$>10^{-6}$	乳白色乳状液	弱
$10^{-7}\sim10^{-6}$	乳白色乳状液	↓
$5\times10^{-8}\sim5\times10^{-7}$	灰色半透明液	↓
$<5\times10^{-8}$	淡蓝色透明液	强

乳化香精中常用的起乳化作用的表面活性剂有单硬脂酸甘油酯、大豆磷脂、聚氧乙烯、木糖醇硬脂酸、山梨糖醇脂肪酸酯等。另外，果胶、明胶、阿拉伯胶、琼胶、淀粉、海藻酸钠、甲基纤维素钠等在乳化香精中能起稳定剂和增稠剂作用。很多饮料，如清凉饮料，不但要求有可口的味道和宜人的香味，而且还需要具有一定的浑浊度，使饮料具有天然的真实感，所以需要使用乳化香精来进行乳化加工。乳化香精主要应用于软饮料、冷饮和糖果等食品中，此外，在发乳、发膏、粉蜜等化妆品中也经常使用。其特征是香气温和、有保香效果，但稳定性较差，应防止其腐败变质。

② 膏状香精。主要在反应型香精中较多，尤其是肉味香精。近年来，咸味香精发展迅猛，膏状香精的种类也越来越多。其特征是香气厚实，但香头不足，同时兼有味觉的特征。

③ 粉末香精。有两种制备方法，一种是将香基混合后附着在乳之类的载体上制成。另一种是先将香基制成乳化香精后，再经过喷雾干燥使其粉末化。两种产品均便于使用，稳定性强，但缺点是易吸湿结块。经过喷雾干燥制成的产品，由于香精被赋形剂包围覆盖，故其香精的稳定性、分散性较好。粉末香精广泛用于糕点、固体饮料、固体汤料、快餐食品、休闲食品、香粉、香袋中。

（3）按香精香型分类

所谓香型，是用来描述某种香料、香精或加香制品的整个香气类型或格调。香精按不同香气特征可分为以下几类：

① 花香型香精。大多数是模仿天然花香调和而成的。常见的有玫瑰、茉莉、铃兰、水仙、白兰、紫罗兰、橙花、薰衣草等香型的香精。

② 非花型香精。大多数是模仿天然实物调配而成的，如皮革香、麝香、甜蜜香、叶香、松林香和檀香等香型的香精。

③ 果香型香精。是模仿果实的气味调配而成的，如苹果、甜瓜、橘子、樱桃、柠檬、草莓、香蕉等香型的香精。

④ 幻想型香精。是在模仿型香精的基础之上，由具有丰富的经验和美妙幻想的调香师创造的香型。幻想型香精一般都有优雅抒情的美称，如微风、吉卜赛少女、素心兰、夜巴黎、骑士、黑水仙、白衣人和古龙等。幻想型香精主要用于化妆品中。

7.3.2 香精的基本组成

香精中的每种香料对香精整体香气都发挥着作用，但起的作用不同，有的是主体原料；有的协调主体香料；有的起修饰主体香气的作用；有的为减缓易挥发香料组分的挥发速度。按照香料在香精中的作用来分，大致可分为以下五种组分。

（1）主香剂　主香剂，又称主香香料，是塑造香精核心香气韵律的基石，是构建香精独特香型的关键成分，其在配方中的使用量通常较大。在香精的配方设计中，有时仅采用一种香料作为主香剂，但在更多情况下，会结合多种香料来共同担当主香剂的角色。例如，在茉莉香精的调配中，乙酸苄酯、邻氨基苯甲酸甲酯和芳樟醇等成分共同发挥作用；而在玫瑰香精的调制中，香茅醇和香叶醇则是不可或缺的元素；至于檀香型香精，檀香油和合成檀香则是其香型的核心。

（2）和合剂　和合剂，也被称为协调剂，是用于调和香精中主体香料的气味，使单一香料的香气不至于过于突出，从而达到和谐统一的效果。因此，作为和合剂的香料，其香型应与主香剂一致。例如，在茉莉香精中，常用丙酸苄酯和松油醇作为和合剂；而在玫瑰香精中，芳樟醇和羟基香茅醛则是常见的和合剂。

（3）修饰剂　修饰剂，也被称为变调剂，其功能在于为香精赋予新的风格，增添独特的风味。修饰剂所采用的香料香型与主香剂不同，虽然在香精配方中的用量不多，但其效果显著。通常，高级脂肪族醛类被广泛用于强调强烈的醛香韵律，提升香精的扩散能力，并强化香气的初始印象。

（4）定香剂　定香剂，也被称为保香剂，其主要功能不仅在于自身不易挥发，还能减缓其他易挥发香料的挥发速度，从而减慢整个香精的挥发速率，使香精的香气特征或香型保持稳定一致。作为保持香气持久性的关键成分，定香剂可以是单一化合物，也可以是多种香料的混合物，既可以是有香物质，也可以是无香物质。天然麝香和灵猫香常用于香水香精中，能够显著提升香气的扩散力和持久性。

不同香型中的定香剂可能会产生不同的效果，因此合理选择定香剂是一个复杂的过程，需要考虑香型、档次、加香介质或基质以及安全性等因素。在选择定香剂时，一般原则是，在不影响香型或香气特征的前提下，使用蒸气压较低、相对分子质量较大、黏度较高的香料，以实现较好的持久性和定香效果。这也是大分子酸的酯类（如水杨酸苄酯）、大环化合物和具有香味的固体树脂胶常被用作定香剂的原因。

（5）增加天然感香料　增加天然感香料是指给出逼真感和自然感用的香料。主要是各种香花精油或浸膏。

7.3.3　香料香精在化妆品中的应用

各种化妆品中都需要添加香料或香精，并且要选择适当的香气，同时还要考虑它们对化妆品质量和使用效果的影响。香水和花露水类产品主要是乙醇溶液体系，因此在选用香精时必须了解其在这种体系中的溶解度，必要时应进行应用测试，包括低温测试。如果出现沉淀等现象，可以通过过滤处理。

（1）香水类

① 浓香水（Parfum）香精用量约 25%。

② 淡香水（Eau de parfum）香精用量约 15%。

③ 盥洗香水（Eau de toilete）香精用量约 10%。

④ 古龙水（Eau de cologne）香精用量约 5%。

香水类香精调配最为讲究，水平最高，香气的好坏很容易在乙醇中表露无遗除要求协调、香气幽雅、细致、留长外，还要求与众不同。

（2）护肤品类（包括膏霜、乳液、粉类等）　此类产品通常采用流行香水香型，以花香为主，从浓烈香型转变为清雅香型、尽量避免变色。香精用量在 0. 1%左右。

（3）关于加香产品变香和变色问题　变香是指香料在化妆品中发生化学变化，导致香气变质或不稳定，这可能是由于香料与其他成分发生反应，或受到光线、温度和空气的影响。为避免变香，应选择稳定性较高的香料，并适当加入抗氧化剂。

变色问题主要是由于香料或香精中某些成分的氧化或光解所致，香精之间互相发生氧化、聚合、缩合和分解等化学反应特别是在暴露于紫外线或高温环境中时更为明显。解决变色问题的方法包括使用抗氧化剂、避光包装以及选择不易变色的香料。此外，应在产品研发阶段进行充分的稳定性测试，以确保香料和香精在整个产品寿命周期内保持其香气和外观的稳定性。

通过仔细选择香料和香精，并采取适当的保护措施，可以有效减少加香产品的变香和变色问题，从而保证产品的质量稳定。

7.3.4　化妆品香精的相关标准

（1）日用香精国家标准：《GB/T 22731 日用香精》

（2）国际法规：IFRA（International Fragrance Association）国际日用香料香精协会实践法规。

（3）RIFM（Research Institute for Fragrance Materials）美国日用香料研究所安全评价指南。

（4）欧盟化妆品法规 Regulation（EC）；欧盟对化妆品指令 76/768/EEC。

（5）中国《化妆品安全技术规范》。

（6）《GB 2760 食品安全国家标准　食品添加剂使用标准》：接触口腔用香精、唇用香精和 A 类果蔬洗涤剂香精所使用的原材料必须符合此标准要求。

（7）Fema（Flavor &. Extract Manufacturer' Association）美国食用香料和萃取物制造者协会。

7.4　香精香料的调配及评析

7.4.1　加香化学及术语

香料香精工业生产出的天然香料和合成香料，由于香气品质不能满足人们的需要，除极个别的品种外，一般均不单独使用，必须调配成香精以后，才能用于加香产品之中。调配香精的技艺则称为调香。

调香由来已久。古代用香料植物粉末调香，用于制作熏香和香囊。后来由于天然精油及合成香料陆续问世，才逐步地过渡到近代的调香技术。调香工作的目的就是调配出令人喜爱而又安全的香精，使加香产品在使用和食用过程中，具有一定的香气或香味效果。

在调香工作中，根据香精的用途，要适当调整头香、体香、基香香料的比例。例如，要配制一种香水香精，如果头香占 50%，体香占 30%，基香占 20%，则不太合理。因为头香与基香相比，基香的比例太小，这种香水将缺乏持久性。一般来说，头香占 30%左右，体香占 40%左右，而基香占 30%左右比较合适。总之，头香、体香和基香之间要注意合理的平衡。在香精的整个挥发过程中，各个层次的香气能循序挥发，前后具有连续性，使其典型香韵不前后脱节，达到香气美、协调、持久、透发的效果。

为了更好地从事与香料香精行业有关的工作，正确理解与调香有关的一些基本概念是非常必要的，调香中的常用术语见表 7-5。

表 7-5　调香中的常用术语

名称	概念
气息(odor)	通过嗅觉器官感觉到的或辨别出的一种感觉，它可能是令人感到舒适愉快的，也可能是令人厌恶难受的
香气(scent)	通过人们的嗅觉器官感觉到的令人愉快舒适的气息
香味(flavor)	通过人们的嗅觉和味觉器官同时感觉到的令人愉快舒适的气息和味感的总称
气味(aroma)	用来描述一个物质的香气和香味的总称
香韵(note)	用来描述多种香气结合在一起时所带有的某种香气韵调。它反映的不是整体香气的特征，而是其中的一部分。香韵的区分和描述是一项十分细致的工作
香型(type)	用来描述某种香精或加香制品的整体香气类型或格调
香势(odor concentration)	也可称为香势强度，是指香气本身的强弱程度。这种强度可通过香气阈值来判断，阈值越小，则强度越大

续表

名称	概念
头香(top note)	也可称为顶香,是对香精(或加香制品)嗅辨中最初片刻时的香气印象,也就是人们首先能嗅感到的香气特征。它是香精整体香气中的一个组成部分,一般是由香气扩散力较好的香料所形成
体香(body note)	也可称为中段香韵,是香精的主体香气,体现香精的主要香气特征。体香应在头香之后,立即被嗅觉感到的香气,而且能在相当长的时间中保持稳定和一致,具有中等程度的挥发度
基香(basic note)	也可称为尾香或残香,是香精的头与体香挥发后,留下的最后的香气。通常是由挥发性很低的香料或某些定香剂组成
和合(blending)	将几种香料混合使用时,能产生一种协调一致的香气,这是调香工作中的一种重要技巧。发挥和合作用的香料称为和合剂(blender)
修饰(modify)	是指用某种香料的香气去修饰另一种香料,使之在香精中产生更为美好或新奇的香气效果。修饰作用也是调香工作中的一种技巧。发挥修饰作用的香料称为修饰剂(modifier)
谐香(accord)	是由几种香料在一定的配比下所形成的一种既和谐又有一定特征的香气,它是香精中体香的基础
定香剂(fixative)	一般是指使香精放置数日后香调不变,能调节各香成分的挥发度,使香气较长时间留驻所加入的香成分。定香剂是香精的组成成分之一,它可能是一种单一的化合物,也可能是两种或两种以上的化合物组成的混合物,也可能是一种天然的混合物。实践证明,同时使用几个定香剂比单独使用一种定香剂的效果要好
透发(diffusion)	是指香气的扩散性,香气是否迅速广泛地扩散至四方,是香精或香制品香气的重要评价之一
留长(long-lasting)	即香气的持久性,是香精的特征表现之一
提扬(lifting)	使浓重、滞凝、下沉等不能很好透发的香气易于散发
陈化作用(aging)	调配后的香精经过一定时间的存放,由于香精内部进行的各种化学反应,如酯化、酯交换、醛醇缩合、醛醛缩合等,使香精的组成更为复杂,香精的香气也变得更为和谐,这种作用称为陈化作用或熟化作用
香基(base)	是一种香精,但它不作为直接加香使用,而是作为香精中的一种香料来使用。香基应具有一定的香气特征,或代表某种香型

7.4.2　辨（评）香的基本方法

香原料的选用、用量的配比以及香精品质的评价，均用鼻子来鉴别。在实际工作中，广泛采用传统的纸条辨（评）香法。嗅时要用辨香纸（纸条或纸片），通常是用厚度适宜的吸水纸。纸条适用于液体样本，宜为 0.5~1cm 宽，10~18cm 长。最好一端窄一些，以便在窄口瓶中蘸取样品。对固体样品用纸片，宜为 8cm 长，10cm 宽；也可选择适当的溶剂将样品配成溶液，按嗅液体样品的方式进行。

首先，要在辨香纸上写明被辨对象的名称、号码，甚至日期和时间，然后，如果是纸条，将其一头浸入拟辨香料或香精（或其稀释溶液）中，蘸上 1~2cm，对比时要蘸得相等；如果是用纸片，可将少量固体样品置于纸片中心。样品不能触及鼻子，要有一定距离，以刚可嗅到为宜。随时记录嗅辨香气的结果，包括香韵、香型、特征、强度、挥发程度，并根据自己的体会，用贴切的词汇来描述香气。要每阶段记录，最后写出全貌。若是评比，则要求写出样品间的区别，如有关纯度、相像程度、强度等意见，最后写出评定好坏等的评语。

常用于描述香气或香韵的用词有：花香、草、木香、蜜甜香、脂蜡香、膏香、琥珀香、动物香、辛香、豆香、果香、酒香、青香、清香、浊香、甜香、壤香、革香、药草香、焦气、樟脑样、树叶样、树脂样、粉香样、谷物样、蔬菜样、根样、坚果样、果汁样、肉香样、鱼腥样、膻气样、霉气样、硫黄样、苯酚样、金属样、脂肪气、油腻气、醚样、化学气、刺鼻的、催泪性的、窒息性的等。

也有用感觉或情感等比较抽象的词汇来描述，如酸、咸、苦、辛辣、刺激、凉、温热、干、湿、强、弱、柔、刚、腻、淳、润、坚硬、新鲜、陈、平滑、粗糙、圆柔、尖刺、粗冲、愉快、不快、轻快、浓重、淡薄、丰满、喜爱、厌恶、文雅、粗俗、细腻、粗犷、诱惑性、男性气息、女性气息等。

实例 1　茉莉花香精的配制

【实验原理】

香精由各种香原料组成，根据茉莉香精的香气特征，可选择性地使用各种香原料，配出一种具有花香特征、香韵和谐的茉莉香精。

【实验试剂与仪器】

香原料 15 种左右；滴管、玻璃瓶、辨香纸、叔丁基对羟基茴香醚（BHT）、电子天平。

【实验步骤】

① 在实验架上找出所需的合成香料和天然香料。

② 对这些香原料进行辨香，熟悉并掌握各种香原料的外观及其香韵特性。

③ 根据所配茉莉香精的特点，拟定初步的理论配方。

④ 在电子天平上进行小样的调配，经过反复评香，调整茉莉香精的配方结构至所需香精香气的特征。

⑤ 在香精中加入抗氧化剂 BHT 2~3 粒，搅拌至溶解，静置。

【实验基础配方】

茉莉花香精配制见表 7-6。

表 7-6　茉莉花香精的配制

香料名称	质量分数/%	香料名称	质量分数/%
二氢茉莉酮酸甲酯	23~33	水杨酸苄酯	0~4
米兰浸膏	15~20	苯甲酸苄酯	1~4
乙酸苄酯	5~10	苄醇	1~5
叶醇	2~9	龙涎酮	2~7
紫罗兰酮	5~10	白兰叶油	7~13
玳玳油	8~15	吲哚	0.5~2.0
茉莉浸膏	15~20	乙酸芳香酯	12~18

实例 2　香奈儿 5 号香水的配制

【实验基础配方】

香奈儿 5 号香水配制见表 7-7。

表 7–7　香奈儿 5 号香水的配制

香料名称	质量分数/%	香料名称	质量分数/%
甲基壬乙醛	0.1~0.3	十一醛	0.1~0.3
癸醛	0.1~0.3	依兰油	2~5
香柠檬油	2~4	茉莉净油	4~7
玫瑰净油	1~3	玳玳花油	1~3
橡苔浸膏	1~3	苏合香膏	1~3
10%香荚兰豆酊	8~12	10%鸢尾浸膏	1~4
3%麝香酊	16~22	10%灵猫香酊	2~4
芳樟叶油	2~5	甲基紫罗兰酮	4~7
檀香 208	1~3	香根油	1~2
香豆素	3~5	羟基香茅醛	1~4
异丁香酚甲醚	1~4	茉莉麝香	1~3
酮麝香	2~5	5%龙涎香酊	12~16
安息香膏	6~10		

当前，我国香料香精行业正处于结构调整的换档期，由追求速度增长变换到质量增长，转型升级、转变发展方式成为行业的转折点。香料香精行业与下游产业关联度高，科技含量高，行业特点十分鲜明，行业发展程度在一定意义上反映了国家和地区的综合发展水平。中国香料香精化妆品工业协会发布的《香料香精行业“十四五”发展规划》指出，“十四五”期间，行业将以市场需求为导向，抓住产品新趋势；以企业为主体，构建规模化天然香料的生产基地；拓宽应用范围，加强新用途和安全性的研究；传统大宗合成香料产品绿色工艺改造，开发新的香料品种；发展清洁化生产，解决生存危机和发展的后顾之忧；推进数字化、智能化工厂建设，打造香料香精行业制造优势；推广园区化生产，整合香料香精行业小微企业资源；优化配置产业资源，形成中国企业的价值链。香料香精行业将继续深化转型升级，以技术创新为驱动，全面提升行业发展质量。

思　考　题

1. 日用香精可以分为哪几类？
2. 化妆品中添加香料、香精的作用有哪些？
3. 在进行香精调配的时候主要有哪些组成？

第 8 章　色素类原料

8.1　化妆品色素的概述

8.1.1　色素定义和分类

色素是赋予化妆品一定颜色的原料，通常称为着色剂。色素原料通过溶解或分散而使化妆品的基质原料和其他原料着色。在使用中，对水溶性或油溶性着色剂常先制成溶液，对不溶性着色剂则将其分散在介质中。

化妆品用色素大致可分为有机合成色素、无机颜料和动、植物性天然色素。在美国，将能用于食品、化妆品、药品的色素称之为食用色素，用 FD&C 表示；将能用于医药品和化妆品而不能用于食品的色素称之为非食用色素，用 D&C 表示；而将只适合于外用的色素称之为外用色素，用 Ext D&C 表示。化妆品用色素习惯于上述分类。

（1）有机合成色素　用于遮盖、着色、广泛用于唇膏、胭脂等粉饰化妆品。包括染料、色淀和颜料，在化妆品范畴。①所谓“染料”，即能溶解于水或油及醇类，能够以溶解状态存在于被着色物质中并且能够赋之以彩色的物质；它可分为水溶性染料和油溶性染料，其化学结构上的区别在于前者含有水溶性基团（如磺酸基等）而后者则没有；②色淀是指可溶性染料在无机碱中沉淀而生成的颜料，它不溶于水。化妆品用的色淀可分为两种类型：其一是含有磺酸基团的色淀，系通过钙、钡、锶盐使溶于水的染料形成不溶于水的色淀颜料；其二是利用硫酸铝、硫酸锆等使易溶性染料成为不溶于水，并使之吸附于氧化铝形成染料色淀。色淀与常规颜料没有严格的区别，但其比常规颜料耐酸碱性差些；③常规颜料是一种不溶于水、油、溶媒的着色粉末，比色淀有更好的着色力、遮盖性、抗溶剂性，因而广泛用于制造唇膏、胭脂等美容化妆品。

（2）无机颜料　用于化妆品中的无机颜料有氧化铁、炭黑、群青、氧化锌、二氧化钛等，它们对光的稳定性都很好且不溶于有机溶剂，但其色泽鲜艳程度和着色力则不如有机颜料。

无机颜料与有机颜料相比，虽然着色强度低目色调上具有特殊的“暗色”，但其耐光性能好；纯粹的无机色素，有不易引起皮肤过敏的优点，因此在粉霜、粉饼和眼部化妆品中使用。

（3）天然色素　天然色素由于着色力、耐光、色泽鲜艳度等方面均不如合成色素，大部分已被有机合成色素所代替；一些稳定的天然色素仍用于化妆品，主要是胭脂虫红、红花苷、胡萝卜素、姜黄、叶绿素等。

（4）珠光颜料　在美容化妆品方面，带有珍珠闪耀光泽的珠光颜料，由于它能同时产生光干扰和光散射的多重反射，起着越来越重要的作用：比较重要的珠光颜料有天然鱼鳞、氯氧化铋、二氧化钛、云母，广泛应用于唇膏、指甲油、香粉类和眼部化妆品。

8.1.2　色素应用历史

色素的光学特征在于具有在可见光区（400~700nm）吸收或反射光的能力。从欧洲［西班牙的阿尔塔米拉洞窟（Cave of Altamira）、法国的肖维岩洞（Grotte Chauvet）］、非洲（津巴布韦）、古埃及洞穴的岩画和中国西安的兵马俑彩绘中都可反映出，人们从史前年代就已运用天然色素。上述埃及和中国的遗址尤为令人瞩目，因为在此发现了最早的合成颜料——埃及蓝（$CaCuSi_4O_{10}$）、中国蓝（汉蓝，$BaCuSi_4O_{14}$）和中国紫（汉紫，$BaCuSi_2O_4$），其结构和生产工艺近年来已被详尽地研究。这显然表明，颜色始终在人类学、心理学、审美、功能和经济等诸多方面对人类社会产生影响。

在化妆品中使用颜色的历史可以追溯到古代文明，比如古埃及，人们用孔雀石和木炭装饰眼睛，用红赭石装饰嘴唇和脸颊。几个世纪以来，化妆品颜料的演变与艺术、化学和社会规范的发展相平行。19 世纪和 20 世纪见证了苯胺染料合成的重大进步，带来了更广泛、安全、稳定的颜色选择。可以说，对色泽的利用是人类进步的标志之一，当人类脱离原始社会，对美感有了需求和渴望时，便有了利用色素的实践。例如，在明朝，宫廷中和民间的一些时尚女性利用紫草属植物的根皮染指甲进行装饰已是很普遍的现象；用红高粱的壳染制手织的白布做新娘的嫁衣、被褥等也是普及面很广的一种方法；还有将红米或一些有色植物的叶或汁添加到菜肴和饭食中以增添色彩。随着社会的进步，使用天然色素的方法在食品和化妆品行业中逐渐普及，使用技术日益提高，天然色素逐渐成为美化生活不可缺少的一部分。

1856 年，Perkin 发现了马尾紫（Mauve，也称苯胺紫），这标志着现代合成染料工业的开始。在此后的 145 年内，人们合成了几百万个不同的有色化合物，并随着时间的推移，约 15000 个色素实现了工业规模的生产。

8.1.3　化妆品用色素原料要求

我国《化妆品安全技术规范》（2015 年版）中列出了 157 种化妆品准用着色剂。理想的化妆品着色剂应具有以下特点：①安全性高，在允许使用范围及限制条件下无毒、无刺激性、无致变性、无致过敏性及致癌性等；②光稳定性好，在紫外线的照射下不易变色和褪色，耐热性、耐酸性、耐碱性和耐有机溶剂性强；③无异味，易溶于水或油或其他溶剂，不溶性着色剂应易于润湿和分散；④与其他原料相容性好，分散性好，不与容器发生作用，不腐蚀容器；⑤颜料鲜艳、美观、色感好，着色力强，透明性好或遮盖能力强；⑥价格合理，易于获得。

8.1.4　色素在化妆品中的作用

色素在化妆品中扮演着至关重要的角色，不仅直接影响到产品的外观，还关系到用户的使用体验和满意度。色素的作用可以从以下几个方面进行阐述：

（1）美化作用　色素是化妆品中不可或缺的组成部分，它能提供丰富的颜色，帮助消费者美化自己。无论是彩妆产品（如口红、眼影、腮红）还是日常护肤品（如有色防晒、BB 霜等），色素都能提升产品的美观性，使用户的肤色看起来更加均匀、光亮。

（2）遮盖缺陷　色素在一些特定的化妆品中，如遮瑕膏、粉底液等，起到遮盖肤色不均、瑕疵、黑眼圈等肌肤问题的作用。通过选择合适的色彩，可以有效地提高肌肤的外观质量，让肤色看起来更加健康和自然。

（3）增强产品识别度　色素的使用还有助于品牌形象的塑造和产品识别。通过独特的色彩搭配和设计，化妆品品牌可以创建出具有辨识度的产品系列，有利于品牌的市场定位和消费者的忠诚度建设。

（4）提升心理感受　色彩不仅仅是视觉上的享受，它还能影响人的心理和情绪。不同的色彩能激发不同的情感反应，如暖色调给人温暖、舒适的感觉，冷色调则给人清新、沉稳的感觉。化妆品通过色彩的运用，可以提升用户的使用体验和情绪。

（5）传递信息　在化妆品行业，色彩还被用来传达产品的特性或用途。例如，绿色常用于表示抗痘或舒缓肌肤的产品，粉色则常用来表达产品的温和性或适用于敏感肌肤。

（6）影响感官体验　色素还能影响产品的感官体验。产品的色彩会影响消费者对其质地、香味甚至效果的主观感受。例如，鲜艳的色彩可能会让人联想到产品的高效能或强烈效果。

综上所述，色素在化妆品中的作用是多方面的，不仅仅局限于提供美观。合理而巧妙的色素使用，能极大地提升化妆品的吸引力和市场竞争力。

8.1.5　化妆品着色剂的命名方法

着色剂的名称一般有 INCI 名、商品名、国际颜色索引号 CI（CI 通用名称及 CI 颜色索引代码）及 CAS 编号。

国际颜色索引 CI：Color Index。是当今世界最广泛并普遍接受与使用的染料和颜料颜色命名法，也是世界上最权威的染料与颜料的分类编号管理方法，迄今为止，该颜色索引系统已经注册了 13000 个颜色索引通用名称，涵盖了超过 34500 种染料和颜料。由英国染色与色彩师协会（SDC）和美国纺织化学家和色彩师协会（AATCC）共同管理与发布。国际颜色索引号是任何想要找到有关颜色索引通用名称、化学结构、提供这些染料和颜料的公司以及一些着色剂的技术应用详情信息的国际公认与最终的参考标准。

CI 使用双重分类方法：一个是国际颜色索引通用名称（Color Index Generic Name），它是最为着色剂用户熟知和使用，也是更容易被记住的命名方法；另一个是国际颜色索引代码（Color Index Constitution Number），它是根据化学成分不同而命名。这两个编号是一一对应的，每一个有国际颜色索引通用名称的染料或颜料均对应着一个国际颜色索引代码。

8.2　化妆品中常见色素原料及性质

（1）二氧化钛（Titanium dioxide）

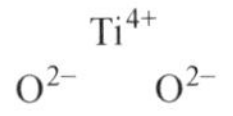

图 8-1　二氧化钛化学结构

性质：其为一种无机化合物，化学式为 TiO_2，为白色固体或粉末状的两性氧化物，具有无毒、最佳的不透明性、最佳白度和光亮度，被认为是现今世界上性能最好的一种白色颜料。钛白的黏附力强，不易起化学变化，永远是雪白的。二氧化钛化学结构见图 8-1。

用途：在化妆品中用作颜料。

（2）叶绿素铜钠盐（Chlorophyllin copper complex sodium salt）

性质：为墨绿色粉末，是以天然的绿色植物组织，如蚕粪、三叶草、苜蓿、竹子等植物的叶子为原料，用丙酮、甲醇、乙醇、石油醚等有机溶剂提取，以铜离子取代叶绿素中心镁离子，同时用碱对其进行皂化，除去的甲基和植醇基后形成的羧基成为二钠盐。因而，叶绿素铜钠盐为半合成色素。与其结构和生成原理类似的叶绿素系列色素还有叶绿素铁钠盐、叶绿素锌钠盐等。叶绿素铜钠盐化学结构见图 8-2。

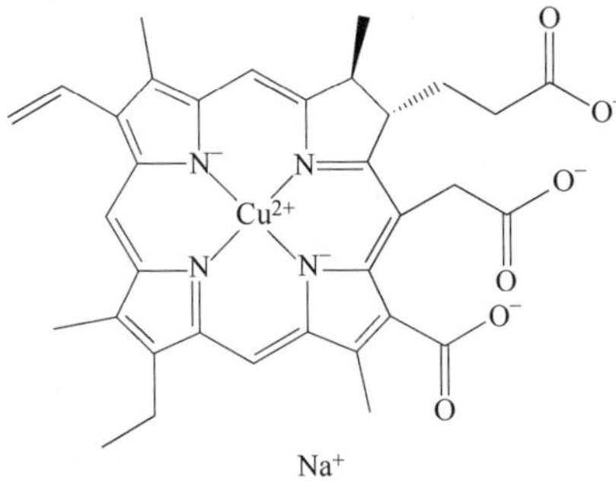

图 8-2　叶绿素铜钠盐化学结构

用途：可添加至化妆品中做染色剂。叶绿素铜钠盐为墨绿色粉末，无臭或略臭。水溶液为透明的翠绿，随浓度增高而加深，耐光、耐热，稳定性较好。1%溶液 pH 为 9.5～10.2，当 pH 在 6.5 以下时，遇钙可产生沉淀。略溶于乙醇。酸性饮料中易沉淀析出。耐光性比叶绿素强，加热至 110℃以上则分解。鉴于其稳定性及低毒害性，叶绿素铜钠盐被广泛应用于化妆品行业。

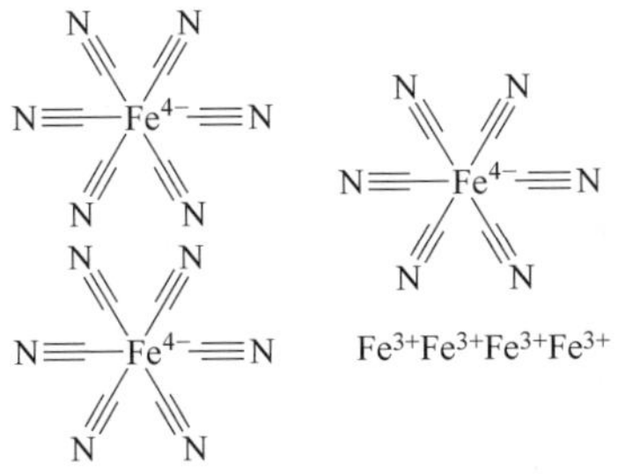

图 8-3　亚铁氰化铁化学结构

（3）亚铁氰化铁（Ferric ferroeyanide）（又称普鲁士蓝）

性质：亚铁化铁为暗蓝色晶体或粉末，是一种深颜色颜料，着色力高、耐光很大、耐弱酸、不耐碱。不溶于水、乙醇、乙醚和稀酸。亚铁氰化铁化学结构见图 8-3。

用途：亚铁氰化铁是化妆品蓝色颜料，用于眼黛、眉笔等美容品中。

（4）鸟嘌呤（Guanine）（又称鸟尿环、2-氨基次黄质）

性质：鸟嘌呤为斜方晶体，不溶于水，微溶于醇、醚，溶于氨水、氢氧化钾水溶液稀的酸类。鸟嘌呤化学结构见图 8-4。

用途：鸟嘌呤属于天然白色颜料，无毒，一般化妆品中都可使用。

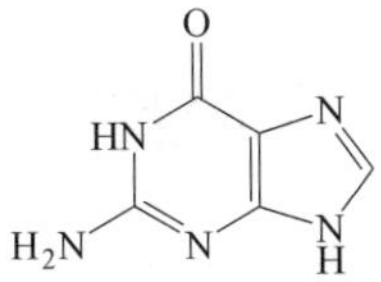

图 8-4　鸟嘌呤化学结构

（5）酸性红 18（Acid red 18）

性质：红色均匀粉末。溶于水呈红色，微溶于乙醇．不溶于其他有机溶剂。遇浓硫酸呈紫色，遇浓硝酸呈黄色溶液，其水溶液加浓盐酸呈红色，加氢氧化钠液呈棕色。酸性红 18 化学结构见图 8-5。

用途：酸性红 18 是化妆品用红色素。

（6）食品橙 6（Food orange 6）（又称 8′-apo-β-胡萝卜素-8′-醛）

性质：外观性状溶于水为橙色，微溶于乙醇呈金橙色，溶于溶纤素，不溶于其他有机溶剂。遇浓硫酸呈黄光橙色，将其稀释后呈黄色，遇浓硝酸呈酒红色溶液，而后变为橙色。其水溶液遇浓盐酸为黄橙色。其水溶液遇浓氢氧化钠呈橙棕色。食品橙 6 化学结构见图 8-6。

用途：适用于各种化妆品。

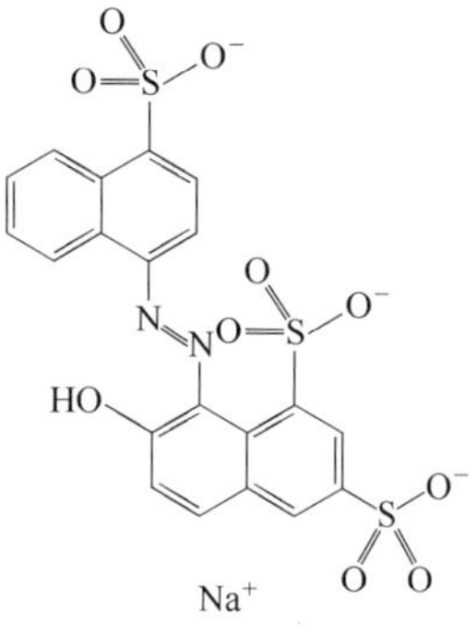

图 8-5　酸性红 18 化学结构

（7）酸性红 52（Acid red 52）

性质：深红色粉末。易溶于水，水溶液呈带黄色荧光的蓝光红色，加入氢氧化钠溶液为蓝光红色。可溶于乙醇。于浓硫酸中呈橙黄色，稀释后为红色。酸性红 52 化学结构见图 8-7。

用途：适用于各种化妆品。

（8）颜料紫 19（Pigment violet 19）

性质：本品为红色粉末，密度 1.48g/cm³，色泽鲜艳。各项牢度性能优异，耐有机溶剂和耐热性高，与四氟乙烯混合、经 430℃高温挤压不变色，并在各种塑料中不迁移。耐晒性和耐气候性优良，即使高度稀释仍不降低其牢度。颜料紫 19 化学结构见图 8-8。

用途：化妆品用途中禁用于染发产品。

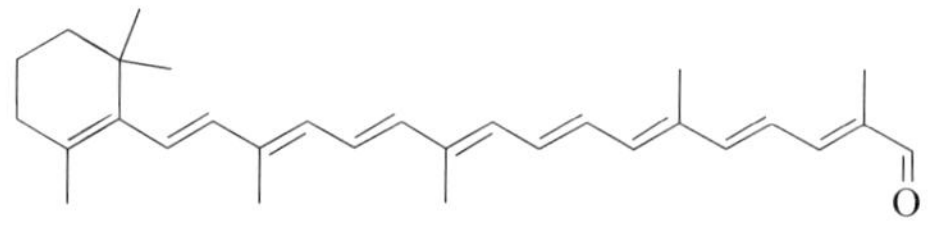

图 8-6　食品橙 6 化学结构

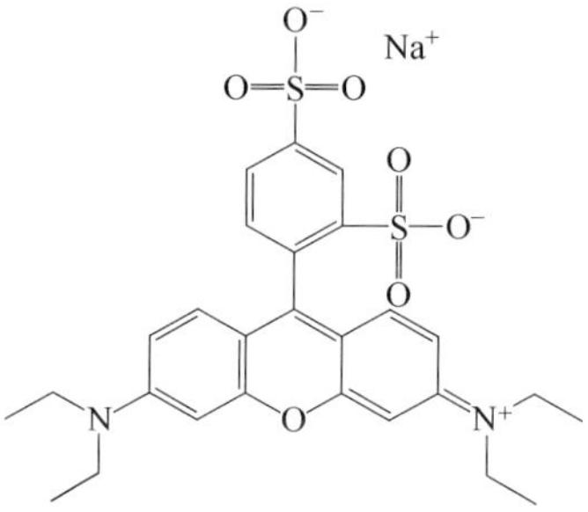

图 8-7　酸性红 52 化学结构

（9）酸性红 27（Acid red 27）

性质：红棕色至暗红棕色粉末或颗粒。无臭。耐光、耐热性强（105℃），耐氧化、还原性差，不适用于发酵食品及含还原性物质的食品。对柠檬酸、酒石酸稳定。遇碱变为暗红色。遇铜、铁易褪色。染色力较弱。易溶于水（17.2g/100mL，21℃）及甘油。水溶液带紫色。微溶于乙醇（0.5g/100mL 50%乙醇）。酸性红 27 化学结构见图 8-9。

用途：酸性红 27 用于化妆品着色。

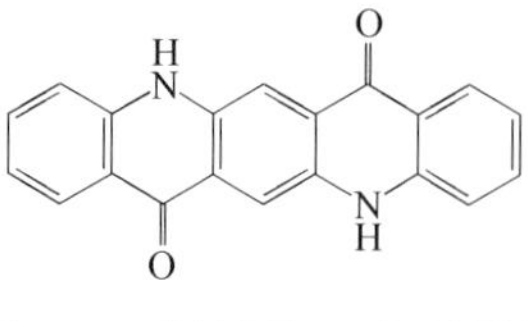

图 8-8　颜料紫 19 化学结构

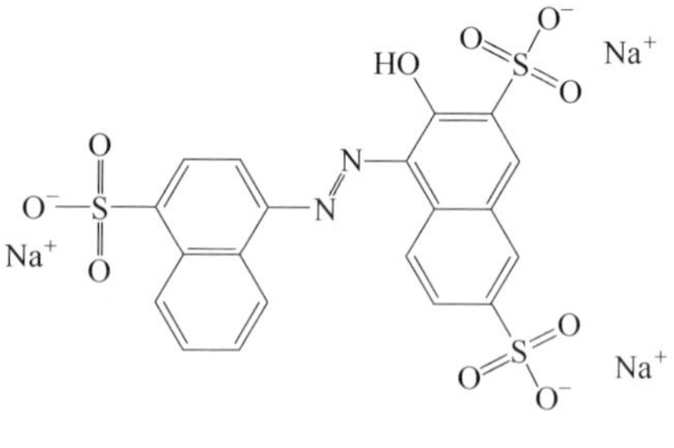

图 8-9　酸性红 27 化学结构

（10）酸性红 33（Acid red 33）（又称酸性红 R）

性质：是一种有机合成染料，化学名称为钠盐酸性红 410。酸性红 33 呈红色结晶粉末，在水中具有良好的溶解性，其溶液呈红色，主要在酸性条件下使用，其色调会随着

pH 的变化而发生变化。酸性红 33 化学结构见图 8-10。

用途：化妆品用途中禁用于染发产品。

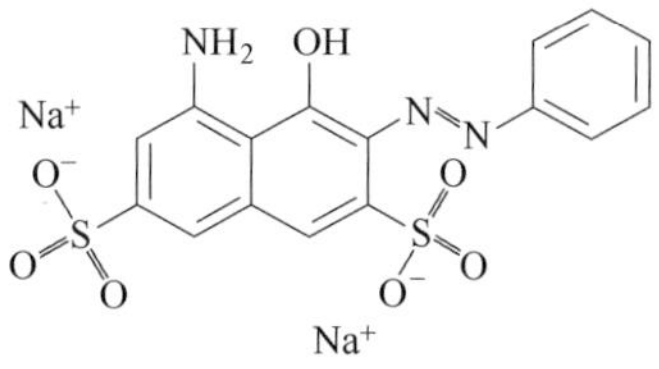

图 8-10　酸性红 33 化学结构

（11）酸性红 92（Acid red 92）

性质：荧光桃红呈红至暗红褐色颗粒或粉末状。熔点 76~79℃。无臭。易溶于水、乙醇，呈橙红色，水溶液发黄绿色荧光。溶于甘油、丙二醇，不溶于油脂、醚。耐光性差，耐热性（105℃）较佳，碱性条件时稳定，遇酸产生沉淀。酸性红 92 化学结构见图 8-11。

用途：被广泛应用于化妆品和牙膏等个人护理品，在化妆品和牙膏中使用目的为着色剂。当配方中的添加量低于《化妆品安全技术规范（2015 年版）》或《GB 22115—2008　牙膏用原料规范》限值或符合限制使用要求时，该原料在正常、合理及可预见的使用条件下不会对人体健康造成危害。

（12）食品红 17（Food red 17）

性质：食品红 17 不溶于植物油，微溶于乙醇，溶解于水，其色调为黄光红色至红色。食品红 17 化学结构见图 8-12。

用途：食品红 17 用于食品及化妆品的着色，但不得用于眼部化妆品。在化妆品中作为红色颜料用于唇膏及面部化妆品中，但不得推荐用于指甲油。

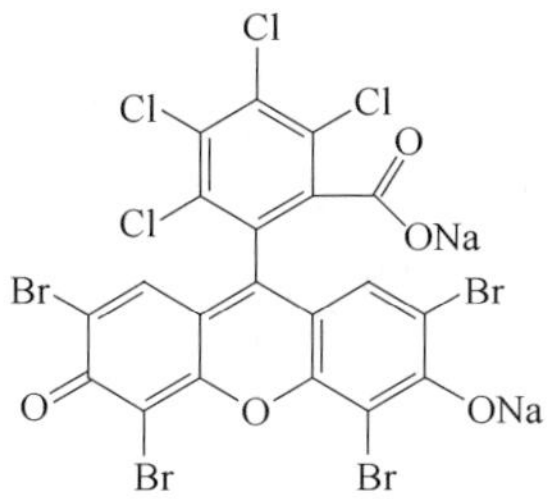

图 8-11　酸性红 92 化学结构

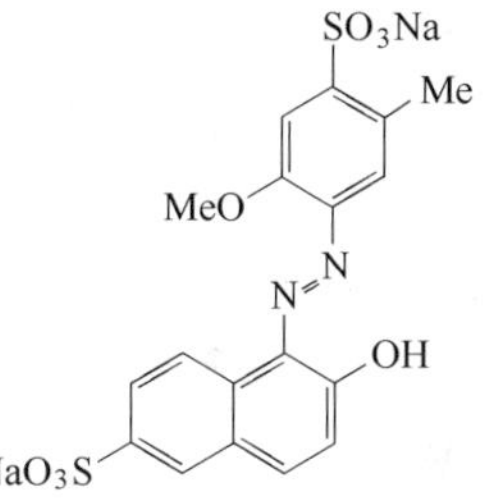

图 8-12　食品红 17 化学结构

（13）食品绿 3（Food green 3）（又称坚牢绿）

性质：食品绿 3 为带金属光泽的暗绿色颗粒或粉末，无臭。易溶于水、甘油、7 醇和乙二醇，呈蓝绿色，碱性水溶液变为蓝色或紫色。耐热性、耐光性及耐还原性好，对柠檬酸、酒石酸稳定，吸湿性强，遇碱不稳定。食品绿 3 化学结构见图 8-13。

用途：在化妆品中主要用于浴液及洗发乳的着色，但不得用于眼部化妆品中。

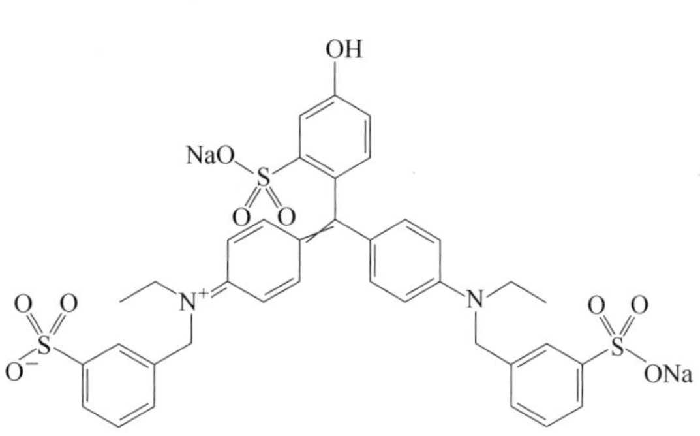

图 8-13　食品绿 3 化学结构

（14）酸性黄 23（Acid yellow 23）

性质：橙黄色均匀粉末，0.1% 的水溶液呈黄色，无臭。溶于水、甘油和丙二醇，微溶于乙醇，不溶于油脂。21℃时溶解度为：11.8%（水）、3.0%（50%乙醇）。耐热性、耐酸性、耐光性和耐盐性均好，对柠檬酸和酒石酸稳定，但耐氧化性较差。遇碱变红，还原时褪色。酸性黄 23 化学结构见图 8-14。

用途：日用化妆品的着色。

（15）酸性黄 3（Acid yellow 3）

性质：也称为亚甲基蓝，是一种酸性有机染料，它呈现为深蓝色的结晶粉末，在水中溶解度高，但溶解于醇类和酮类的溶解度较低，在酸性条件下，酸性黄 3 呈红色；在碱性条件下，呈蓝色，是一种具有亲水性的染料，酸性黄 3 化学结构见图 8-15。

用途：作为色素，应用于个人护理用品领域。

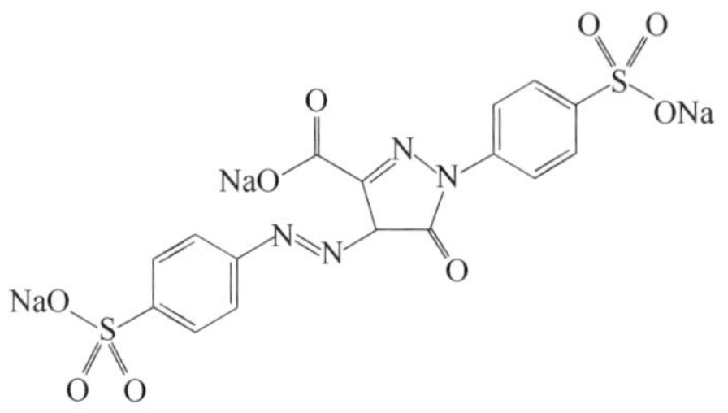

图 8-14　酸性黄 23 化学结构

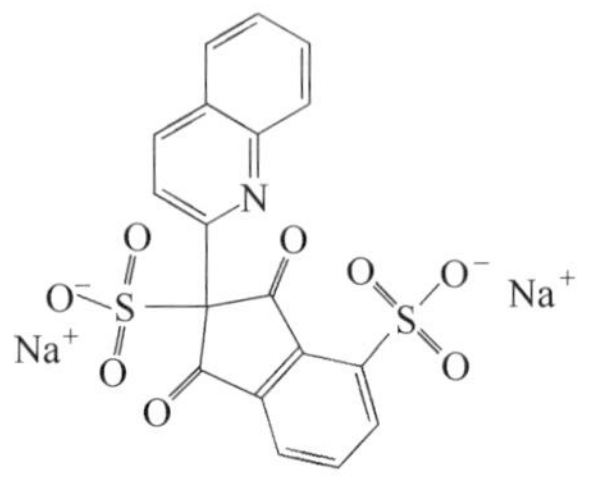

图 8-15　酸性黄 3 化学结构

（16）酸性橙 10（Acid orange 10）

性质：溶于水为橙色，微溶于乙醇呈金橙色，溶于溶纤素，不溶于其他有机溶剂。遇浓硫酸呈黄光橙色，将其稀释后呈黄色，遇浓硝酸呈酒红色溶液，而后变为橙色。其水溶液遇浓盐酸为黄橙色。其水溶液遇浓氢氧化钠呈橙棕色。酸性橙 10 化学结构见图 8-16。

用途：被广泛应用于化妆品和牙膏等个人护理品，在化妆品和牙膏中使用目的为着色剂。

（17）碱性蓝 26（Basic blue 26）

性质：深紫色（或灰绿色闪光）粉末。溶于冷水、热水均呈蓝色。溶于乙醇呈蓝色。于浓硫酸中呈红光棕色，稀释后由黄变绿再变为蓝色。于浓硝酸中呈橄榄绿色。其水溶液加入氢氧化钠产生暗红棕色沉淀；加入盐酸产生蓝色沉淀。碱性蓝 26 化学结构见图 8-17。

用途：应用于个人护理品，在化妆品中被用作着色剂；禁用于染发产品。

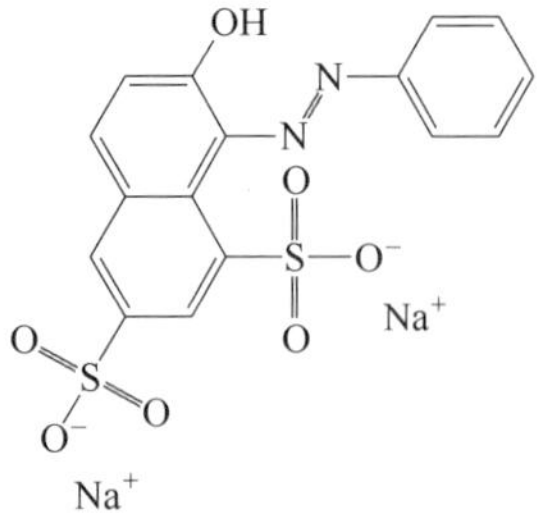

图 8-16　酸性橙 10 化学结构

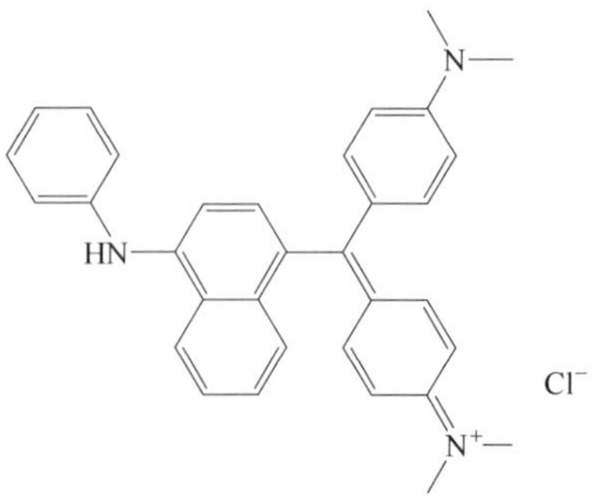

图 8-17　碱性蓝 26 化学结构

（18）酸性蓝 62（Acid blue 62）

性质：是一种深蓝色的粉末状物质，可溶于水和醇类溶剂，在常温下是相对稳定的，但在强酸或强碱条件下可能会发生分解。酸性蓝 62 化学结构见图 8-18。

用途：主要用作染色剂和着色剂，广泛应用于化妆品等个人护理品。

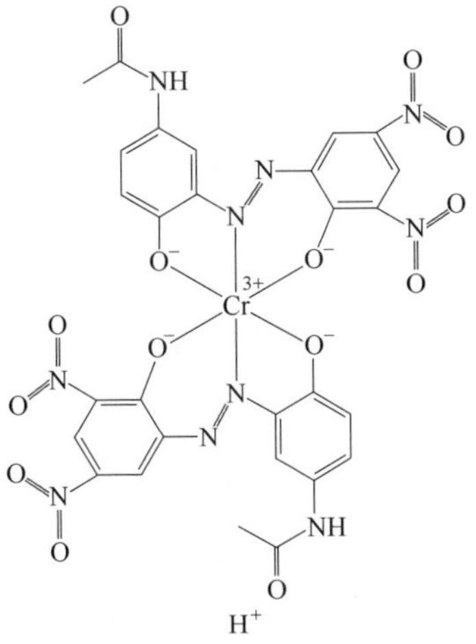

图 8-18　酸性蓝 62 化学结构

（19）还原蓝 1（Indigo）

性质：外观为深蓝色结晶粉末。在水中微溶，易溶于有机溶剂如醇、醚等。具有良好的耐光性和耐热性，不易褪色。靛蓝呈酸性，可被酸性条件下的阳离子染料剥离剂溶解。还原蓝 1 化学结构见图 8-19。

用途：广泛应用于化妆品和牙膏等个人护理品，在化妆品和牙膏中使用目的为着色剂。

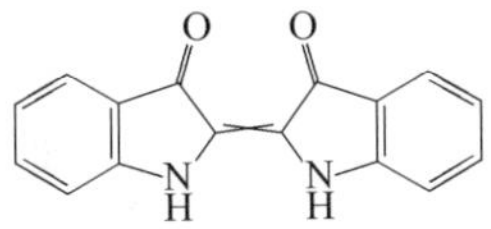

图 8-19　还原蓝 1 化学结构

（20）β-胡萝卜素（β-Carotene）

性质：β-胡萝卜素为紫红或暗红色的结晶性粉末，不溶于水，微溶于乙醇和乙醚易溶于氯仿和苯。β-胡萝卜素化学结构见图 8-20。

用途：β-胡萝卜素作为无毒性黄色色素用作着色剂，一般在化妆品中使用。

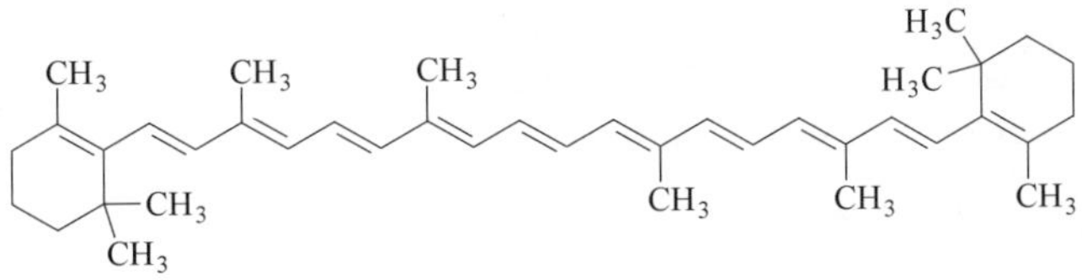

图 8-20　β-胡萝卜素化学结构

（21）栀子红色素（Gardenia red）

性质：栀子红色素为暗红色粉末，略带特殊气味，无味，无吸湿性。不溶于无水乙醇，溶于水，易溶于 50%以下的丙二醇水溶液及 30%以下的乙醇水溶液，呈鲜明紫红色。食盐对色值、色调无影响。对蛋白质和碳水化合物的染色性良好。

用途：栀子红色素可添加于化妆品中。

（22）栀子绿色素（Gardenia green）

性质：栀子绿色素为绿色粉末，无臭，无味。易溶于水、含水乙醇、含水丙二醇，呈鲜明绿色，吸湿性小。

用途：栀子绿色素可添加于化妆品中。

（23）栀子蓝色素（Gardenia blue）

性质：栀子蓝色素为蓝色粉末，无臭，无味。易溶于水、含水乙醇、含水丙二醇，呈鲜明蓝色，吸湿性小。

用途：栀子蓝色素可添加于化妆品中。

（24）钛云母珠光颜料（Mica-titanium dioxide pearl pigment）

性质：钛云母珠光颜料是一种新型珠光颜料，是在片状云母表面涂上一层二氧化钛，通过光的干涉现象而呈现出柔和的珠光或闪光光泽。

用途：40 目的钛云母珠光颜料可作金粉和银粉粉饼、喷发胶等闪光化妆品的添加剂，325 目以上的可用作眼影、口红等。

（25）氧化铁红（Iron oxide red）（又称三氧化二铁）

性质：氧化铁红为红至红棕色粉末，无臭。不溶于水、有机酸及有机溶剂，溶于浓无机酸。对光、热、空气稳定，耐酸、耐碱，分散性良好，遮盖力及着色力强。色调柔和悦目，对紫外线有良好的不穿透性。人体不吸收，无副作用。氧化铁红化学结构见图 8-21。

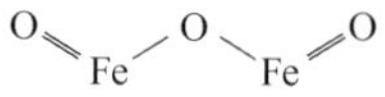

图 8-21　氧化铁红化学结构

用途：氧化铁红用于化妆品着色，一般化妆品中均可使用。主要用于面部、眼化妆品中，如粉底霜、粉饼、眼影等，唇膏、指甲油中也可使用。

（26）氧化铁黄（Iron oxide yellow）

性质：氧化铁黄为黄色粉末，无臭。不溶于水、有机酸及有机溶剂，溶于浓无机酸。耐光、耐酸、耐碱，遮盖力及着色力强，分散性良好。耐热度较高，人体不吸收，无副作用。

用途：氧化铁黄用于化妆品着色，一般化妆品中均可使用。主要用于如粉底霜粉饼、眼影等面部、眼部的化妆品中。

氧化铁黄化学结构见图 8-22。

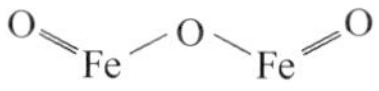

图 8-22　氧化铁黄化学结构

（27）氧化铁黑（Iron oxide black）（又称四氧化三铁）

性质：氧化铁黑为黑色粉末，无臭，不溶于水或有机溶剂。性能稳定，久晒不变色。着色力和掩盖力都很高，耐光和耐大气性良好。耐碱性好，但不耐酸，溶于热的强酸中。遇高温受热易被氧化，变成红色的氧化铁。无毒，人体不吸收，无副作用，剂量不限。氧化铁黑化学结构见图 8-23。

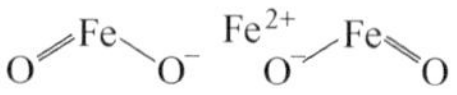

图 8-23　氧化铁黑化学结构

用途：氧化铁黑用于化妆品着色，一般化妆品中均可使用。主要用于如粉底霜、粉饼、眼影、唇膏等化妆品中。

（28）氧化铬绿（Chromic oxide）（又称三氧化二铬）

性质：氧化铬绿为绿色晶形粉末，有金属光泽，具有磁性。耐高温，耐日晒，遮盖力强。不溶于水，难溶于酸。对一般浓度的酸、碱、二氧化硫及硫化氢等气体无反应，具有优良突出的颜料品质和坚牢度，色调为橄榄色。氧化铬绿化学结构见图 8-24。

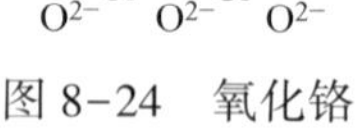

图 8-24　氧化铬绿化学结构

用途：氧化铬绿用作化妆品的着色剂，主要用于眼部化妆品，但不得用于口腔及唇部化妆品中，不推荐应用于面部化妆品及指甲油。

（29）氯氧化铋（Bismuth oxychloride）

性质：氯氧化铋为白色粉末，不溶于水，能溶于酸类。氯氧化铋化学结构见图 8-25。

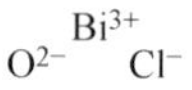

图 8-25　氯氧化铋化学结构

用途：氯氧化铋用作收敛剂和防腐剂，作为白色颜料在一般化妆品中使用。

（30）溶剂黄 29（Solvent yellow）

性质：溶剂黄 29 是一种黄色粉末。它能够在有机溶剂（如醇和酮）中良好溶解，但在水中极度不溶。溶剂黄 29 化学结构见图 8-26。

用途：专用于不与黏膜接触的化妆品，禁用于染发产品。

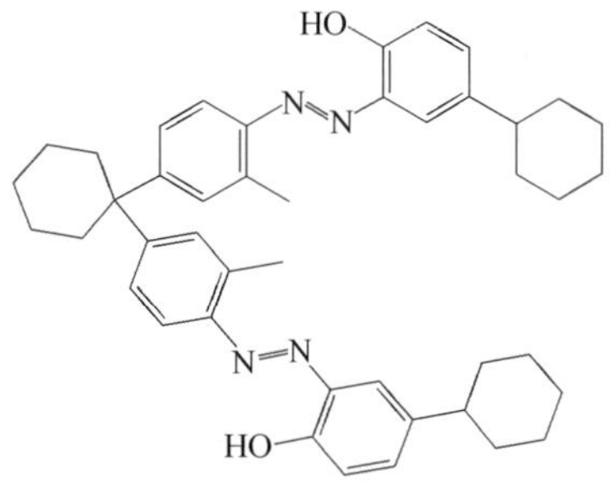

图 8-26　溶剂黄 29 化学结构

（31）胭脂红（Carmine）

性质：胭脂红为带光泽的红色碎片或深红色粉末，几乎不溶于冷水和稀酸，微溶于热水，溶于碱液。胭脂红化学结构见图 8-27。

来源：胭脂红是一种人工合成的偶氮类着色剂，化学名称为 1-(4′-磺酸基-1′-萘偶氮)-2-萘酚-6,8-二磺酸三钠盐。

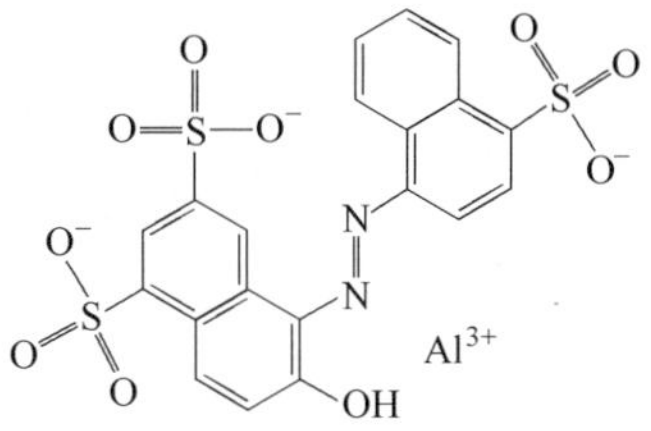

图 8-27　胭脂红化学结构

用途：胭脂红用作食用红色色素，安全性好，也作为化妆品用色素。现已被美国、加拿大等国明令禁止作为食品添加剂使用。在我国虽然可以使用，但对食品类别和添加剂量都有严格规定。

（32）胭脂虫红（Carmine cochineal）

主要成分：胭脂红酸（蒽醌类）。

来源：胭脂虫红是一种天然色素，从寄生在仙人掌上的雌性胭脂虫干燥粉中提取，颜色调从粉红到紫红。

性质：带光泽的红色碎片或深红色粉末，色泽随 pH 不同而变化，酸性时呈橙红色，碱性时呈紫红或深红色，安全性高，无致癌致畸等慢性毒性。胭脂虫红化学结构见图 8-28。

用途：可以用于唇膏、粉底、眼影、眼线膏、指甲油及婴幼儿化妆品。胭脂虫红是美国食品药品监督管理局唯一认证的可以用于食品、药品、化妆品中的天然色素，也是美国唯一允许用于眼部的天然色素。除了极少数对胭脂虫红过敏的人，绝大部分人都可以安心使用。

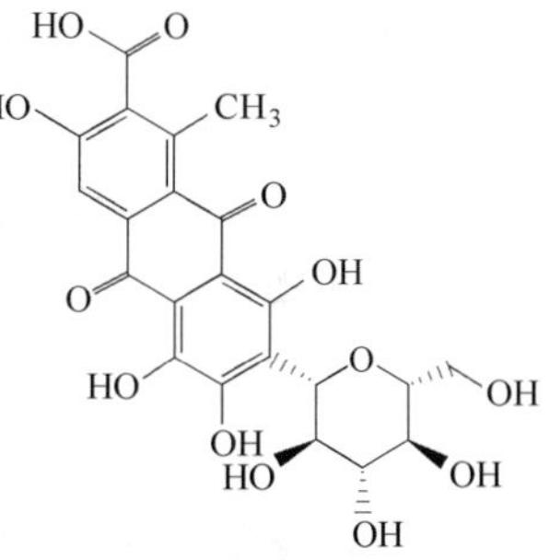

图 8-28　胭脂虫红化学结构

（33）食品绿 3（Food green 3）

性质：易溶于水，溶于乙醇，溶于浓硫酸呈暗橙色，稀释后呈暗绿色，溶于浓盐酸或浓硝酸呈橙色，溶于 10% 氢氧化钠溶液呈亮蓝色。带金属光泽的红至棕紫色颗粒或粉末。无臭。易溶于水、乙醇，中性水溶液呈蓝绿色，酸性呈绿色，碱性呈蓝至蓝紫色。溶于浓硫酸呈棕橙色，加水稀释后转为绿色。耐热性、耐光性、耐还原性好，对酒石酸、柠檬酸稳定。耐碱性弱。吸湿性强。食品绿 3 化学结构见图 8-29。

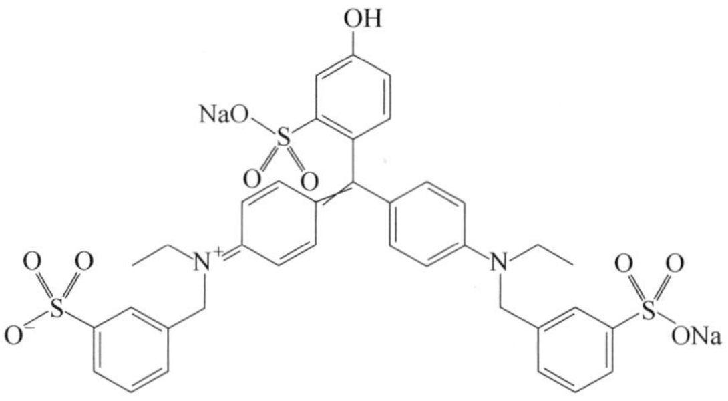

图 8-29　食品绿 3 化学结构

用途：在化妆品中用于香波和浴液等，

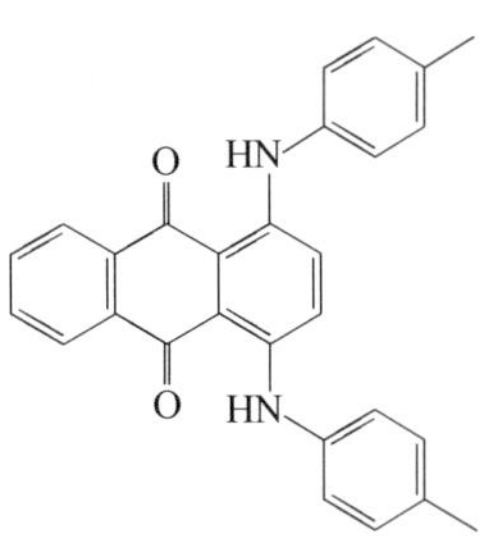

图 8-30　溶剂绿 3 化学结构

但不得用于眼部化妆品。

（34）溶剂绿 3（Solvent green 3）

性质：蓝黑色粉末。不溶于水，可溶于三氯甲烷、苯、氯苯、二甲苯、DMF 等有机溶剂。于浓硫酸中呈蓝色，用水稀释后产生蓝绿色沉淀。溶剂绿 3 化学结构见图 8-30。

用途：可用于化妆品、药品，但不可用于染发产品。

（35）紫草宁（Shikonin）

性质：紫草宁为紫褐色针状晶体，溶于水、油脂及除石油醚、石油类以外的几乎所有有机溶剂。色调随 pH 而变化，pH 4~6 为红色，pH 7~8 为红紫色，pH 9 为蓝紫色，pH 10 为蓝色。遇铁离子变为深紫色，在碱性溶液中呈蓝色，在酸性条件下呈红色。有一定抗菌作用。紫草宁化学结构见图 8-31。

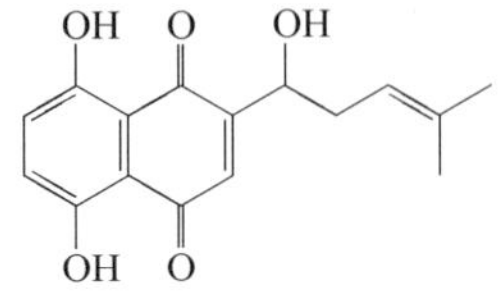

图 8-31　紫草宁化学结构

用途：紫草宁用于食用紫色色素，及口红、膏霜、浴液、洗剂等化妆品。

（36）紫胶红色素（Lac dye）（又称虫胶红）

性质：紫胶红色素为红紫色或鲜红色粉末或液体，色调随 pH 而变化，酸性时（pH 3~5）为橙红色，中性时（pH 5~7）为红至红紫色，碱性时（pH 7 以上）为红紫色。微溶于水，溶于乙醇和丙二醇，不溶于棉籽油。紫胶红色素主要成分化学结构见图 8-32。

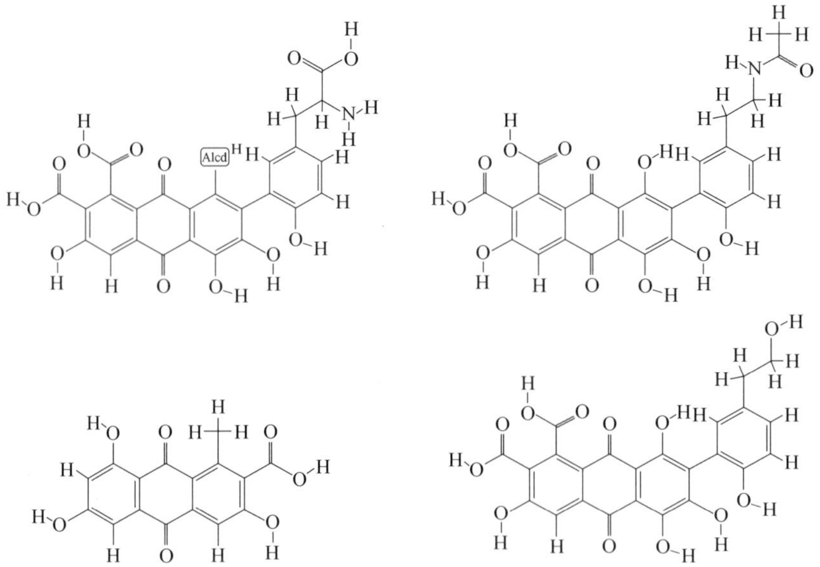

图 8-32　紫胶红色素主要成分化学结构

用途：紫胶红色素可添加于化妆品中。

（37）群青（Ultramarine blue）（又称云青）

性质：群青为蓝色粉末，色泽鲜艳。不溶于水，可消除及减低白色涂料或其他白色涂料中含有黄光的效应。耐高温、耐碱，但不耐酸，遇酸易分解而变色。着色力及遮盖力很低，无抗腐蚀性能，色调为绿蓝色。群青化学结构见图 8-33。

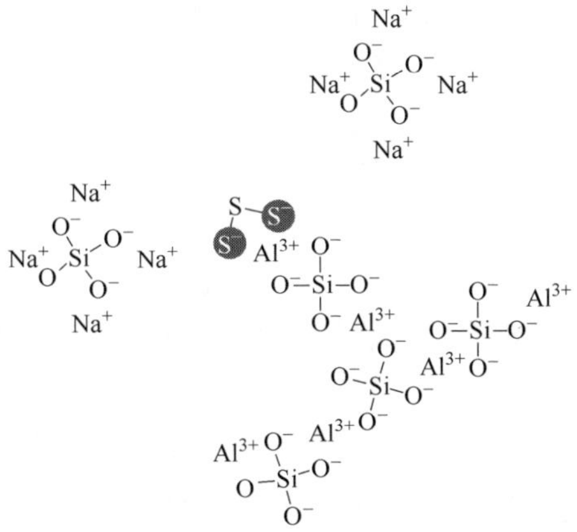

图 8-33　群青化学结构

用途：群青在化妆品中主要用作眼黛、眉笔和香皂的色素，也可用于面部化妆品中，但不得用于口腔及唇部化妆品。

（38）颜料黄 16（Pigment yellow 16）

性质：颜料黄 16 是一种橙黄色颜料，具有良好的色泽稳定性。它不溶于水，但可以溶于有机溶剂如酮和醇，具有良好的耐光性和耐热性，适用于室内和室外应用。颜料黄 16 化学结构见图 8-34。

用途：在化妆品中主要起到染色作用，为产品赋予黄色调，并增加产品的吸引力。对于皮肤的功效并不明显。该着色剂中 3,3′-二甲基联苯胺的最大浓度为 5mg/kg。

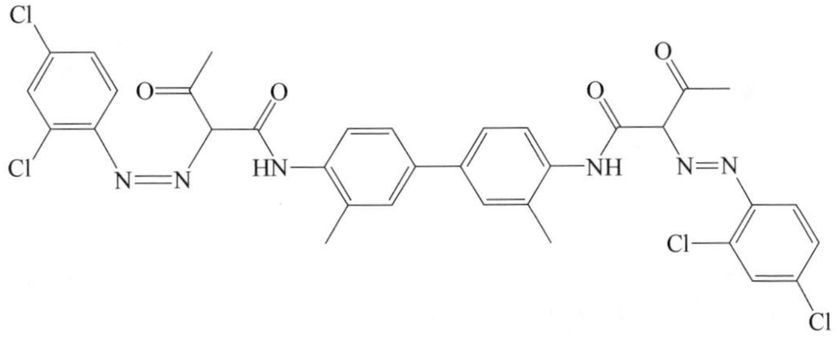

图 8-34　颜料黄 16 化学结构

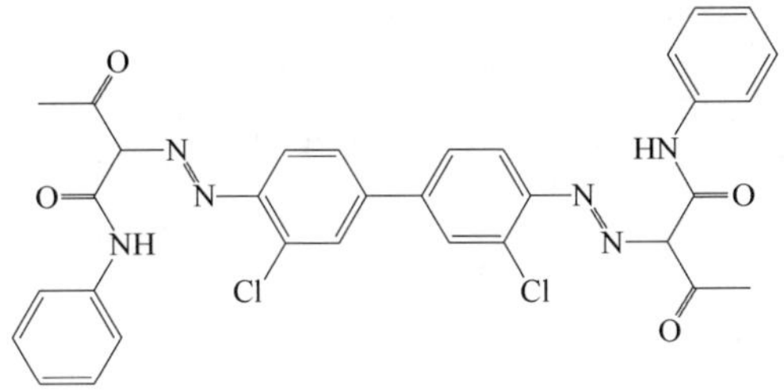

图 8-35　颜料黄 12 化学结构

（39）颜料黄 12（Pigment yellow 12）

性质：不溶于水，微溶于乙醇；在浓硫酸中为红光橙色，稀释呈棕黄色沉淀；在浓硝酸中为棕黄色。它可以溶解在水中，且可溶于酸性和碱性溶液中，在光照下稳定，但对于氧化剂和强酸有一定的敏感性。颜料黄 12 化学结构见图 8-35。

用途：化妆品中不得用于眼部。

（40）酸性黄 73（Acid yellow 73）（又称酸性荧光黄）

性质：酸性黄 73 水溶性好，可溶于水和乙醇（带有强的绿色荧光）。遇浓硫酸带有微弱荧光的黄色，稀释后为黄色沉淀，其水溶液加氢氧化钠为带有深绿色荧光的深色溶液。酸性黄 73 化学结构见图 8-36。

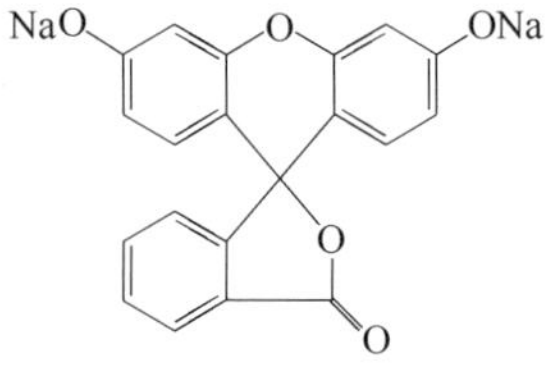

图 8-36　酸性黄 73 化学结构

用途：用于化妆品着色，但不得用于眼部、口腔及唇部化妆品。化妆品中用于浴液、洗发乳的着色。

（41）颜料黄 1（Pigment yellow 1）

性质：外观为黄色粉末，在水中溶解度较低，但在有机溶剂如醇类、酯类中溶解性较好，具有良好的耐光、耐热性能。颜料黄 1 化学结构见图 8-37。

用途：颜料黄 1（主要用作染料，在纺织、皮革、塑料等工业中被广泛应用，它可用来染色织物、纤维材料，使其具有更好的耐晒性能，不易褪色，在某些化学分析方法中，颜料黄 1 也可作为指示剂或试剂之一。

（42）日落黄（Sunset yellow）

性质：橙红色粉末或颗粒。无臭。吸湿性强。耐光、耐热性强。在柠檬酸、酒石酸中稳定。遇碱变为带褐的红色。易溶于水，中性和酸性水溶液呈橙黄色，碱性时红棕色，溶于浓硫酸得橙色液，用水稀释后呈黄色。溶于甘油、丙二醇，微溶于乙醇。日落黄化学结构见图 8-38。

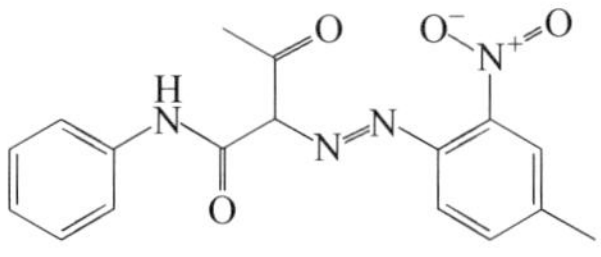

图 8-37　颜料黄 1 化学结构

用途：化妆品着色剂。

（43）颜料红 5（Pigment red 5）

性质：也被称为锌黄威红、亚甲基橙，是一种有机合成颜料。具有红色的颜色，是一种粉末状物质，在常温下无臭味。可以溶于一些有机溶剂如乙醇和酮类溶剂，但不溶于水。颜料红 5 化学结构见图 8-39。

用途：禁用于染发产品。

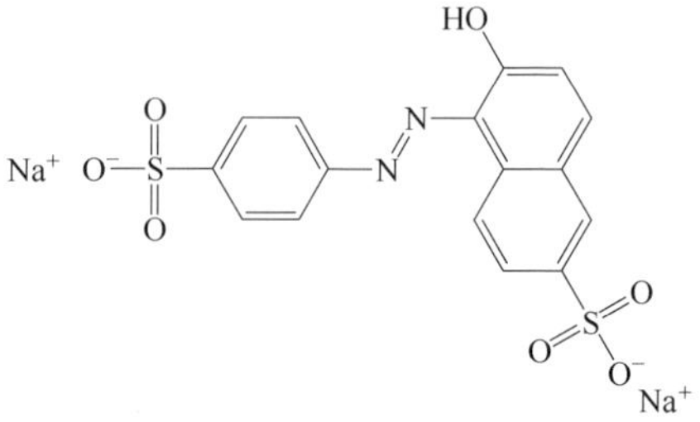

图 8-38　日落黄化学结构

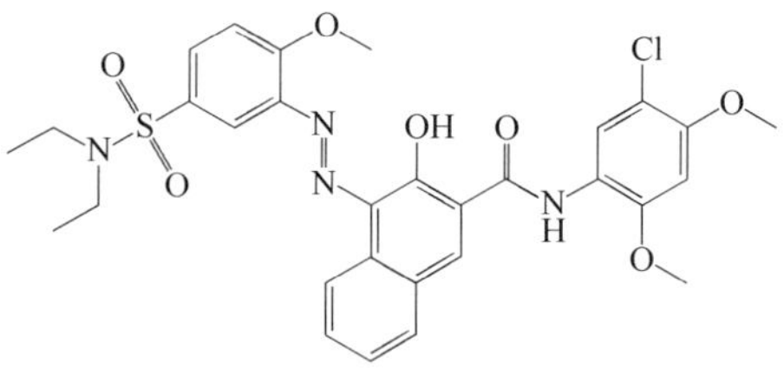

图 8-39　颜料红 5 化学结构

（44）颜料红 57∶1（Pigment red 57∶1）（又称立索尔宝红 BK）

性质：颜料红 57∶1 为深红色带蓝光粉末，色光鲜艳。着色力高，耐酸、耐碱性好耐晒性一般。不溶于乙醇，溶于热水呈荧光红色。遇浓硫酸呈品红色，稀释后为品红沉淀。水溶液遇盐酸为棕红色沉淀，遇浓氢氧化钠呈棕色。颜料红 57∶1 化学结构见图 8-40。

用途：作为红色颜料主要用于唇膏的着色剂，还可用于面部化妆品及指甲油中，不得用于眼部化妆品中。

（45）颜料红 68（Pigment red 68）

性质：亮黄光红色。耐乙醇、二甲苯和硝基纤维等溶剂性能很好。热稳定性为

140℃。耐酸、碱性较差，有迁移现象。颜料红 68 化学结构见图 8-41。

用途：是一种有机染料，可用于纺织品、皮革和纸张的着色。它可以作为化学试剂，用于分析化学中的某些反应。

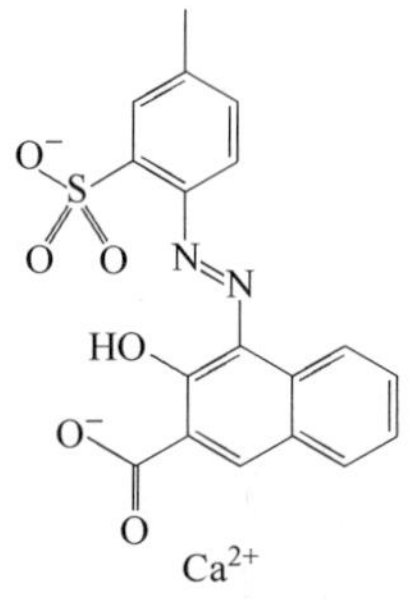

图 8-40　颜料红 57：1 化学结构

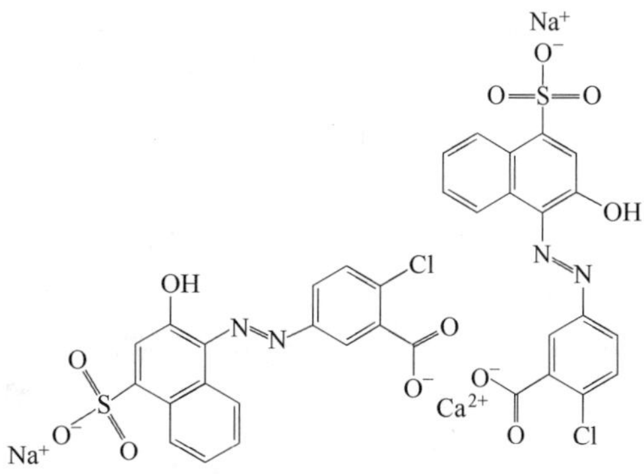

图 8-41　颜料红 68 化学结构

（46）颜料红 3（Pigment red 3）

性质：本品为鲜艳的红色粉末，熔点 258℃，粉质细腻，着色力和遮盖力都很高，耐热性好，耐酸碱性，溶于浓硫酸中为深的紫色，稀释后为橙色沉淀。溶于浓硝酸时为暗朱红色，遇稀氢氧化钠不变色，微溶于乙醇，丙酮和草中。颜料红 3 化学结构见图 8-42。

用途：甲苯胺红广泛应用于纺织品染色、皮革染色、铝合金颜料、塑料颜料以及纸张印刷等领域，可以赋予材料鲜艳的红色，并具有较好的耐久性。

（47）直接橙 39（Direct orange 39）

性质：是一种有机化合物。它是一种橙色粉末状固体，可以溶解在有机溶剂中，但不溶于水。直接橙 39 化学结构见图 8-43。

用途：主要用作染料，广泛应用于纺织、皮革、塑料等行业。它的成色鲜艳、色牢度较高，能够为物体提供持久的染色效果。

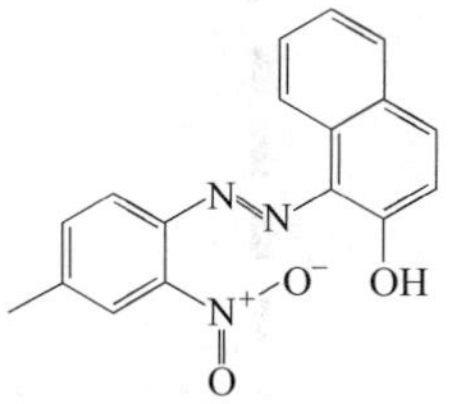

图 8-42　颜料红 3 化学结构

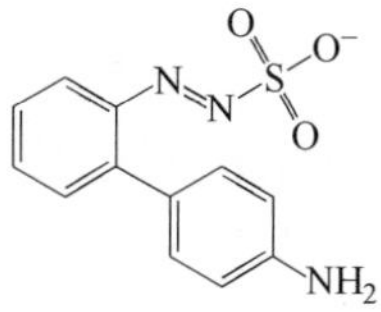

图 8-43　直接橙 39 化学结构

（48）还原橙 7（Vat orange 7）

性质：橙红色粉末。不溶于丙酮、乙醇、氯仿、甲苯，微溶于吡啶、邻氯苯酚。于浓硫酸中呈暗红光黄色，在碱性保险粉还原液中呈橄榄色（带红色荧光），在酸性液中呈红光棕色。还原橙 7 化学结构见图 8-44。

用途：用于棉的染色和棉布印花，还适宜染维纶、锦纶以及涤棉、维棉织物；也用于制造有机颜料。

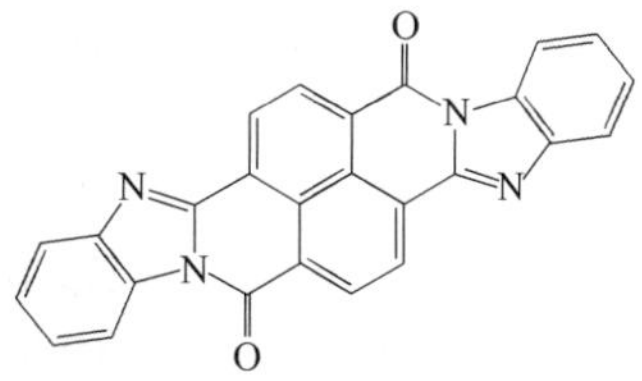

图 8-44　还原橙 7 化学结构

8.3 化妆品色素的调配及评析

化妆品色素的调配是一个精细和复杂的过程，涉及色彩学、化学以及美学的知识。它不仅要满足产品的美观需求，还要确保色彩的稳定性和用户的安全性。下面是化妆品色素调配及评析的几个关键点。

8.3.1 色素的选择

色素的调配技巧在调配化妆品色素时，需要遵循一定的技巧。首先，要根据所需的颜色和浓度，选择合适的色素进行搭配。其次，要控制好色素的添加量，避免过量导致颜色过深或出现沉淀。最后，还需要注意色素的稳定性，选择不易褪色的色素，以确保化妆品的质量和持久性。主要有以下几点注意事项：

（1）类型　化妆品色素主要分为有机色素和无机色素。有机色素色彩鲜艳，色泽好，但稳定性较差；无机色素稳定性好，但色彩相对较弱。

（2）安全性　选择色素时必须确保其安全性，不含有害物质，不引起皮肤刺激或过敏。

（3）法规要求　不同国家和地区对化妆品色素的使用有不同的法律法规限制，必须遵守相关规定。

8.3.2 色彩的调配

（1）色彩理论　利用色轮理论进行色彩搭配，通过基本色彩的混合来调配出所需的色彩。常见的基本色彩有红、蓝、黄，通过它们可以调配出多种颜色。

（2）色彩的稳定性　考虑色素在不同环境下（如光照、温度、pH 等）的稳定性，避免色彩发生变化。

（3）配方比例　精确的配方比例是调配色彩的关键，需要通过实验来确定最佳配比，以达到理想的色彩效果。

8.3.3 评析标准

（1）色彩还原度　评估调配出的色彩与设计色彩之间的接近程度，还原度越高，说明色彩调配越成功。

（2）稳定性　包括光稳定性、热稳定性和化学稳定性等，高稳定性的色彩在长时间使用或存储过程中不易变色。

（3）安全性　评估色素成分是否符合安全标准，不引起皮肤刺激、过敏等不良反应。

（4）应用效果　在实际的化妆品中，色彩应用的效果是否达到预期，如覆盖力、均匀性、透明度等。

随着食品工业不断发展与壮大，以及世界各国相继制定法规，淘汰大部分有毒的化学合成色素，那些不仅具有着色功能，而且还有营养和保健功效，并能赋予食品许多新功能的天然色素将具有广阔的市场前景。我国天然食用色素工业应抓住机遇，立足国内市场，开拓国际市场，大力开发天然、营养、多功能的食用天然色素，如胡萝卜素、黄酮类色素、番茄红素等。同时采用高新技术，不断提高装备水平，提高产品产量和内在质量，降低生产成本，增加产品的竞争力。

思　考　题

1. 根据溶解性不同，天然色素可分为哪两类？
2. 天然色素和合成色素在化妆品中应用分别有什么优缺点？
3. 理想的化妆品着色剂应该具备哪些特点？

第 9 章　防腐剂原料

防腐剂是用于抑制或防止微生物在含水产品中生长和繁殖，从而防止产品腐败的物质。大多数化妆品富含微生物生长所需的养分，环境中的微生物一旦进入，即可迅速繁殖破坏产品的感官品质，损害消费者的健康。化妆品防腐剂是指以抑制微生物在化妆品中的生长和繁殖为目的而加入的原料。

9.1　化妆品防腐剂的概述

9.1.1　化妆品常见微生物污染

化妆品中常见的污染微生物包括细菌、霉菌和酵母菌，其中以细菌污染居多。较常见的污染细菌包括金黄色葡萄球菌、链球菌、芽孢及梭状芽孢杆菌等革兰氏阳性菌，假单胞菌、沙门氏菌及弧菌等革兰氏阴性菌。化妆品还常受到致病真菌如青霉、曲霉、根霉及毛霉等霉菌和少量的酵母菌的污染。

化妆品微生物污染会造成产品质量下降，表现为色泽、气味、形状及功能下降，微生物污染还可能直接影响消费者健康，化脓性细菌污染可以引起皮肤、眼部感染，如金黄色葡萄球菌、铜绿假单细胞菌等污染引起的感染。

一般化妆品的微生物污染途径分为一次污染和二次污染。一次污染指化妆品生产过程中引起微生物污染，包括原料、仪器、设备、生产及包装过程等消毒不彻底引起的微生物污染。二次污染主要是指消费者使用化妆品过程中产生的污染，包括手部反复接触化妆品或空气中的微生物带入而导致的化妆品污染。化妆品生产和使用过程中均不是完全的无菌环境，因此加入适量的防腐剂是消除和控制微生物污染的主要手段。

9.1.2　防腐剂在化妆品中的作用

防腐剂在化妆品中发挥着重大的作用。包括：①防腐剂能够有效地阻止微生物在化妆品中生长和繁殖，有助于防止产品变质和腐败，延长产品货架寿命；②防止由于微生物污染引起的产品变质或消费者感染，确保化妆品使用的安全性。

9.1.3　防 腐 机 理

防腐剂的作用只有在足够浓度与微生物细胞直接接触下才产生作用。先与细胞外膜接触，进行吸附，穿过细胞膜进入原生质内，阻碍细胞繁殖或者将细胞杀死。作用的重要因素可能是抑制一些酶的反应，或是抑制微生物细胞中酶的合成。具体包括：①使微生物蛋白变性或凝固微生物体内有大量的蛋白质，凡能破坏蛋白质立体构型的因素，均能使蛋白质变性或凝固；②干扰微生物的酶系统。微生物胞内酶的作用与其活性基团有关，凡能改变或破坏胞内酶活性基团功能的物质，均能抑制微生物酶的活性；③改变细胞膜的通透性。阳离子表面活性剂和酚类作用于微生物后，可改变细胞膜结构，干扰其正常功能，进而死亡。

9.1.4　影响防腐剂效能的因素

防腐剂在配方中的防腐效果是受到多种因素影响的，如环境的温度、配方的 pH、制造的工艺等，了解各种影响因素有助于选择和应用各种防腐剂。

（1）水活度　水活度是指物质中水分含量的活性部分或者说自由水。自由水是微生物生长和代谢不可或缺的成分，不同微生物生长、繁殖所需最低的水活度是不同的。各种微生物所需水活度：金黄色葡萄球菌是 0.86，大多数革兰氏阳性菌和革兰氏阴性菌在水活度低于 0.91 时不能繁殖、各种真菌（酵母菌和霉菌）是 0.61~0.98、水活度 0.60 被认定为有微生物繁殖截止点。一些化妆品原料可降低水的活度，如氨基酸、甘油、丁二醇、黄原胶、氯化钠和乙醇等。使用高浓度的糖类，如甘露糖、蔗糖和山梨（糖）醇，可增加渗透压，也能降低配方的水活度。

（2）pH　大多数微生物能在 pH 4.0~10.0 的范围内繁殖，其最适宜的 pH 为 5.5~8.5。霉菌和酵母菌生长最适宜的 pH 为 4.0~6.0。如果一种产品配方 pH 在 4.0 以下，或在 10.0 以上，可能不需要防腐剂，或可少添加防腐剂。

（3）光照　有部分防腐剂在光照条件下会发生分解，例如苯氧乙醇、山梨酸钾、山梨酸等。

（4）防腐剂的溶解度　微生物通常在配方的水相繁殖。在由两相组成的乳化体中，微生物将在水相或者吸附在油水界面活动，因此需要增加防腐剂在水中的溶解度。

（5）防腐剂浓度　防腐剂要达到抑菌效果是需要一定浓度的，其抑制微生物生长所需的最低浓度称为最低抑菌浓度（*MIC*），通常情况下使用浓度要高于最低抑菌浓度，在产品中使用浓度越高防腐效能越强。

（6）配方中其他原料的影响　配方中的一些原料会影响防腐剂效能，如糖类、蛋白质、氨基酸等营养物质会促进微生物的繁殖；膨润土、炉甘石、硅藻土、淀粉等会吸附某些防腐剂，使其防腐活性降低；一些非离子型表面活性剂、水溶性聚合物可与某些防腐剂发生作用降低游离防腐剂的浓度，进而降低其活性。一些金属螯合剂如 EDTA 和多元醇如辛甘醇、乙基己基甘油等对防腐剂具有协同增效作用。

（7）配方工艺条件　制造过程的温度对防腐剂的效能有一定的影响，有可能导致防腐剂失活或降解。如苯甲酸、季铵盐-15、脱氢甲酸的耐受温度均<50℃，而氯苯甘醚和苯氧乙醇的耐受温度<80℃。另外，若防腐剂未能加入与其适配的相态体系中，其防腐效能也会大打折扣。

9.1.5　防腐剂效能评价方法

目前，国内外使用较多的防腐效能评价方法为微生物防腐挑战试验，该方法能够模拟化妆品生产和使用过程中受到高强度的微生物污染的潜在可能性和自然界中微生物生长的最适条件，使测试结果更接近现实，从而为保证产品避免由微生物污染造成的损失和保障消费者的健康提供可靠的保证。即在待测样本中人为地接种若干种类、一定数量的微生物，在适当的温度下培养，定期分离样本的微生物，并根据微生物的数量变化情况评价样本的抗菌效能。

防腐剂体系有效性的评价方法有美国药典（USP）法、美国化妆品、洗涤用品和香精协会（CTFA）法和线性回归法。目前，国内外普遍采用的防腐剂有效性评价方法是CTFA推荐的一次加菌防腐挑战性试验。在具体操作过程中不同的国家、不同的组织采用的测试菌种、接种方式、培养方法、分离时间等都有一定的差异。

（1）挑战菌种　防腐效能评价中受试菌种的选择非常重要，使用过程中可能污染的微生物能代表实际污染状况，更能正确评价防腐剂的作用效果。一般应包括革兰氏阴性菌、革兰氏阳性菌、霉菌和酵母菌中的至少一种。其中，美国和欧盟推荐使用金黄色葡萄球菌（G+）、铜绿色假单胞杆菌（G-）、黑曲霉（霉菌）、白色假丝酵母（酵母菌）等。美国的还列出了更多的菌种在必要的情况下使用，例如，在非眼部使用化妆品和水溶性的化妆品中推荐使用表皮葡萄球菌和其他的革兰氏阴性菌等。

（2）接种方式　化妆品品种繁多、状态不一，因此接种菌悬液的方法也不尽相同。一般的实验是用液体法，将化妆品直接与菌悬液混匀即可。固态、半固态的化妆品中需要加入特殊的均质物质促进其混匀或者用膜接触法。最近几年有微生物学家对于固态剂型的产品利用冻干微生物代替菌悬液对固态化妆品进行防腐效能评价。

（3）培养方法　微生物的培养方法有单一培养和混合培养两种。单一培养是将受试的每种微生物分别配制成10^8CFU/mL的菌悬液加入化妆品中混匀。单一培养可以测定每种测试菌的死亡速率，了解到微生物对产品的抗性情况，缺点是较为烦琐，需要花费更多的时间、材料和人力。混合培养是采用几种不同的细菌和真菌混合接种，一般应包括革兰氏阴性、阳性菌、霉菌和酵母菌。混合培养更加简便，可以通过一次检验完成几种菌株的挑战性试验，可以模拟实际经消费者使用后产品的污染情况，适用于防腐体系的筛选。

（4）分离时间　防腐效能评价可以进行一次加菌实验或重复加菌实验。一次加菌实验是在实验开始时加入一定量的微生物，在28天内每隔一定的时间进行取样分析。重复加菌实验是将受试样品每隔两周加菌一次，在加菌后的0、7、14天采样测定样品中的菌落总数。重复加菌的微生物挑战性试验更能反映样品中多次污染后防腐体系的防腐效果，对产品的防腐能力要求更为严格，但是此方法所需的实验时间长，实验操作比一次加菌法更烦琐，而一次加菌实验方法同样能对化妆品防腐体系的防腐效果做出优劣的评价，更易于接受。

9.1.6　化妆品防腐剂的选择原则

随着化妆品行业的日益发展和消费者对产品安全性的要求提高，防腐剂成了一个非常重要的问题。化妆品中的防腐剂在产品的质量保证、延长使用寿命、防止细菌和霉菌污染等方面发挥着关键的作用。选择适合的防腐剂是确保产品安全性的关键，防腐剂的选择原则包括安全性、高效性、稳定性、相容性和合规性。

（1）安全性　化妆品中防腐剂不能引起肌肤过敏或刺激，不能具有致癌的风险；毒性小，不会对人体产生明显的伤害。

（2）高效性　化妆品中防腐剂应对多种细菌、霉菌等微生物具有抑制作用，广谱抗菌，并且应该能在产品中保持持久有效的抑菌作用。

（3）稳定性　化妆品中防腐剂在产品中应该稳定存在，不易分解，不会因温度、光照等因素导致失效。

（4）相容性　化妆品中防腐剂和产品中其他成分应该相容性良好，不与其他成分产生明显反应，并且不与包材容器产生反应。

（5）合规性　严格按照 2015 版《化妆品安全技术规范》修订版中的规定用量和使用范围，根据产品类型和含水量合理使用防腐剂，不过量使用。

9.2　化妆品准用防腐剂

化妆品准用防腐剂是指被列入我国《化妆品安全技术规范》（2015 版修订版）表 4 中限定用量和使用范围的 50 种防腐剂，又称“表内防腐剂”。这些防腐剂多为化学合成的，具有单一化学结构的物质，根据化学结构类型的不同可分为酯类、醇类、有机酸及其盐类、醛类等。

各国对防腐剂的标准并不完全统一，对同一种防腐剂的最高允许使用浓度和使用范围也有所差异。截至 2024 年，美国食品与药品监督管理局（FDA）和美国化妆品、盥洗用品和香料协会（CTFA）出版物公布的数据显示，在美国允许使用的化妆品防腐剂物质大概有 60 多种；欧盟化妆品规程显示，允许在欧盟使用的化妆品防腐剂有 55 种。化妆品准用防腐剂在应用过程中有以下优缺点。

（1）优点

① 具有较强的防腐效能。

② 相关数据完善。大部分传统防腐剂都经过了很多年的应用，对于其毒理、安全性、效能影响因素和配伍建议的相关数据都比较完善。

③ 安全性被法规重视。一些防腐剂成分的不良影响和风险逐渐受到重视，全球各地法规及时调整这些防腐剂的应用建议和使用范围，以确保其应用的安全性。

（2）缺点　潜在的副作用和安全性隐患导致消费者对该部分防腐剂认可度较低。

9.2.1　酯类防腐剂

酯类防腐剂是以尼泊金酯为代表的，公认的具有广谱抗菌效能的防腐剂。

（1）尼泊金酯（Paraben）　尼泊金酯是对羟基苯甲酸酯的总称，主要包括甲酯、乙酯、丙酯、丁酯等。常温条件下为无色晶体或白色结晶性粉末，它可以通过破坏微生物的细胞膜，使细胞内的蛋白质变性从而抑制菌落生长。使用历史非常久，广谱抗菌，抗真菌的活性最高，稳定性强，最佳使用 pH 范围是 4~9。容易被皮肤吸收，过量使用可能引起接触性皮炎，和紫外线接触可能加快皮肤老化，不建议添加在三岁以下儿童用的驻留类产品中。甲酯和丙酯在化妆品中应用一直居于首位，甲酯相对安全，丁酯过敏反应大一些。《化妆品安全技术规范》规定最大允许使用浓度单一酯为 0.4%（以酸计）；混合酯总量 0.8%（以酸计）；且其丙酯及其盐类、丁酯及其盐类之和分别不得超过 0.14%（以酸计）。4 种常用尼泊金酯类防腐剂性质对照见表 9-1。

表 9-1　　常用尼泊金酯类防腐剂性质对照

名称	羟苯甲酯	羟苯乙酯	羟苯丙酯	羟苯丁酯
INCI 名称	对羟基苯甲酸甲酯，Methyl paraben	对羟基苯甲酸乙酯，Ethyl paraben	对羟基苯甲酸丙酯，Propyl paraben	对羟基苯甲酸丁酯，Butyl paraben
结构式	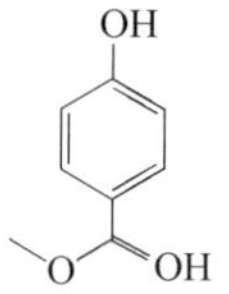	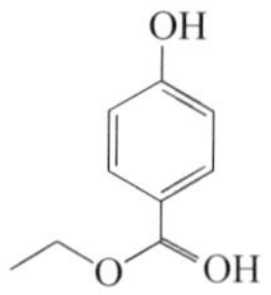	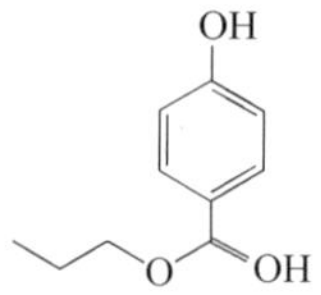	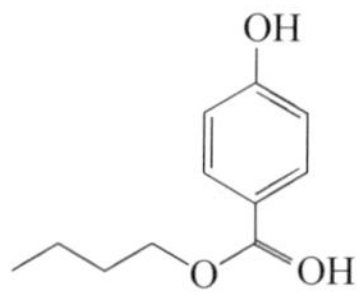
性状	白色结晶粉末或无色结晶	白色结晶或结晶性粉末	无色小结晶或白色粉末	白色结晶粉末
溶解性	易溶于醇，醚和丙酮，极微溶于水	易溶于乙醇、乙醚和丙酮，微溶于水	几乎不溶于冷水	微溶于水，溶于醇、醚和三氯甲烷
安全性	低毒	几乎无毒	几乎无毒	几乎无毒
分子式	$C_8H_8O_3$	$C_9H_{10}O_3$	$C_{10}H_{12}O_3$	$C_{11}H_{14}O_3$
抗菌性能	抗细菌性能比苯甲酸、山梨酸都强	抗真菌	抗真菌作用较强	对酵母和霉菌有很强的抑制作用

（2）碘丙炔醇丁基氨甲酸酯（Iodopropynyl butylcarbamate，IPBC）

分子式：$C_8H_{12}INO_2$，相对分子质量：281.09，CAS 号：55406-53-6。

性质：白色或略带浅黄色的结晶性粉末，易溶于乙醇、丙二醇和聚乙二醇等有机溶剂，难溶于水，具有良好的稳定性和耐热性。

应用：具有广谱抗菌活性，尤其是对霉菌及酵母菌有很强的抑杀作用，抗细菌活性弱，特别不抗假单胞菌。pH 适用范围 4~9，在碱性条件下会慢慢水解。可以和很多防腐剂，如咪唑烷基脲、布罗波尔等复配使用协同增效。

淋洗类产品最大允许使用浓度为 0.02%，禁止用于唇部产品。驻留类产品最大允许使用浓度为 0.01%，禁用于唇部用产品，禁用于体霜和体乳。需按照《化妆品安全技术规范》要求使用。

9.2.2　醇类防腐剂

这类防腐剂有苯氧乙醇、苯甲醇、苯氧异丙醇、二氯苯甲醇、三氯叔丁醇等，几种常用醇类防腐剂化学结构如图 9-1 所示。苯氧乙醇是使用广泛、相对安全的防腐剂。

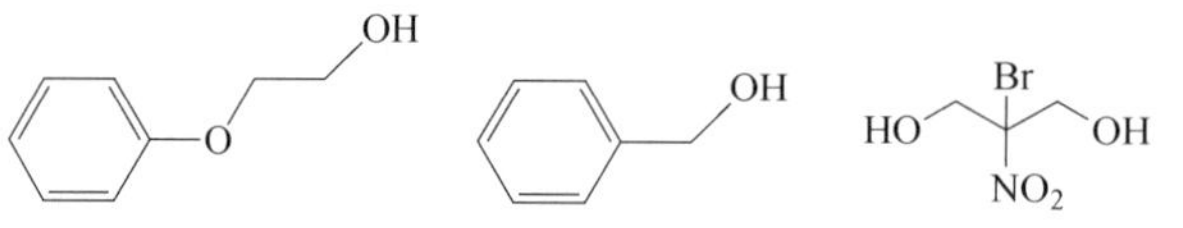

苯氧乙醇　　苯甲醇　　2-溴-2-硝基-1,3-丙二醇

图 9-1　常用醇类防腐剂化学结构

（1）苯氧乙醇（Phenoxyaethanolum）

分子式：$C_8H_{10}O_2$，相对分子质量：138.16。

性质：又称乙二醇苯醚，无色微黏性液体，有芳香气味，微溶于水，易溶于乙醇和氢氧化钠，可与丙酮、乙醇和甘油任意混合。相对密度 1.102，熔点 14℃，沸点 245℃。

应用：在化妆品中的限定使用浓度最高为 1%，抗菌效果好，价格不贵。抗革兰氏阳性菌活性较强，抗霉菌能力较弱，常与尼泊金酯、山梨酸和脱氧乙酸复配使用。此外，苯氧乙醇可作为稀释剂、溶剂、助渗透剂和保湿剂等使用。但是过高的浓度可能会引起皮肤刺激或不适，对于特定肤质或敏感皮肤类型的人来说，选择不含苯氧乙醇的产品可能更为合适。

（2）苯甲醇（Benzyl alcohol）

分子式：C_7H_8O，相对分子质量：108.14。

性质：又称苄醇，无色透明液体，微溶于水，能与乙醇、乙醚、氯仿等混溶，能溶解硝酸纤维素、乙酸苄酯、香豆酮树脂、甘油三松香酸酯、乳香、酪朊、明胶、虫胶等。最佳适用 pH>5，在低 pH 时会脱水。

应用：苯甲醇在化妆品组分中为限用防腐剂，最大用量为 1%。常用作溶剂、增塑剂、防腐剂、定香剂，并用于香料、肥皂、药物、染料等的制造。一些非离子表面活性剂，如吐温-80 会使其失活。能缓慢地自然氧化，一部分生成苯甲醛和苄醚，使市售产品常带有杏仁香味，故不宜久贮。

（3）2-溴-2-硝基-1,3-丙二醇（2-Bromo-2-Nitrop-1,3-Propanedial）

商品名：布罗波尔

分子式：$C_3H_6BrNO_4$，相对分子质量：199.99。

性质：白色无臭结晶，稍有特征气味。易溶于水，几乎不溶于油脂。最佳使用 pH 范围为 5~7，在 pH 为 4 时最稳定，随 pH 升高稳定性下降。

应用：化妆品中作为防腐剂最大允许浓度为 1%。抗 G-菌活性强，抗 G+菌次之，抗芽孢细菌、真菌活性弱。与配方中使用的各类表面活性剂配伍，与尼泊金酯配合使用效果更好，对皮肤无刺激、无过敏。巯基化合物、铁、铝使其失活。除纯度高的叔胺或乙氧基化的脂肪酸烷醇酰胺外，尽可能不与胺类原料配伍，如遇三乙醇胺可能会形成亚硝胺。

9.2.3　有机酸及其盐类防腐剂

有机酸类防腐剂的抗菌活性与 pH 有关，多数以盐的形式加入配方中，这类防腐剂生物降解性好，比较安全。但缺点在于抗菌谱较窄，适用 pH 范围较窄，常见的有苯甲酸/苯甲酸钠、山梨酸/山梨酸钠、水杨酸、脱氢乙酸/脱氢乙酸钠等，化学结构如图 9-2 所示。其抗菌机理是通过酸性条件解离质子，进入细胞质破坏膜电势，从而破坏细胞膜的渗透平衡，或者引起蛋白变质所致。

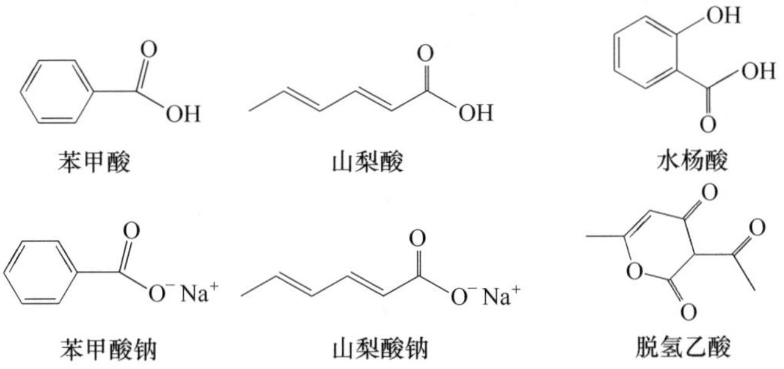

图 9-2　常见有机酸类防腐剂化学结构

（1）苯甲酸（Benzoic acid）及其盐类

别名：安息香酸、苯酸、苯乙酸、苄酸；苯甲酸钠别名：安息香酸钠。

分子式：苯甲酸 $C_7H_6O_2$，相对分子质量：122.12；苯甲酸钠分子式：$C_7H_5NaO_2$，相对分子质量：144.1。

性质：有光泽的、白色的、单斜品薄片状或针状结晶，无气味或微有类似安息香或苯甲醛的气味。水中溶解度随碱性物质（如硼砂、磷酸三钠）的存在而增加。苯甲酸钠是一种白色颗粒或晶体粉末，无臭或微带安息香气味，味微甜，易溶于水、可溶于乙醇。

应用：苯甲酸及其盐类是广谱抗微生物试剂，但它的抗菌有效性依赖于 pH。随着介质酸度的增高其杀菌、抑菌效力增强，在碱性介质中则失去杀菌、抑菌作用。其防腐的最适 pH 为 2.5~4.0。最大允许使用浓度为 0.5%（以酸计），单独使用的防腐效果差，一般要复配其他防腐剂使用，容易有酸味，无香产品要谨慎使用。

（2）山梨酸（Sorbic acid）及其盐类

分子式：山梨酸 $C_6H_8O_2$，相对分子质量：112.13；山梨酸钠分子式：$C_6H_7NaO_2$，相对分子质量：134.11。

性质：山梨酸又称为清凉茶酸、2,4-已二烯酸、2-丙烯基丙烯酸，白色结晶粉末，微溶于水，溶于丙二醇、无水乙醇、甲醇、甘油、异丙醇等。山梨酸钠（sodium sorbate），白色结晶或结晶性粉末，易溶于水，由山梨酸与钠碱中和而成。

应用：山梨酸及其盐类对酵母、霉菌等许多真菌都具有抑制作用，通过抑制微生物体内的脱氢酶系统，达到抑制微生物的生长和起防腐作用，是一种高效安全的防腐保鲜剂。主要用作膏霜乳液的真菌防腐剂和药用、口腔用品、食品的防腐剂，是各国普遍使用的比较安全的防腐剂。最大允许使用浓度为 0.6%（以酸计），单独使用的防腐效果差，一般要复配其他防腐剂使用。

（3）水杨酸（Salicylic acid）

分子式：$C_7H_6O_3$，相对分子质量：138.12。

性质：又称邻羟基苯甲酸、2-羟基苯甲酸，白色结晶性粉末，微溶于冷水，易溶于热水、乙醇、乙醚和丙酮。

应用：可用作化妆品防腐剂，主要用于花露水、痱子水、奎宁头水等水类化妆品。除防腐杀菌作用外，还有祛除汗臭、止痒消肿、止痛消炎等功能，少量用于配制动物香型香精等日用香精。我国和欧盟对水杨酸规定最大允许浓度为 0.5%，在酸性条件下使用，在空气中长期放置容易被氧化。

（4）脱氢乙酸（Dehydroacetic acid）

分子式：$C_8H_8O_4$，相对分子质量：168.15。

性质：简称 DHA，是一种无色结晶或浅黄色粉末，难溶于水，溶于苯、乙醚、丙酮及热乙醇中。熔点 108~111℃（升华），沸点 269.9℃。

应用：禁用于喷雾产品，化妆品中最大允许浓度为 0.6%（以酸计）。抗真菌活性较强，对假单胞菌无效。配方中需加入适量抗氧化剂防止产品变黄。

9.2.4 醛类防腐剂

醛类防腐剂主要包括分子结构中含醛基的化合物和甲醛释放体类防腐剂。含甲醛或者甲醛释放体防腐剂的化妆品，当成品中甲醛浓度超过 0.05%（以游离甲醛计）时，必须在标签上标识“含甲醛”，且禁用于喷雾产品。

甲醛是人类最早使用的防腐剂品种，但其致敏致癌率极高，安全性能很低，国家药监局 2021 年 74 号公告将甲醛和多聚甲醛调整为禁用原料，其他分子结构中含醛基的化合物主要是甲醛苄醇半缩醛、戊二醛。甲醛释放体类防腐剂主要通过非常缓慢的释放出极少量的游离甲醛，制造出不利于微生物生长的环境，从而产生防腐功效。在含该类防腐剂的化妆品中，甲醛释放体和所释放的甲醛间存在动态平衡，释放出的甲醛多以水合甲醛的形式存在。常用的甲醛释放体包括咪唑烷基脲、双（羟甲基）咪唑烷基脲、DMDM 乙内酰脲，化学结构如图 9-3 所示。

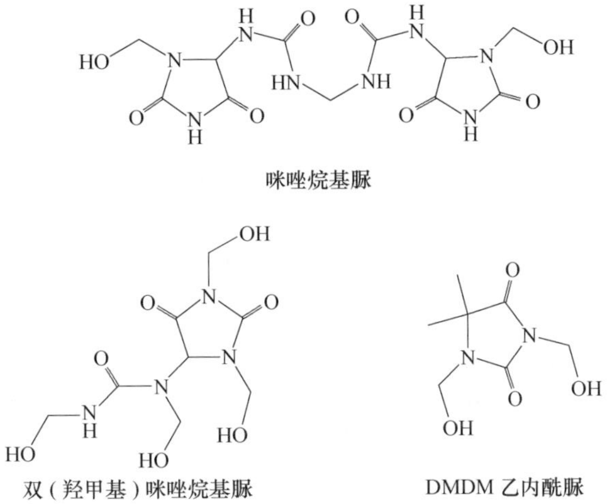

图 9-3　甲醛释放体类防腐剂化学结构

（1）咪唑烷基脲（Imidazolidiny urea）

分子式：$C_{11}H_{16}N_8O_8$，相对分子质量：388.29。

别名：咪唑啉基尿素、尿素醛，商品名：Germall-115。

性质：白色流体粉末，无味或者带有淡淡的特有的气味，易溶于水，在丙二醇和二丙醇中溶解度低，不溶于油。

应用：对金黄色葡萄球菌、大肠杆菌等细菌的作用效果较好，但是对黑曲霉和白色假丝酵母的抑菌能力相对较低。与各种表面活性剂配伍性良好，与尼泊金酯、山梨酸、脱氢乙酸和季铵盐等配合使用具有协同效应。适宜 pH 3~9，80℃以下添加，常与尼泊金甲酯和丙酯配合使用提高其防腐效能。最大允许使用浓度为 0.6%，低毒。

（2）双（羟甲基）咪唑烷基脲（Diazolidinyl urea）

分子式：$C_8H_{14}N_4O_7$，相对分子质量：278.2。

别名：重氮咪唑烷基脲，商品名 Germall-Ⅱ。

性质：白色流动吸湿性粉末，无味或略有特征性气味。

应用：抗细菌活性比咪唑烷基脲强，抗霉菌活性较差，与尼泊尔金丙酯（甲酯）配伍使用可增强抗霉菌活性。化妆品中常以 Germal Ⅱ 0.2%，尼泊金甲酯 0.2%和丙酯 0.1%混合使用，适宜 pH 3~9 添加，与表面活性剂配伍性较好。在化妆品中的最大允许使用浓度为 0.5%。

（3）DMDM 乙内酰脲（DMDM Hydantoin）

分子式：$C_7H_{12}N_2O_4$，相对分子质量：188.2。

性质：白色结晶，易溶于水，不溶于油类，市售产品为 55%溶液，无色透明液体。

应用：具有广谱抗菌活性，能抑制革兰氏阴性、阳性菌，对酵母菌及霉菌有一定的抑制作用。可与化妆品中存在的各种组分相配伍，其抑菌能力不受化妆品中表面活性剂、蛋白质以及乳化剂等添加物的影响。常与尼泊金酯一起使用扩大其抗菌谱，最大允许使用浓度为0.6%。由于DMDM乙内酰脲会释放出甲醛，造成皮肤损害，大量、长期的接触可能导致皮肤红肿、瘙痒，还可能对头发产生影响，导致头发出现干枯、毛糙、易断等情况。但是在洗发水、护发素、护肤品、彩妆和粉底所添加的DMDM乙内酰脲的含量及释放出的游离甲醛量均符合标准，是可以正常使用的。

9.2.5 异噻唑啉酮类防腐剂

异噻唑啉酮类防腐剂主要有两种，分别是甲基异噻唑啉酮（简称MIT）、甲基氯异噻唑啉酮（简称MCL）。市场上经常将二者以质量比3∶1［m（MCL）∶m（MIT）］混合再与镁的盐溶液混合以水溶液的形式使用，常称之为“卡松”。适用pH宽，广谱抑菌，主要用于香波、浴液等洗去型配方。其杀菌机理是与蛋白质的巯基反应，抑制活性物运输和葡萄糖氧化作用，使细菌失活，因此配方中的蛋白质会令其失活。

（1）甲基异噻唑啉酮（Methylisothiazolinone）

分子式：C_4H_5NOS，相对分子质量：115.15。

别名：简称MIT。

性质：市售一般是10%的溶液。在低浓度下能有效杀灭多种细菌、真菌和霉菌，抗菌谱广。

应用：主要用于浴液、香波及洗涤液中作防腐剂。甲基异噻唑啉酮过量使用可能会导致皮肤损害，如过敏现象，严重时可能出现肿胀、起泡、皮肤开裂等症状。甲基异噻唑啉酮在欧盟法规中，被禁止用于驻留类化妆品，仅能用于淋洗类化妆品，最大允许浓度为0.0015%。在中国，现行的2015年版《化妆品安全技术规范》规定，甲基异噻唑啉酮在化妆品中的最大允许使用浓度是0.01%。

（2）甲基氯异噻唑啉酮：甲基异噻唑啉酮（质量比3∶1）与氯化镁和硝酸镁的组合物

别名：卡松。

性质：市售含15%活性物，透明液体，易溶于水、醇，不溶于油，能有效杀灭细菌、真菌、霉菌等。

应用：仅用于淋洗类化妆品，不能和甲基异噻唑啉酮同时使用，最大允许浓度为0.0015%。甲基氯异噻唑啉酮对皮肤具有一定的刺激性，可能会导致皮肤过敏，针对敏感肌肤人群和儿童的产品应避免该防腐剂的使用。

9.2.6 季铵盐类防腐剂

季铵盐类防腐剂是一类季铵化的阳离子表面活性剂，在低浓度下（质量分数为几千或几万分之一）有抑菌作用，较高浓度下可杀灭大多数种类的细菌与部分病毒。化妆品中准用的季铵盐类防腐剂主要包括苯扎氯铵、苄索氯铵、西曲氯铵（十六烷基三甲基氯化铵）、硬脂基三甲基氯化铵、山嵛基三甲基氯化铵。

季铵盐类防腐剂具有高效、低毒、低刺激性，水溶性好，溶液无色、无味，无腐蚀性，不会污染物品，表面活性强，性质稳定（耐光和热），生物降解性好，不污染环境，使用安全等优点。其主要缺点是对部分微生物效果不好（如细菌芽孢）。配伍禁忌较多，较易受有机物的影响，价格较贵。季铵盐类防腐剂主要是通过影响微生物渗透压，使细胞膜破裂、收缩和失水，从而进行杀菌防腐。

9.2.7　其他类型防腐剂

（1）氯苯甘醚（Chlorphenesin）

分子式：$C_9H_{11}ClO_3$，相对分子质量：202.63。

性质：细小的结晶状粉末，有轻微的苯酚的气味；熔点77~79℃。易溶于热水、乙醇、甘油和丙二醇。

应用：广谱防腐剂，对于多数细菌及真菌都有相当优异的抑制效果，唯有部分酵母菌的最低抑制浓度高于3000μg/mL，建议搭配针对酵母菌较有效之防腐剂，如苯氧乙醇。相较于尼泊金酯类及异噻唑啉酮类，氯苯甘醚的防腐剂危险指数只有2~3，于pH在3~8之间都适用，日本、欧盟、中国等各国的限定用量皆为0.3%，美国无特别规范。需按照《化妆品安全技术规范》要求使用。

（2）三氯卡班（Triclocarban）

分子式：$C_{13}H_9Cl_3N_2O_3$，相对分子质量：202.63。

性质：白色粉末，水溶性小（小于0.1%），用在液体配方时需要溶剂。

应用：广谱抗菌剂，对革兰氏阳性菌、革兰氏阴性菌、真菌、酵母菌和病毒具有高效抑杀作用。对眼睛和皮肤没有刺激，但有研究表明三氯卡班是一种潜在的内分泌干扰物，长期接触可能会影响内分泌，化妆品中最大允许使用浓度为0.2%。

9.3　无添加防腐剂

无添加防腐剂是指具有一定的抗菌活性，且不在《化妆品准用防腐剂》表4中的化妆品原料，所以通常也叫“防腐替代”“表外防腐剂”，这类防腐剂一般毒性和刺激性比较小，法规上未限制其用量和使用范围，又可称为“不受限抗菌原料”。按照来源可分为化学增效防腐剂、植物抗菌剂和生物防腐剂三大类。化妆品无添加防腐剂在应用过程中有以下优缺点。

优点：① 毒性和刺激性比较小，安全性好；② 可以满足消费者对天然和无防腐产品需求。

缺点：① 防腐效果不足。这些表外防腐剂自身的抑菌能力弱于传统防腐剂，单独使用经常达不到所要求的防腐效果，需要提高用量或者与其他成分复配使用；② 安全性数据不足。有些产品没有经过完整的毒理学研究就应用到了化妆品中，安全性存疑。有些产品虽然安全数据完善，但实验有局限性，在临床数据下才能得出是否安全的结论；③ 配伍相容性资料不足。由于对某些成分的使用经验不足，没有官方的配方指导建议，无法提前避开不相容的成分，做到产品中才发现对配方的结构稳定有影响。

9.3.1　化学增效防腐剂

在化妆品中常用的包含1,2-烷烃二醇、馨鲜酮、辛酰羟肟酸、山梨坦辛酸酯等。

（1）1,2-烷烃二醇　1,2-烷烃二醇包括丁二醇、戊二醇、己二醇、癸二醇、辛甘醇和乙基己基甘油，化学结构见图9-4，可以通过相对降低水的活度，破坏微生物细胞膜的完整性来实现一定防腐作用，但防腐效能相对较低，需要较高的添加量才能达到预期效果，配方中常与其他防腐剂复配使用增强效果。

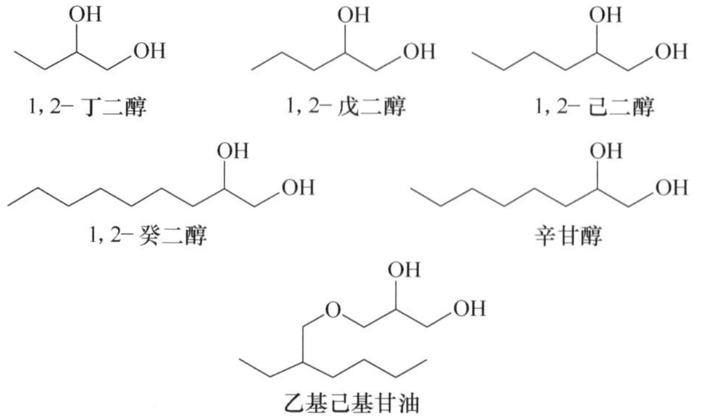

图 9-4　多元醇防腐剂化学结构

① 1,2-丁二醇（Butane-1,2-diol）

分子式：$C_4H_{10}O_2$，相对分子质量：90.12。

性质：无色透明液体，可溶于水和许多有机溶剂。

应用：在化妆品中具有抗菌和防腐的功效，能够抑制多种细菌的生长，有助于延长产品的保质期。1,2-丁二醇被认为是相对安全的成分，对孕妇通常没有影响，并且没有致痘性。

② 1,2-戊二醇（1,2-Pentanediol）

分子式：$C_5H_{12}O_2$，相对分子质量：104.15。

性质：无色透明液体，溶于水、醇、醚和乙酸乙酯等有机溶剂。

应用：具有防腐作用，可配制无防腐剂的产品，减少防腐剂引起的过敏，用于护肤霜、眼霜、护肤水、婴儿护理产品、防晒产品等各种护肤产品中。1,2-戊二醇对眼睛有一定的刺激，因此在使用眼部产品时需要注意。

③ 1,2-己二醇（1,2-Hexanediol）

分子式：$C_6H_{14}O_2$，相对分子质量：118.17。

性质：透明无色至淡黄色液体。

应用：1,2-己二醇具有良好的杀菌保湿作用，能够进入到微生物的细胞膜，然后破坏细胞膜的完整性，让细胞液渗透出来，最后导致微生物死亡。对人体肌肤没有敏感的副作用，在作为替代防腐使用时，1,2-己二醇需要与其他成分复配使用，例如 1,2-己二醇和对羟基苯乙酮添加量为（质量比）0.5∶0.5 或 0.8∶0.4、1,2-己二醇和丙二醇添加量为（质量比）0.8∶0.2 或 0.8∶0.3 时，能够通过防腐挑战测试。

④ 1,2-癸二醇（1,2-Decanediol）

分子式：$C_{10}H_{22}O_2$，相对分子质量：174.28。

性质：无色黏稠液体，可溶于水、乙醇和氯仿等常见溶剂。

应用：被广泛应用于护肤品和头发护理产品中，以帮助改善皮肤和头发的水分保持能力，具有良好的保湿性能和渗透性能。研究也表明，它具有抗菌和抗炎症的特性，因此可能对某些皮肤问题有所帮助。

⑤ 辛甘醇（1,2-Octanediol）

分子式：$C_8H_{18}O_2$，相对分子质量：146.23。

别名：1,2-辛二醇、双丙甘醇。

性质：无色至白色粉末，具有抗菌作用，能够抑制微生物的生长，从而起到温和防腐的效果。

应用：O/W 配方或者水剂配方中有效浓度为 0.5~1.0%；一般不单独使用，经常与乙基己基甘油或苯氧乙醇复配使用。Ashland 的 Optiphen™ 防腐剂为辛甘醇与苯氧乙醇复配防腐剂，广谱抗菌，热稳定性极佳。

⑥ 乙基己基甘油（Ethylhexylglycerin）

分子式：$C_{11}H_{24}O_3$，相对分子质量：204.31。

别名：辛氧基甘油、甘油单异辛基醚。

性质：无色至微黄色黏稠液体，既可以溶于水相又可以溶于油相。乙基己基甘油具有与表面活性剂相似的结构，能够影响细胞膜的表面张力，使防腐剂能更有效地渗入微生物细胞内，显著提高抗菌效果，常作为防腐增效剂。

应用：乙基己基甘油和传统防腐剂配合使用，可以产生增效作用，降低传统防腐剂的加入量，使产品毒性减小，刺激性降低。市场上常用的 Euxyl PE9010 就是苯氧乙醇与乙基己基甘油（苯氧乙醇：乙基己基甘油=9：1）复配防腐剂。

（2）对羟基苯乙酮（Hydroxyacetophenone）

分子式：$C_8H_8O_2$，相对分子质量：136.15。

别名：馨鲜酮、4-羟基苯乙酮。

性质：常温下为白色针状结晶（因为具有苯环的对称性，且能形成分子间氢键，所以其熔点较高，常温下为结晶固体粉末），微溶于水。天然存在于菊科植物滨蒿的茎、叶，茵陈蒿、萝藦科植物、人参娃儿藤等植物的根中。

应用：具有较强抗真菌（霉菌）作用，常作为防腐增效剂使用，在高低 pH 和温度范围内都有优异的稳定性。常与己二醇、戊二醇、辛甘醇、乙基己基甘油等搭配使用以代替传统防腐剂，当1,2-己二醇和对羟基苯乙酮添加量为（质量比）0.5：0.5 或 0.8：0.4 时，在乳液、膏霜和凝胶中可通过防腐挑战试验。

（3）辛酰羟肟酸（Caprylohydroxamic acid）

分子式：$C_8H_{17}NO_2$，相对分子质量：159.23。

别名：辛酰氧肟酸（简称 CHA）。

性质：外观为白色或类白色晶体，易溶于丙二醇、甘油、表面活性剂，在水（23℃）中的溶解度为 1.55g/L。

应用：目前在化妆品中主要是作为螯合剂和协助防腐使用，协助防腐作用也是主要通过螯合金属离子（主要是 Fe^{3+}）来达到。辛酰羟肟酸抑菌谱较为单一，单独使用抑菌效果较弱，因此需要和其他抑菌或抑菌增效成分（如丙二醇、己二醇、戊二醇、辛甘醇、乙基己基甘油或对羟基苯乙酮等）复配使用，以达到代替传统防腐剂的作用。

（4）山梨坦辛酸酯（Sorbitan caprylate）

分子式：$C_{14}H_{26}O_6$，相对分子质量：290.4。

性质：琥珀色中等黏度液体，可一个基于可再生来源的、不挥发的防腐协同增效原料，生物降解性好。

应用：具有广谱抗菌性，是双亲分子，可以和细胞膜上的双亲分子接触，松动细胞膜，打开细胞膜缺口，把其他防腐剂带入细胞，从而杀死细胞。对传统防腐剂芳香醇（苯氧乙醇、苯甲醇）或有机酸（苯甲醇）有协同增效作用，有助于降低传统防腐剂在配方中的用量。对替代防腐剂也有协同增效作用，其效能与乙基己基甘油或辛甘醇相近，可以用于无添加防腐剂配方。无皮肤刺激性，无眼刺激性，无致突变性，无非经皮肤致敏性，适用于温和配方或婴儿配方。

9.3.2 植物防腐剂

植物防腐剂具有较低的毒性和良好的生物降解性，适用于一些注重天然原料的产品，但存在提取工艺较复杂、产量低、价格昂贵等缺点。这类原料能达到抑菌效果的主要原因就是其含有某些抑菌有效成分，如生物碱类、皂苷、黄酮类、香豆素和内酯类、蒽醌类、酚类化合物和萜类化合物等。化妆品中常用的植物抗菌剂包括精油、黄酮类、多酚类、多糖等。

（1）精油　精油是通常是从植物的叶、根、种子等部位通过水蒸气蒸馏法、冷压榨法、溶剂萃取法等提取得到的挥发性芳香物质（主要有萜烯类、醛类、醇类、酯类等），具有多种功效，可作用于人体嗅觉神经、皮肤系统、消化系统等产生积极作用。研究发现茶树精油、丁香精油、牛至精油、紫苏精油、连翘精油等均表现出较强的抗菌活性。

举例：茶树精油

INCI 名：互生叶白千层叶油［*Melaleuca alternifolia*（Tea tree）leaf oil］。

来源：以蒸馏的方式从港木桃金娘科白千层叶中提取的纯天然植物精油，原产澳大利亚。

成分：主要抗菌成分萜品烯-4-醇含量≥30%，1,8-桉叶脑≤15%。

性质：无色至淡黄色液体，具有特征香气。密度 0.878g/cm^3，不溶于水。

应用：茶树精油有效抑制多种常见细菌的生长，如金黄色葡萄球菌和痤疮丙酸杆菌，从而降低皮肤表面的细菌数量，减少炎症和感染的风险。茶树油能彻底清除多余的油脂分泌，有助于去除粉刺，预防痘痘以及加速痊愈，为肌肤提供水分，同时加强细腻修复能力，促进皮肤光滑，令毛孔更健康。茶树精油中的茶多酚具有很强的抗氧化活性，防止其对皮肤细胞的氧化损伤，减轻因环境污染、紫外线照射和其他外界刺激导致的皮肤老化。茶树精油具有抑制真菌生长的作用，可有效预防和治疗一些真菌感染性皮肤病，如白色念珠菌感染和足癣，有助于改善因真菌感染引起的面部皮肤症状。

（2）黄酮类　黄酮类化合物是一种含有 C_6-C_3-C_6 结构的三环天然有机物，是一种很强的抗氧化剂，同时兼具很强的抗菌能力。有研究者分别研究了银杏黄酮和甘草黄酮的抑菌性，结果表明两种黄酮对大肠杆菌、白色葡萄球菌、毛霉有较强的抑制作用。

（3）多酚类　多酚是芳烃的含羟基衍生物，大多存在于植物的叶、根、果实中。茶多酚能够逐步破坏假单胞菌细胞壁的完整性，使得碱性磷酸酶渗出，继而破坏细胞膜，并在细胞膜上形成孔道，加速内容物的渗漏，使细菌代谢发生紊乱，起到抑菌作用。

举例：桃柁酚（Totarol）

分子式：$C_{20}H_{30}O$，相对分子质量：286.45。

来源：从桃柁罗汉松的芯材中提取而来。

性质：浅黄色粉末，无味，不溶于水，溶于乙醇、丁二醇等。

应用：对革兰氏阳性菌和革兰氏阴性菌具有极高的抗菌活性，同时具有很强的抗氧化性，对痤疮丙酸杆菌具有最强的抗菌活性，对金黄色葡萄球菌生物膜的 *MIC* 值范围为 4~16μg/mL。此外，对引起牙菌斑主要因素的生物活性体——变形链球菌拥有高效的杀菌活性，可以和其他天然抗菌类产品一起复配使用在牙膏和漱口水中以达到广谱的抗菌效果，可以抗牙龈炎和牙周疾病。

（4）多糖类　多糖是由许多单糖分子通过糖苷连接起来的结构复杂且庞大的物质，世界上一切生命有机体都离不开多糖，其具有多种生物活性。微波提取的黄精多糖和藜麦多糖对大肠杆菌和金黄色葡萄球菌有抑制作用。多糖抑菌作用机理复杂，除抑制细菌细胞黏附、破坏生物膜、使细胞膜细胞壁损坏或通透性增加外，多糖还作用于细菌核糖体，影响蛋白质的合成以及细菌的物质代谢和营养物质的吸收等。

9.3.3　生物防腐剂

微生物源防腐剂又称天然生物防腐剂，具有低剂量、高效率、适用 pH 范围宽、无特殊感官性状、不会使微生物产生抗性、安全性高等优点。在化妆品中有一定应用的主要包括乳链球肽（Nisin）、聚赖氨酸（Poly-lysine）、溶菌酶（Lysozyme）和纳他霉素（Natamycin）等。

（1）乳链菌肽　抗菌肽是一类小分子多肽，是生物免疫防御系统的重要组成部分，具有抗菌谱广、热稳定性好、相对分子质量小、结构简单及两亲性和强阳离子性等优点。抗菌肽抑菌机理独特，常以多靶位点共同作用的方式进行杀菌，因而病原菌很难通过改变细胞膜的结构而产生抗性。另外，抗菌肽作为天然多肽类抗菌物质，对人体更加安全，乳链球菌是化妆品中可用的抗菌肽。

别称：乳酸链球菌素或乳酸链球菌肽。

来源：通过微生物发酵工程技术，以蛋白质类原料，经乳酸链球菌发酵后制备得到的一种纯天然、高效、安全的生物活性抗菌肽，由 34 个氨基酸组成。

防腐机理：乳链球菌的防腐原理是干扰细菌细胞壁中肽聚糖层的形成，使磷脂化合物与细胞壁、质膜的合成停滞，导致细胞内含物和 ATP 外泄，使细胞裂解。乳链球菌有效抑菌质量浓度小于 100μg/mL，可有效抑制革兰氏阳性菌（包含芽孢）生长和繁殖，如链球菌属、乳酸杆菌属、葡萄球菌属等，但对革兰氏阴性菌、真菌和病毒一般无抑制作用。乳链球菌可以通过与其他天然生物防腐剂或螯合剂（如柠檬酸、山梨醇等）复配，协同增加防腐效能，大大增加抗菌性。

（2）聚赖氨酸

性质：淡黄色粉末，吸湿性强，略有苦味，易溶于水，微溶于乙醇。

来源：是由白色链球菌（*Streptomyces albulus*）发酵产生的一种含有 25~30 个 L-赖氨酸残基的同型单体聚合物，由 L-赖氨酸的 ε-氨基与另一 L-赖氨酸的 α-羧基形成 ε-酰胺键连接而成。

抗菌机理：具有广谱的抗菌性，能有效抑制化妆品中常见的细菌和真菌，如大肠杆菌、金黄色葡萄球菌、绿脓杆菌、白色念珠菌和巴西曲霉等。其抑菌机理是呈高聚合多价阳离子态的 ε-聚赖氨酸能破坏微生物的细胞膜结构，引起细胞内的物质、能量和信息传递中断，还能与胞内的核糖体结合，影响生物大分子的合成，最终导致细胞死亡。绿色环保、安全高效，食用后不会在人体内积累，将被分解成为人体必需的赖氨酸。

（3）溶菌酶

性质：溶菌酶是一种能水解细胞壁中黏多糖的碱性酶。溶菌酶的来源广泛，化学性质稳定，具有抗菌、消炎、抗病毒等作用，且具备良好的热稳定性和酸碱稳定性。

防腐机理：主要是通过破坏细胞壁中的N-乙酰胞壁酸和N-乙酰氨基葡萄糖之间的β-1,4糖苷键，使细胞壁不溶性黏多糖分解成可溶性糖肽，导致细胞壁破裂，内容物逸出而使细菌溶解。

应用：溶菌酶对革兰氏阳性菌具有较强的杀菌作用，与EDTA-二钠或壳聚糖复配时，可以增强其抑菌作用。溶菌酶用在化妆品中有强化皮肤抗菌力、抑制细菌繁殖、消炎退肿的作用，对痤疮杆菌有较强的杀灭作用，使化脓性痤疮的创伤组织得以修复和再生。另外，溶菌酶用于口腔卫生用品中，可以预防多种牙齿疾病和龋齿。

9.4 化妆品防腐剂发展趋势

（1）天然防腐剂潜力巨大　为了推动天然防腐剂的应用，化妆品行业研究者一直在积极寻找原料丰富、提取工艺简便且具有更优抑菌效果的天然物质。这些天然来源的防腐剂不仅需要保证产品的微生物安全，更要确保对人体的无害性，以实现真正的绿色、安全、环保。天然防腐剂以其符合未来发展趋势的特性，虽然目前在研究和实际应用方面尚处于起步阶段，但无疑预示着化妆品行业未来的一个持续热点。

（2）复配防腐剂的增效使用　传统单一防腐剂因其在全面性上的不足及严格的使用限制，难以满足现代消费者对产品安全性和效能的双重要求。面对这样的挑战，复配型防腐剂应运而生，复配防腐剂的优势在于：①多种防腐剂配合使用，可更好的实现广谱抗菌性，提高防腐效果；②减少每种防腐剂的用量，提高安全性；③多种防腐剂搭配使用，有助于降低微生物产生抗药性的风险。在这样的背景下除了多种传统防腐剂（表内防腐剂）的复配外，无添加防腐剂与传统防腐剂的复配、无添加防腐体系的复配也是行业发展的潮流和焦点。

（3）防腐剂对于皮肤微生态的影响受到关注　目前化妆品中准用防腐剂的推荐种类、剂量往往是基于细胞、动物和人体的毒理学安全数据，未考虑对人体皮肤常驻微生物的影响，防腐剂使用与皮肤微生物群落健康间的关系尚不明确。随着近些年来皮肤微生物组学研究的不断深入，皮肤微生物常驻群落对维护皮肤健康所起的作用已被科学界认可。鉴于化妆品的应用目的是保护、美化皮肤，其短期或长期使用不应杀死或显著抑制皮肤常驻菌群，这就对化妆品中防腐剂的使用提出新的挑战。

化妆品行业的防腐技术正处于一个重要的转型期。从传统的单一防腐剂到复合型、天然和无添加防腐体系的探索，行业正在向着更安全、更环保、更高效的方向发展。未来的研究将会聚焦于优化复配技术，降低成本，同时深化对天然防腐剂的研究，以期在确保产品安全的同时，关注防腐体系对皮肤微生态的影响，满足消费者对高效防腐的期待。化妆品防腐剂的创新不仅将推动化妆品行业的可持续发展，也将为消费者带来更为安全、健康的产品体验。

思　考　题

1. 防腐剂和杀菌剂有什么相关性和区别？
2. 理想的防腐剂应具备哪些性质？
3. 甲醛释放体类防腐剂的抗菌机理是什么？
4. 尼泊金酯类防腐剂有哪些？如何应用？
5. 准用防腐剂和无添加防腐剂在化妆品中应用分别有什么优缺点？
6. 为什么化妆品中要将多种防腐剂复配使用？

第 10 章　其他辅助原料

化妆品辅助原料是指为化妆品提供某些特定功能的辅助性原料，在化妆品中添加量相对较小，但作用不可忽视。我们前面章节已对香精香料、防腐剂、增稠剂、色素等进行了阐述，还有一部分用量更少的辅助原料，如螯合剂、pH 调节剂、抗氧化剂、增溶剂等，本章将对这几类辅助原料进行论述。

10.1　螯　合　剂

金属原子或离子与含有两个或两个以上配位原子的配位体作用，生成具有环状结构的络合物，该络合物叫作螯合物，能生成螯合物的这种配体物质叫螯合剂。螯合剂能够与金属离子形成络合物以消除金属离子对产品的稳定性或外观的不良影响，广泛应用于化妆水、乳霜、洗面奶等护理和清洁类化妆品之中。

10.1.1　螯合剂在配方中的作用

螯合剂在化妆品配方中的主要作用如下：

（1）防止不溶性沉淀的产生　清洁类化妆品中加入的脂肪酸（硬脂酸、月桂酸、肉豆蔻酸等）和碱（氢氧化钠或氢氧化钾等）形成的脂肪酸钠易与二价金属盐形成不溶性皂盐，导致不溶性沉淀产生，护理类化妆品中加入的润肤、助乳化作用的脂肪酸也会发生同样的现象。配方中加入螯合剂，能有效防止沉淀析出。

（2）保持产品颜色的稳定　金属离子在特定溶液中，在一定温度和光照的条件下，易发生催化反应，导致化妆品出现颜色变化。另外，金属离子溶液自身及其与不同物质的反应物均呈现不同的颜色，会干扰化妆品的调色和产品色泽的稳定性。

（3）防止原料成分失活　金属离子可以参与加速不饱和油性原料的氧化酸败及抗氧化剂的失活，使得产品质量无法保证；也可使离子型增稠剂失效，导致增稠体系的瓦解。

（4）维持体系离子浓度，保证产品电荷平衡和稳定性　水中的金属离子易引起电荷失衡，导致无机盐增稠体系失稳，黏度发生显著变化。螯合剂可以与金属离子结合，防止其在化妆品中发生氧化、分解等反应，从而保持化妆品的稳定性。

（5）协同防腐　有些螯合剂能与微生物细胞壁中的金属离子相结合，使微生物细胞壁渗透性提高，有利于防腐剂的渗透和发挥作用。如乙二胺四乙酸（EDTA）或其钠盐。

10.1.2　螯合剂的种类

理想的螯合剂应具有如下条件：①在较宽的 pH 范围内都能有效地与多价金属离子生成稳定的络合物；②稳定性好，不受普通强酸、强碱或溶剂影响；③与其他助剂相容性好，不挥发、不迁移；④无毒，安全，价格便宜。化妆品中常见的螯合剂如下：

（1）乙二胺四乙酸或其钠盐　乙二胺四乙酸（Ethylene diamine tetraacetic acid,

$C_{10}H_{16}N_2O_8$），简称 EDTA，又称依地酸，是一种有机化合物，白色无臭无味、无色结晶性粉末。EDTA 可生成四种钠盐（EDTA-Na、EDTA-2Na、EDTA-3Na、EDTA-4Na），见图 10-1，随着钠原子取代数增加，在水中溶解度也逐渐提高。乙二胺四乙酸及其钠盐是一种重要的人造有机多元酸螯合剂，能与大多数金属离子（如 Mg^{2+}、Ca^{2+}、Mn^{2+}、Fe^{2+} 等）形成稳定络合物。EDTA 最初应用于化妆品是将其加入肥皂或洗面奶中，目的是软化硬水，使皂基泡沫更丰富持久。当溶液中存在金属离子时，EDTA 就像螃蟹的大钳子一样钳住金属离子不放，使得金属离子很难发生正常价态反应，俗称螯合作用。

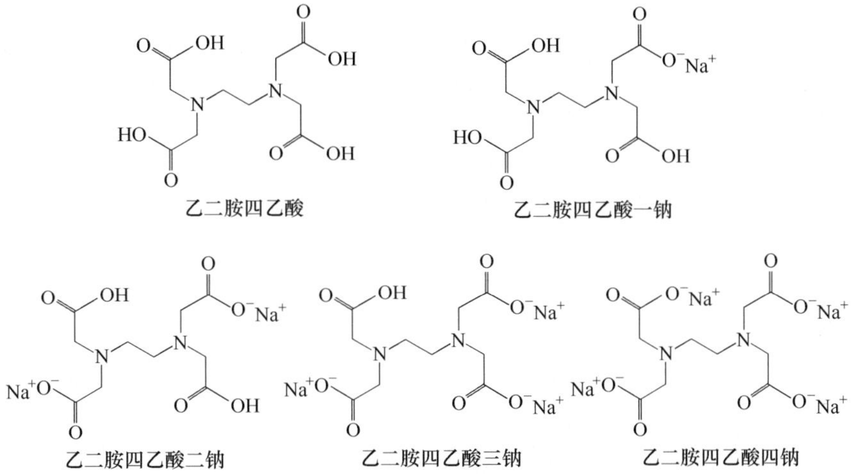

图 10-1　EDTA 及其钠盐的化学结构式

（2）辛酰羟肟酸　辛酰羟肟酸（Caprylhydroxamic，$C_8H_{17}NO_2$），又称辛酰氧肟酸、辛烷氧基羟氨酸、辛基异羟肟酸，是一种金属离子螯合剂，结构见图 10-2。作为中等碳链长度的烷基羟肟酸，辛酰羟肟酸是一款高效、选择性强的金属离子螯合剂，可以通过螯合作用与多种金属离子形成稳定的杂环螯合物。辛酰羟肟酸来源于植物，易生物降解，对比其他螯合剂更符合绿色可持续的发展趋势，是新一代安全、环保的螯合剂。辛酰羟肟酸可应用于各类化妆品，其中以皮肤护理、面部清洁和防晒品类使用最多。又因其具有抗氧化性，还可以被用作抗氧化剂和防腐增效剂。

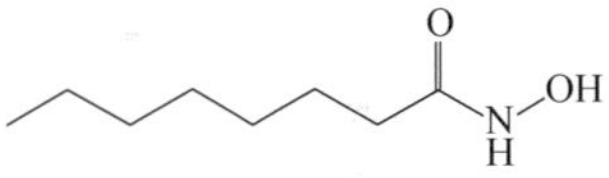

辛酰羟肟酸

图 10-2　辛酰羟肟酸的化学结构式

（3）乙二醇二胺四乙酸（EGTA，$C_{14}H_{24}N_2O_{10}$）　乙二醇二胺四乙酸（EGTA）与 EDTA 类似，也是一种常用的螯合剂。它可以形成与钙离子的稳定络合物，对于含有钙离子的化妆品，如洁面霜和洗发水等，常常使用 EGTA 来改善产品的稳定性和质量。

10.2　pH 调节剂

pH 调节剂又称为酸碱调节剂，在化妆品工业中发挥着重要的作用。它们能够有效调节化妆品的 pH，使其在适宜的范围内，从而保证产品的稳定性和安全性。不同的化妆品具有不同的 pH 要求，过高或过低的 pH 都可能对皮肤造成伤害。为了满足不同肌肤类型的需求，化妆品中通常需要添加 pH 调节剂来使产品的 pH 达到理想范围。

10.2.1 pH 调节剂在配方中的作用

人体皮肤的酸碱度通常维持在 pH 4.5~6.5，这个酸性环境有助于保护皮肤免受细菌和外界刺激物的侵害，被认为是最有利于皮肤的健康状态。当化妆品的 pH 过高或过低时，可能会破坏皮肤的天然酸碱平衡，导致皮肤出现干燥、炎症等各种问题。pH 调节剂在化妆品主要作用如下：①起到中和的作用。当产品过酸时，碱性物质可以中和酸性成分；同理，当产品过碱性时，酸性物质可以起到中和作用，使得产品的酸碱度更接近皮肤的 pH。通过调节酸碱度，酸碱调节剂有助于维持产品的稳定性和安全性，同时提供温和的使用体验，确保产品对皮肤的适应性和安全性。②协同增效作用。在一些配方体系中，为让增稠剂发挥增稠效果，需要进行酸碱度调节，使配方体系达到最佳状态。同时也能让部分活性成分发挥最佳功效。

10.2.2 pH 调节剂种类

化妆品中常用的 pH 调节剂种类繁多，常见的包括有机酸、碱性物质以及氨基酸等。有机酸通常被用于降低产品的 pH，常见的有柠檬酸、苹果酸、乳酸等。碱性物质则被用于提高产品的 pH，常见的有氢氧化钠、三乙醇胺等。氨基酸不仅可以调节 pH，还有较好的保湿效果，常见的有精氨酸、谷氨酸等。不同的 pH 调节剂在化妆品中的应用会根据具体产品的需求而有所不同。这些酸碱物质可以单独或混合使用，以达到理想的 pH 调节效果。常见的化妆品 pH 调节剂具体如下。

（1）有机酸　有机酸是一类常见的 pH 调节剂，包括柠檬酸、苹果酸和乳酸等（图 10-3）。它们能够降低化妆品的 pH，广泛应用于调节护肤品、洗发水和口红等产品的 pH。

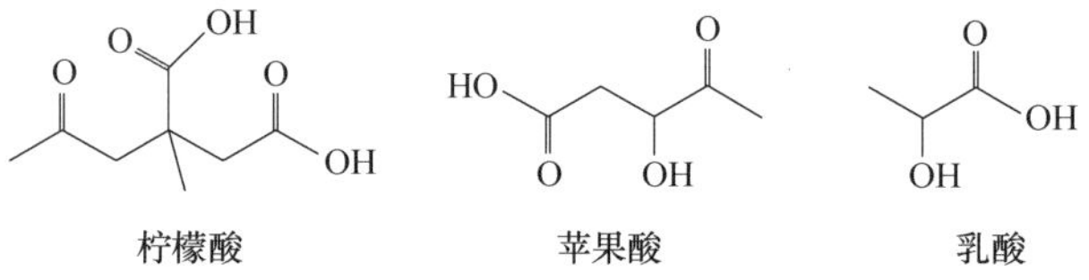

图 10-3　有机酸的化学结构式

① 柠檬酸（Citric acid，$C_6H_8O_7$），又名枸橼酸，是一种重要的有机弱酸，为无色晶体，无臭，易溶于水，从柠檬中提取，属于果酸中的一种。化妆品中主要作为螯合剂、缓冲剂、酸碱调节剂，还可作为天然防腐剂使用。它能加快角质更新，有助于皮肤中黑色素剥落，毛孔收细，黑头溶解。并对皮肤可以起到保湿、美白的作用，有助于改善皮肤黑斑、粗糙等问题。

② 苹果酸（Malic acid，$C_4H_6O_5$），又名 2-羟基丁二酸，为白色结晶体或结晶状粉末，有较强的吸湿性，易溶于水、乙醇，有特殊愉快的酸味。除了调节 pH 外，根据苹果酸的浓度和 pH，也会对皮肤产生不同的效果。极低浓度的苹果酸，只有保湿效果。浓度稍高时，可以破坏角质层细胞间的连结，促进皮肤的新陈代谢，有去角质的效果。

③ 乳酸（2-hydroxypropanoic acid，$C_3H_6O_3$），是一种羧酸，含有羟基，属于 α-羟酸（AHA）。在水溶液中，其羧基释放出一个质子而产生乳酸根离子 $CH_3CH(OH)COO^-$，为无色澄清或微黄色的黏性液体，具有温和酸味。是人体皮肤和头发的天然组分，具有独特的 pH 调节功能，使其更接近于人体，广泛应用于多种日化产品中，如洗浴产品、皮肤护理产品、头发护理产品等。

（2）碱性物质　碱性调节剂是指能够增加溶液 pH 的化学物质。常见的碱性调节剂包括氢氧化钠、氢氧化钾等强碱性物质。也包括配方中常用的三乙醇胺、精氨酸等弱碱性物质。碱性物质在皂基型产品和卡波类增稠体系中经常用到。

10.3　油脂抗氧化剂

油脂氧化是指油脂中的脂肪酸与氧气接触后发生的化学反应。产品中油脂氧化后，容易使产品颜色改变，出现酸败臭味，料体 pH 降低，对皮肤产生刺激性，甚至引起炎症。在化妆品的生产、使用和贮存过程中，应尽量避免油脂酸败现象的发生。

添加抗氧化剂可以有效地延长油脂的保质期。油脂抗氧化剂是一种可以延缓或阻止油脂氧化反应的化学物质，能够有效延缓或抑制化妆品中其他成分的氧化反应。选择合适的油脂抗氧化剂对于膏霜类等含油脂高的化妆品的质量和功效起着关键作用。

10.3.1　油脂酸败的因素

（1）油脂的脂肪酸组成　油脂、蜡主要是由各种脂肪酸以不同的比例构成的脂肪酸甘油酯。由于脂肪酸甘油酯中的不饱和脂肪酸含有不饱和键，易被氧化。不饱和键越多，越易氧化。因此在配方中选择油脂时，尽量选择饱和键多的油脂种类。

（2）氧气　氧气是油脂发生氧化反应的必要条件，减少与氧气的接触，将有效地降低酸败的可能性。

（3）温度和光照　高温和光照容易促进和加剧油脂发生氧化反应，使产品出现质量问题，因此化妆品成品一般要求室温避光保存。

（4）水分　含水的油脂容易滋生霉菌和酵母菌，其代谢产物脂肪酶和氧化酶可加速氧化。

（5）金属离子　一些金属离子，如 Cu^{2+}、Zn^{2+}、Al^{3+}、Fe^{2+} 等，在一定条件下能破坏抗氧剂的活性，或具催化作用，加速氧化过程。

（6）微生物　如果产品中存在微生物，微生物代谢产生脂肪酶和氧化酶会加速氧化，导致油脂酸败。

10.3.2　油脂抗氧化剂的作用机理

在化妆品工业中，抗氧化剂可以用于护肤品、化妆品等产品中，防止产品氧化变质，保持其稳定性和有效性。抗氧化剂主要通过以下几种方式发挥作用：

（1）捕捉自由基　抗氧化剂能够与自由基发生反应，从而稳定自由基，阻断氧化链式反应的进行。

（2）降低氧气浓度　抗氧化剂可以与氧气结合，降低油脂中氧气的浓度，减少氧气对油脂的氧化作用。

（3）阻断氧化反应　抗氧化剂可与油脂中易被氧化的组分竞争自由基，发生氢转移反应，形成一些稳定的自由基，降低油脂自动氧化反应速率。

总的来说，抗氧化剂在油脂中起到了重要的作用，能够有效延长油脂的保质期，保持其质量和风味。然而，对于抗氧化剂的选择和使用，需要根据具体的产品和行业要求，遵循相关的法规和标准，确保其安全性和有效性。

10.3.3 常见的油脂抗氧化剂

根据其化学性质和作用机理不同，常见的油脂抗氧化剂主要包括天然抗氧化剂和合成抗氧化剂两类。天然抗氧化剂包括维生素 E 和多酚类化合物等。它们通过捕捉自由基，阻断氧化链反应，从而起到抗氧化的作用。这些化合物具有较强的抗氧化能力，能够有效地抑制油脂的氧化反应。合成抗氧化剂包括丁基羟基茴香醚（BHA）、二丁基羟基甲苯（BHT）、没食子酸丙酯等，它们用于稳定产品基质，抑制基质中一些活性成分氧化。

10.4 增 溶 剂

增溶剂是帮助原本不溶解的物质在介质中解离、溶解的物质。在水剂产品中，如果要加入不溶于水的活性成分、香精或防腐剂等原料，一般需要加入增溶剂。增溶剂一般是非离子表面活性剂及阴离子表面活性剂，化妆品中用的主要是相对分子质量较大的非离子表面活性剂，如 PEG-40 氢化蓖麻油、PEG-40 失水山梨醇月桂酸酯、油醇醚-20 等。

增溶剂的增溶作用可以根据“相似相溶”原理加以解释，增溶过程中胶束的大小会发生变化。被增溶物在胶束内的存在状态和位置基本上是固定的，不同的表面活性剂对不同增溶物的增溶作用主要发生在胶束的四个区域：胶束内核、离子型表面活性剂的胶束内核栅栏层、非离子表面活性剂胶束的栅栏层和胶束表面。

影响增溶能力的主要因素如下：

① 饱和烃和极性小的有机物在同系列的表面活性剂水溶液中的增溶能力随着表面活性剂碳氢链增长而增加。

② 具有相同亲油基的表面活性剂，对烃类及极性有机物的增溶能力大小顺序一般为：非离子>阳离子>阴离子。

③ 带支链的比同碳数直链的表面活性剂对烃类的增溶能力小。

④ 聚氧乙烯类非离子表面活性剂对非极性有机物的增溶能力随表面活性剂疏水基链长的增加和亲水基聚氧乙烯链长的减少而增加。

配方中常用到的增溶剂是 PEG-40 氢化蓖麻油，它有轻微的特殊气味，在水溶液中几乎是无味的。HLB 为 14~16，在水和乙醇中会形成透明溶液。常用作 W/O 型和 O/W 型乳液的乳化剂和助乳化剂，也是较好的润滑剂；在洗浴产品中，用作赋脂剂，可消除其他表面活性剂的过分脱脂而引起的头发粗糙和发涩，在透明产品中用作香精等油溶性成分的增溶剂。

思 考 题

1. 螯合剂在护肤品起到什么作用？
2. EDTA 二钠添加到护肤品中，真的无毒无害吗？
3. 抗氧化剂属于防腐剂吗？
4. 化妆品中的抗氧化成分有哪些？

第 11 章　保湿功效原料

11.1　保湿剂的概述

11.1.1　皮肤保湿作用机理

皮肤位于人体表面，是人体的第一道防线，皮肤贮存水分占全身近 20%，皮肤近 70%水分贮存在真皮。表皮的最外层—角质层含有多种天然保湿因子，且类似砖墙结构在修复皮肤屏障和皮肤保湿中起到非常重要的作用。

（1）砖墙结构　人类皮肤被角质层覆盖，角质层是一种薄的生物保护膜。角质层作为皮肤的外层保护屏障，使我们能够在干燥的环境中不会过度失水。角质层薄而柔软。它通过防止体内水分流失，有助于维护健康的皮肤。

角质细胞类似砖块，细胞间脂质就是水泥，而皮脂膜则是墙面。细胞间脂质主要由神经酰胺、长链游离脂肪酸和胆固醇以摩尔比 2∶1∶1 组成。皮脂膜主要由皮脂腺分泌的皮脂及汗腺分泌的汗液构成，成分主要是神经酰胺、角鲨烯、甘油三酯、亚油酸、亚麻酸等脂类。皮脂膜参与皮肤表面弱酸性 pH 的形成，抑制微生物繁殖，同时阻止水分散失。表皮层砖墙结构的功能为表皮形成牢固的结构，阻止水分从表皮散失，保护皮肤免受紫外线的辐射、机械损伤、外界化学物质和真菌入侵，使皮肤维持良好的屏障功能。

（2）天然保湿因子（Natural moisturizing factor，NMF）　在皮肤角质层中有许多具有吸附性的水溶性物质发挥保持水分的功效，人们将这类物质命名为天然保湿因子，包括氨基酸、吡咯烷酮酸、乳酸、尿酸及其盐。这些物质都具有极性基团，易与水分子以化学键、氢键、范德华力的形式形成分子间作用，降低水分挥发能力，起到皮肤保湿的作用。天然保湿因子形成于表皮细胞的角化过程，它可以嵌于细胞脂质和皮脂中，或被包夹在脂质形成的双分子层，防止亲水性物质流失，进而抑制水分挥发。

天然保湿因子由丝聚蛋白衍生而来，丝聚蛋白（Filaggrin，FLG）又称丝聚合蛋白，相对分子质量约 35000，主要功能是参与表皮细胞的分化及皮肤屏障的形成。丝聚蛋白主要存在于表皮颗粒层和透明层，它与角蛋白纤维紧密结合，缠绕在一起，形成复合体填充在新形成的角质层细胞中，为角质细胞提供强度。

人体中天然保湿因子主要成分如表 11-1 所示。

（3）角化包膜　角质细胞的外周被角化包膜包裹着，并与角蛋白纤维交叉连接。它是在钙依赖性转谷氨酰胺酶的催化下，由兜甲蛋白、内皮蛋白、小分子富含脯氨酸的蛋白质等蛋白交联构成。而细胞间脂质包围在角质细胞外侧，通过共价键的方式结合，赋予角化包膜不溶于水的特性，同时也使角质细胞与细胞间脂质紧密地连接着。通过这样的形式进一步提高了角质层细胞的稳定性，并且由于角化包膜的不可水溶性，还能避免角质细胞内的天然保湿因子等流失。

表 11-1　　人体中天然保湿因子的主要成分

氨基酸	质量分数/%	其他物质	质量分数/%
赖氨酸	1.68	吡咯烷酮羧酸盐	12.0
精氨酸	1.52	乳酸/乳酸钠	12.0
天冬氨酸	3.16	糖、有机酸、肽及未知物	>8.5
苏氨酸	1.2	尿素	7.0
丝氨酸	5.44	氯化物	6.0
蛋氨酸	0.44	钠	5.0
脯氨酸	1.2	钾	4.0
甘氨酸	9.8	钙	1.5
丙氨酸	1.76	镁	1.5
缬氨酸	1.2	氨、尿酸、葡萄糖、肌酸	1.5
谷氨酸	5.04	枸橼酸	0.5
半胱氨酸	0.48	磷酸盐	0.5
亮氨酸	2.76		
酪氨酸	1.36		
苯基丙氨酸	1.28		
组氨酸	0.6		
异亮氨酸	1.08		

（4）角化桥粒　表皮细胞通过一些特殊的结构连接在一起，以确保皮肤的整体结构和功能，其中最重要的连接结构之一是桥粒。桥粒是一种位于表皮细胞间的主要连接结构，当两个细胞紧密相邻时，桥粒就像一个“纽扣”一样将它们紧密地连接在一起。桥粒的主要成分是蛋白质，具有很强的抗拉伸能力，加上相邻细胞间的连续结构网，由张力细丝构成，使得细胞间的连接更加牢固，阻碍水分的流失。在形成角质的过程中，桥粒可以分离并重新形成，这样表皮细胞就可以向上移动到角质层，并以有规律的方式脱落。桥粒的破坏会导致角质形成细胞之间的分离，从而影响皮肤屏障的稳定性。

11.1.2　影响皮肤含水量的因素

影响皮肤含水量的因素很多，大致可分为内因和外因两种。内因包括年龄的增长导致皮肤天然保湿因子和透明质酸的合成减少，水分减少，屏障功能变差；不同性别人群皮肤含水量无明显差异，男性剃须区有屏障受损。皮脂腺功能失调，即皮肤失去天然的保湿屏障，导致干燥；脱屑功能异常，角质层可能变厚，阻碍水分的渗透，导致皮肤干燥；内分泌失调，如甲状腺功能减退症等，导致皮肤干燥；个体差异也影响皮肤的保湿能力；随着年龄的增长，皮肤的天然保湿能力减弱，容易出现干燥问题；一些特定药物的使用，如利尿剂和抗组胺药物，短期内导致皮肤干燥。

外因包括寒冷和干燥空气导致皮肤失去水分，变得干燥；长时间在热水中浸泡或频繁洗澡可能破坏皮肤的保护屏障，导致水分流失；使用具有刺激性的洗涤剂、肥皂和化妆品，导致皮肤干燥。

11.1.3　化妆品保湿途径

针对上述皮肤保湿机理，化妆品中保湿方案有以下几种：①阻止皮肤水分蒸发。油脂在皮肤上形成保湿屏障，减少或阻止水分从皮肤表面蒸发，使水分在角质层内停留，从而发挥滋润皮肤的作用；②吸收外界水分。这类原料被称为吸湿剂，主要通过分子中的亲水基团（如羟基、氨基等）与水分子结合，吸收并锁住环境中的水分。这类保湿剂具有较强的吸水性，能够渗透到皮肤角质层内部，增加皮肤含水量，减少水分流失；③修复皮肤屏障。帮助修复和增强皮肤的天然屏障功能，恢复皮肤表面的角质层，提供保湿效果，并使皮肤更加柔软和光滑。

11.1.4　保湿剂定义与分类

保湿是护肤产品的基本功能，是通过吸收外界环境的水分和防止皮肤内水分丢失来达到保持一定皮肤水分含量的目的。具有保持、延缓或阻止水分挥发的作用，在低相对湿度下更能显出这种特性的化合物，称为保湿剂，又可称湿润剂或柔软剂。皮肤中的“水分”与皮肤的柔软、润滑有着重要的关系。保湿剂在化妆品，特别是护肤类化妆品中占据重要地位，其用量通常在 4%~8%。保湿剂有多种类型，按照来源可以分为天然保湿剂和合成保湿剂，按照保湿作用机理可分为：

（1）保水剂　保水剂可以吸附周围环境中的水分，并将其留在皮肤表面。常见的保水剂包括甘油、丙二醇、尿素、透明质酸、动植物提取物等，它们与水分子形成氢键将水吸附在皮肤表面，保证皮肤的水分含量，保持皮肤湿润。

（2）润肤剂　涂抹后能填充在干燥皮肤角质细胞间的裂隙中，使皮肤表面纹理更光滑，修护皮肤屏障功能。通常为油性物质，如蓖麻油、霍霍巴油、聚二甲基硅氧烷等。

（3）油脂类封闭剂　油脂类保湿剂可以在皮肤表面形成一层保护性薄膜，减少皮肤水分流失，使皮肤柔软、滑润。

11.1.5　化妆品保湿剂应具备的条件

理想的化妆品保湿剂应具备以下性质：

① 理想的保湿剂应能显著地从周围环境中吸收水分，在一般的湿度条件下保持水分。

② 可与其他常用的化妆品原料配伍。

③ 凝固点低，在室温或室温以下不会凝固或沉积。

④ 无色、无味、无毒和无刺激性，使用安全。

⑤ 不与一般化妆品组分反应，无腐蚀性，特别是在喷雾剂配方中使用时，不会腐蚀铝和铁的容器。

⑥ 容易获得，生产成本和价格适中。

11.2　天然保湿剂

天然保湿剂分为具有天然吸水保湿功能的物质和从动植物或微生物中提取的具有吸水保水功能的活性成分。天然保湿剂种类较多，既有分离提纯的单一成分，也有成分复杂的组合物；既有低分子保湿剂，也有高分子量保湿剂。根据化学结构和组成的不同可以分为多元醇类、氨基酸类、多糖类、植物提取物等。多数天然保湿剂现在也可以通过化学合成的方法获得。

11.2.1 多元醇类

天然来源的多元醇主要有山梨醇、D-甘露糖醇。由于分子中含有多个醇羟基，具有较强的吸水性。

（1）山梨醇（Sorbitolum）

别名：山梨糖醇、已六醇；CAS 号：50-70-4。

分子式：$C_6H_{14}O_6$，相对分子质量：182.17。

来源：存在于多种植物果实（梨、桃、苹果等）；工业生产方法有高温高压氢化法、电化学法和发酵法。其中高温高压氢化法最为常用，与甘露糖醇的生产工艺相同，蔗糖水解氢化后得到甘露醇和山梨醇的混合物，将两者分离制得。

性质：白色无臭结晶状粉末，味凉而甜，易溶于水、丙酮、乙酸和热乙醇，微溶于甲醇、冷乙醇。液体山梨醇是澄清无色、无臭、糖浆状的水溶液，含 50%~70%（质量分数）的总固体，不易燃、无毒性、不易挥发，能从空气中吸收较少的水分，存储时与铁接触会变色。70%山梨醇在 20℃以下储存则溶液增稠或析出结晶。70%山梨醇相对密度为 1.285 以上，50%山梨醇相对密度为 1.205。

应用：用作牙膏、化妆品、烟草的保湿剂，推荐用量为 1%~10%，膏霜乳液中推荐用量为 0.5%~5.0%。

（2）D-甘露糖醇（Mannitol）

别名：甘露醇；CAS 号：87-78-5，69-65-8。

分子式：$C_6H_{14}O_6$，相对分子质量：182.17。

来源：甘露糖醇广泛存在于植物、藻类、食用菌类和地衣类等生物体内。工业上甘露醇的制备主要有两种途径：一是海带提取法，将海带浸泡提碘后进行中和、结晶和提纯、二是高温高压催化还原法，以蔗糖为原料，通过水解、催化加氢、分离等工艺制备。

性质：甘露醇是一种已六醇，与山梨糖醇互为同分异构体，在糖及糖醇中的吸水性最小，并具有爽口的甜味。为白色针状结晶，无臭，味甜。相对密度为 1.52（20℃），熔点为 166~170℃，沸点为 290~295℃。在水中易溶，较难溶于乙醇，乙醚中几乎不溶，水溶液呈碱性。

应用：在化妆品中作为保湿剂推荐用量为 0.5%~5.0%。溶解时吸热，有甜味使口腔有舒服感，常用于牙膏中。

11.2.2 氨基酸类

由于皮肤天然保湿剂中的主要成分为氨基酸，来源于自然界的氨基酸在化妆品中很常见，其中，甘氨酸、脯氨酸是胶原蛋白和弹性蛋白的组分；天冬氨酸、丝氨酸、脯氨酸是细胞新陈代谢的产物；除了保湿，组氨酸、色氨酸、苯基丙氨酸还具有抗紫外线照射功能，半胱氨酸具有祛斑功能，精氨酸、组氨酸具有生发育发功能。除此之外，氨基酸的聚合物或者衍生物也是一类化妆品保湿剂，常用的有 γ-聚谷氨酸和甜菜碱。

（1）γ-聚谷氨酸

INCI 名称：聚谷氨酸［Polyglutamic acid］；别名：纳豆菌胶、纳豆胶、多聚谷氨酸。

结构：D-谷氨酸和 L-谷氨酸通过形成 α-氨基和 γ-羧基之间的 γ-酰胺键结合而成的

阴离子高聚物，其相对分子质量 5 万～200 万。

来源：天然的、大量的 γ-聚谷氨酸最早发现于日本纳豆食品的高黏性黏丝中，后研究证实是纳豆中黏性胶体的主要成分。

性质：白色粉末，γ-聚谷氨酸主链上含有大量游离羧基，具有较高的亲水性、水溶性，研究发现 γ-聚谷氨酸的最大自然吸水倍数可达 1108.4 倍。

应用：在化妆品行业中，γ-聚谷氨酸可作为支持材料、皮肤保湿剂、表皮因子缓释剂、天然美容面膜等。其水凝胶为无色无味透明柔软胶质，高度聚合的三维网状结构，使其具有强大的吸水能力和缓释能力，从而有效减少皮肤水分散失，增加皮肤弹性，尤其适用于在化妆品中提升产品的保湿功效。

（2）甜菜碱

INCI 名称：甜菜碱［Betaine］；CAS 号：107-43-7。

分子式：$C_5H_{11}NO_2$，相对分子质量：117.15。

别名：三甲基甘氨酸、甘氨酸甜菜碱、三甲基甘氨酸，化学名称为 *N*-*N*-*N*-三甲基甘氨酸内盐。

来源：甜菜碱可从天然植物的根、茎、叶及果实中提取或采用三甲胺和氯乙酸为原料化学合成。

性质：无色结晶或白色结晶性粉末，无臭，有甜味。可溶于水和许多有机溶剂，如乙醇、丙酮等，微溶于乙醚。耐高温，常温下容易吸湿潮解，保湿性强。

应用：甜菜碱属于良好的保湿剂，容易与水相互作用，产生保湿能力，且用后不黏腻、皮肤光滑。与其他成分结合还能有利于减轻皮肤过敏。在皮肤处于恶劣环境时甜菜碱能平衡细胞渗透压，在皮肤细胞缺水时协助细胞恢复平衡和保湿的状态。

11.2.3　多　糖　类

多糖又称多聚糖，由多个相同或者不同的单糖基以糖苷键相连而成的聚合物大分子。多糖来源广泛，现在化妆品行业多糖多来自植物和微生物，如枸杞多糖、芦荟多糖、麦冬多糖、银耳多糖、裂裥菌素等。多糖分子链上具有多羟基机构，从环境中吸收水分，同时还可以阻止皮肤水分的散失，从而达到保湿效果。一些多糖在化妆品中应用还具有增稠、美白、舒缓修护等功效。

（1）透明质酸

INCI 名称：透明质酸［Hyaluronic acid］。

结构：透明质酸是具有特殊功能的一类大分子黏多糖，由 D-葡萄糖醛酸与 *N*-乙酰氨基葡萄糖通过糖苷键构成。

来源：广泛分布于动物和人体结缔组织细胞外基质中，现在市场上销售的透明质酸多为细菌发酵法所得。

性质：白色粉末，无特殊气味，有很强的吸湿性，溶于水，不溶于有机溶剂，高浓度时有很高的黏弹性，吸水性比较强。

应用：皮肤中的透明质酸可以维持真皮结缔组织中的水分，使结缔组织处于疏松状态，从而使皮肤饱满光滑、柔软细嫩。透明质酸分子上含有大量的羟基、羧基，表现出强大的亲水性，可以吸收和保持其自身重量上千倍的水分。作为保湿剂，透明质酸最大的优点是安全性、润滑性和成膜性。透明质酸涂覆在皮肤上后立刻与水结合，形成透气的水化弹性膜，起到特殊的保水作用，透明质酸还可以根据环境变化自动调节，发挥最佳保水量的作用，从而使角质层的含水量保持在最佳生理状态，使皮肤富有弹性，保持滋润、爽滑。

（2）乙酰壳糖胺

INCI 名称：乙酰壳糖胺［Acetyl glucosamine］；CAS 编号：7512-17-6。

别名：*N*-乙酰基-D-葡糖胺、*N*-乙酰葡萄糖胺、*N*-乙酰-D-氨基葡萄糖、*N*-乙酰氨基-2-脱氧-D-葡糖。

分子式：$C_8H_{15}NO_6$，相对分子质量：221.21。

来源：普遍存在于动物、植物以及微生物中，是多种聚合物（如甲壳素、壳聚糖）的主要成分。目前，主要通过化学合成或者酶解法获取。

性质：白色晶状体粉末，无臭。极易溶于水，渗透性好，性质稳定，复配性强。

应用：乙酰壳糖胺是透明质酸和软骨素的重要组成成分，可以促进人体合成细胞基质的重要组成成分——透明质酸。研究表明，乙酰壳糖胺可以通过提高透明质酸合成酶 3 的 mRNA 表达水平，进而提高透明质酸含量，从而提高皮肤的保湿能力。此外，乙酰壳糖胺具有美白、抗衰老功效，又因其渗透性好、性质稳定、复配性强等优势常用于国际品牌化妆品中。

11.2.4 植物提取物

可作为保湿剂的植物提取物大多是由于其他含有大量多糖、氨基酸类成分，例如芦荟提取物、银耳提取物、麦冬提取物、枸杞提取物等。此外还有三色堇提取物是通过刺激水通道蛋白-3 的合成来起到保湿效果。

（1）芦荟提取物

INCI 名称：库拉索芦荟（*Aloe barbadensis*）提取物［*Aloe barbadensis* extract］。

来源：从库拉索芦荟植株叶子提取制得。

组成：成分复杂，含有 160 多种化学成分，已确定的主要成分有蒽醌类、多糖类、氨基酸、有机酸、矿物质与微量元素、活性酶、维生素等。

性质：无色透明至褐色带有黏性液体，干燥后为淡黄色粉末，无气味或稍有特征气味。

功能：①营养、保湿、增白作用；②促进伤口愈合，消炎杀菌，去粉刺；③防止细胞老化和治疗慢性过敏；④吸收紫外线，防止皮肤红、褐斑产生；⑤去头屑，使头发柔软有光泽。

应用：诸多功能使其广泛用于保湿、抗衰老、晒后修复、抗敏舒缓的膏霜、乳液、面膜和洁面等产品中。

（2）三色堇提取物

INCI 名称：三色堇（*Viola tricolor*）提取物［*Viola tricolor* extract］。

商品名：AQUAPHYLINE。

来源：从野生三色堇的花中提取制得。

组成：富含寡糖。

应用：常用于高档的保湿、抗衰老的护肤产品中。通过刺激合成水通道蛋白-3，促进从真皮到表皮的水循环，刺激透明质酸的合成，用于产品中具有长效保湿和抗皱功效。

11.2.5　其　　他

（1）神经酰胺（Ceramide）

别名：*N*-脂酰基鞘氨醇。

来源：鞘酯类化合物中一类，占角质层脂质 40%~50%的比重。由于从天然皮肤中提取比较困难，现多为人工合成。

性质：无色透明液体，油性原料。

功能：神经酰胺在皮肤护理中发挥以下作用：①维持和增强皮肤屏障作用。神经酰胺的两亲性使得屏障脂质形成膜状细胞间脂质层，而其亲水基团可促进表皮水合，防止经皮水分过度丢失。含有 ω-OH 的神经酰胺通过共价键结合角化细胞的角化包膜，将脂质体与角化细胞连接，增强皮肤的屏障功能；②保湿作用。神经酰胺可明显促进丝聚合蛋白 mRNA 和蛋白的表达水平，丝聚合蛋白不仅是重要的结构蛋白，而且是保湿因子的主要来源；③抗衰老作用。有研究表明低浓度的神经酰胺可刺激成纤维细胞增殖，并抑制基质金属蛋白酶的表达。

应用：神经酰胺由板层小体合成和分泌，与胆固醇、游离脂肪酸一起构成细胞间脂质，参与维持皮肤屏障功能。神经酰胺作为皮肤角质层细胞间脂质的主要成分（角质层 40%~50%的皮脂由神经酰胺构成），不仅在鞘磷脂途径中作为第二信使分子，还对表皮角质层形成过程发挥重要作用，具有维持皮肤屏障、保湿、抗衰老、美白和疾病治疗等作用。

（2）泛醇

INCI 名称：泛醇［Panthenol］；别名：D-泛醇、右旋泛醇。

分子式：$C_9H_{19}NO_4$，相对分子质量：205.25。

来源：①天然来源提取，从植物或者酵母中提取；②化学合成：戊二酰氯与 β-丙酮醇缩合反应，然后经还原、酸化和结晶得到；③微生物发酵：酵母或细菌发酵，然后提取、纯化得到。

性质：泛醇是泛酸（维生素 B_5）的前体，故又称为维生素原 B_5。白色结晶粉末或浅黄色至无色透明黏稠液体，具有吸湿性，易溶于水、乙醇、甲醇和丙二醇，可溶于氯仿和醚，在甘油中微溶，不溶于油性原料。易被酸和碱水解，pH 为 4~7 时稳定。

应用：易被皮肤和毛囊吸收，滋润皮肤和毛发。用于发用品中保持头发湿润，减少头发分叉，防止干脆及断裂，对头发起保护、修复、护理作用。

（3）尿囊素

INCI 名称：尿囊素［Allantoin］；CAS 编号：97-59-6。

分子式：$C_4H_6N_4O_3$，相对分子质量：158.115。

来源：最早因在牛的尿囊液中发现而得名，广泛存在于自然界多种动植物体内。

结构：5-脲基咪唑啉-2,4-二酮。

性质：白色结晶粉末，可溶于水，无臭、无味，性能稳定。

应用：可增强皮肤和毛发最外层的吸水能力；可有效改善皮肤干燥、粗糙或毛发干枯、断裂以及口唇干裂问题。0.5%左右的添加量可呈现显著效果，常用于护肤、护发化妆品中。

11.3 合成保湿剂

护肤品中，常见的化学合成保湿剂有硅油、凡士林、醇类（甘油、1,2-丙二醇、1,3-丙二醇、甘油聚氧乙烯醚、山梨醇、十六醇、十八醇、十八烯醇、鲨肝醇、羊毛脂醇（氢化羊毛脂醇）、葡萄糖衍生物、聚丙烯酸树脂、尿囊素、脂肪酸酯、脂肪酸及其盐（乳酸/乳酸钠）、聚乙二醇等。它们性能安全、价格低廉，是化妆品中最常用的保湿剂，主要缺点是使用后皮肤常有油腻感，有些制剂（如羊毛脂、尿素等）有异味。

硅油是一种无色透明的油状液体，可以保持皮肤水润，软化皮肤，使皮肤保持弹性，减少水分丢失，从而改善皮肤干燥、皲裂的症状，也可以防止皮肤在干燥的环境下变硬，避免皮肤发生过敏反应。新生儿皮肤较为娇嫩，免疫力较低，皮肤受到外界刺激，或者清洁过度，都可能导致皮肤表面油脂减少，引起皮肤干性湿疹，甚至感染。可以选用含有硅油的护肤软膏，恢复皮肤的弹性，减少因为皮肤干燥而导致的皮肤裂纹，改善皮肤角化状态。新生儿干性湿疹用硅油还可以预防皮肤皲裂、减少色素沉着、滋润皮肤。凡士林，又称矿脂，是从石油馏分中得到的一种碳原子数介于17~21（$C_{17}H_{36}$~$C_{21}H_{44}$）之间的烷烃混合物，无色、无臭、无荧光性的透明油状液体。凡士林在角质层形成一层油膜，防止外界物质侵扰皮肤，减少皮肤水分挥发，滋润皮肤。

11.3.1 多元醇类

这一类成分取得容易，可以大量地工业化制造，价格低廉，安全性却很高。缺点则是：保湿效果较容易受环境的湿度影响。环境的相对湿度过低时，保留水分子的效果会下降。另外，要达到高效保湿的目的，受限于本身的机理，较难达成。长时间保湿效果也不理想。常见的多元醇类有：丙三醇［俗称甘油（Glycerin）］、丁二醇（Butyleneglyol）、聚乙二醇（Polyethyleneglycol，PEG）、丙二醇（Propyleneglycol）、己二醇（2-Methyl-2,4-pentanediol）、聚丙二醇（Polypropyleneglycol，PPG）等。醇类保湿剂是一类低挥发性、高沸点、具有强吸湿性的保湿剂，保湿效果容易受环境湿度影响，环境相对湿度过低时，保留水分子的效果会下降，无法高效、长效保湿。

（1）甘油

INCI名称：甘油［Glycerin］；CAS编号：56-81-5。

别名：丙三醇。

性质：无色透明浓稠液体，与水混溶。甘油分子能与水形成氢键，故具有较强的吸水性。

应用：甘油可以调节皮肤水合功能，增加皮肤保留水分的能力，缓解皮肤干燥情况，保护皮肤免受外界环境的刺激，促进受损细胞的自我修复，对皮肤和毛发有显著的润泽作用，可以增强护肤品的溶解和渗透能力，加强补水保湿的效果，增加皮肤的湿润度和柔软度。

（2）丙二醇

INCI名称：丙二醇［Propylene glycol］；CAS编号：57-55-6。

别名：1,2-丙二醇。

性质：丙二醇有两种异构体，1,2-丙二醇和 1,3-丙二醇，常用的丙二醇一般指 1,2-丙二醇。无色黏稠液体，几乎无味无臭，能与水、甘油等混溶。

应用：在平常使用的面膜、化妆水、洗面乳、精华液、卸妆品，保湿乳液中常见。丙二醇是小分子保湿剂，通过锁住皮肤角质层的水分起到保湿的作用，但是吸水性相对较弱，保湿效果一般；在护肤品中它除了保湿功效，还具有促进肌肤吸收的功效，可以充当渗透剂使用，让护肤品的成分更好的被肌肤吸收。

（3）丁二醇

INCI 名称：丁二醇［Butylene glycol］；CAS 编号：107-88-0。

别名：1,3-丁二醇。

性质：无色黏稠液体，无味。易溶于水、乙醇、丙酮。具有滑爽的肤感，具有良好的抗菌活性。

应用：在护肤品中主要作为保湿剂、溶剂、增溶剂使用。丁二醇也有抑菌效果，和很多化学的合成制剂相比，它的副作用更小更天然。丁二醇通过吸收水分对皮肤保湿，没有毒性和刺激性，赋予护肤品清爽感。

（4）聚甘油-10

INCI 名称：聚甘油-10［Polyglycerin-10］；CAS 编号：9041-07-0。

制法：甘油脱水聚合而得。

性质：无色或浅黄色透明液体，稍有特征气味。分子中羟基与水分子形成氢键，起到良好的吸湿保湿作用。还可增加化妆品中其他组分的溶解性，其水溶液具有强烈的丝般柔滑粉质感受。

应用：滋润皮肤，有效改善干燥、粉刺、敏感等肌肤问题。作为保湿剂、肤感调节剂，广泛用于膏霜、精华液、面膜产品中。

对市面上常见保湿剂的吸湿性和保湿性作比较，详见表 11-2。

表 11-2　　相同条件下常见保湿剂的吸湿性和保湿性

试样	吸湿性/%	保湿性/%
乙二醇	90.32(3.6)	124.86(2.0)
1,2-丙二醇	64.36(3.0)	120.80(3.4)
甘油	23.52(4.3)	122.54(1.7)
聚乙烯吡咯烷酮	27.30(1.9)	100.75(4.2)
羧甲基纤维素钠	23.69(2.0)	109.37(1.5)
山梨醇	33.60(2.0)	150.68(1.8)
聚乙二醇	44.69(3.3)	121.81(4.2)
壳聚糖	39.27(2.6)	142.58(2.9)
透明质酸	42.65(2.5)	1448.15(3.0)

11.3.2　拟天然保湿因子类

天然保湿因子（Natural moisturizing factor，NMF），指的是皮肤本身角质层中所含有的保湿成分并非单一组成，主要的成分有氨基酸、吡咯烷酮羧酸（Pyrolidonecarboxyl acid，PCA）、乳酸钠（Sodiumlactate）、尿素（Urea）等。在皮肤表皮层及角质层具有吸湿性，且对皮肤酸碱值具有调节功能，亲肤性极佳。常见的拟 NMF 类有：PCA-钠、乳酸钠、尿素、羟乙基尿素等。

（1）尿素

INCI 名称：尿素［Urea］；CAS 编号：57-13-6。

性质：纯品为白色颗粒状或针状结晶，无味无臭。易溶于水、乙醇。尿素是皮肤天然保湿因子的主要组成部分，在皮肤的角质层中结合水分子，起到保湿和柔软角质层的功效。

应用：作为保湿剂、角质柔软剂用于化妆品中。尿素浓度低于 10%时，护肤品主要发挥保湿功能，同时还可以提高皮肤水合作用以及保持皮肤水分。尿素浓度大于 10%时，护肤品具有溶解角质的作用。目前的研究认为其机理有两种，一种认为尿素通过促进氢键分解来溶解角蛋白；另一种认为尿素诱导角蛋白构象变化，引起蛋白质变性。尿素也是一种促透剂，研究发现尿素使孕酮经皮渗透能力提高了 2.5 倍，尿素的高水合能力和在高浓度下溶解角质是其促渗透的原因。

（2）PCA-钠

INCI 名称：PCA-Na［Sodium PCA］；CAS 编号：28874-51-3。

别名：吡咯烷酮羧酸钠。

性质：市售产品多为无色至微黄色透明无臭液体，易溶于水、乙醇、丙醇等，吡咯烷酮羧酸盐是表皮的颗粒层丝状聚集蛋白的分解产物之一，主要包括吡咯烷酮羧酸钠和吡咯烷酮羧酸钾，以吡咯烷酮羧酸钠为主，其保湿能力强于甘油、丙二醇等传统保湿剂，肤感清爽。角质层吡咯烷酮羧酸盐含量减少，会导致皮肤干燥和粗糙。

应用：作为保湿剂，主要用于膏霜类化妆品、浴液、洗发香波等产品中。

（3）乳酸及其盐类

INCI 名称：乳酸［Lactic acid］；乳酸钠［Sodium Lactate］。

性质：乳酸为无色至浅黄色液体，无气味，具有吸湿性。能与水、乙醇、甘油等混溶，常压下加热易分解产生部分乳酸酐。乳酸钠为无色或微黄色透明浆状液体，混溶于水、乙醇和甘油，具有较强的吸湿性。

应用：乳酸分子的羧基对头发和皮肤有较好的亲和作用。乳酸是缺氧状态下糖酵解产物，在护肤中具有极佳的保湿功效，其容易水解，与钠离子结合形成乳酸钠。乳酸和乳酸钠是有效的保湿剂，其保湿性强于甘油。乳酸和乳酸钠组成缓冲溶液，可调节皮肤 pH。乳酸/乳酸钠在皮肤表面形成一层水化膜，防止皮肤水分挥发，调节皮肤的水油平衡；此外，乳酸具有很好的角质调理作用，可以加速角质代谢，使肌肤呈现出更加光滑、细致的肌肤质感。

思　考　题

1. 护肤用保湿剂需要满足哪些条件？
2. 天然来源保湿剂有哪些类型？它们的共同点和不同点分别是什么？
3. 化学合成保湿剂有哪些类型？使用时需要注意哪些事项？
4. 理想的保湿剂应该具有哪些性质？

第 12 章　紧致抗皱及舒缓类功效原料

12.1　紧致抗皱功效原料

12.1.1　皮肤衰老机理

衰老是一个涉及分子、细胞、组织、器官的功能衰退的复杂生物学过程，随着年龄的增长，细胞逐渐失去活力，功能下降，导致组织和器官的功能衰退。皮肤作为人体的屏障器官，随着年龄的增长在内外环境的不断作用下细胞结构和功能发生退化和衰老，通常表现为皮肤干燥、皮肤弹性降低、皮肤松弛、粗糙、屏障完整性降低和表皮变薄等问题。可分为内源性（占 20%）与外源性老化（占 80%），内源性老化指人体受遗传、内分泌等不可抗拒的生理因素而老化，外源性老化是环境作用老化，即由光辐射、环境污染、不良生活习惯等造成的衰老。

目前关于皮肤机理的研究有很多不同的学说，包括 DNA 损伤、端粒消耗、炎症衰老、线粒体功能障碍、表观遗传学、自由基的产生和基质金属蛋白酶的过度表达等。器官层面的表现为真皮表皮连接（DEJ）发生扁平化，真皮层变薄；细胞层面的表现主要为细胞增殖能力降低；分子层面表现为细胞外基质蛋白（如胶原蛋白、弹性蛋白或透明质酸）的减少或降解（基质金属蛋白酶）、细胞内过氧化产物 ROS 的增多、非酶糖基化反应产物的增加、端粒的缩短、炎症因子的过度表达等。

12.1.2　皱纹形成原因和类型

（1）自然老化　真皮成纤维细胞数量逐渐减少，胶原蛋白、弹性蛋白和氨基聚糖的合成降低；弹性纤维退化或者自由基的损害硬化断裂；网络结构发生卷曲、疏松，形成凹陷（皱纹）。

（2）地心引力　随着年龄的增大，皮肤和皮下组织松弛，加上面部支撑组织的萎缩或缺失以及肌肉的松软皮肤会在重力作用下发生松垂衰老。主要出现眼袋、双下颌、深皱纹等。

（3）紫外线照射　研究表明，长期受紫外线照射是导致皮肤衰老的最常见、作用最强的外在因素。UVA 占地表紫外辐射的 97%，穿透力极强，能够达到表皮深处或真皮层，引起色素沉着或者衰老现象。

（4）面部表情肌收缩过多　表情肌位于面部皮肤的深部，如果面部的表情变化过多，面部表情肌会不断地收缩、舒张，并牵动面部皮肤一起活动。在皮肤的弹性和张力不佳的状态下，会加速皱纹的增多。常见如鱼尾纹和眉间纹大多是由于面部表情肌收缩过多引起的。眼睑部位皮肤较其他部位薄，并且眼部肌肉要不停地运动，因此最容易出现鱼尾纹。而眉间纹则是由于经常在光线暗的环境下看书、写字、工作时，面部肌肉常呈紧张的收缩状态引起的。

12.1.3　抗皱紧致原料作用机理

紧致抗衰原料是指那些能够改善皮肤松弛、减少皱纹、提升皮肤弹性和整体健康状态的活性成分，它们通过以下机理发挥作用：①在皮肤表面形成水膜，减少水分流失，增加皮肤弹性，从而减少细纹和皱纹出现；②促进胶原蛋白合成，增强皮肤的紧致度和弹性；③促进皮肤细胞更新，加速老化细胞的更替，改善皮肤质地，减少皱纹和细纹；④减少氧自由基应激对皮肤的损害，保护皮肤免受环境因素侵害，延缓衰老过程；⑤修护和维护皮肤屏障，防止水分流失和外界刺激物侵入，保持皮肤健康状态；⑥填充在皮肤表面或深层，使皮肤看起来更加平滑；⑦阻断神经传递肌肉收缩信息，减少表情纹形成；⑧减轻皮肤炎症，减少因炎症引起的皮肤老化现象。不同原料通过不同机理发挥紧致抗皱功效，有时，多种原料可以协同发挥紧致抗皱功效。常见的紧致抗皱原料主要包括天然植物提取物类、生物活性肽、维生素类等。

12.1.4　常用抗皱紧致原料

（1）天然植物提取物　面对消费者越来越注重产品成分天然健康的市场环境，植物提取物因其独特的功效和相对较低的副作用风险，成为化妆品研发的重要方向。化妆品中的天然提取物以其绿色、自然和健康的特性，在现代化妆品行业中的应用日益广泛，不完全统计，天然化妆品在整个化妆品中的比例已经达到40%。以天然提取物为原料的抗衰老化妆品同样越来越多地被应用于化妆品中。

根据衰老学说，天然提取物的抗衰机理主要有以下几点：①通过提取物中的抗氧化组分，减少皮肤的自由基损伤，来调节皮肤免疫和提高自我保护作用；②通过抑制 MMP 表达，或促进组织型抑制剂（TIMP）表达来维持真皮层的结构；③防晒组分可有效防止紫外线对皮肤的伤害。而由于天然物种中组分较为复杂，往往能够多靶点协同作用起到抗衰老的效果，因此备受市场欢迎。

① 绿茶提取物

INCI 名称：茶（*Camellia sinensis*）叶提取物［*Camellia sinensis* leaf extract］。

活性成分：茶多酚（儿茶素）。

功能：富含抗氧化物质，能够清除自由基，减缓皮肤老化，从而改善皱纹。绿茶提取物在抗皱方面展现出了显著的效果。这主要归功于绿茶提取物中富含多种活性成分，特别是儿茶素（图 12-1），能够中和自由基，减少氧化应激反应，从而保护皮肤细胞免受损伤。此外，绿茶提取物能够抑制炎症因子的产生和释放，减轻皮肤炎症，进而改善皮肤老化现象。除了抗氧化和抗炎作用外，绿茶提取物还具有保湿和收敛作用，能够提升皮肤的弹性和紧致度，进一步减少皱纹的产生。临床试验表明，使用含有绿茶提取物的护肤品能够显著改善皮肤的皱纹和松弛现象，使皮肤更加光滑和紧致。

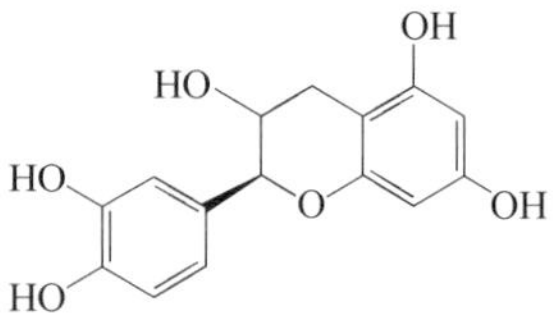

图 12-1　儿茶素化学结构

应用：绿茶提取物凭借其强大的抗氧化、抗炎和保湿作用，成了一种常用有效的抗皱成分。

② 白藜芦醇

INCI 名称：白藜芦醇［Resveratrol］。

白藜芦醇（RES）又名芪三酚（图 12-2），属于非黄酮类多酚化合物，是植物受到真菌、细菌等病原性微生物进攻或环境恶化如紫外线照射等不利条件时，产生的植物防御素。

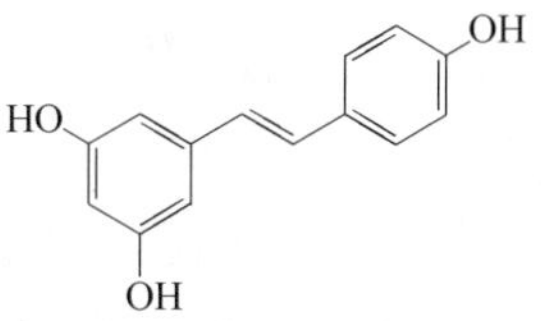

图 12-2　白藜芦醇化学结构

来源：白藜芦醇广泛存在于花生、葡萄、凤梨、藜芦、虎杖等植物中，是一种天然抗氧化剂。

功能：白藜芦醇对金黄色葡萄球菌、大肠杆菌、绿脓杆菌等有抑制作用。白藜芦醇在抗皱方面具有显著作用，这主要归功于其强大的抗氧化特性，能够有效清除自由基，减少紫外线等外部因素产生的自由基对肌肤的伤害，进而对抗皮肤老化，减少皱纹的形成。此外，白藜芦醇还能调节抗氧化酶，进一步增强其抗衰老的效果。它能够促进皮肤细胞的代谢，改善皮肤微循环，使皮肤更加紧致有弹性。同时，白藜芦醇还可以激活与生命相关的多种转录因子的酶活性，延长细胞生命周期，从细胞层面延缓皮肤衰老的过程。白藜芦醇的分子结构与酪氨酸相似，可以与酪氨酸酶发生作用，从而减少酪氨酸转化为黑色素，达到美白和提亮肤色的效果。

应用：白藜芦醇在抗皱和美白产品中有广泛的应用。然而，每个人的皮肤状况和反应不同，使用含有白藜芦醇的产品前，建议进行皮肤测试，以确保安全和有效性。

③ 大豆提取物

INCI 名称：大豆异黄酮［Soy isoflavones］。结构式见图 12-3。

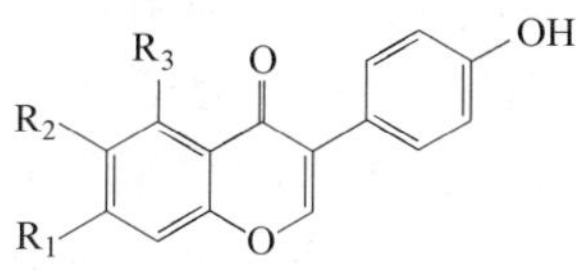

图 12-3　大豆异黄酮化学结构

功能：这些大豆异黄酮化合物不仅具有抗氧化作用，还能调节人体内的激素水平，从而对抗皮肤老化，减少皱纹的形成。大豆异黄酮的抗氧化特性能够有效清除自由基，减少紫外线等外部因素对皮肤细胞的损伤。通过中和自由基，大豆异黄酮能够保护皮肤细胞免受氧化应激的侵害，从而延缓皮肤衰老的过程。此外，大豆异黄酮可以促进胶原蛋白的合成，增加皮肤弹性和紧致度。

应用：添加大豆异黄酮的护肤品能够显著改善皮肤的皱纹和松弛现象，使皮肤更加光滑和紧致。

④ 石榴提取物

INCI 名称：石榴（*Punica granatum*）果皮提取物［*Punica granatum* pericarp extract］；石榴（*Punica granatum*）籽油［*Punica granatum* seed oil］。

活性成分：石榴提取物富含鞣花酸、没食子酸、花青素、氨基酸等多种活性物质。

功能：具有卓越的抗氧化、消炎和清除自由基的能力，能够同时预防 UVA 和 UVB 诱导的皮肤损伤，有效防止光老化的发生。另外，有研究显示，石榴果提取物可以抑制胶原蛋白酶，石榴皮提取物能够清除自由基（DPPH）；石榴籽油和石榴皮提取物结合使用可以促进胶原蛋白的合成，抑制基质金属蛋白酶活性，促进角质细胞增殖，具有促进皮肤生长，延缓产生皱纹等作用。

⑤ 葡萄籽提取物

INCI 名称：葡萄（*Vitis vinifera*）籽提取物［*Vitis vnifera*（Grape） seed extract］。

活性成分：葡萄籽提取物（GSE）是从葡萄籽中提取的天然物质，含有丰富的原花青素、白藜芦醇、单宁和黄酮等活性物质。

应用：作为天然抗氧化剂可以通过减少脂质体氧化或阻断自由基的生成保护体内组织细胞免受氧化损伤。葡萄籽中提取物可保持皮肤紧致度，促进创伤收缩愈合，降低皮肤色素沉着，具有较好的皮肤保护作用。与维生素 E 相比，葡萄籽提取物更能抑制豚鼠紫外线诱导的黑色素形成及色素沉积，防止皮肤衰老、减少面部皮脂、增加皮肤密度、维持皮肤水分含量、降低女性黄褐斑色素沉积。

⑥ 红景天提取物。红景天是在《神农本草经》中被列为药中上品的草本植物，具有轻身益气、滋补强身等多种功效。

INCI 名称：红景天（*Rhodiola rosea*）提取物［*Rhodiola rosea* extract］。

应用：红景天提取物能够通过促进成纤维细胞增殖，增强细胞的再生能力，帮助皮肤达到紧致抗皱的效果。红景天提取物还表现出强大的抗氧化能力，能够清除自由基，从而保护皮肤细胞免受损伤。这种抗氧化作用不仅有助于延缓皮肤衰老，还能在一定程度上改善皮肤暗沉、色斑等问题，使肌肤更加明亮、光滑。

⑦ 人参提取物

INCI 名称：人参（*Panax ginseng*）根提取物［*Panax ginseng* root extract］。

功能：人参中含有多种人参皂苷、氨基酸、维生素及矿物质，具有促进皮下毛细血管的血液循环、强化细胞活力、促进胶原蛋白活力的作用。人参根茎中的根皮素还能有效提升肌底弹性。这些抗老机理协同作用，能减少皱纹，改善肌肤松弛，提升紧致感。

应用：人参提取物多应用于抗皱、紧致、防脱发等护肤护发产品中。

（2）生物活性肽

① 乙酰化六肽

INCI 名称：乙酰化六肽［Acetyl hexapeptide-8］。

乙酰基六肽-8，别名阿基瑞林，是一种优质的祛皱化妆品原料，其抗皱活性高，副作用小，已在各高端化妆品系列中应用。它能局部阻断神经传递肌肉收缩讯息，影响皮囊神经传导，使脸部肌肉放松，达到平抚动态纹、静态纹及细纹；有效重新组织胶原弹力，可以增加弹力蛋白的活性，使脸部线条放松，皱纹抚平改善松弛。可用于化妆品内，作为抗皱成分，且效果极佳。

② 蓝铜胜肽。蓝铜胜肽能够促进皮肤中胶原蛋白和弹性蛋白的合成，这两种蛋白质是维持皮肤弹性和紧致度的关键。通过增加它们的含量，蓝铜胜肽能够有效减少皱纹和皮肤松弛现象，使皮肤更加年轻有弹性。其次，蓝铜胜肽具有出色的修复能力，能够深入肌肤底层，修复受损的细胞和组织，促进伤口愈合，能够加速皮肤的恢复过程，减少疤痕的产生，这对于因创伤、痘痘或其他原因造成的皮肤损伤非常有益。此外，蓝铜胜肽还具有强大的抗氧化作用，能够清除自由基，减少紫外线等外界因素对皮肤的伤害，从而保护皮肤细胞免受损伤。长期使用含有蓝铜胜肽的产品，能够改善皮肤暗沉、色斑等问题，使肌肤更加明亮、光滑。最后，蓝铜胜肽还具有一定的抗炎作用，能够减轻皮肤炎症，缓解红肿、瘙痒等不适症状。

③ 棕榈酰五肽-4

INCI 名称：棕榈酰五肽-4［Palmitoyl pentapeptide-4］。

功能：棕榈酰五肽-4 能够促进真皮层中多种类型胶原蛋白（包括Ⅰ型、Ⅱ型、Ⅳ型）、弹力纤维、葡糖胺聚糖、透明质酸（即玻尿酸）的合成，并通过修复肌底损伤，加强肌底屏障功能，有效舒缓因皮肤衰老而产生的静态纹。

应用：棕榈酰五肽-4 已在国内外知名化妆品中得到广泛应用。一项研究证明棕榈酰五肽-4 以浓度依赖的方式刺激胶原蛋白的生成。

④ 棕榈酰三肽-5

INCI 名称：棕榈酰三肽-5［Palmitoyl tripeptide-5］。

应用：具有显著促进真皮层中胶原蛋白和弹性蛋白合成的性能，主要针对动态和静态皱纹的改善。棕榈酰三肽-5 促进肌肤细胞生长，抑制氧自由基和羟基自由基，促进基质蛋白（Matrix protein）尤其是胶原蛋白的合成，同时还能增加弹性蛋白、透明质酸、糖胺聚糖和纤维连接蛋白的生成。该胶原肽通过增加基质细胞活动促进胶原蛋白的合成，使得皮肤看起来更显弹性和年轻。其作用方式与维 A 酸类似，但无维 A 酸的副作用，能有效促进胶原蛋白及透明质酸（HA）合成，从而显著减少细纹。

⑤ 肌肽

INCI 名称：肌肽［Carnosine］；学名 β-丙氨酰-L-组氨酸。

结构：由 β-丙氨酸和 L-组氨酸两种氨基酸组成的二肽（图 12-4），结晶状固体。

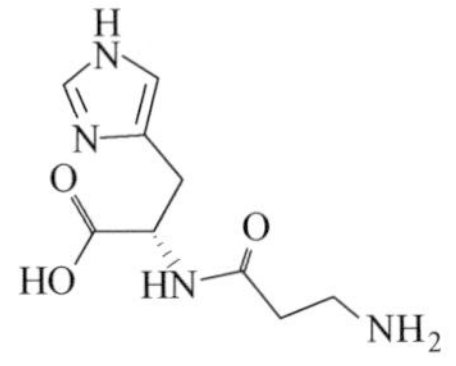

图 12-4　肌肽化学结构

应用：是一种天然的抗氧化剂，具有很强的抗糖化、抗氧化能力，可以清除活性氧自由基（ROS），防止肌肤衰老。肌肽已被证实可清除氧化应激过程中细胞膜的脂肪酸过度氧化而形成的活性氧自由基以及 α-β 不饱和醛。肌肽抑制晚期糖基化终产物（AGEs）的形成。肌肽的结构类似于蛋白质糖基化的位点，是一个很好的糖基化目标。肌肽通过牺牲自己而阻止了蛋白质的糖基化，能够中和攻击细胞膜蛋白的羰基，防止损伤性交联的形成。肌肽是一种抗氧化剂，它可以防止胶原蛋白的相互交联，对自由基和金属离子引起的脂质氧化具有显著的抑制作用。同时肌肽能有效清除活性羰基类物质（RCS）——一种导致蛋白质和细胞功能丧失和降低的物质，减缓衰老的进程，主要应用于抗衰老护肤产品。

（3）维生素及其衍生物

① 维生素 A 类。通过增加皮肤细胞的分裂更新换代，刺激胶原蛋白的生长，去除表皮层的角质发挥作用。除了减少皮肤外表的皱纹之外，它还能阻止新皱纹的生成，淡化色斑和修复晒伤，减少患皮肤癌的风险，并且能够提高皮肤的质地和弹性。因为维 A 酸的刺激性，化妆品中能用的维 A 家族成员仅视黄醇、视黄酯类，如视黄醇棕榈酸酯、视黄醇乙酸酯、丙酸酯。2024 年 4 月 3 日，欧盟委员会发布法规（EU）2024/996，修订（EC）1223/2009 欧盟化妆品法规：新增视黄醇（Retinol）、视黄醇乙酸酯（Retinyl acetate）、视黄醇棕榈酸酯（Retinyl palmitate）为限用成分；限制用量：身体乳液≤0.05%，其他≤0.3%。下面以视黄醇为例。

性质：视黄醇是一种不易溶于水，但易溶于油脂的有机小分子。它的性质相对活泼，反应的性质与所在的环境有关。在含有空气的乙醇和水的混合溶液里，视黄醇不到一个小时便会被空气中的氧气氧化分解；在吸收紫外线后，视黄醇会更加活泼，很容易诱发一系列光化学反应，生成有害产物，只有在一些特定的有机溶液中，并隔绝空气、水和紫外线，视黄醇才能比较稳定地保存。

应用：视黄醇具有双重功效，一方面，能够防止真皮层胶原蛋白的分解，预防皮肤皱纹的形成；另一方面，它能促进真皮层胶原蛋白的合成，有效改善已经形成的皱纹情况，从而真正改善皱纹问题。视黄醇还有两种衍生物，分别是视黄酸和棕榈酸视黄酯，前者是视黄醇的氧化产物。棕榈酸视黄酯是在皮肤上经过更多反应后转化的产物，因此，其效力发挥速度慢于视黄酸和视黄醇。视黄醇三种形式（含两种衍生物）对于肌肤的最终作用效果相似，均基于视黄醇促进皮肤角质细胞的正常分化，让角质细胞的分布更加均匀紧致，肉眼上看到的结果就是毛孔更加的细腻隐形，皮肤更加紧致光滑。

② 维生素 C 及其衍生物。维生素 C 又名抗坏血酸，具有高度抗氧化、抗自由基性能；还可通过促进胶原蛋白的合成，达到抗衰老效果。但由于维生素 C 不够稳定，容易氧化，被光照破坏而分解，容易导致光敏感，且高浓度会有一定刺激性，现在化妆品中通过将其结构改性，在保留原有抗氧化活性的基础上改善其稳定性。常用的有抗坏血酸磷酸酯镁、维生素 C 乙基醚、抗坏血酸棕榈酸酯等，它们能够抑制黑色素形成，淡化色斑，同时促进胶原蛋白生成，减少皱纹。

③ 维生素 E 及其衍生物。维生素 E 又称生育酚，是一种脂溶性维生素。作为高效抗氧化剂，在体内保护细胞免受自由基损害，阻止脂褐质生成，从而对因肌肤衰老导致的皱纹生成、弹力下降、肤色发黄等问题均有改善效果。

（4）其他成分

① 透明质酸钠。能够吸收大量水分，为皮肤提供持久的保湿效果，从而改善皱纹。透明质酸钠通过促进表皮细胞的增殖和分化，以及清除氧自由基的作用，促进受损伤肌肤再生。在医美项目后，同样可以使含有透明质酸钠的产品进行修护。小分子的透明质酸钠，能渗透到真皮层，促进血液微循环，有利于皮肤对营养物质的吸收，起到抗皱的作用。结构式见图 12-5。

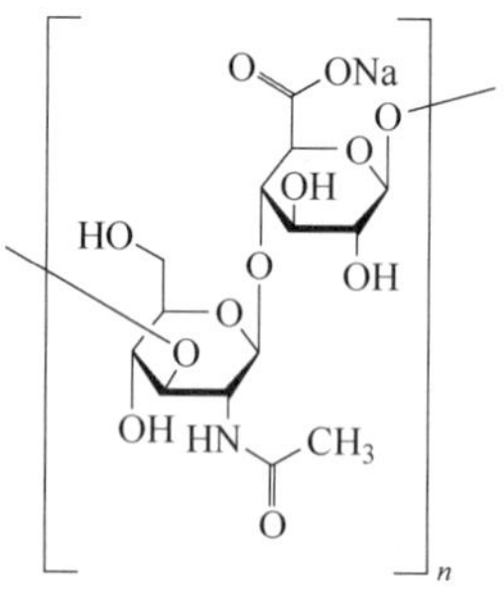

图 12-5　透明质酸钠化学结构

② γ-氨基丁酸

INCI 名称：氨基丁酸［Aminobutyric acid］。

应用：氨基丁酸（简称 GABA）是一种四碳非蛋白氨基酸，广泛存在于自然界中。高等生物中对 GABA 受体体系的研究较为深入，GABA 在动物体内作为动物的主要抑制性神经递质，通过 GABA 受体发挥作用。随着人们年龄的增长，体内的 GABA 含量随之减少，导致神经元细胞长期得不到放松。神经元细胞的过度兴奋会引起皮肤肌肉的过度紧缩，从而形成了一条条皱纹。在护肤品中添加 GABA，不仅可以放松紧张的肌肉，抚平动态表情纹，而且可以促进皮肤内透明质酸和胶原蛋白的合成，提高皮肤的保水性，减少皱纹。

③ 辅酶 Q10

INCI 名称：泛醌［Ubiquinone］。

辅酶 Q10（Coenzyme Q10）又称泛醌，结构式见图 12-6，是一种重要的抗氧化剂，是线粒体中至少 3 种线粒体酶的辅酶，它作为线粒体呼吸链的组成部分包埋在线粒体内膜脂质双分子层中，一方面参与机体能量 ATP 的产生，增强细胞活力，另一方面作为抗氧化剂通过转移电子清除氧自由基，保护细胞，减少氧化损伤。对皮肤而言，辅酶 Q10 能够抗氧化、改善线粒体功能、减轻光损伤；能够维护和修复表皮、促进胶原合成、减少胶原损伤，进而有效防止皮肤衰老，减少皱纹；还具有抑制黑素合成的作用，是一种多重功效的护肤成分。

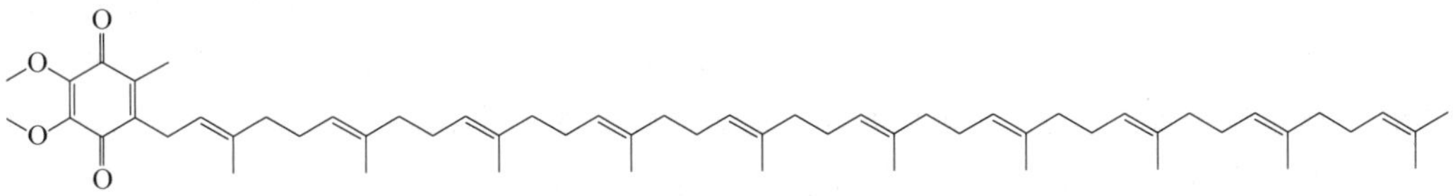

图 12-6　辅酶 Q10 化学结构

④ 玻色因

INCI 名称：羟丙基四氢吡喃三醇［Hydroxypropyl tetra-hydropy-rantriol］。

玻色因是一种具有显著抗衰老功效的木糖衍生物（如图 12-7 所示）。

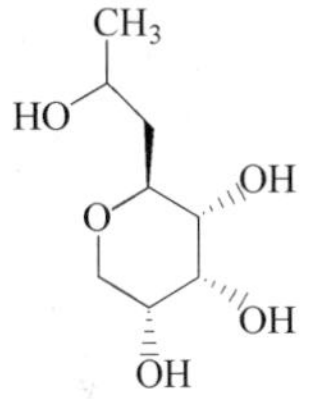

图 12-7　玻色因

糖胺聚糖是皮肤抗衰老的重要靶标，可以帮助调节皮肤细胞的增殖和分化及细胞外基质的组成和质量，让肌肤保持丰盈柔软，是评估皮肤是否老化的一项重要指标。皮肤中原有的糖胺聚糖会随时间流逝而受损，同时皮肤合成糖胺聚糖等分子的能力也会随年龄增长而降低，进而使皮肤不再紧致和失去弹性，并出现皱纹。

应用：玻色因分子比较小，能够被皮肤快速吸收，在皮肤各层（表皮、真表皮连接和真皮）均能发挥生物学功效。研究表明，玻色因可以通过促进糖胺聚糖和蛋白聚糖的合成，实现促进表皮更新，强韧皮肤结构，使皮肤恢复紧致弹性、改善皱纹、细纹，增加皮肤光泽和弹性。

⑤ 重组胶原蛋白。重组胶原蛋白是一种通过基因工程技术制造的新型生物材料。具体来说，它是将胶原蛋白基因插入到细菌或真核细胞中，从而表达出具有天然胶原蛋白特性的重组蛋白质。这种技术使得重组胶原蛋白具有更高的纯度、更低的免疫原性以及更好的生物相容性，因此在医学、美容和食品等领域具有广泛的应用前景。

应用：作为一种化妆品原料，胶原蛋白可用于各类肤用护肤品，如冻干粉、安瓿、次抛精华、原液、精华面膜或眼膜等。在护肤品方面主要用于促进补充水分、防止水分流失、皮肤屏障功能修护、抗衰老、激光术后修护、晒后修护等。重组胶原蛋白的优点是更纯、更安全、活性更好。在美容领域，重组胶原蛋白能够提升肌肤的弹性和紧致度，减少皱纹和细纹的出现，使肌肤焕发健康年轻的光彩。因此，它常被用作抗衰老护肤品的重要成分。

⑥ 神经酰胺。是以神经酰胺为骨架的一类磷脂，主要有神经酰胺磷酸胆碱和神经酰胺磷酸乙醇胺。角质层中 40%～50%的脂质由神经酰胺构成，神经酰胺是细胞间基质的主要部分，具有很强缔合水分子能力，它通过在角质层中形成网状结构维持皮肤水分，因此具有保持皮肤水分作用。在正常情况下，长期使用含有神经酰胺成分的护肤产品，可以增

加皮肤表皮角质层的厚度，提高皮肤的持水能力，提升皮肤紧致度，减少皱纹，从而延缓皮肤衰老。

作为化妆品原料的神经酰胺大致分为以下四种类型。

合成来源的神经酰胺：

a. 人神经酰胺：通过微生物发酵生产的化妆品成分，其结构与人神经酰胺相似。

b．合成神经酰胺：它是化学合成的物质，类似于神经酰胺，也称为假神经酰胺。

天然来源的神经酰胺：

a. 动物源神经酰胺：从马的大脑和脊髓提取的动物来源的化妆品成分。

b. 植物源神经酰胺：一种来自米、玉米、大豆和魔芋等植物的化妆品成分。

神经酰胺的性质取决于其类型，常见的神经酰胺主要作用有形成皮肤保护屏障，保水，保护皮肤免受外界刺激，减少皱纹，促进细胞增殖和分化，平衡驻留在皮肤上的细菌。

⑦ 虾青素

INCI 名称：虾青素［Astaxanthin］。

虾青素具有紧致皮肤的作用。其独特的分子结构（图 12-8）使其吸收波长与 UVA 波长相近，有助于减少紫外线对肌肤造成的伤害。同时，虾青素作为世界上最强的天然抗氧化剂之一，能有效清除细胞内的氧自由基，增强细胞再生能力，维持机体平衡和减少衰老细胞的堆积，从而帮助皮肤变得更加紧致和富有弹性。此外，虾青素还可以帮助修复已经受损的皮肤弹性，使皮肤变得更加细腻。在衰老过程中，氧化代谢和紫外线照射产生的活性氧（ROS）加速皮肤老化的过程。DNA 损伤、抗氧化剂的生成减少、炎症反应和基质金属蛋白酶（MMPs）的存在，这些因素都已被证实与皮肤老化有关。大量临床试验证明了虾青素对皮肤的益处：年轻女性补充 12 周虾青素（2mg/天），皮肤弹性明显改善；中年女性补充 6 周虾青素（4mg/天），皮肤水分含量得到提高，皱纹出现淡化。

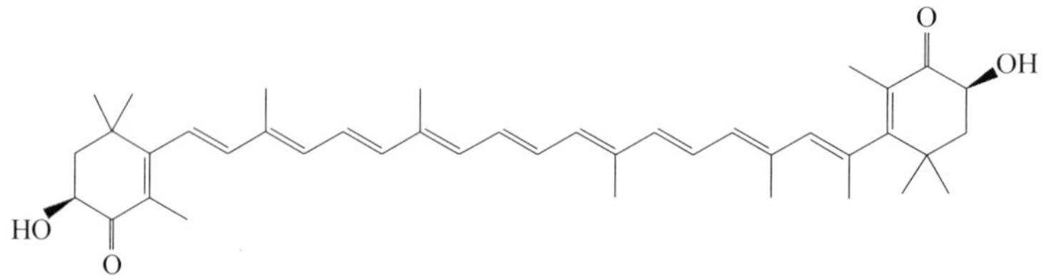

图 12-8 虾青素

⑧ 二裂酵母相关的原料

二裂酵母的英文全称 “Bifida Ferment Lysate”，又叫比菲德氏菌，是一种厌氧的革兰氏阳性杆菌。

功能：二裂酵母发酵产物具有皮肤修复和美白护肤的效果，能加速皮肤新陈代谢，深层保湿，平衡油脂分泌，防止紫外线对皮肤的伤害，从而修复受损皮肤底部，改善皮肤粗糙和细纹。

应用：在中国化妆品成分目录中，可查询到三个与二裂酵母相关的成分，分别是二裂酵母发酵产物滤液、二裂酵母发酵产物溶胞物、二裂酵母发酵产物提取物。市面上的大多数品牌用“二裂酵母发酵产物溶胞物”。“溶胞物”是将双歧杆菌放入营养液中，吸收营养从而大量繁殖后，利用超声波技术将其打碎的物质，得到细胞壁碎片和各种氨基酸、多肽、蛋白质等物质成分和功效更能加速皮肤新陈代谢，提亮肤色，深层保湿，平衡油脂分泌，防止紫外线对皮肤的伤害，从而修复受损皮肤底部，改善皮肤粗糙和细纹是常见的护肤品的功效成分。

⑨ 富勒烯

INCI 名称：富勒烯［Fullerenes］。

富勒烯（C_{60}）是一种由五边形和六边形组成的闭合碳笼状结构，作为碳的同素异形体之一（其他包括金刚石和石墨），具有卓越的抗氧化性能和多重护肤功效。

安全性：20 世纪 90 年代早期至今，所有关于富勒烯的毒性研究表明富勒烯及其衍生物具有生物安全性。例如，国外研究人员发现小鼠吸入 $C_{60}(OH)_{24}$ 或纳米 C_{60} 并没有毒副作用，富勒烯和富勒醇无遗传毒性。

作用机理：富勒烯具有强的吸收活性氧和降解活性氧两种机理来清除活性氧，被誉为“自由基海绵”，对自由基的清除能力超强，可以预防脂质的过氧化反应。水溶性富勒烯原料和维生素 C 的抗氧化力进行比较，发现富勒烯的抗氧化力是维生素 C 的 172 倍。同样，将富勒烯与其他典型的抗氧化剂（维生素 C 衍生物和维生素 E）进行比较，在所有三个氧化条件下，富勒烯对典型的活性氧源（脂质自由基、过氧化氢和超氧自由基）表现出了更有效的作用。尤其对紫外线引起的活性氧有很高的抗氧化能力。

应用：目前被应用到化妆品中的富勒烯原料有两类，一类是水溶性富勒烯，另一种是油溶性富勒烯，它是使用植物性角鲨烷作为溶剂所制得的富勒烯原料。

⑩ 麦角硫因

INCI 名称：麦角硫因［Ergothioneine］，化学名称：巯基组氨酸三甲基内盐。

来源：麦角硫因是 1909 年由法国药剂师查尔斯 · 塔瑞特首次在一种真菌 *Claviceps purpurea* 中发现的化合物。

功能：麦角硫因是一种天然抗氧化剂，具有清除自由基、解毒、维持 DNA 的生物合成、细胞的正常生长及细胞免疫等多种生理功能。其抗氧化作用主要是通过皮肤分泌的转运体 OCTN-1，进入到线粒体中，直接将自由基清除，从而对线粒体起到保护作用。此外，麦角硫因也有抑制紫外线引起的脂质过氧化和凋亡的作用，从而起到更好的保护作用。随着进一步深入研究发现，麦角硫因还可以抑制转录因子 NF-κB 的激活，降低 *TNF*-α、*IL*-8 等促炎因子的表达，并抑制基质金属蛋白酶的含量，从而保护胶原蛋白不被降解，减少皱纹，提高皮肤弹性。

应用：麦角硫因天然安全、无毒，具有良好的抗氧化功效和细胞生理保护作用，其在水溶液中的良好稳定性和广泛的机体适应性的特点，使其可与其他易氧化的功效原料复配起效，从而研发性能更优异的复合型功效原料。

12.2　舒缓类功效原料

舒缓在护肤品语境下的定义主要是指通过特定成分和作用机理，来减轻或消除皮肤因各种内外因素所导致的不适、刺激、敏感等状态，使皮肤恢复到相对平静、舒适和稳定的状态。具体包括缓解皮肤的发红、发热、瘙痒、刺痛等不适感受，降低皮肤对刺激的过度反应，帮助敏感性皮肤减少过敏症状的发生频率和严重程度，以及让处于应激状态的皮肤能够尽快恢复常态，同时提升皮肤自身应对外界不良因素的能力和耐受性。舒缓不仅仅是针对当下的症状进行改善，更是致力于长期维护皮肤的健康和稳定。

舒缓类化妆品原料主要通过以下几种作用来实现：①舒缓镇静：减缓肌肤因应力、环境污染、日晒等原因产生的炎症反应，缓解红肿、瘙痒等不适症状，让肌肤恢复平静状态；②缓解肌肤不适感，比如肌肤干燥、紫外线伤害、出油过多等问题，使肌肤感觉更加舒适；③修复肌肤屏障，增强肌肤的抵抗力，预防肌肤干燥、粗糙、易敏感等问题，让肌肤更健康。

（1）红没药醇（Bisabolol）

别称：甜红没药醇、防风根醇。

结构：是自然界中存在较多的倍半萜化合物之一，有α-体和β-体两种结构（图12-9）。

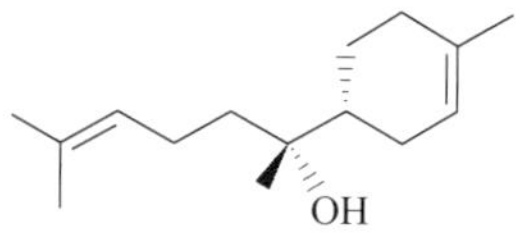

图12-9　红没药醇结构式

来源：主要存在于春黄菊精油、胶杨精油以及某些苦槛蓝属和鼠尾草属的精油中。

功能：①抗菌、抗炎作用：红没药醇可以减少白三烯与白介素-1的释放，从而减轻化学因素引起的组织水肿，减轻炎症；②抗刺激、修复作用：红没药醇能够保护和治愈皮肤，使皮肤免受日常张力的影响，加速皮肤的治愈过程。

应用：红没药醇稳定性及皮肤相容性好，使用非常安全，主要应用食品和药品、皮肤保护和皮肤护理的化妆品中，对敏感性肌肤也有良好的保护作用。它的添加浓度为0.2%～0.5%，可以缓解过敏性皮肤病，具有抗炎、抗菌、舒缓和镇定肌肤的作用。

（2）马齿苋提取物

INCI名称：马齿苋（*Portulaca oleracea*）提取物［*Portulaca oleracea* extract］。

活性成分：马齿苋含有大量的黄酮类、肾上腺素类、多糖类、氨基酸类、维生素类化合物，同时也含丰富的矿物质，如铁、镁、钾等。

应用：具有保湿滋润与抗菌消炎功效显著，因此马齿苋提取物护肤品能有效抗炎、抗过敏及补水保湿，提高皮肤的含水量，改善经皮水分散失，修复痘痘治疗过程中损伤的皮肤屏障功能，避免及减少因治疗给患者皮肤造成的二次伤害，更好地促进痘痘患者的治疗与恢复。

（3）洋甘菊提取物

INCI名称：母菊（*Chamomilla recutita*）花提取物［*Chamomilla recutita*（Matricaria）flower extract］。

来源：洋甘菊是菊科植物，别名母菊花，原产欧洲。

功能：洋甘菊提取物，能够很好地舒缓皮肤，抵抗肌肤敏感，有抗炎、抗菌、抗氧化的作用。洋甘菊提取物经常被加入面膜中，能够给肌肤深层补水，快速舒缓肌肤敏感，缓解红敏、瘙痒、晒伤等肌肤问题。洋甘菊提取物具有良好的护肤作用，得益于它富含黄酮类化合物，这使得其具有抗氧化、抗炎症的功效，可以调节肌肤的水油平衡，加速痘痘的愈合，还能延缓肌肤衰老。

应用：洋甘菊提取物号称敏感肌肤的“克星”，调理、舒缓敏感肌肤，平复破裂的微血管，消炎，抗过敏，经常应用于抗敏感类高端护肤品。其次，洋甘菊提取物还是天然的抑菌剂，能够抑制金葡萄球菌、链球菌和白念珠菌等的活性，在化妆品中使用可以减少防腐剂加入量，提高化妆品的温和性。

（4）油橄榄叶提取物

INCI 名称：油橄榄（*Olea europaea*）叶提取物［*Olea europaea*（Olive）leaf extract］。

来源：提取自一种属于木樨科的木本油料作物油橄榄（*Olea europaea L.*）的叶。

活性成分：油橄榄叶中活性物质主要有橄榄多酚、黄酮类、裂环烯醚萜类（包括橄榄苦苷）、双黄酮等，并且其抗氧化生物活性物含量高于油橄榄果和茎。

功能：油橄榄叶提取物中的总多酚及其包含的酚类化合物，如橄榄苦苷、芸香苷、咖啡酸等，均展现出强清除自由基能力，并能显著提升超氧化物歧化酶（SOD）活性。从油橄榄叶中分离得到的橄榄苦苷和酪醇具有广泛的抑菌、抗炎和舒缓镇痛作用，降低促炎因子 $TNF\text{-}\alpha$ 和 $IL\text{-}1\beta$ 的 mRNA 表达。油橄榄叶提取物还可以刺激巨噬细胞活性，一方面在炎症早期促进炎症反应，杀灭细菌并吞噬，另一方面在炎症后期抑制炎症反应，促进细胞增殖、胶原沉积，从而改善炎症引起的红血丝、刺激脱皮、炎性痘痘、炎症后色素沉着。

（5）甘草酸二钾

INCI 名称：甘草酸二钾（Dipotassium glycyrrhizate）；CAS 编号：68797-35-3。

来源：甘草酸是一种从甘草中提取的三萜类化合物，可以通过多种作用机理减轻炎症，在化妆品中通常用作舒缓剂从甘草中提取甘草酸经过碱中和得到。

性质：白色粉末，味甘，溶于水，溶于甘油、丙二醇，微溶于无水乙醇、乙醚。

应用：甘草酸二钾具有抑菌、消炎、抗过敏等作用，并能够降低组胺的释放，对日照引起的炎症具有消炎镇静作用。

（6）金盏花提取物

INCI 名称：金盏花（*Calendula officinalis*）提取物［*Calendula officinalis* extract］。

活性成分：金盏花提取物中含有丰富的生物活性化合物，包括类胡萝卜素、类黄酮和多不饱和脂肪酸以及以维生素 A 和维生素 C 为主的多种维生素。

功能：金盏花提取物具有清除自由基、消炎抗菌的作用，有助于缓解皮肤炎症，促进受损组织的修复，从而改善皮肤的整体健康状况，减少因炎症引起的皱纹。

（7）积雪草提取物

INCI 名称：积雪草（*Centella asiatica*）提取物［*Centella asiatica* extract］。

活性成分：积雪草提取物含有积雪草苷、羟基积雪草苷、玻热模苷、玻热米苷、参枯尼苷、异参枯尼苷和斯里兰卡积雪草苷以及积雪草二糖苷等三萜类成分，石竹烯、法尼烯、榄香烯、长叶烯等挥发油和熊果酸（Ursolic acid）、β-谷甾醇（β-Sitosterol）、棕榈酸（Palmitic acid）、琥珀酸（Succinic acid）、咖啡酸（Caffeic acid）、阿魏酸（Ferulic acid）、胆碱（Choline）、维生素 C 及水苏糖（Stachyose）等活性成分。

功能：积雪草提取物具备抗氧化和抗炎的双重功效。它能够中和自由基，减轻氧化应激反应，从而保护皮肤细胞免受损伤。同时，它还能够缓解皮肤炎症，促进受损组织的修复，进一步改善皮肤的健康状态。此外，积雪草提取物还能改善皮肤的新陈代谢，促进老化角质层的自然脱落，并为肌肤提供必要的水分和营养，长期使用可以提亮皮肤光泽度，使皮肤更加年轻和健康。

（8）燕麦（Avena sativa）β-葡聚糖

INCI 名称：燕麦（Avena sativa）β-葡聚糖［Beta-glucan］。

来源：β-葡聚糖存在于燕麦糠的细胞壁中，从禾本科燕麦籽中提取出来的β-葡聚糖，含有精制燕麦葡聚糖的水溶性部分，不含脂质，纤维和蛋白质，具有生物活性的大分子多糖，除燕麦外，酵母、青稞、灵芝香菇等也存在大量的葡聚糖成分。

应用：β-葡聚糖溶液添加于化妆品中，能帮助更新和修复紧张的肌肤，有效减少皮肤皱纹，提高皮肤的保湿性和紧致光滑度，促进疤痕的愈合和再生，能广泛运用于抗皱抗衰老产品、防晒及晒后修护产品、舒缓敏感型肌肤产品等功效型化妆品中。

思 考 题

1. 抗皱的方式有哪些？它们的作用机理是什么？
2. 紧致原料有哪些？它们的作用机理是什么？
3. 舒缓功效原料包括哪些？它们的作用机理是什么？

第 13 章　控油祛痘去屑原料

13.1　控 油 原 料

13.1.1　概　　念

控油原料是指能够调整皮肤分泌的油脂含量，帮助控制皮肤油脂分泌的化妆品或护肤品成分。这些原料通过不同的机理作用，旨在减少皮肤表面的油脂分泌，从而改善皮肤的油脂平衡，使皮肤看起来更加清爽和健康。

13.1.2　出 油 机 理

皮脂腺是位于皮肤真皮层的囊状附属腺体，其细胞合成脂肪后会堆积在细胞质内，使细胞逐渐胀大最后破裂，而皮脂就是这些脂肪性物质与细胞碎片混合而成的，是一种半流动状态的油性物质。

皮脂腺可分泌出皮脂或油脂到皮肤表面形成皮脂膜。皮肤分泌的皮脂是我们人体自身分泌的天然保湿剂，适量的油脂可使皮肤保持滋润柔软，具有润滑皮肤、柔软头发、抵抗细菌的功效。

过量的油脂分泌不仅会使皮肤更易受到氧化自由基的伤害，还会导致嗜脂性细菌、真菌、寄生虫的过度繁殖，将引发一系列皮肤问题，比如毛孔粗大，闭口黑头，甚至使人患上痤疮。皮肤出油来源于皮脂腺的分泌，皮脂腺的开口在毛孔，因此，旺盛的出油首先会在毛孔及毛孔周围形成一层“油膜”，毛孔也容易因为油脂堆积产生“脂栓”。脂栓的形成，最终导致我们常说的闭口。但闭口并不是出油问题的结束。闭口氧化变黑，变为黑头，这个过程中也伴随着油脂的氧化过程而产生的众多活性氧物质。这些活性氧物质会进一步刺激皮脂腺的分泌，导致“恶性循环”——脂栓闭口堵住油脂的出口，脂栓氧化又加剧下方皮脂的分泌——久而久之，毛孔就被油脂越撑越大。皮肤上一直有很多定植的细菌，在原本的情况下他们在皮肤表面形成稳定的“生态”，互不侵犯。但随着皮脂的增多，加上脂栓堵住毛孔以后的厌氧环境，一些细菌还是“蠢蠢欲动”，不断增生繁殖，形成毛囊感染，最后变成痤疮，也就是我们常说的痘痘。

人体除手、脚掌外的皮肤都有皮脂腺的分布，而在头皮与脸部是最密集的，尤其是在鼻子两侧、额头、发际、耳后、前胸以及上背区域，也因此有了皮肤类型的分类，大体上可分为干性皮肤、中性皮肤、油性皮肤和混合性皮肤，这些分类是以皮肤皮脂分泌量的多少来划分的。

13.1.3　影 响 因 素

（1）激素　由于皮肤腺分泌与激素水平密切相关，尤其是雄性激素分泌量。雄性激素会刺激皮脂腺中5α-还原酶分子的活性水平增加。5α-还原酶是皮脂腺中促进睾酮转化为二氢睾酮的主要酶，其产生的二氢睾酮是皮脂腺分泌的重要刺激因子。在雄性激素的刺激下，5α-还原酶的活性增加，皮脂腺分泌也就更加旺盛。

青少年时段雄性激素分泌旺盛，这也是痤疮被称为青春痘的原因。而随着年龄的增长，旺盛的皮脂腺也会慢慢走向衰退，从20岁开始，皮脂腺的活跃度每十年都会下降20%~30%。男性皮肤出油较女性多，是因为男性本身雄激素水平高，皮脂腺活动更加旺盛，更容易出油。因此，男生相比于女生更容易发生毛孔粗大、黑头闭口和痘痘问题。

（2）温度　皮脂的分泌同时也与环境温度有很大的关系，环境温度升高，皮肤本身的新陈代谢加快，皮肤本身的活性氧反应增加，油脂的分泌速度也更快。因此，夏季皮脂分泌会比较旺盛，出油情况也严重得多。温度每升高1℃，皮脂腺分泌就会增加10%左右。而皮脂的产生是在深夜时候最旺盛，产生后会先存储在皮脂腺中，到了白天皮脂腺就会逐渐将制造的皮脂分泌至皮肤表面，中午12点到下午2点则是皮脂分泌的高峰。

（3）紫外线　紫外线会刺激皮肤周围产生的活性氧增多，会诱导皮脂腺更加活跃，油脂的分泌速度也更快。因此紫外线越强烈，皮肤出油量越多。

（4）心理因素　熬夜以及长期处于压力之中也会导致内分泌失调，体内激素紊乱，雄性激素分泌过量，造成油脂分泌旺盛。

（5）饮食　高血糖指数（Glycemic Index，GI）食物的摄入会增加人体血糖，影响胰岛素分泌过程，从而刺激雄性激素活性增加，导致油脂分泌增多。油腻富含油脂的食物也会刺激诱发皮脂的分泌，从而导致油脂在皮肤表面的累积。

13.1.4 控油机理

（1）收敛　目前较常用的收敛成分为有机酸类。这一类成分副作用小，收敛效果较明显，可以在短时间里收敛毛孔。包括单宁酸（Tannin，tannic acid）、柠檬酸（Citric acid）、乳酸（Lactic acid）。

清凉剂主要成分为乙醇与薄荷，两者都有瞬间收缩毛孔的功效。但这种清凉效果只能“治标”，也就是说，在很短的时间后收敛效果即会消失，无法有效控制后续冒出的油脂。此外，乙醇对肌肤尤其是细胞膜具有渗透去脂能力。对于乙醇含量过高的控油产品，不论哪一类肌肤，都应审慎思考长期使用可能造成的负面影响。此外，还包括异丙醇和植物（金盏菊、金缕梅、茶树、薰衣草等）萃取成分。

（2）吸油　无法做到真正控油的旧控油产品，会以无机粉体作为收敛毛孔成分，作用类似于用木塞堵住漏水的水龙头，是治标快速但不能治本的控油成分。长期使用还会造成皮肤的负担，肤质变差、油光依旧。包括氧化锌、硫酸锌、氯化铝、硫酸铝、滑石粉、高岭土、皂土及聚合物等。

（3）降低油脂分泌　以维生素作为油脂调理成分，主要对象为因缺乏维生素B_6而造成脂溢性皮炎的人。换言之，并非所有油性肌肤的人，使用含维生素B_6的控油产品都会有效。对于患有面疱的油性肌肤，且经常伴随发炎现象的脂溢性油性肤质，选择搭配维生素B_6、维生素B_3与维生素H的控油产品，较能得到治本的效果。此外，还包括一些酵母萃取、锌盐、铜盐及植物萃取（如南瓜萃取、酪梨萃取等）。

（4）角质剥离　最典型的角质剥离溶解剂是水杨酸，其次就是果酸。水杨酸对于毛孔中的角质栓塞溶解效果最好，但会造成皮肤变薄且十分干燥。所以，不是因毛孔阻塞的面疱族，只是一般型油性肌肤的人，并不适合用这种控油成分。

13.1.5　控油原料

（1）烟酰胺（INCI 名称：Niacinamide）　本质上，烟酰胺是维生素 B_3（烟酸）的衍生物。烟酰胺在护肤中的作用主要分成以下几个方面：控油、抗痤疮；抗衰老、改善细纹；修护、增强皮肤屏障功能；美白、淡化色素沉淀。烟酰胺化学结构见图 13-1。

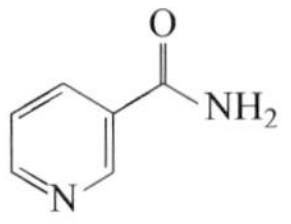

图 13-1　烟酰胺化学结构

目前，对于烟酰胺可以改善暗沉、提亮肤色的研究很多，2%以上外用烟酰胺可以减少皮脂中脂肪酸与甘油三酯的产生，从而收细毛孔并降低痤疮发生时的严重程度，正因为烟酰胺有这样的功能，几乎所有控油产品中都有烟酰胺的存在。烟酰胺提亮的效果也能改善油皮暗沉皮脂腺氧化的情况，对于油皮属实是最佳成分之一。但需要注意的是，有些皮肤对烟酰胺不够耐受，有的人使用 1%以上浓度的烟酰胺会有皮肤发红发热的不耐受反应。

（2）壬二酸（INCI 名称：Azelaic acid）及其衍生物　壬二酸是一种天然存在的饱和直链二羧酸。研究发现 5α-还原酶是皮肤雄激素代谢的关键酶，而雄激素能刺激皮脂腺分泌油脂，壬二酸能有效抑制 5α-还原酶，从而改善油脂分泌。壬二酸化学结构见图 13-2。

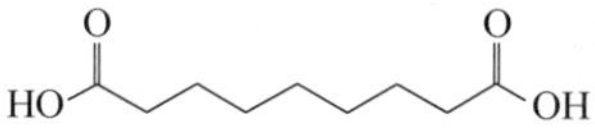

图 13-2　壬二酸化学结构

（3）水杨酸（INCI 名称：Salicylic acid）　水杨酸是通过加快皮肤的角质层更新，也就是剥落角质，松动皮肤皮脂粒来对油皮产生控油、疏通毛孔的作用。相对来说水杨酸由于分子小亲脂性高，对于油皮来说疏通毛孔控油去黑头的效果是最好的，但是反过来由于它是通过剥离角质来起作用，很多人对它不够耐受，过度去角质也会造成皮肤角质层过薄，屏障受损等反作用。使用这类产品需要注意后续的保湿修复和白天防晒，一般来说，最好从低浓度开始使用来建立皮肤耐受。水杨酸化学结构见图 13-3。

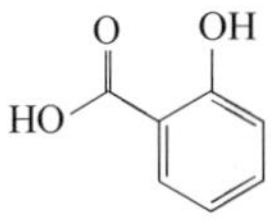

图 13-3　水杨酸化学结构

（4）PCA 锌（INCI 名称：Zinc PCA）　PCA 锌是锌元素和天然保湿因子吡咯烷酮羧酸（简称 PCA）相结合的产物。PCA 由谷氨酸转换而成，本身存在于角质层中，是皮肤中固有的天然保湿因子（NMF）的重要组成成分。NMF 在角质层可以结合水分，保持皮肤柔软光滑，维护屏障健康。锌可以抑制 5α-还原酶，从而减少皮脂的过度分泌。高活性的锌离子不仅可以收敛立毛肌，溶解毛孔污垢，还能深入肌底收缩毛孔，从根源上解决油脂分泌问题。所以，PCA 锌不仅具有锌元素的抗菌、抑制皮脂过多分泌、抗炎的效果，还因为含有 PCA 而具有使角质层保持水分，维护屏障健康的功能。PCA 锌用作化妆品原料非常安全，而且具有良好的抑菌性和收敛性。PCA 锌化学结构见图 13-4。

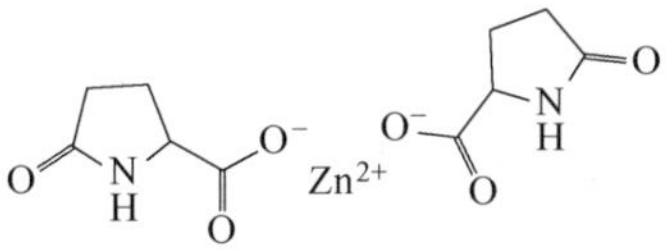

图 13-4　PCA 锌化学结构

（5）乳酸（INCI 名称：Lactobionic acid）　可以有效防止角质增生阻塞毛细孔，疏通毛孔、净化垃圾，毛孔干净了才能有效收敛毛孔，控制油脂的分泌，使肌肤光滑细腻。乳酸化学结构见图 13-5。

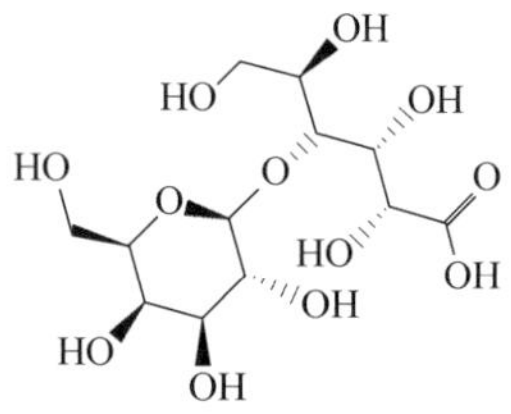

图 13-5　乳酸化学结构

（6）其他天然提取物和舒缓类植物提取　据报道，有些天然提取物具有抑制 5α-还原酶的活性，从而减少了皮脂的产生，比如黑柳树皮提取物（INCI 名称：*Salix nigra*（willow）bark extract），药鼠尾草提取物（INCI 名称：*Salvia officinalis*（sage）extract）等，这一类国外公司研究得非常多。另外，舒缓类的植物提取物如甘草提取物［INCI 名称：*Glycyrrhiza uralensis*（licorice）extract］、积雪草提取物（INCI 名称：*Centella asiatica* extract）等，也可以辅助预防皮脂腺分泌旺盛造成的发红敏感问题。金缕梅有放松和舒缓的效果，对油性肌肤和过敏肌肤起到能收敛毛孔、补湿、静肌作用。使皮肤更加幼滑亮丽，具有调节油脂分泌、保湿作用。金黄洋甘菊提取物（INCI 名称：*Chrysanthellum indicum* extract）有效改善敏感和脆弱皮肤。平衡油脂分泌，改善收敛毛孔粗大问题，起到舒缓镇静肌肤的作用。金盏花提取物（INCI 名称：*Calendula officinalis* extract）是一种很好的抗氧化剂，对表皮细胞和真皮细胞有增殖作用。并且金盏花中含有的挥发油、皂苷等有控油效果。

13.2　祛痘原料

13.2.1　概　　念

痤疮（Acne），又称粉刺或青春痘，是一种毛囊、皮脂腺堵塞的慢性炎症性皮肤病。

痤疮发生是由于体内雄性激素水平增高，促进皮脂腺活动旺盛，皮脂分泌量增多，同时也伴随着表皮和角质的增生加快，角质堵塞毛囊孔和皮脂腺开口部，妨碍皮脂的正常排泄，形成毛囊口角化栓塞，增多的皮脂不能及时排出，形成淡黄色的粉头，经氧化污染后变成黑色。皮脂在毛囊内积聚增多，突出皮肤表面成为丘疹，经细菌感染引起炎症，发展成毛囊炎，出现脓疮、破溃，最后形成疤痕。痤疮主要发生于 15～30 岁青年男女，故也俗称为青春痘。主要发生于面部，尤其是前额、颊部，其次是胸部、肩部及背部，多对称分布，常伴有皮脂溢出，形成粉刺、丘疹，严重的可以出现脓疱、结节和囊肿等部分遗有瘢痕。其中，粉刺是痤疮最早期和最基本的损害。

痤疮主要有发炎和未发炎两种。未发炎的通常有黑头粉刺、白头粉刺及丘疹；发炎，通常是因为粉刺或丘疹，受感染而引起的化脓性炎症。黑头在表皮有小突起，开口处因氧化的关系而产生黑点，对它施力，则会涌出黄白色乳状或粒状物。一般黑头粉刺在做过清除后，敷上消炎面膜即会痊愈。白头粉刺在表皮无开口，因此不好去除。若硬挤，会将粉刺往皮肤里层推，导致毛囊受伤，愈后会产生凹洞。

全球痤疮分级系统（GAGS）将青春痘依严重程度分为四级。1 级：仅有粉刺白头或黑头粉刺，总数不超过 30 个；2 级：有粉刺和炎性丘疹，病损数为 31～59 个，可有中等数量的丘疹、脓疱；3 级：有粉刺、炎性丘疹和脓疱，病损数在 51～100 个之间，结节在 3 个以内；4 级：有粉刺、炎性丘疹、脓疱和结节、囊肿或瘢痕，病损数 100 个以上，囊肿 3 个以上，主要为结节、囊肿或聚合性痤疮。

痤疮发生于皮脂腺内，多数皮脂腺开口于毛囊，皮脂腺分泌的脂质通过毛囊导管排出到皮肤表面，由于两者关系紧密，通常统称为毛囊漏斗表皮部毛囊皮脂腺单位（Pilosebaceous）。解剖学上，毛囊皮脂腺单位由毛囊漏斗部、皮脂腺导管和皮脂腺组成。

（1）毛囊漏斗部　它的上皮和表皮相连续，其上 1/5 和表皮结构相同，称为毛囊漏斗表皮部或毛囊漏斗部上段（Acroinfundibulum）；下 4/5 称为毛囊漏斗真皮部或毛囊漏斗部下段（Infrainfundibulum），和痤疮的形成关系密切。颗粒层不明显，糖原丰富，角质层薄，只有 2~3 层角质细胞松散地突向管腔内，很快出现脱屑。

（2）皮脂腺导管　由复层扁平上皮组成，近管腔处为薄层紧密排列的角质细胞，边缘的细胞呈小圆齿状、锯齿或扇贝状，伊红染色深，下面为一薄层含透明角质颗粒的角质形成细胞，结构和毛囊漏斗真皮部类似。

（3）皮脂腺　由皮脂腺腺体细胞组成的一种分泌腺。外层是生发层细胞，呈立方形或稍扁平，胞质嗜碱性，沿与表皮连续的基底膜排列。越靠近腺体中心，细胞体积逐渐增大，变为多角形或不规则形，胞浆中充满脂质小滴，呈泡沫样，细胞核受压成为扇贝形位于细胞一侧。皮脂腺是全浆分泌性腺体，腺体中心成熟的皮脂腺腺体细胞壁逐渐变模糊，细胞崩解，将脂质释放到小的皮脂腺导管中。这些脂质向上运动，通过毛囊漏斗部，和漏斗部脱落的角质细胞及微生物一起到达皮肤表面。

13.2.2　痤疮形成机理

痤疮发病原因复杂，至今尚未完全清楚，目前认为是多因素导致的疾病，主要有以下几方面成因。

（1）雄性激素代谢失调　皮肤及其附件是性激素的靶器官之一。正常人毛囊、皮脂腺单位均存在雌激素和雄激素受体的表达。痤疮的发生与毛囊皮脂腺单位的雄激素受体水平升高，或雄激素与雌激素受体之间的比例失调，或雄激素受体对正常血清雄激素的敏感性增加有关。痤疮患者皮损局部的雄激素、雄激素受体水平比正常人高。

雄激素是皮脂腺功能活动的促进因子，其在痤疮的发生、发展和持续状态中起着非常重要的作用。血循环中游离睾酮、硫酸脱氢表雄酮（Dehydroepiandrosterone-S，DHEA-S）、脱氢表雄酮（Dehydroepiandrosterone，DHEA）和雄烯二酮等雄性激素在皮脂腺细胞内经雄性激素代谢酶的作用（最重要的是 I 型 5α-还原酶）转化为活性更强的雄性激素双氢睾酮（Dihydrotestosterone，DTH）。DTH 与皮脂腺细胞内特异的雄激素受体结合，将信息传至细胞核，激活 DNA 控制中心，导致某些调控因子的生物合成及释放，调节着皮脂腺的增生和功能。雄性激素可刺激皮脂腺，使其变得肥大，皮脂分泌增加及毛囊皮脂腺导管的角化过速。

（2）毛囊皮脂腺导管角化异常　毛囊角化过度是痤疮发病机理中的重要因素。在毛囊漏斗较下部位，正常角质化过程发生方式与表皮发生角质化过程相同。角质形成细胞成熟和接着剥离进入毛囊，开始形成粉刺。在粉刺患者中，由于正负电荷的相互作用，转谷氨酰胺酶活性改变与皮脂黏附性增加，角质形成细胞倾向于黏在一起。结团的角质形成细胞堵塞毛孔/毛囊，如果毛孔是开口产生黑头粉刺［Blackheads，“开放性粉刺”（Open comedones）］，如果毛孔被封闭，产生白头粉刺［Closed come dones，“闭合性粉刺”（Whiteheads）］。毛囊皮脂腺导管角化异常的机理目前未能完全明了。

毛囊漏斗下部的角质形成细胞中5α-还原酶活性高于取自毛囊之间的表皮培养的角质形成细胞。研究证明，粉刺形成开始时，细胞角化的终末阶段出现功能障碍，角细胞间黏着性增加，漏斗部导管角化细胞不崩解脱落，而且细胞更替速度加快，导致毛囊漏斗部导管角化过度，使毛囊口变小，皮脂积聚于毛囊内，不能顺利排出而形成粉刺；此外，促炎细胞因子（*IL-lα*）、肿瘤坏死因子（*TNF-α*）等细胞因子不仅参与了痤疮的炎症过程，而且调节毛囊皮脂腺漏斗部角质形成细胞的终末分化，引起导管的过度角化和粉刺形成，在痤疮的发病机理中也起到了重要作用。

（3）免疫失调　免疫机理也参与了痤疮的发病过程。许多免疫功能检测发现痤疮的发病与人体全身或局部免疫有关。主要表现在体液免疫和细胞免疫参与了痤疮炎症产生的病理过程。现代多数研究认为痤疮的炎症是由痤疮丙酸杆菌（*Propionibacterium acnes*）代谢活动与环境以及痤疮丙酸杆菌与机体免疫应答相互作用的结果。由于机体免疫反应的参与，痤疮的炎症表现为痤疮丙酸杆菌致炎作用的放大或缩小。

（4）微生物感染及炎性介质　炎症反应是痤疮发病机理中的重要组成部分。多种因素参与了痤疮的炎症，包括痤疮丙酸杆菌、金黄色葡萄球菌、糠秕马拉色菌等微生物感染，其中最主要的是痤疮丙酸杆菌。痤疮丙酸杆菌属于皮肤的正常菌群。皮脂是痤疮丙酸杆菌生长的一种重要底物，在大量脂质存在下，痤疮丙酸杆菌开始增殖，产生脂酶并水解甘油三酯为甘油和游离脂肪酸。游离脂肪酸可以刺激毛囊引起炎症反应并引起毛囊上皮角化。痤疮丙酸杆菌可能诱导产生趋化因子、补体、反应氧自由基和*IL-1*等炎症介质，吸引中性粒细胞进入粉刺腔。中性粒细胞释放水解酶损伤毛囊壁并使其破裂。毛囊内容物漏出到周围组织，这些物质能直接通过非免疫异物反应启动炎症过程，而造成炎性丘疹、脓疱、囊肿等多种痤疮的皮损。深部损害愈合后会形成萎缩性或少见的肥大性瘢痕，严重者称为聚合性痤疮，大量的炎性结节融合形成窦道，往往有广泛的瘢痕形成。

（5）其他　化妆品使用不当，造成毛囊口堵塞；皮肤清洁不当；微量元素，如锌、硒的缺乏，精神因素、性格特征、遗传等因素均能导致痤疮的发病；烟、酒及辛辣食物的刺激，食入过多的糖、脂肪、药物性雄激素，不良睡眠等则可加重或促进粉刺形成。

13.2.3　皮脂腺的分泌及排泄

（1）影响皮脂腺分泌的因素

① 年龄。皮脂腺的分泌有几个明显的年龄段。出生时由于受母体来源的雄激素的影响，皮脂腺的分泌功能很旺盛，但3个月后逐渐降低，至6个月后皮脂腺基本不分泌，直到青春期前（7~8岁）才再度活跃。从青春期前开始，皮脂腺的分泌逐渐增加，至16~20岁时达到高峰并保持该水平，直至青春期结束。女性在40岁、男性在50岁后皮脂腺的分泌开始减少。

② 性别。女性的好发年龄为10~17岁，男性的好发年龄为14~19岁。总的来说，男性的皮脂分泌率（Sebum secretion rate，SSR）要高于女性，故发生严重痤疮的比例男性比女性高。

③ 内分泌。皮脂腺的分泌主要受雄激素的影响。睾酮使皮脂腺体积增大、分泌增加。肾上腺分泌的DHEA和雄（甾）烯二酮（Androstenedione）也有刺激皮脂腺分泌的作用。儿童一般自7~8岁开始性腺的雄激素合成增加，肾上腺产生的脱氢表雄酮的量也增加，

导致脂质分泌增加。

睾酮进入血循环后主要和性激素蛋白相结合，只有 1%～2%是游离的，但影响皮脂腺的功能正是这部分游离的睾酮。游离的睾酮进入毛囊皮脂腺细胞内被Ⅰ型 5α-还原酶转化为 5α-二氢睾酮（5α-DHT），然后 5α-DHT 和细胞质中的甾体受体蛋白结合，进入细胞核，和染色质结合，影响 DNA 转录，从而控制皮脂的合成。Ⅰ型 5α-还原酶存在于皮脂腺和毛囊皮脂腺导管中。

④ 饮食。饮食对皮脂腺的影响目前还有争议，有的实验表明只有在严格不给热量的实验室条件下，发现小鼠皮脂腺分泌的甘油三酯、蜻酯减少，而鲨烯的合成没有改变。也有实验发现低热量的食物可以快速降低皮脂分泌率，同时皮脂的构成也发生变化，鲨烯的比例升高，而其他成分比例降低。当肥胖的成人吃低热量的食物，其尿液中 DHEA 和睾酮的水平会下降。因此，越来越多的人认为饮食变化会影响皮脂腺的功能。

⑤ 季节。皮脂腺的分泌不随季节变化，只是天气热时，由于皮肤表面有汗，皮脂在一层汗液形成的膜上更容易分布开，因此皮肤显得更油。

（2）皮脂腺分泌的调节　垂体对于控制雄激素的合成有重要作用，并且和雄激素有协同作用。腺垂体分泌的生长激素、促甲状腺素、促肾上腺皮质激素作用在肾上腺；促性腺激素作用于睾丸/卵巢。垂体分泌的激素 MSH 可能也有促进皮脂分泌的作用。

13.2.4　痤疮的形成过程及症状

（1）痤疮的形成过程　正常情况下，与皮肤表皮的其他细胞一样，毛囊内的细胞稳定并不断地复制。同样地，皮脂腺稳定地不断分泌皮脂。在正常情况下，在毛囊内脱落的细胞与分泌的皮脂一起由毛囊被清除至皮肤表面。

然而，在患有痤疮时在毛囊内复制的细胞是过剩的。在毛囊内，油性物质和角化的物质含量增加（来源于分泌的皮脂和死亡细胞的积聚），使毛囊孔狭窄，结果使这物质由毛囊排泄至皮肤表面变得困难。毛囊孔塞满脂质时，会出现痤疮的初期发疹。与此同时，这些角化和油性物质堵塞皮肤排泄至表面所通过的小管。在下一阶段，由于积聚物质，排泄管变粗和皮脂腺变粗大。粉刺损伤和影响周围的组织，结果引起皮脂腺开口部周边组织的炎症反应，产生红斑性（红色）丘疹。如果这种状态发展下去，堵塞毛漏斗的角化物质和皮脂从毛囊壁浸透到真皮内，就会形成脓疱。当细菌侵入真皮层，白细胞攻击细菌，形成脓液。脓液在真皮层积聚，形成大的、引起疼痛的脓疱。当大脓疱治愈后，常出现肉芽，会留下瘢痕。

在痤疮炎症出现以前，痤疮可能出现两种基本的病变，即开放性粉刺（黑头粉刺）和闭合性粉刺（白头粉刺），这两种病变尚不是炎症。

由于致密角化物质和皮脂的积聚，毛囊开口部位变粗引起开放性粉刺（黑头粉刺）。在毛孔内看到的黑色是来自毛囊开口处堵塞物存在的颜料，可能是堵塞物的氧化产物。当毛囊开口封闭时，产生闭合性粉刺（白头粉刺）。在毛囊开口处下面，角化物质和皮脂积聚。闭合性粉刺本身不是炎症病变，但它一种初始病变，由此痤疮内各种炎症病变可能发展。

（2）痤疮炎症病变　痤疮炎症病变是从闭合性粉刺发展的，闭合性粉刺是一个充满皮脂、脂肪类物质、致密角化物质和残留死亡细胞的封闭空间。这些条件使在毛囊和皮肤表面存在的细菌可能自然地增殖。然而，在闭合性粉刺内毛囊深处的细菌喜爱这样的增殖环境：富含油脂类（皮脂）的营养环境、无氧、封闭空间。细胞迅速地复制和分泌诱发炎症的物质。细菌作用产生痤疮的炎症病变。一般可包括如下四种病变。

① 丘疹。丘疹是最初期炎症病变。丘疹直径一般小于 0.5cm。它在皮肤表面上出现。作为痤疮炎症过程的结果，它呈粉红色至红色。

② 脓疱。如果毛囊的空间充满脓液，结果形成一个脓疱。脓疱是含有脓液的小空间。它们的颜色由白/黄色至橙/绿色。刺穿脓疱，可释放出疱内液态脓液。

③ 结节。当越来越多的角化残留物和皮脂积聚在毛囊内时，毛囊变得较大和较深，形成结节。与丘疹比较，结节是在皮肤较深部位一种炎症性肿胀。丘疹和结节之间的差别是用手指可触感到结节病变。

④ 囊肿。当毛囊变成被液体物质充满时，产生囊肿。囊肿是一种皮肤内含有液体的空间。细心触摸囊肿部位，可感觉其中有液体物质存在。

13.2.5　祛痘机理及影响因素

调节毛囊、皮脂腺上皮细胞的分化，以减少粉刺的形成，如硫黄剂、丹参提取物等；杀灭或抑制毛囊中的痤疮丙酸杆菌等微生物，如黄芩苷、壬二酸等；对抗雄性激素，如丹参提取物等；抗过敏、消炎，如苦参素、蒲公英提取物等。作用是通过减轻毛囊皮脂腺导管的异常角化、抑制皮脂产生、限制痤疮丙酸杆菌的增殖和活性来发挥作用。

（1）角质溶解型　控制痤疮第一步是必须防止已脱落的角质形成细胞黏在一起，使角化/表面脱落正常化。角质溶解剂在发生粉刺时多伴随着严重的表皮角质化，可采用角质溶解剂使角质溶解或剥离，从而起到缓解粉刺形成的作用。角质溶解剂主要作用是软化或者剥离角质，帮助毛囊中积蓄油脂的排出和抑菌剂的有效进入。常见的角质溶解剂有：水杨酸、甘醇酸、果酸、磷脂 GLA 等。

（2）皮脂抑制型　皮脂分泌亢进是由雄性激素所支配的，使用对雄性激素有对抗作用的药物从皮肤内部控制皮脂分泌是有效地抑制粉刺形成的手段。常见的皮脂分泌抑制剂有壬二酸及其衍生物等。此外，一些外用维生素有抑制皮脂腺分泌皮脂的作用，如维生素 B_3 和维生素 B_6 等能抑制以葡萄糖为底物合成脂质的反应，该作用有剂量依赖性，而且有效剂量对细胞没有毒性。连续使用 2 周后皮脂分泌开始减少，4 周后效果比较明显。

（3）抑菌型　消除或减少痤疮丙酸杆菌是有效控制痤疮的方法。①最常用的抑菌剂主要有硫黄和间苯二酚，其中间苯二酚（雷锁辛）能使蛋白变性，具有抗菌作用，美国 FDA 认为间苯二酚对于粉刺治疗是安全有效的；②辛酰-水杨酸，具有抗痤疮丙酸菌的作用，是一种新型粉刺治疗剂。

（4）中药提取物调理型　皮肤炎症大多是由细菌感染和皮肤真菌引起的。许多草药有消炎、止痛、排脓等作用，对粉刺有良好的治疗效果。抗菌消炎植物有：红花、金银花、蒲公英、丁香、桃仁、瓜蒌（根）、白莲、白及、防风、当归、辛夷、商陆、兴安白芷、菟丝子、藁本、节瓜、甘松香、橄榄、冬瓜、萝、洋茴芹、肉苁蓉、龙蒿、黄芩等。抗真菌的植物有：小茴香、黄连、生姜、陈皮、大蒜、薄荷、紫苏、橙皮肉豆蔻、墨旱莲、问荆、木贼、野艾、肉桂、郁金、沙参、绞股蓝、桔梗、千里光、黄芩等。

13.2.6　祛痘原料

（1）核黄素（INCI 名称：Riboflavin）

别名：维生素 B_2（Vitamin B_2）。来源：维生素 B_2 广泛存在于各种动植物中，在大枣中含量较多，现采用合成法生产。结构：维生素 B_2 是由 D-核醇和 7，8-二甲基异咯嗪组成，以 D-核醇的 C_1 上醇羟基与异咯嗪上 N 相连。结构式见图 13-6。

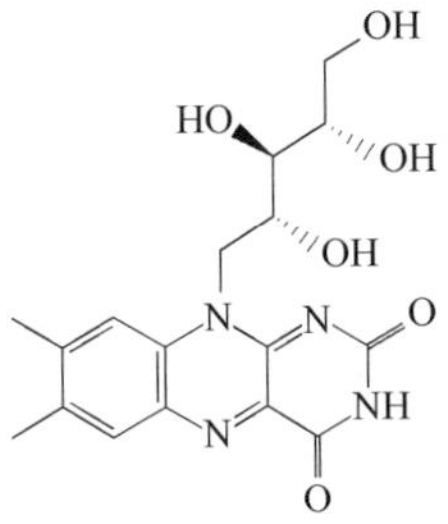

图 13-6　维生素 B_2 化学结构

维生素 B_2 为橙黄色小针状结晶，晶形不同在水中的溶解度也不同，熔点为 290℃（分解），1g 可溶于 3000～15000mL 水，溶于醇，微溶于苯甲醇、苯酚，不溶于乙醚、氯仿、丙和苯，易溶于稀碱。维生素 B_2 的磷酸酯极易溶于水，溶解度随 pH 大小而定。

性质：维生素 B_2 在暗处、酸性和中性溶液中对热稳定；在水溶液中经光和紫外线照射，易于分解；在碱性条件下更易分解形成黄色光咯嗪，维生素 B_2 在水溶液中呈现出很强的黄绿色荧光，可利用这一特性定量测定维生素 B_2 的含量，但是应用此方法时，必须排除同时存在的其他荧光物质的干扰。

功效：维生素 B_2 有促进动物生长作用，参与人体糖、蛋白质和脂肪的代谢，临床用于治疗皮肤的结膜炎、口角炎、舌炎和脂溢性皮炎等。

应用：在化妆品中基本用作营养性的助剂，可协助粉刺的预防和治疗，促进毛发的生长和调理皮肤等。

（2）吡哆素（INCI 名称：Pyridoxine）

别名：维生素 B_6（Vitamin B_6）、吡哆醇、2-甲基-3-羟基-4,5-二羟甲基吡啶。

来源：维生素 B_6 在酵母菌、肝脏、谷粒、肉、鱼、蛋、豆类及花生中含量较多。结构式见图 13-7。

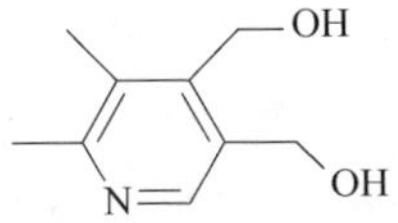

图 13-7　维生素 B_6 化学结构

性质：维生素 B_6 是白色晶体，针状结晶（丙酮）。熔点为 160℃，易升华。维生素 B_6 是一种水溶性维生素，遇光或碱易破坏，不耐高温。一种含吡哆醇或吡哆醛或吡哆胺的 B 族维生素。维生素 B_6 为无色晶体，易溶于水及乙醇，在酸液中稳定，在碱液中易破坏，吡哆醇耐热，吡哆醛和吡哆胺不耐高温。

功效：维生素 B_6 与皮肤的健康关系密切，缺乏维生素 B_6，不仅影响到体内机能正常，同时也影响到皮肤和黏膜的健康，如发生溢脂性皮炎，头皮屑，落屑性皮肤变化。严重者发生湿疹，易受日光灼伤，头发脱落和变白的症状。

应用：用于防治皮肤粗糙、粉刺、日光晒伤、止痒及日光晒黑。也适用于防治脂溢性皮炎、一般性痤疮、干性脂溢性皮炎湿疹和落屑性皮肤变化等。可制成膏霜、乳液和醇溶液。一般与其他维生素配合使用。

安全性：低毒，LD_{50}=4000mg/kg（大鼠经口），对眼睛、呼吸道和皮肤有刺激作用。万一接触眼睛，立即使用大量清水冲洗并送医诊治。

（3）吡哆素二棕榈酸酯（INCI 名称：Pyridoxine dipalmitate）

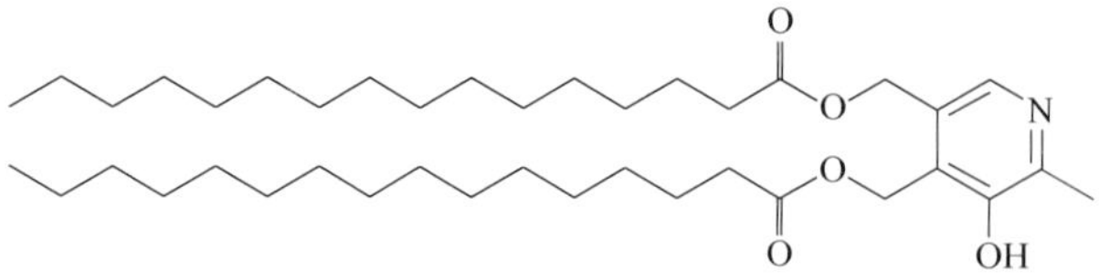

图 13-8　维生素 B_6 双棕榈酸酯化学结构

别名：维生素 B_6 双棕榈酸酯。结构式见图 13-8。

性质：白色或类白色结晶性粉末，无臭。在水中不溶，在乙醇中热溶，易溶于油脂。本品与皮肤有较好的相容性，易于皮肤的吸收，结构较稳定。

功效：主要通过抑制油脂分泌来达到防痘、祛痘效果。

应用：主要用于防治皮肤粗糙、粉刺、日晒色斑。也适用于防治脂溢性脱发、脂溢性皮炎、一般性痤疮，脂溢性湿疹等化妆品制剂。使用剂量一般为 0.5%~2.0%。

（4）壬二酸（INCI 名称：Azelaic acid）

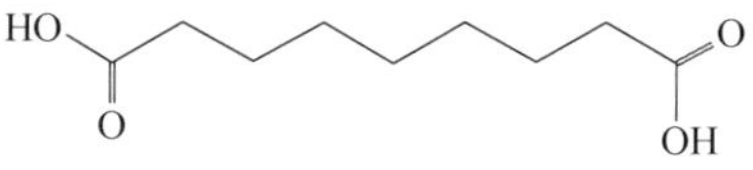

图 13-9　壬二酸化学结构

别名：杜鹃花酸。结构式见图 13-9。

性质：外观与性状为无色至淡黄色晶体或结晶粉末。熔点为 106.5℃，沸点>360℃（部分分解）。易溶于热水、醇及热苯，微溶于水、醚和苯。

功效：壬二酸对正常皮肤和痤疮感染的皮肤有抗角质化作用，其作用原理是减少滤泡过度角化。对壬二酸是人体内天然存在的，来源于卵圆形糠秕孢子菌的二羧酸。壬二酸及其衍生物可竞争性抑制 5α-还原酶的作用，抑制过多的雄激素转化为二氢睾酮，最终抑制皮脂腺内游离脂肪酸过量分泌；此外壬二酸及其衍生物还可抑制细菌蛋白质合成，直接抑制和杀灭皮肤表面及毛囊内的需氧菌和厌氧菌，对表皮的葡萄球菌、铜绿假单胞菌、变形杆菌、白色念珠菌、痤疮丙酸杆菌等具有杀灭作用。在毛囊皮脂腺导管角化的后期减少角质透明蛋白颗粒的产生，使导管的过度角化恢复正常。此外还能减少皮肤表面脂质中游离脂肪酸的浓度，起到抗粉刺作用，减少中性颗粒细胞产生的活性氧族而具有抗炎的活性。但是，由于壬二酸不良反应很轻，偶有烧灼感及轻微的红斑。常用剂型为 20%的壬二酸软膏。本身溶解性差，配伍性不佳，在化妆品中使用并不广泛，因此推动了壬二酸衍生物的开发。目前基于壬二酸衍生物的化妆品和外用药有凝胶剂、乳膏剂、胶浆剂等。许多需氧菌具有抑菌作用，浓度大于 250mmol/L 时对表皮葡萄球菌和痤疮丙酸杆菌具有杀灭作用，痤疮患者使用 15%或 20%壬二酸 1~2 个月后有自主的皮肤油脂减少现象。壬二酸对减少面部炎性和非炎性损伤有明显的疗效，能有效减少黑斑病的密度和损伤面积。对痤疮的治疗具有良好的效果，也可用于治疗恶性雀斑样痣，皮肤过度色素沉着症如黄褐斑及中毒性黑皮炎等。

应用：在漱口品中使用有利于龋齿的防治，在香皂中使用可避免皂体表面的开裂。对皮肤有较好的渗透性，膏霜类化妆品中使用可增加皮肤的吸收功能、防治痤疮、祛斑等。壬二酸或其锌盐与维生素 B_6 配伍用于护发品，适用于男性内分泌较旺盛的男性荷尔蒙型脱发症的治疗，并同时刺激头发生长。

安全性：低毒，无致畸作用，对皮肤、眼睛、黏膜和上呼吸道有刺激作用，吸入或摄入对身体有害。对环境有危害，对水体和大气可造成污染。

（5）黄芩素（INCI 名称：Baicalin）

别名：贝加灵、黄芩苷；来源：主要存在于豆科植物中，如黄芪等。结构式见图 13-10。

性质：淡黄色粉末，味苦，熔点为 231～233℃。难溶于甲醇、乙醇、丙酮、微溶于氯仿和硝基苯、几乎不溶于水，可溶于热乙酸。遇氯化铁显绿色，遇乙酸铅生成橙色的沉淀。溶于碱及氨水初显黄色，不久则变为黑棕色。

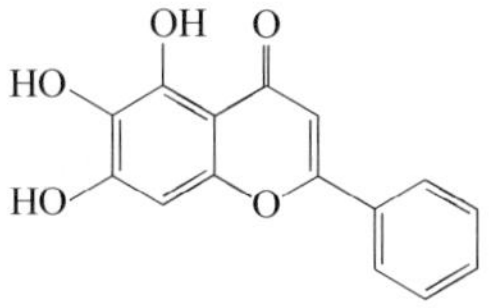

图 13-10　黄芩素化学结构

功效：能吸收紫外线，清除氧自由基和抑制黑色素的生成。能抑制痤疮丙酸杆菌作用强，是已禁用的甲硝唑的 2 倍。能促进巨噬细胞的吞噬功能，能清除囊肿型痤疮的死细胞、菌体及残留物，加速痤疮的痊愈。

应用：多功能原料，在化妆品中具有祛斑美白、抗过敏、防晒和抗菌杀菌作用，协助对粉刺的治疗。

（6）水杨酸（INCI 名称：Salicylic acid）　水杨酸（即 2-羟基苯甲酸），又称柳酸，能使蛋白质变性、溶解角质，并有弱的抗菌作用，有溶解粉刺、抗炎症和轻度的角质剥脱作用。使用浓度为 0.5%～2%，对寻常性痤疮和粉刺的炎性损害有效。可以制成粉剂、洗剂和软膏，也可以与乳酸配伍使用。但其溶粉刺作用仅为全反式维 A 酸的 25%。一般用于对全反式维 A 酸不能耐受者，常用制剂为 1%～3%的水杨酸乙醇溶液。

发展含水杨酸产品最关键的配方指引是必须使水杨酸保持酸的形式，以确保它发挥功效。水杨酸的 pKa 为 3.0，因而，在 pH 3.0 时，将 50%电离，即配方中只有一半的水杨酸处于活化的形式。因而，水杨酸必须配成低的 pH 3.0 体系，典型的是低于 pH 4.0，这样需要配方师去除在酸性条件下对降解敏感的组分。例如，由于 AES 在低 pH 时会水解，在 SA 面部清洗剂，使用烯烃硝酸酯作为阴离子表面活性剂代替 AES。

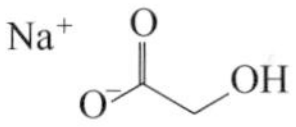

图 13-11　甘醇酸钠化学结构

（7）甘醇酸钠（INCI 名称：Sodium glycolate）　为天然动植物提取物，许多中草药中有这种成分，如甘菊、春黄菊、蛇含草、黄芩、苦参、紫草、细辛、杏仁、白僵蚕等，有清热、消炎、解毒作用。甘醇酸钠化学结构见图 13-11。

（8）间苯二酚（雷琐辛）（INCI 名称：Resorcinol）　能使蛋白变性和溶解角质，并略有抗菌作用。在很多配方中含有浓度 2%～10%的硫或间苯二酚配伍使用，美国 FDA 认为间苯二酚对于痤疮是安全有效的。间苯二酚化学结构见图 13-12。

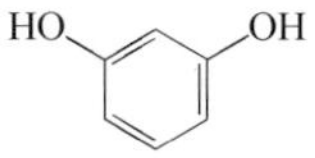

图 13-12　间苯二酚化学结构

（9）α-羟基酸（INCI 名称：α-Hydroxy acids）　AHAs（α-羟基酸）是一类从苹果、柠檬和甘蔗等水果中提取的，又称水果酸，其中主要含有乳酸、羟基乙酸和柠檬酸等。能够分离、软化过度角质化而重叠、黏合在一起的角质细胞，使其能够自然脱落，松解毛囊角质栓，抑制毛囊皮脂腺导管的异常角质化。AHAs 可达到真皮层，穿透皮脂腺囊，抑制皮脂腺的分泌，因此是化妆品和治疗粉刺的药品中较为常用的活性成分。α-羟基酸化学结构见图 13-13。

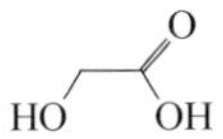

图 13-13　α-羟基酸化学结构

（10）植物鞘氨醇（INCI 名称：Phytosphingosine）　皮肤表面的脂质是由皮脂腺分泌的皮脂和角质层细胞崩解产生的脂质（表皮脂质）共同组成。在这过程中，在层状体内

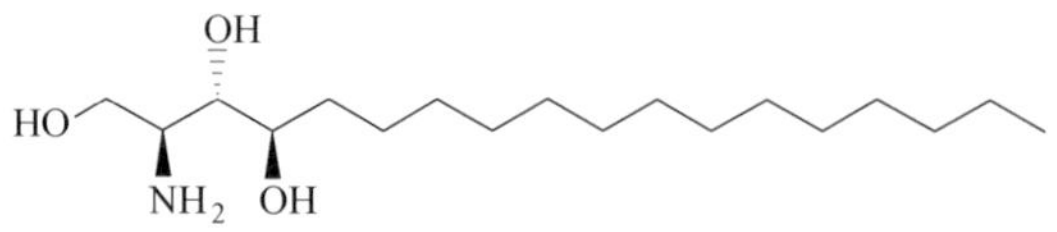

图 13-14　植物鞘氨醇化学结构

极性脂质酶催化水解使细胞膜主要组分-极性磷脂转化，释放出游离脂肪酸、糖神经鞘脂和神经酰胺。神经酰胺、胆固醇和游离脂肪等比例存在于角质层内。神经酰胺是复杂的表皮（神经）鞘脂类，它的基本结构是由鞘脂基（不同链长的氨基醇）组成，通过氨基的N-酰键作用与不同链长的脂肪酸共价联结起来。有4种类型（神经）鞘脂基：二氢鞘氨醇、神经鞘氨醇、6-OH-4-鞘氨醇和植物鞘氨醇（4-羟双氢（神经）鞘氨醇，简称PS），植物鞘氨醇化学结构见图13-14。

神经酰胺对表皮的屏障功能起着关键的作用。神经酰胺的含量以及组分的变化与皮肤老化、异位皮炎（Afodic dermafifis，AD）、银屑病、接触性皮炎（Contact dermatitis，CD）和刺激性皮炎等皮肤病有关。

游离神经鞘脂基具有微生物抑菌作用、表皮抗菌屏障功能和作为天然抗炎剂作用。现今已完成的体外和活体试验证实，植物鞘氨醇具有抗痤疮丙酸杆菌（与痤疮内炎症宿主响应有关的细菌）和金色葡萄球菌的特性。

白介素（细胞活素）水平上升，特别是*IL-1α*，是发炎皮肤主要特征。然而蛋白激酶C（Protein kinase C，PKC）活化作用可能促进炎症反应。通过抑制这类反应的发生，可达到对炎症实质性的控制。植物鞘氨醇在很低浓度下可抑制革兰氏阳性和革兰氏阴性菌、酵母菌和霉菌的生长。植物鞘氨醇对PKC也有抑制作用。

（11）中草药类　许多中草药有消炎、止痛、排脓等作用，对治疗痤疮有良好效果，且无副作用，如薏苡仁提取物制成的痤疮霜具有消炎、排脓、止痛作用，用于医治面部痤疮，改善皮肤粗糙有良好的效果。其他如甘菊、春黄菊、蛇合草、黄芩、紫参、紫草、细辛、杏仁、白僵蚕等。海洋生物褐藻等的提取物也可作为防痤疮的活性物质。

13.3　去屑原料

13.3.1　概　　念

正常的头皮屑是人体头部表皮细胞正常新陈代谢的产物。头部表皮的生理过程称之为角质化过程。表皮从基底层形成细胞，并繁殖、分裂，向上层逐渐推移，细胞也逐渐形成角蛋白，变为无核、无生命的角质层，干燥的死亡细胞呈鳞状或片状而自动脱落。非正常的头皮屑临床表现为头皮或头发上过多的细小灰白色干燥或稍油腻的糠秕样屑片。非正常的头皮屑分为两类：干性头皮屑和油性头皮屑。干性头皮屑就是指头皮的过度角质化和角质层的异常脱落；油性头皮屑是脂质的异常产物。

头皮屑与年龄有关，青春期前很少有头皮屑，一般从青春期开始，20多岁时达到最高峰，中年和老年时下降。头皮屑冬天较多，夏天较少。去头皮屑香波对抑制头皮屑有一定效果。

13.3.2　头皮屑产生机理及影响因素

头皮屑过多原因很复杂，主要原因：①表皮细胞的异常角质化；②内分泌作用引发皮脂过多溢出；③头皮中微生物（包括细菌和真菌）的异常繁殖。其中微生物是最主要的因素。研究表明，卵圆形头屑芽孢菌、白色念珠菌、糠癣真菌是形成头屑的主要微生物菌种之一，抑制或杀灭该类微生物对抑制头屑的生长有积极作用。

头皮屑是成片脱落的头皮角质层组织。健康的角质层是由角化细胞与细胞间脂质紧密排列而成的“水泥—砖块”结构，相当牢固。问题出在头油中的甘油三酯成分。甘油三酯是由三个脂肪酸和甘油形成的化合物。当马拉色菌存在时，它会利用脂肪酶把甘油三酯分解成甘油和脂肪酸，并且选择性地代谢掉饱和脂肪酸，比如硬脂酸和棕榈酸；留下不饱和脂肪酸，比如油酸。这些留在头皮上的不饱和脂肪酸，很容易渗透到角质层的细胞间脂质中，破坏原本牢固的“水泥—砖块”结构，使角质层成片地脱落，形成头皮屑。

头皮屑是不正常的脱屑过程。对于头皮屑的起因有多种说法。

（1）炎症性脱屑　头皮屑是一种亚临床炎症性的头皮疾病。炎症致使角质细胞间黏合紊乱。这种炎症性脱屑是周期性、复发性或持续性的，并伴有不同程度的瘙痒。根据 Ackerman 和 Kligman 在组织病理学方面的研究，正常头皮的角质层包含了完全角化并相互紧贴的 25~30 层细胞；有头皮屑的头皮角质层里通常少于 10 层细胞，而且经常角化不全，排列不齐，细胞间有裂缝。头皮屑的产生过程很可能始于一个不连续的、小片的累及到真皮乳头区的毛细血管扩张。中性粒细胞和单核细胞在此迁移进入乳头区、表皮，造成表皮细胞间水肿，部分细胞坏死并形成小水疱，随后颗粒层消失，出现角化不全。不久以后，水肿减轻，炎症细胞逐渐消失。表皮自行修复，角质层表面形成鳞屑。所有这些过程是一个亚急性炎症反应，可能这些微小的炎性病灶刺激了细微的感觉神经纤维，导致瘙痒。

（2）真菌学说　1874 年，Malassez 首次从头皮糠疹中分离并鉴定了糠秕孢子菌（*Pityrosporum genus*）。由于该菌属双相真菌，在体内外营养条件不同的情况下，表现为酵母相或菌丝相，即具有明显的多形性。先前人们依据孢子形态不同把它分为圆形糠秕孢子菌（*Pityrosporum orbiculare*）和卵形糠秕孢子菌（*P. ovale*）。

卵形糠秕孢子菌与头皮屑（脂溢性皮炎）的发病有关。糠秕孢子菌在头皮的过度增生是导致表皮细胞分裂加快的主要原因之一。该菌有脂酶可将甘油三酯分解为具有刺激性的脂肪酸，从而刺激皮肤产生鳞屑。

1984 年 Shuster 认为头皮屑和脂溢性皮炎是同疾病的不同阶段，头皮屑和脂溢性皮炎都是糠秕孢子性疾病。他指出：虽然可以从 97%的正常人皮肤上分离到糠秕孢子菌，但不是所有的人都患头皮屑（脂溢性皮炎），这说明糠秕孢子菌是在某些条件下起作用的。

在 20 世纪 60 年代有人通过试验指出，治疗头皮屑使用真菌抑制剂的疗效明显优于细菌抑制剂。

（3）其他原因　事实上仅用马拉色菌解释所有的头皮屑病因是不够的。皮屑的发生不涉及微生物也是有的，最明显的例子是在阳光下暴晒后的头皮脱屑。此外，某些美发产品，以及周围环境中的空气成分也可能会引起头皮屑的发生。头皮的脱屑看起来和干燥病相似，可能与头皮脱屑的过程受损有关。有研究发现，头皮屑与角质层的游离脂肪酸、胆固醇、神经酰胺水平明显下降相关，致使头皮的水屏障遭到破坏，角质层水合作用减少使其体积和面积变小，裂开形成鳞屑。这些油脂的减少可能与内因和外因都有关，马拉色菌或其他微生物可能左右了神经酰胺酶的活性，脂质减少反映了和潜在炎症相关的表皮分化过程的损害，天生的油脂减少可能与水屏障容易遭到破坏或破坏后不易被修复有关。同时水屏障破坏加重了微生物和真菌毒素、环境污染因素的不利影响，形成了不良循环，长期不能恢复，头皮屑不能得到缓解。

头皮屑常发于青年男性，这种有年龄和性别特征的发病率提示了雄激素影响的重要性，油脂分泌水平可能是一个致病因素。但是大量的油脂分泌可以不伴头皮屑，而且大多数严重的头皮屑也可以不伴有过多的皮脂分泌。

一般认为头皮屑的形成是因为头皮的真皮细胞分裂加快，从而导致头皮表皮层的加速脱落。微生物特别是糠秕马拉色菌的感染被认为是导致真皮细胞分裂加快的主要原因。糠秕马拉色菌是人体皮肤的正常菌群，主要位于躯干上部、面部和头皮，也就是皮脂腺丰富的部位，青春期前后比较活跃，这已经被一项调查所证实。

近年来医学界认为头皮屑为头皮的轻型脂溢性皮炎，其形成与表皮细胞分裂加快、表皮层脱落加速有关，糠秕孢子菌在头皮的过度增殖是导致表皮细胞分裂加快的主要原因之一。

也有人提出，对头皮屑的生成可能起作用的因素包括激素、代谢缺陷、饮食、神经系统紧张、药物和化妆品引起的炎症等。头皮屑的成因还未被完全了解，尚存在一些争论。

13.3.3　去屑剂类型

去屑剂按照不同的作用机理，主要分为以下三种类型：角质层剥脱剂、细胞生长抑制剂和抗微生物制剂。目前使用最多的去屑剂是抗微生物制剂，包括水杨酸或其盐、十一碳烯酸衍生物、吡啶硫酮锌、氯咪巴唑、吡罗克酮乙醇胺盐等。

13.3.4　去 屑 原 料

（1）常用去屑剂

① 吡硫鎓锌

INCI 名称：Zinc pyrithione。

商品名：丽晶 ZPT。别名：吡啶硫酮锌、奥麦丁锌、吡噻旺锌。化学名称是双（2-硫代-1-氧化吡啶）锌。

制法：以 2-氯吡啶为原料，经过氧化氢和冰醋酸的混合溶液氧化为 2-氯-*N*-氧化物，2-氯-*N*-氧化物经过基化，制备钠盐，最后与硫酸锌反应得到吡啶硫酮锌。分子式：$C_{10}H_8N_2O_2S_2Zn$；相对分子质量：317.70。结构式见图 13-15。

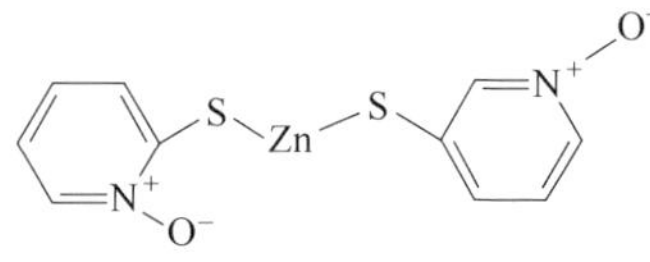

图 13-15　吡硫鎓锌化学结构

性质：市售产品为白色至类白色悬浮液，略有特征气味，不溶于水，可分散于乳化体中。白色浆状悬浮液的含量为 48%~50%。最佳使用 pH 范围为 4.5~9.5，而 pH<4.5 或>9.5 时 ZPT 会分解或水解，质量分数为 10% 的悬浮液 pH 为 3.6。与阳离子和非离子表面活性剂形成不溶的沉淀物，对光和氧化剂不稳定，较高温度时对酸和碱不稳定。与 EDTA 不配伍，非离子表面活性剂会使它失活。在重金属存在时，会发生螯合作用或反螯合作用，且这些螯合物难溶于水。

功效：具有良好的抗头屑止痒作用。一方面抑制皮脂溢出，降低表皮的新陈代谢，用于脂溢性皮炎。同时，具有抗细菌的作用，可有效对抗许多来自链球菌和葡萄球菌属的致病菌，以及糠秕马拉色菌。

应用：吡硫鎓锌是多功能原料。作为防腐剂用于淋洗美产品，最大允许使用浓度为 0.5%。作为去屑剂用于香波中，推荐用量为 ZPT 粉末（ZPT）：1%~1.5%；ZPT 乳剂（ZPT-50）：2%~3%。

安全性：中度毒性，LD_{50}=300mg/kg（小鼠，经口）；亚慢性毒性 1mg/(kg·d)（鼠，经口）。在实际使用浓度下，对兔和人的皮肤无刺激作用；对眼睛刺激性较大。

应用 ZPT 时应注意：①由于 ZPT 极难溶于有机溶剂和水中，因此不宜配制透明香波；而且易沉淀，必须配加一定的悬浮剂或稳定剂才能形成稳定体系；②ZPT 见光易变色，含有 ZPT 的物品应避光密封保存；③如体系中会形成比 ZPT 更稳定的螯合物，将会发生螯合转移现象，如与铁生成蓝紫色，与铜生成灰绿色，也不宜与 EDTA 共用。

② 氯咪巴唑

INCI 名称：Climbazole。

别名：甘宝素、1-(4-氯苯氧基)-3,3-二甲基 1-(咪唑-1-基)-2-丁酮、二唑酮、咪菌酮、氯咪巴唑。制法：由一二氯频哪酮、对氯苯酚、咪唑在碱性催化剂存在下进行不对称缩合一步制成。分子式：$C_{15}H_{17}O_2N_2Cl$；相对分子质量：292.76。结构式见图 13-16。

性质：白色至微黄色结晶粉末，含量≥99.0%。有特征气味。在水中溶解度非常低，约为 4.9mg/kg（20℃）；可溶于乙醇及表面活性剂溶液；易制得透明香波。与异丙醇、PEG-200、PEG-400、环己酮混溶。不吸湿，对光和热稳定，不泛黄、不变色。气味淡薄，有特征香气。熔点为 96.5~99.0℃，能耐高温、热稳定性好，其活性组分在 20~40℃温度下 6 个月内不失活，能耐光照。在酸性及中性溶液中有效且稳定，与金属不产生配合物。

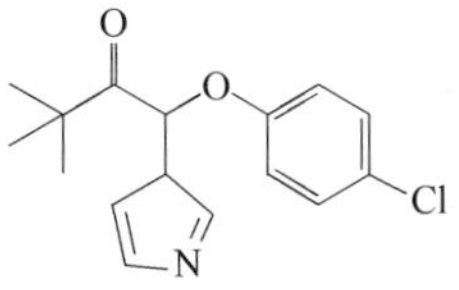

图 13-16　氯咪巴唑化学结构

功效：氯咪巴唑具有良好的抗菌作用，尤其是对卵圆皮屑芽孢菌、白色念珠菌、糠癣疹菌属真菌有抑制作用，它能通过杀菌抑制脂肪酶的水解、抗氧化和分解氧化物等方式阻断头屑产生，从而达到有效地去头屑止痒效果和护发作用。

应用：化妆品中最大允许使用浓度为 0.5%。适用 pH 范围为 3~8。作为杀菌剂也可用于药物牙膏中，对牙龈炎、周膜炎有效。作为止痒去屑剂，用于香波、香皂、沐浴露、药物牙膏、漱口液等高档洗涤用品中。在香波中用量为 0.1%~0.5%。

安全性：中度毒性，LD_{50}=400mg/kg（鼠经口），250mg/kg（兔，经口）。

③ 吡罗克酮乙醇胺盐

INCI 名称：Piroctone olamine。

别名：去屑剂 OCTO。制法：以异丙基丙酮为原料，氯仿反应，酯化、酞化、环化、经氨化及成盐六步主要步骤合成。分子式：$C_{16}H_{30}N_2O_3$；相对分子质量：298.42。结构式见图 13-17。

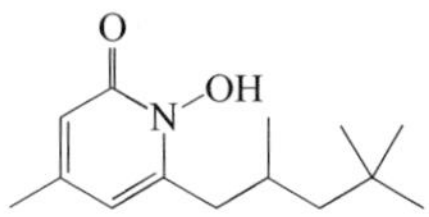

图 13-17　吡罗克酮乙醇胺盐化学结构

性质：白色至淡黄色固体粉末，略有特征性气味。比较好的稳定性，不能长时间耐高温，遇铁离子生成配合物颜色变成黄色。在紫外线直接照射下分解。在中性或弱碱性水溶液中溶解度较大。1%水悬浮液 pH 8.5~10.0。微溶于水；溶解度（质量分数）：0.05%（水），1.7%（甘油），19%（PEG400），5.0%（异丙醇)，10%（乙醇）。能溶于表面活性剂溶液。配伍性好，与几乎所有表面活性剂相容，pH 适应范围广（3~9），对工艺无特殊要求，直接加入即可。

功效：具有广谱杀菌抑菌性质。通过杀菌、抗氧化作用和分解过氧化物等方法，阻断头屑产生的外部渠道，从而有效地根治头屑止头痒。

应用：作为去屑止痒剂可用于各种发类产品中的，建议添加量为 0.05%~0.5%。最佳使用 pH 范围为 5~8。化妆品中最大允许浓度。淋洗类产品总量小于 1%；其他产品总量小于 0.5%。

安全性：几乎无毒，LD_{50}=8100mg/kg（鼠，经口）。在实际使用浓度下，无亚急性和亚慢性毒性作用；对皮肤无刺激作用，无致敏作用；致突变性和致畸性试验均为阴性。

④ 十一烯酸

INCI 名称：Undecylenic acid。

别名：10-十一碳烯酸、十一碳烯-9-酸、顺十一碳-10-烯酸、10 顺-十一烯酸。

制法：在自然界中仅存在于人的眼泪中，市售产品由蓖麻油直接裂解或酯化裂解制得。蓖麻油直接裂解法将蓖麻油投入不锈钢反应锅内，高温、减压干馏，收集馏出液，再分馏可得十一烯酸，同时得到庚酸。分子式：$C_{11}H_{20}O_2$；相对分子质量：184.28。结构式见图 13-18。

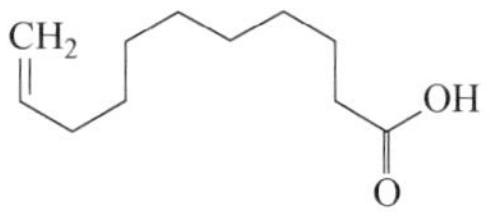

图 13-18 十一烯酸化学结构

性质：无色至淡黄色油状液体或无色至乳白色结晶固体。熔点为 24.5℃，沸点为 275℃（分解），165℃（2000Pa）。相对密度为 0.9072，折射率为 1.4486（25℃）。几乎不溶于水，能与醇、醚和氯仿混溶。最佳使用的 pH 为 4.5~6.0。钙盐在 pH>6.0 时比酸更易失活。可与硼酸和水杨酸配伍。十一烯酸是有效的抗各类致病真菌的抗菌剂，当与锌盐和其他脂肪酸复配时，会增加其抗菌活性。

应用：作为去屑止痒剂用于洗发水中，化妆品中最大允许浓度为 0.2%（以酸计）。

安全性：低毒，LD_{50}=2.5g/kg（鼠，经口）。一次皮肤刺激性：应用于黏膜，浓度超过 1%有刺激作用。

⑤ 月桂酰精氨酸乙酯盐酸盐

INCI 名称：Ethyl lauroyl arginate HCl。

别名：乙基-N-a-月桂酰 L-精氨酸盐酸盐。商品名：EverGuard LAE - 20。分子式：$C_{20}H_{11}ClN_4O_3$；相对分子质量：421.02。结构式见图 13-19。

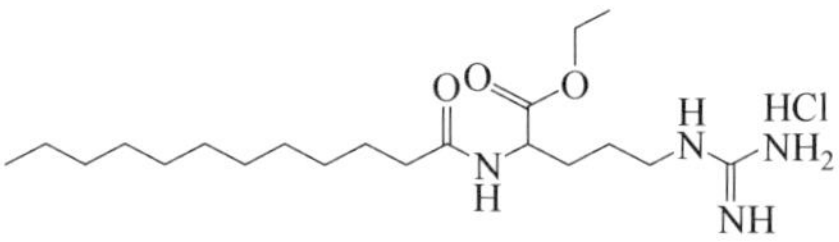

图 13-19 月桂酰精氨酸乙酯盐酸盐化学结构

性质：白色固体。可溶于水、丙二醇、甘油和 20%乙醇，熔点为 50.5~58.5℃，107℃分解。

应用：主要用于医药、化妆品行业。在肥皂、去头屑洗发剂和非喷雾除臭剂中作为防腐剂使用，在洗发中有去屑作用，建议使用浓度≤0.4%；不可用于唇妆产品、口腔卫生产品和喷雾产品。

⑥ 十一碳烯酰胺 MEA 磺基琥珀酸酯二钠

INCI 名称：Disodium Undecylenamido MEA-Sulfosuccinate。结构式见图 13-20。

性质：水溶性好、配伍性特优，以十一烯酸为主要原料合成的酰胺型磺化琥珀酸酯二

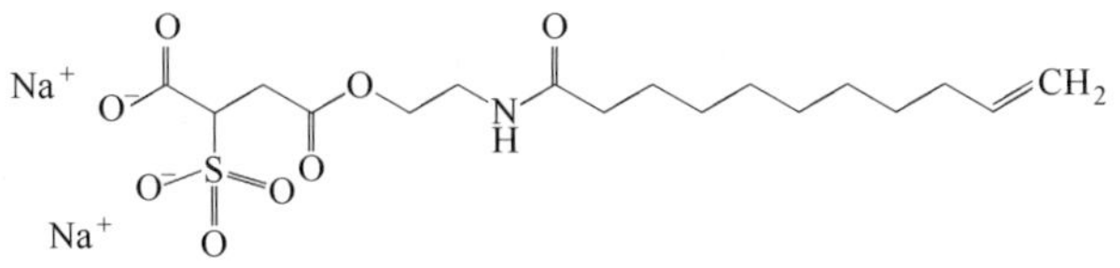

图 13-20　十一碳烯酰胺 MEA 磺基琥珀酸酯二钠化学结构

钠不仅保留着十一烯酸的止痒、杀菌、去头屑功能，又具有温和型表面活性剂性能，能与化妆品其他组分配伍透明型香波，在实际香波生产应用中非常方便，无沉淀、分层现象。

功效：十一碳烯酰胺 MEA 磺基琥珀酸酯二钠已被证明有与头发角有牢固的亲和力和对细菌、真菌具有强的杀菌、抑菌活性，特别是具有优良的去头屑活性。

安全性：无毒性，对皮肤无刺激，无过敏，性能温和并有助于降低香波中其他表面活性剂对人体皮肤的刺激，安全性优于同类其他去头屑活性物。

应用：建议加入量为 4%，pH 控制在 5~7，如果要提高香波产品的黏度可以加 0.3% 聚乙二醇 6000 双硬脂酸酯，配合加入适量精盐（NaCl）来调控香波产品黏度。

⑦ 水杨酸

INCI 名称：Salicylic acid。

别名：邻羟基苯甲酸、柳酸。相对分子质量：138.12。结构式见图 13-21。

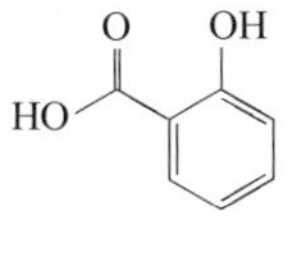

图 13-21　水杨酸化学结构

性质：白色针状结晶或结晶性粉末。饱和水溶液的 pH 为 2.4。在空气中较稳定，但遇光要逐渐变色。

安全性：水杨酸对皮肤黏膜有刺激性，能与基体蛋白质反应，有腐蚀作用，会使角膜增殖而剥离。LD_{50} = 1.1~1.6g/kg（大鼠，经口）

功效：水杨酸是医药、香料、染料、橡胶助剂等精细化学品的重要原料，在医药工业中，水杨酸本身用作消毒防腐剂，用于局部角质增生及皮肤霉菌感染，并用于合成其他药物及染料。水杨酸各种酯类可用作香料，例如水杨酸甲酯可作牙膏等口腔用香料及其他调和香料和食用香料等。在化妆品行业中，多用于养发剂，起止痒杀菌作用。

⑧ 二硫化硒

INCI 名称：Selenium disulfide。

分子式：SeS_2。

性质：红色粉末。受热至 100℃ 软化，温度稍高即分解，也能被硝酸和王水分解，几乎不溶于水和有机溶剂。

功效：可用作香波中的去头屑剂，化妆品中的最大允许浓度为 0.5%。

（2）天然植物去屑剂　随着消费者对健康和环保的日益关注，传统的化学去屑方式虽然在一定程度上能解决头皮屑问题，但其安全性、高效性和环保性一直受到质疑。行业和品牌开始关注如何更安全、更高效、更绿色地去屑，植物去屑剂逐渐成为行业和品牌研发的重点。天然植物去屑剂多是中草药提取物，如黄芩、黄连、蛇床子、白藓皮、百部、蒲公英、仙鹤草和苦参等天然植物经萃取、提纯和复配而成。这些植物提取物主要通过抑制和杀灭马拉色菌，改善头皮屏障，抑制头皮过度分泌油脂，来综合实现去屑效果。对常见的天然去屑剂种类、活性成分及主要作用进行了总结，详见表 13-1。

表 13-1　天然植物去屑剂

名称	主要活性成分	主要作用
胡桃油	α-亚麻酸(9,12,15)	有 VE 样功能,抗刺激、除头屑
汉防己	汉防己碱	抗菌抗炎,抗过敏,去屑止痒
头花千金藤	头花千金藤碱	抗菌,扩张血管,有 VE 样作用,去屑
积雪草	积雪草酸,积雪草苷	抗菌消炎,去屑止痒
甘草	甘草酸,甘草次酸,甘草苷	抗炎抗过敏,广泛的配伍性,止痒去屑
蔓荆子	莰烯,菠烯,蔓荆子碱,VA	抗菌抗炎,防脱,去屑止痒,改善肌肤
侧柏	挥发油,侧柏烯,黄酮类,VC	抗菌抗炎,扩张血管,去屑防脱
无患子	无患子皂苷	抗菌尤对真菌具有杀灭作用,有洗涤和去屑止痒功效
山茶	山茶皂苷	天然表面活性,杀菌止痒
凤仙花	指甲花醌	抗真菌,易为头发吸收,吸收紫外线,可去屑止痒,防晒
千柏杉	扁柏酚	极强的抗菌抗真菌作用,可代替 ZPT
荆芥	富含酚类物质	抗炎抑制酶活性,促进血液循环
防风	挥发油,苦味苷	抗炎镇痛,抑制真菌,去屑止痒
花皂素	含糖苷类化合物	具天然表面活性,抗炎止痒,去屑防脱
木瓜	皂苷,黄酮类,多种氧化酶	抗炎消肿,去屑固发
飞燕草	翠雀素(花青素之一)	抑制头皮中病菌感染,抗炎抗氧,去屑

思　考　题

1. 控油原料必须具备哪些性质？其组成可分为哪几类？各有何功效？
2. 简述痤疮的形成机理及化妆品原料防治方法。
3. 什么是去屑剂？去屑剂的类型有哪些？简述去屑原理。

第 14 章　染发烫发防脱发原料

14.1　染发功效原料

染发化妆品主要是指改变头发颜色的发用化妆品，也称其为染发剂。染发剂按使用的原料可分为植物性、矿物性和合成染发剂。根据染发原理又可以分为暂时性染发剂、半永久性染发剂和永久性染发剂。染发化妆品可以制成各种剂型，如乳膏型、凝胶型、摩丝、粉剂、喷雾、染发液等，以满足各类消费者的需求。

染发剂的性能要求主要体现在：产品的安全性，主要指不损伤头发和皮肤；较好的稳定性，主要指在头发上不发生明显的变色或褪色现象，不受其他发用化妆品的影响；较长的贮存稳定性；易于涂抹、使用方便等。

14.1.1　染发作用机理

（1）暂时性染发　暂时性染发剂是一种只需要用洗发产品洗涤一次就可除去在头发上着色的染发剂。由于这些染发剂的颗粒较大不能通过表皮进入发干，只是沉积在头发表面上，形成着色覆盖层。这样染剂与头发的相互作用不强，易被洗发水洗去。

暂时染发剂一般使用水溶性酸性材料，它与阳离子表面活性剂络合生成细小的分散颗粒，这些颗粒不能透过表皮进入发干的皮质，最终导致染料络合物沉积在头发表面形成着色覆盖层。由于染料只与头发表面的最外层接触，只提供界面间的吸附和润湿作用，因此导致被吸附的染料络合物与头发的相互作用不强，较易清洗除去。也因此，这种染发剂不改变头发的组织与结构，使用较为安全。暂时性染发化妆品的染料主要来源于天然色素，多以颜料为主。天然植物染发化妆品的原料有凤仙花、何首乌、核桃青皮等，合成颜料有焦炭黑等。

（2）半永久性染发　半永久性染发剂一般是指能耐 6~12 次洗发水洗涤才褪色，半永久性染发剂涂于头发上，停留 20~30min 后，用水冲洗，即可使头发上色。其作用原理是相对分子质量较小的染料分子渗透进入头发表皮，部分进入皮质，使得它比暂时性染发剂更耐洗发水的清洗。由于不需使用双氧水不会损伤头发，所以近年来较为流行。其染发机理如下：

① 碱性染料的特征是相对分子质量大，结构内部具有正电荷，与毛发表面的负电荷进行离子结合。

② HC 染料由于没有正、负电荷因此不能进行离子结合，但是由于相对分子质量小可以从毛表皮的缝隙渗透进内部染色。

③ 偶氮类的酸性染料渗透到毛表皮以及毛表皮的一部分，通过离子结合进行沉着、染色。

为了增加染料往发质里的渗透，可添加一些增效剂。增效剂主要包括一些溶剂和溶剂的混合物，例如苄醇和低碳羧酸酯或环己醇等。

（3）永久性染发　永久性染发剂是指着色鲜明、色泽自然、固着性较强、不易褪色的发用化妆品。永久性染发剂的剂型有乳液或膏体、凝胶、粉末和喷雾发胶等。由于染发剂中的各组分的化学反应通常需10~15min，一般在染发前将显色剂、耦合剂和氧化剂现用现配，并在深入发质内部后是反应发生。因此永久性染发制品一般多为二剂型，以显色剂和耦合剂为主组成染发Ⅰ剂，以及以氧化剂为主构成染发Ⅱ剂，配制前分开包装。

永久性染发剂通常是由一些相对分子质量低的显色剂和耦合组分组成，经过氧化还原反应生成染料中间体，再进一步通过耦合反应或缩合反应生成稳定的物质，因此这种染发剂又称为氧化染发剂。用这种染发剂染发，染料不仅遮盖头发表面，而且染料中间体能渗入头发内层，扩散至头发内皮质层，甚至进入髓质，在发质内部被氧化成不溶性的有色大分子，使头发着色。由于生成的染料不易扩散出来，故不易被清洗除去，一般可保持1~3个月。其他类型的染发剂，包括有减少色素类的染发剂，主要指头发漂白剂。它是利用对头发的色调起决定作用的黑素颗粒被氧化分解来达到漂染效果。常用的漂白剂是过氧化氢。目前一般使用碱性过氧化氢使黑素颗粒氧化分解，根据其浓度的不同和漂白的时间不同等染成各种深浅不同的头发。永久性染发剂的原料主要包括：染料中间体（氧化染料、金属型及植物型色素、活性染料）、碱性剂（氨水、乙醇胺）、缓冲剂（油酸）、增泡/增稠剂（月桂基二乙醇胺）、溶剂（醇、甘油、水等）、还原剂（硫化钠等）、氧化剂（过氧化氢、过硼酸钠）以及其他原料，如香精、表面活性剂等。

以染料中间体为原料配置的染发剂染色效果好、色调变化宽广、持续时间长，虽然苯胺类物质存在一定的毒性和致敏作用，但自20世纪末直至当今，苯胺类的氧化染料在染发化妆品中仍占重要地位。

14.1.2　常见的染发类原料

（1）暂时性染发原料

① 酸性紫43号

分子式：$C_{21}H_{16}NNaO_6S$，化学结构见图14-1。

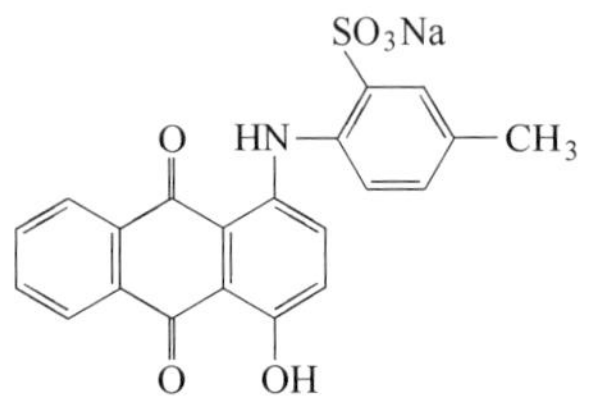

图14-1　酸性紫43号化学结构

理化性质：固体，深紫色到黑色，微溶于甲醇，微溶于水，溶于乙醇。于浓硫酸中呈蓝色，稀释后呈橄榄棕色，并伴有紫色沉淀产生。

其他限制和要求：所用染料纯度不得<80%，其杂质含量必须符合以下要求：挥发性成分（135℃）及氯化物和硫酸盐（以钠盐计）小于18%，水不溶物不得小于0.4%，1-羟基-9，10-蒽二酮小于0.2%，对甲苯胺小于0.1%，对甲苯胺磺酸钠小0.2%，其他染料小于1%，铅小于10mg/kg，砷小于2mg/kg，汞小于1mg/kg。

化妆品使用时最大允许浓度：非氧化性染发产品1.0%。

② 儿茶

有效成分和提取方法：儿茶的主要有效成分是儿茶酚类化合物，有儿茶素、表儿茶素、槲皮素等，含儿茶鞣制约20.5%。儿茶可以以水、乙醇为溶剂，按常规方法提取，然后将提取液浓缩至干，以 50%乙醇提取，得率为 17.9%。

应用：茶提取物和儿茶胶可用作植物性的染发料，它在不同金属离子的作用下显示不同的色泽，儿茶提取物有抑菌作用，提取物还可作抗氧化剂调理剂和生发剂。

③ 凤仙花

有效成分和提取方法：凤仙花花瓣含 1,4-萘醌类化合物如特征成分指甲花醌。凤仙花可以以水、乙醇等为溶剂，按常规方法提取，然后浓缩至干为膏状。如干燥凤仙花全草以 50%乙醇提取，得率约为 2%。

应用：凤仙花提取物可用作发用染料，可抑制皮肤油光、抑制皮脂分泌、收缩毛孔；提取物有促进生发、抗过敏和抗氧作用。

④ 紫草

有效成分和提取方法：紫草中含有萘醌类、酚酸类以及多糖类等成分。紫草中的主要活性成分为萘醌类及其衍生物，其母核都为 5,8-二羟基萘醌，有左旋紫草素、乙酰紫草素等。左旋紫草素是《中国药典》规定检测含量的成分。紫草可以水、乙醇等为溶剂，按常规方法提取，最后将提取液浓缩至膏状。采用二氧化碳临界的萃取物药效优于常规提取方法。

应用：紫草色素作为天然色素已广泛运用于医药、化妆品的着色剂。紫草提取物有抗皮肤真菌病毒作用。

⑤ 崧蓝

有效成分和提取方法：崧蓝的化学成分有靛苷、靛红、靛蓝、表古碱等。表古碱又名表告依春，是《中国药典》要求检测的特征成分，含量不得少于 0.02%。崧蓝可以以水、乙醇为溶剂，按常规方法提取，然后将提取物浓缩至干。

应用：崧蓝中的靛玉红和靛蓝的植物色素，与其他植物染料配合，加以调节 pH，可以产生深蓝色、微灰青色等色调，可用于头发的染色。

（2）半永久性染发原料

① HC 橙 1 号

分子式：$C_{12}H_{10}N_2O_3$。

别名：4-[（2-硝基苯基）氨基］苯酚。

理化性质：固体，微溶于水，稳定。具有优良的分散、乳化、增溶、着色性能。

危险性：固体形态可燃、刺激。燃烧有害产物为一氧化碳、二氧化碳、氮氧化物等。对皮肤、眼睛、呼吸系统有刺激性。与强氧化剂作用，会导致燃烧的发生。

化妆品使用时最大允许浓度：非氧化性染发产品 1.0%。

② HC 红 1 号

分子式：$C_{12}H_{11}N_3O_2$，化学结构见图 14-2。

别名：2-硝基-4-氨基二苯胺。

理化性质：黄色结晶或结晶性粉末。熔点约 140～142℃。在乙醇、氯仿和醚中可溶，几乎不溶于水。

化妆品使用时最大允许浓度：非氧化性染发产品 0.5%。

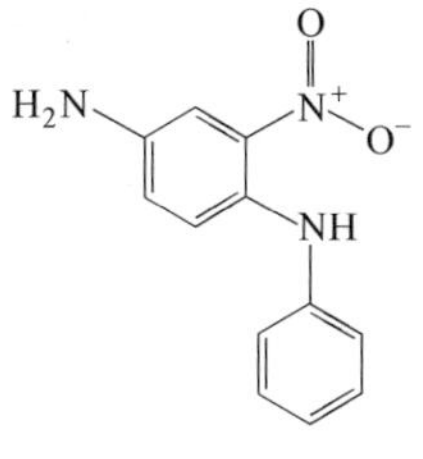

图 14-2　HC 红 1 号化学结构

③ 碱性红 51 号

分子式：$C_{13}H_{18}ClN_5$。

别名：2-{[4-（二甲氨基）苯基］偶氮}-1,3-二甲基-1H-咪唑氯化物。

理化性质：固体，微溶于水，稳定。具有优良的掩蔽、着色、抗静电、分散性能。偶氮染料。

化妆品使用时最大允许浓度 氧化型染发产品 0.1%，非氧化性染发产品 0.2%。

（3）永久性染发原料

① 对苯二胺

分子式：$C_6H_8N_2$，化学结构见图 14-3。

图 14-3 对苯二胺化学结构

理化性质：白色至淡紫色红色晶体，暴露在空气中变紫红色或深褐色，可燃，能升华。稍溶于冷水，溶于乙醇、乙醚。

应用：本品作为化妆品准用染发剂，最大容许浓度（氧化型染发产品）为 2%，标签上必须印含“苯二胺类”的使用条件和注意事项。

安全性：有毒。可经皮肤吸收或吸入粉尘而引起中毒，经皮肤吸收而引起的中毒现象居多。

② 间苯二酚

分子式：$C_6H_6O_2$，化学结构见图 14-4。

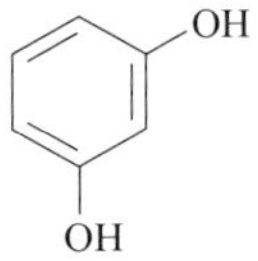

图 14-4 间苯二酚化学结构

理化性质：白色或类白色针状晶体或粉末，有甜味，露于光或空气中或与铁接触，都变为桃红色。易溶于水、乙醇和乙醚。

应用：本品作为化妆品准用染发剂，最大允许浓度（氧化型染发产品）为 1.25%，标签上必须印含“间苯二酚”的使用条件和注意事项。

安全性：可由呼吸道、皮肤及肠胃道进入人体，急性中毒能发生高铁血红蛋白血症、并可出现肝脏损害及溶血性贫血。

③ 1-萘酚

分子式：$C_{10}H_7OH$，化学结构见图 14-5。

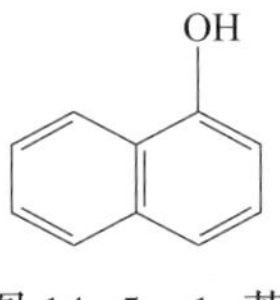

图 14-5 1-萘酚化学结构

理化性质：淡灰色至棕色固体。微溶于水，易溶于苯、乙醇、乙醚、氯仿和碱性溶液等。

应用：本品作为化妆品准用染发剂，最大允许浓度（氧化型染发产品）为 1.0%，标签上必须标印“含 1-萘酚”的使用条件和注意事项。

安全性：吞咽或经皮肤吸收都能引起中毒，对眼和黏膜有刺激性，能使人体接触部位发疹。其症状是呕吐、腹泻、腹痛、贫血、虚脱，能使蛋白质沉淀。生产设备要密闭，防泄漏，溅到皮肤上需及时洗净。车间应通风，操作人员应穿戴防护用具。

④ 4-氨基-2-羟基甲苯

分子式：$H_2NC_6H_3(CH_3)OH$。

理化性质：米白色结晶粉末。熔点为 160～162℃。

应用：本品作为化妆品准用染发剂，最大允许浓度（氧化型染发产品）为 1.5%。

安全性：低毒，对眼睛、呼吸道和皮肤有刺激作用。

⑤ 6-甲氧基-2-甲氨基-3-氨基吡啶盐酸盐

分子式：$C_6H_{11}Cl_2N_3O$。

理化性质：棕色晶体状粉末，易溶于水。

应用：本品作为化妆品准用染发剂，最大允许浓度氧化型染发产品为 0.68%（按游离基算）；非氧化型染发产品为 0.68%（按游离基算）。

其他限制和要求：不和亚硝基化体系一起使用；亚硝胺最大含量 50g/kg；存放于无亚硝酸盐的容器内。

⑥ 4-氯间苯二酚

分子式：$ClC_6H_3(OH)_2$，化学结构见图 14-6。

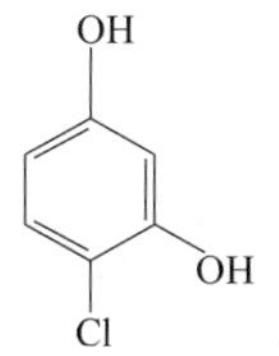

图 14-6　4-氯间苯二酚化学结构

理化性质：无色结晶，熔点为 89℃，溶于水、乙醇、醚、苯和二硫化碳，能升华。与氯化铁作用生成蓝紫色。

应用：本品作为化妆品准用染发剂，最大允许浓度（氧化型染发产品）为 0.5%。吞食有害，切勿吸入粉尘。

⑦ 五倍子提取物

理化性质：五倍子的化学成分包括鞣质（又称单宁酸、鞣酸）、没食子酸、油酸、亚油酸、亚麻酸、月桂酸等，此外还含有铜、锌、铁、钙等微量元素，五倍子鞣质为混合物，由一分子 D-葡萄糖与 6~8 分子没食子酸缩合而成，属 β-苷键衍生物。浅黄白或浅棕色无定形粉末，或为疏松有光泽的鳞片，或为海绵状块，有微弱特殊臭味，涩舌，易溶于水、乙醇或稀乙醇，几不溶于乙醚、苯、氯仿、石油醚，极易溶于甘油。

其他限制和要求：与硫酸亚铁配合使用时，仅限用于染发产品；作为其他用途使用时，不受此条款限制。

（4）氧化剂

① 过氧化氢

理化性质：纯品为无色透明液体，有微弱的特殊气味，可溶于水、乙醇。是一种强氧化剂，不稳定。遇光、热，受振动易引起分解反应。

应用：在染发剂和冷烫剂中作氧化剂和头发的漂白剂。

安全性：中度毒性，有腐蚀性，其液体溅在皮肤上会呈现白色并有灼烧感，其气体会刺激眼睛和肺部。

② 溴酸钠

理化性质：白色结晶或结晶性粉末，无气味，熔点为 381℃，易溶于水，不溶于醇。

应用：作为氧化剂、化妆品冷烫发药剂、漂浅剂。

安全性：高毒；摄入或吸入本品会出现眩晕、恶心。对眼睛、皮肤接触有刺激性。固体在高温加热时分解。系强氧化剂，易燃，与有机化合物、硫化物等混合研磨时易燃、易爆炸，与硫酸接触易着火或爆炸。

③ 过硼酸钠

理化性质：白色单斜晶系颗粒或粉末。可溶于酸、碱及甘油中，微溶于水。

应用：用作氧化剂、消毒剂等。

14.2　烫发功效原料

14.2.1　烫发作用机理

烫发是一种美发方式，分为物理烫发和化学烫发，常见的是化学烫发。

头发主要由角蛋白构成，其中含有胱氨酸等十几种氨基酸，以多肽方式联结形成链，多肽链间起联结作用的有二硫键、离子键和氢键等。其中由胱氨酸形成的二硫键比较稳定。各个多肽链与相邻的支链互相交联，形成了头发的弹性。因此，无论使头发曲折或使其拉伸，只要加力不超过其弹性界限，当力去除后，它会马上恢复原样。所以在正常情况下，头发是不易卷曲的。

物理烫发时，头发在水中可被软化、拉伸或弯曲，这主要是由于水切断了头发中的氢键。因此，当头发由于某种物理作用而暂时变形时，可通过润湿或热敷使之恢复原状。同理，烫发时，如单用水，则只能起到暂时的卷发作用，当润湿后，头发会自动恢复到原来的形状。

化学烫发时，强酸或强碱可以切断头发中的离子键，使头发变得柔软易于弯曲，但当中和或用水冲洗使头发恢复原有的 pH（pH = 4 ~ 7）后，头发即可恢复原状，因此单纯改变 pH 还不能有效地形成耐久性卷发。若在碱性条件下加热时，头发中的二硫键也会发生部分断裂，因而可形成较为持久的卷曲，此即电烫。但单用碱作烫发剂需要较高的加热温度和较长的作用时间，因而是不适用的。

由胱氨酸形成的二硫键比较稳定，常温下不受水或碱的影响，因此是形成耐久性卷发的关键。还原剂如亚硫酸钠等可和头发中的二硫键发生反应，切断二硫键，使头发变得柔软易于弯曲，在碱性介质和在加热（大于 65℃）条件下，可加快反应速度，缩短烫发时间，因此较后的电烫液均加入了亚硫酸钠。含巯基化合物可在较低的温度下和二硫键反应，在碱性条件下，可加快反应速度，因此是较为理想的切断二硫键的方法。目前的冷烫剂主要是采用此类化合物作为烫发成分。

水使氢键断裂，碱使离子键断裂，而含巯基化合物（或亚硫酸钠）可使二硫键断裂，并在碱的存在下而加快，所以这三者是烫发剂不可缺少的组成。以上三种化学键发生断裂，会使头发的强度降低，易断，因此还必须加入氧化剂来修复被破坏的键，使卷曲后的头发固定。

综上，烫发剂中的还原剂先将头发中的二硫键切断，此时头发即变得柔软易弯曲成各种形状，当头发弯曲成型后，再涂上氧化剂（固定液），将已打开的二硫键在新的位置上重新接上，使已经弯曲的发型固定下来，形成持久的卷曲。

14.2.2 常见的烫发类原料

（1）还原剂

① 巯基乙酸

分子式：$C_2H_4O_2S$，化学结构见图 14-7。

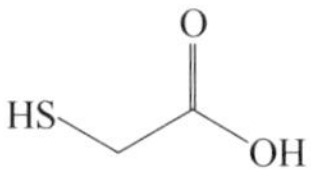

图 14-7 巯基乙酸化学结构

基本理化性质：纯品为无色透明液体，工业品为无色至微黄色。熔点-16.5℃，沸点 123℃（3.866kPa），相对密度 1.3253，折射率 1.5030，能与水、乙醇和乙醚混溶。

来源：由有机或无机含硫化合物与一氯乙酸的钠、钾盐反应制得。

应用：在烫发产品中起还原作用，通过将二硫键断开，使毛发软化。是日用化妆品冷烫液的主要材料。

使用方法：一般用烫发产品在 pH 7 ~ 9.5 时，使用时的最大允许浓度为总量的 8%，专业用烫发产品在 pH 7~9.5 时，使用时的最大允许浓度为总量的 11%。

安全性：中度毒性，有强烈刺激性，眼睛接触可致严重伤害，导致永久性失明。可致皮肤灼伤；对皮肤有致敏性，易引起过敏性皮炎，能经皮肤吸收中毒。

② 半胱氨酸

分子式：$C_3H_7NO_2S$，化学结构见图 14-8。

基本理化性质：相对分子质量 121.16。无色晶体。溶于水、乙酸和氨水，不溶于乙醚、丙酮、乙酸乙酯、苯、二硫化碳和四氯化碳。在中性和弱碱性溶液中能被空气氧化成胱氨酸。

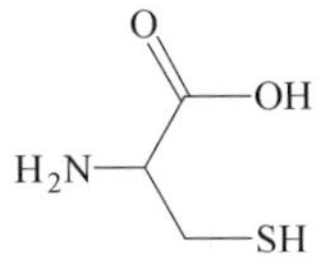

图 14-8　半胱氨酸化学结构

来源：在动物体内是从蛋氨酸和丝氨酸经过胱硫醚而合成。无机硫黄（来自硫酸盐）导入到半胱氨酸，在植物和细菌中，从硫酸经过 3′-磷酸腺苷-5′-磷酸硫酸和亚硫酸还原生成的硫化氢通过和 O-乙酰丝氨酸或丝氨酸反应而生成。

应用：烫发产品中起还原作用，通过将二硫键断开，使毛发软化。半胱氨酸的烫发效果要比巯基乙酸弱一些，但是对毛发作用较平和。

安全性：会刺激皮肤和黏膜，眼睛不可接触。

③ 巯基乙酸铵

分子式：$C_2H_7NO_2S$。

基本理化性质：为白色结晶粉末。具有刺激性气味，并容易溶于水和醇类溶剂。熔点为 110~121℃，其溶于水为弱酸性。

来源：通过硫氰酸铵与硫化氢的反应得到。

应用：广泛用于烫染发主剂，可以作为高效还原剂。一般用烫发产品在 pH 7~9.5 时，使用时的最大允许浓度为总量的 8%，专业用烫发产品在 pH 7~9.5 时，使用时的最大允许浓度为总量的 11%。

安全性：避免与皮肤和眼睛直接接触，有刺激性气味。

④ 单巯基乙酸甘油酯

分子式：$C_5H_{10}O_4S$，化学结构见图 14-9。

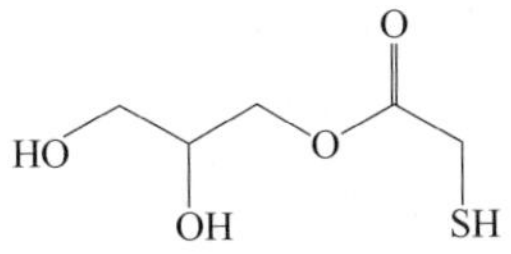

图 14-9　单巯基乙酸甘油酯化学结构

基本理化性质：无色或淡黄色的液体，具有特殊的硫酰基气味。它在常温下具有相对较高的熔点和沸点，可溶于水和有机溶剂，但不溶于油脂。

来源：通过巯基乙酸和甘油酯反应得到的。

应用：对头发几乎无损伤，对于健康头发的渗透效果弱，保持时间较短，对损伤的头发烫后效果较好。一般用烫发产品在 pH 6~9.5 时，使用时的最大允许浓度为总量的 8%，专业用烫发产品在 pH 6~9.5 时，使用时的最大允许浓度为总量的 11%。

安全性：具有一定的刺激性和腐蚀性，直接接触皮肤、眼睛或吸入其蒸气可能引起刺激和炎症反应。

⑤ 亚硫酸钠

分子式：Na_2SO_3。

基本理化性质：呈白色结晶粉末，具有无臭和稍微带有硫酸盐味道，易溶于水，在水溶液中呈碱性。

来源：通过亚硫酸与碳酸钠的反应生成。

应用：热法常用的还原剂，可以缩短烫发加热时间，不会使头发发黄，形成较好的卷发。使用时的最大允许浓度为总量的6.7%（以游离 SO_2 计）。

安全性：接触皮肤和眼睛可能会引起刺激，避免吸入亚硫酸钠粉末或其溶液的气体，应在通风良好的地方操作。

（2）碱剂

① 氨水

分子式：$NH_3 \cdot H_2O$。

基本理化性质：无色透明液体，具有氨的特殊气味，呈强碱性。比水轻，常温下饱和氨水含氨量为25%～27%，25℃时密度为0.90g/mL。能与醇、醚相混溶，遇酸剧烈反应放热生成盐。当热至沸腾时，氨气可全部从溶液中逸出。

来源：以液态氨为原料，在常温下挥发出氨气，气体通入水中。

应用：作为碱剂，将毛发中的离子连接键断开，使毛发膨胀，在促进药剂渗透至毛发内部的同时，还有辅佐还原剂发挥功效的作用。作用温和，易于渗透，易挥发不宜残留在毛发中，有较强烫发效力。温度在50℃左右加入。

安全性：有强烈刺激性和腐蚀性，对皮肤及呼吸道黏膜有一定刺激性，应避免吸入体内，低温密闭保存。

② 乙醇胺

分子式：C_2H_7NO，化学结构见图14-10。

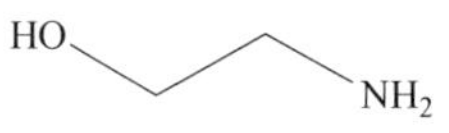

图14-10 乙醇胺化学结构

基本理化性质：常温下为无色透明黏稠的液体，具有吸湿性和氨臭味。能与水、乙醇和丙酮等混溶，微溶于苯、乙醚、四氯化碳、乙醇和氯仿。

来源：环氧乙烷氨化。

应用：卷发能力较强，对头发、皮肤渗透性良好。不挥发，有时清洗后也不能从头发上完全去除，对皮肤的刺激性较大。

③ 氢氧化钠

分子式：NaOH。

基本理化性质：熔点318.4℃、沸点1390℃、相对密度2.130。易溶于水，同时强烈放热。溶于乙醇和甘油；不溶于丙酮、乙醚。露放在空气中，最后会完全溶解成溶液。固体主体为白色，有光泽，允许带颜色，具有吸湿性，易溶于水。

来源：苛化法和电解法。

应用：卷发能力强，易于渗透。一般用烫发产品使用时的最大允许浓度为总量的1.2%（以重量计），专业用烫发产品使用时的最大允许浓度为总量的4.5%（以重量计）。过量使用这种不挥发性碱，会对头发有极大的损伤。

④ 碳酸氢铵

分子式：CH_5NO_3。

基本理化性质：无色菱形结晶或白色坚硬的块状物，微弱氨味，熔点107.5℃。其水溶液呈碱性，碳酸氢铵的化学性质不稳定，受热易分解。

来源：通过氨气和二氧化碳的反应制得。

应用：对头发的膨润度较低，不必担心其在头发上残留物处理问题，且刺激味小对皮肤的刺激性小。

安全性：接触后，可刺激皮肤、眼睛、黏膜；高浓度接触可引起暂时性失明、肺水肿和青紫，并可强烈伤害呼吸道黏膜，导致死亡。

（3）护发剂

① 羊毛脂

分子式：$C_{34}H_{68}O_2$。

基本理化性质：白色固体，有时带有淡黄色或棕色。熔点约在 30~40℃之间。

来源：提取羊毛中的脂肪。

发挥具体作用：减轻头发由于化学处理所引起的损伤。与约 2 倍量的水均匀混合，或热溶解在乙醇中。

② 半胱氨酸盐酸盐

分子式：$C_3H_8ClNO_2S$。

基本理化性质：是无色至白色结晶或结晶性粉末，有轻微特殊气味酸味，熔点 175℃。溶于水，水溶液呈酸性，

来源：通过将半胱氨酸与盐酸反应得到。

应用：使头发保湿柔软、光泽滋润，修复受损。

安全性：相对安全，有一定致敏性。

③ 水解胶原

基本理化性质：淡黄色液体、糊状体、粉状体多种产品形式。富含多种氨基酸，具有特殊的鲜味和香味。

来源：水解动物蛋白通常通过酶的作用进行水解，常见的酶包括胃蛋白酶、胰蛋白酶等。

发挥具体作用：能够修复损伤的发丝，保护头发不使之卷烫过度。

（4）稳定剂

乙二胺四乙酸钠

分子式：$C_{10}H_{14}N_2Na_2O_8$，化学结构见图 14-11。

基本理化性质：一种白色结晶粉末，低毒，溶于水，难溶于醇，5%的水溶液 pH 为 4~6，呈酸性。

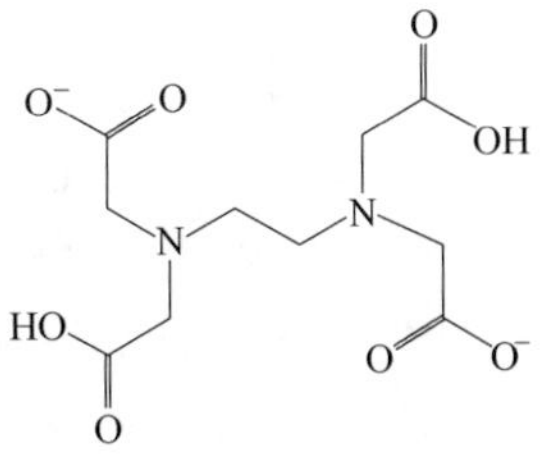

图 14-11　乙二胺四乙酸钠化学结构

来源：由乙二胺四乙酸与氢氧化钠作用制得。

应用：是一种螯合剂，防止金属离子对还原剂氧化的活性作用。

安全性：对黏膜和上呼吸道有刺激作用，对眼睛、皮肤有刺激作用。

（5）中和氧化剂

① 溴酸钠

分子式：$NaBrO_3$。

基本理化性质：呈无色结晶固体，可溶于水，并呈碱性，在高温下被加热或遇到强酸时可以分解产生氧气。

来源：将溴化钠与过氧化氢反应。

性质：将被还原剂断开的二硫键再接上，有良好的稳定性和使用性能，可以获得牢固有弹性的定型效果，但氧化力度相对较弱，时间较长。

应用：作为Ⅱ剂原料在烫发剂Ⅰ剂后使用，将二硫键连接，使头发定型。

安全性：有毒性，防止皮肤接触和吸入。

② 过氧化氢

分子式：H_2O_2。

基本理化性质：无色透明液体，过氧化氢是极弱的酸，是强氧化剂，高浓度过氧化氢接触有机物时可使其燃烧，与二氧化锰作用会发生爆炸。

来源：2-乙基蒽醌催化加氢、氧化、萃取、稀释。

应用：将被还原剂断开的二硫键再接上，氧化力度较强，定性时间短，作用快。使用时先加水预溶，35℃左右加入，作为Ⅱ剂原料在烫发剂Ⅰ剂后使用，将二硫键连接，使头发定型。使用时的最大允许浓度为总量12%（以存在或释放的 H_2O_2 计）。浓度过高有腐蚀性。

14.3 防脱发功效原料

14.3.1 脱发的原因

医学上，把超出自然交替的生理脱发范围，暂时脱发或因病态症状、遗传因素而脱发的现象，称为异常脱发。异常脱发有众多原因，通俗地讲，脱发其实就是毛囊活性降低、失去活性甚至坏死毛囊坏死的原因，大致有以下四种：

第一种，头皮疾病。头发长在头皮上，如果头皮出了问题，毛囊也会受到影响，慢慢失去活性，导致脱发。头皮常见疾病，比如脂溢性皮炎，分泌油脂过度，就会刺激毛囊，导致头发脱落。还有毛囊炎，毛囊有了炎症，影响头发生长，导致脱发。除此之外，一切和头皮有关的问题，如头皮屑过多等，也易导致脱发。

第二种，精神压力大。熬夜、精神压力过大，会导致人体立毛肌收缩、头发竖立。头部肌肉血管充血，血液循环不畅，毛囊得不到营养成分，活性就减弱，最终导致失去活力。精神压力导致的脱发，外用洗发水效果不明显，要放松精神，适当时辅助治疗干预。

第三种，内分泌疾病，常见雄激素和更年期分泌失调。雄激素分泌过高导致的脱发，被称为脂溢性脱发，主要是皮脂腺分泌过多，油脂堵塞毛囊，导致脱发。脂溢性脱发在男性群体中常见。女性群体在更年期时，也常出现脱发现象。

第四种，营养不良。头发生长如果缺乏矿物质、维生素、蛋白质等，头发得不到营养成分，自然生长受到影响。身体状态不好、饮食不健康的人，常会伴有头发干枯、易断裂、灰白发等症状。针对此情况，外部护理只能加强头发韧性、补充营养，才能解决根本问题。

除了上面说的四种主要类型，还有一些原因，如遗传和生育等。女性怀孕生孩子的时候易掉头发，一般一两年就能恢复。还有一种多发于女性的结发型脱发、受损型脱发，是因为过度拉扯头发，或者过度刺激头发，如经常染头发导致的脱发。

14.3.2　防脱发作用机理

二氢睾酮（Di hydro testosterone，DHT）是由睾丸分泌的一种类固醇激素，又名双氢睾酮，是人体内主要的雄激素。当二氢睾酮附着在具有遗传性掉发基因的雄性激素受体上，就会阻断毛囊维持生命所需养分的供给，进而造成毛囊萎缩，抑制毛囊生成毛发的能力，让头发慢慢变细、变少，从而导致头发脱落。在男性和女性脱发类型中，95%的脱发都属于二氢睾酮引起的雄性脱发。

（1）降低游离睾酮　在所有降低游离睾酮的方法中，利用睾酮结合蛋白，减少游离睾酮转化成二氢睾酮。利用球蛋白结合性激素睾酮，使它不能转化为二氢睾酮。性激素结合球蛋白（SHBG）越多，SHBG 与游离睾酮结合就越多，大大减少游离睾酮量，进而减少二氢睾酮的转化生成量。

（2）降低 5α-还原酶　5α-还原酶是我们体内将游离睾酮转化为二氢睾酮的酶。而没有酶 5α-还原酶，二氢睾酮就不能形成。5α-还原酶的种类很多，但在脱发方面，最受关注的是Ⅱ型 5α-还原酶。Ⅱ型 5α-还原酶是在我们的头皮皮肤和前列腺中表达的酶。有些男人有一种罕见的基因突变，他们的身体无法产生任何Ⅱ型 5α-还原酶。有趣的是，这些人一般不会秃头。

5α-还原酶并不是凭空而来的。为了使该酶形成并介导整个二氢睾酮转化过程，需要辅酶烟酰胺腺嘌呤二核苷酸磷酸（NADPH）。5α-还原酶需要 NADPH 将游离睾酮转化为二氢睾酮。因此我们可以通过与 NADPH 竞争和阻止 NADPH（或与 NADPH 绑定并改变其结构）的方式来减少 5α-还原酶的生成，这是直接 5α-还原酶抑制。也可以间接 5α-还原酶抑制，可通过减少炎症抑制 5α-还原酶。

（3）减少雄激素受体　雄激素受体是指细胞内雄激素（睾酮、二氢睾酮等）的部位。雄激素连接到雄激素受体后，这些雄激素就会影响细胞的功能。

降低雄激素受体的途径主要有三种：

① 降低雄激素总量。这种减少二氢睾酮方法是抑制头发脱落的有效手段，但是也容易造成性欲低下/没有性欲、抑郁、性功能障碍等不良反应。

② 降低雄激素受体表达。缺氧（限氧）提高雄激素受体活性，因此可以通过增加头皮组织氧水平来降低雄激素受体的活性。

③ 阻断雄激素受体。雄激素受体阻滞剂有两种形式：甾体和非甾体。雄激素受体阻滞剂减少二氢睾酮的方式：AR 阻断剂与细胞的雄激素受体结合，从而阻断二氢睾酮与同一细胞结合。

14.3.3　常见的防脱发功效原料

（1）咖啡因

分子式：$C_8H_{10}N_4O_2$，化学结构见图 14-12。

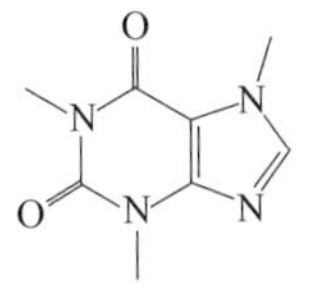

图 14-12　咖啡因化学结构

基本理化性质：密度 1.23g/cm^3，熔点 234~236.5℃，外观白色结晶性粉末，溶于氯仿、水、乙醇，易溶于稀酸，微溶于乙醚。

来源：咖啡因可以分为天然和人工合成两种类型。天然咖啡因主要存在于植物的种子、果实和叶片中，如咖啡、茶、可可豆等。而人

工合成的咖啡因则通过特定的方法，如氰乙酸乙酯尿素法等进行合成。

应用：研究证实，咖啡因可通过控制发根内 DHT 带来的负面影响，保护发根免受睾酮的攻击，可以延长毛发的生长期，并抑制头发毛囊中的雄激素产生，刺激毛囊细胞增殖，从而降低脱发的风险，此外，咖啡因还能改善头皮血液循环，帮助头发获得更好的营养，促进其生长，抵消过早脱发问题，达到预防效果，让头发茁壮成长。起效量 0.2%。

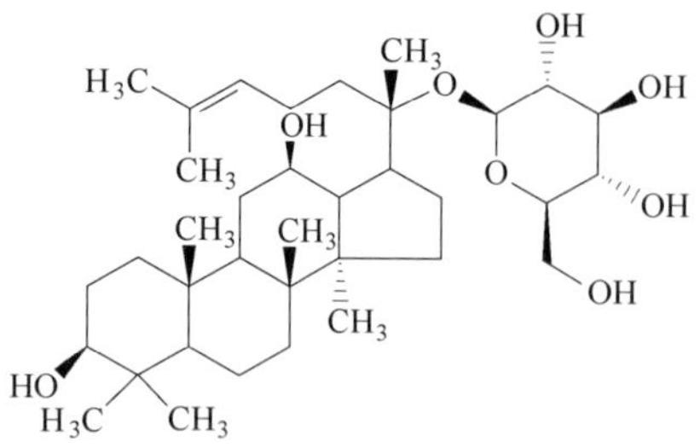

图 14-13　苦参提取物化学结构

（2）苦参提取物

分子式：$C_8H_{10}N_4O_2$，化学结构见图 14-13。

基本理化性质：黄色至棕色颗粒状或粉末状，具有苦味，在水中不溶，但可溶于乙醇和氯仿等溶剂。

来源：苦参。

发挥具体作用：苦参中的活性成分人参皂苷可促进新生血管生成和血管内皮生长因子（VEGF）表达，能够有效改善毛囊血液循环，为毛囊提供充足营养。

（3）吡哆素

分子式：$C_8H_{11}NO_3$，化学结构见图 14-14。

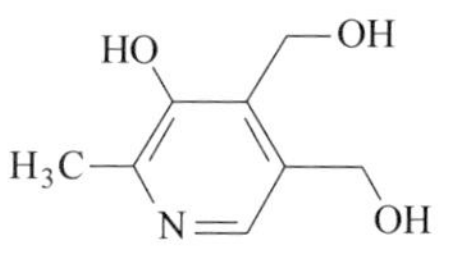

图 14-14　吡哆素化学结构

基本理化性质：无色晶体，易溶于水及乙醇，在酸液中稳定，在碱液中易破坏，吡哆醇耐热，吡哆醛和吡哆胺不耐高温。

来源：化学提取法、微生物发酵法、酶法提取法。

应用：促进头皮血液循环，改善头皮环境，延缓头发毛囊衰老，增强头发的生长力和弹性。此外，还可以调节头发内部的营养物质代谢，促进头发的生长和更新。

安全性：过量、长期使用维生素 B_6 可能会导致周围神经炎，出现神经感觉异常。

（4）人参皂苷 RB_2

分子式：$C_{53}H_{90}O_{22}$，化学结构见图 14-15。

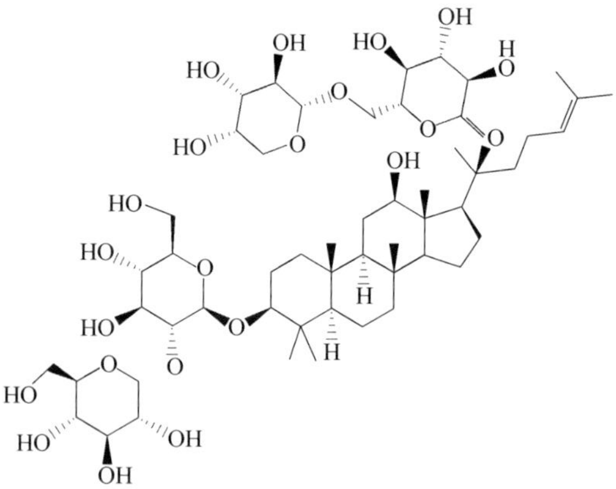

图 14-15　人参皂苷 RB_2 化学结构

基本理化性质：黄白色或淡黄色的粉末；微臭，味苦；具吸湿性，在甲醇或乙醇中易溶，在水中溶解，在乙醚或石油醚中几乎不溶。

类型：人参皂苷 Rg_1，人参皂苷 Rc，人参皂苷 Rd，人参皂苷 Re，人参皂苷 Rf，人参皂苷 Rb_1，人参皂苷 Rb_2，人参皂苷 Rb_3 等。

来源：人参。

应用：可扩充头部毛细血管，改善头发的营养状况；人参的功效成分被头发吸收，可提高头发的抗拉强度和延伸性，使头发更加柔顺。人参具有防止与减少脱发，促进头发生长发育的作用，并且效果显著。人参内含有与雌激素有关的植物激素，这些物质的存在可改善头部皮肤血液循环和调节免疫力，达到促进毛发生长的作用。减少生长期毛囊角质形成细胞凋亡和退行性变。

（5）丙氨酸/组氨酸/赖氨酸多肽铜盐酸盐

分子式：$C_{14}H_{23}CuN_6O_4$，相对分子质量：401.92。

基本理化性质：蓝色至蓝紫色粉末，pH：5.5~7.5（1mg/mL）。

应用：①抑制 5α-还原酶活性，使诱发脱发的 DHT 减少，防治脱发；②促进细胞生长因子的合成，调节毛囊由休止期向生长期转变；③防治毛囊细胞的氧化性损伤，提供毛囊营养供应。建议添加量 0.05%~0.5%。

安全性：一周使用 1~2 次即可，过度使用会影响皮肤的正常代谢；使用过多的话可能会过度刺激皮肤，容易造成皮肤过敏现象；破损皮肤禁用，如果皮肤有创口或者破损现象，建议不要使用三肽-铜的化妆品，容易引起感染和过敏。

（6）姜黄素

分子式：$C_{21}H_{20}O_6$，化学结构见图 14-16。

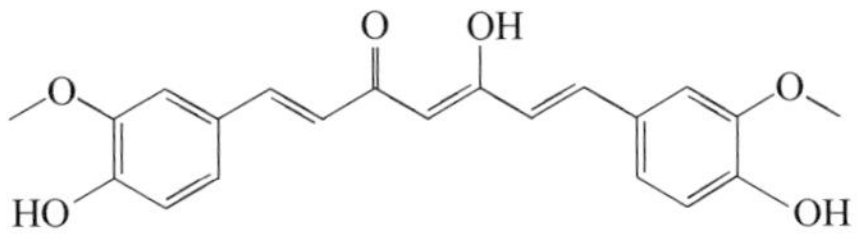

图 14-16　姜黄素化学结构

基本理化性质：本品为淡黄色的液体；有姜的香气，味辣。

来源：生姜。

应用：研究表明姜黄素对抑制人前列腺癌细胞生长和雄激素受体激活具有抑制作用。因此姜黄素可以在减少脱发方面发挥类似的作用。姜黄素可以抑制 I 型 5α-还原酶，这可以抑制睾酮向最强雄激素 DHT 的转化，姜黄素抑制 I 型的效力是非那雄胺的 1/20。此外姜黄素可以使头部皮肤血液循环正常化，促进头皮新陈代谢，活化毛囊组织，有效防止脱发、白发，刺激新发生长，并可抑制头皮瘙痒，强化发根。

（7）当归提取物

分子式：$C_{12}H_{14}O_2$（藁本内酯），化学结构见图 14-17。

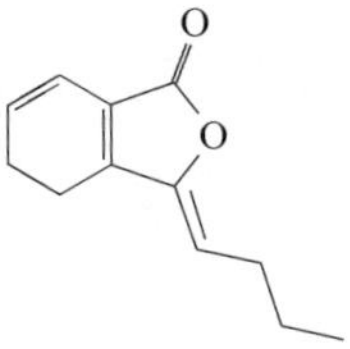

图 14-17　藁本内酯化学结构

基本理化性质：液体。

来源：当归。

应用：当归提取物当药素、异当药素等成分可使皮肤微血管扩张，血液循环旺盛，供给毛母细胞能量，有效治疗脱发。

（8）茶儿茶素类

分子式：$C_{15}H_{14}O_6$，相对分子质量：290.28。

基本理化性质：白色针状结晶（水-醋酸），熔点 212~216℃；溶于热水、乙醇、冰醋酸、丙酮，微溶于冷水和乙醚，几乎不溶于苯、氯仿及石油醚。

应用：促进毛囊生长和毛乳头细胞增殖，诱导毛囊生长期发生。

（9）侧柏叶提取物

分子式：$C_{10}H_{16}O$。

基本理化性质：褐色液体。侧柏叶萃取物主要成分为挥发油，油中主要成分为 α-侧柏酮、侧柏烯、小茴香酮、蒎烯、石竹烯等。还含有侧柏双黄酮类、脂肪酸及其酯类等，黄酮类中有香橙素、槲皮素、杨梅树皮素、扁柏双黄酮、穗花杉双黄酮等；另外还含鞣质、树脂、维生素 C 等。

应用：富含的黄酮成分能够激活毛母细胞、促进血液循环，使毛发生长能力衰退的毛囊复活和促进血液循环后补充营养成分而发挥出养发、生发的作用。去屑止痒的机理在于抑制头发表皮细胞蜕化的速度，延迟脱落，减少脂溢性皮肤病的产生，使进入休止期的毛囊重新生长并能够加速养分供给毛囊，且有小鼠实验表明它能明显促进毛发生长。

（10）何首乌提取物　何首乌提取物中主要活性成分有大黄素和二苯乙烯苷。

分子式：$C_{15}H_{10}O_5$（大黄素），化学结构见图 14-18。

分子式：$C_{20}H_{22}O_9$（二苯乙烯苷），化学结构见图 14-19。

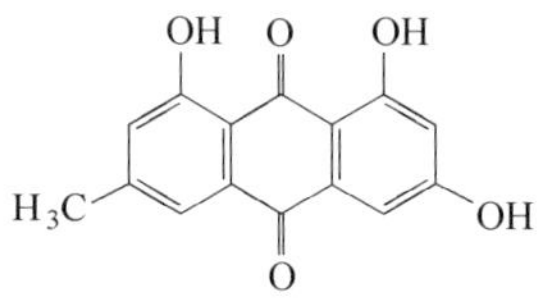

图 14-18　大黄素化学结构

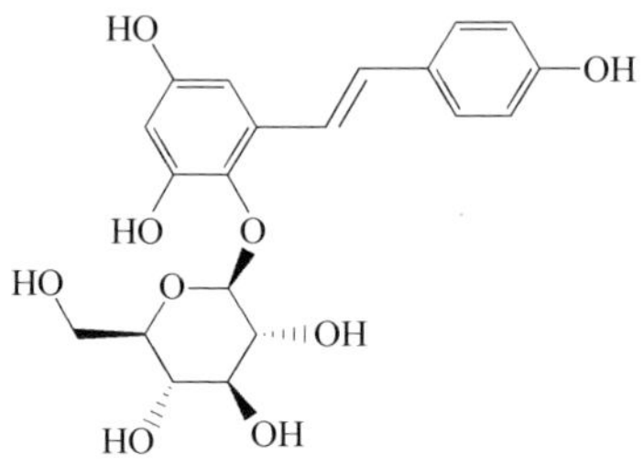

图 14-19　二苯乙烯苷化学结构

基本理化性质：淡黄色粉末或棕黄色粉末。

来源：蓼科植物何首乌。

应用：何首乌能够有效地滋养头发，补充头发营养的作用，从而能够促进全身的血液循环，改善头皮的营养，防治脱发，预防头发早白的情况，改善头发的分叉，使头发乌黑浓密有光泽。

（11）甘草提取物　甘草提取物中主要活性成分有甘草酸和甘草次酸。下面分别介绍：

分子式：$C_{42}H_{62}O_{16}$（甘草酸），化学结构见图 14-20。

分子式：$C_{30}H_{46}O_4$（甘草次酸），化学结构见图 14-21。

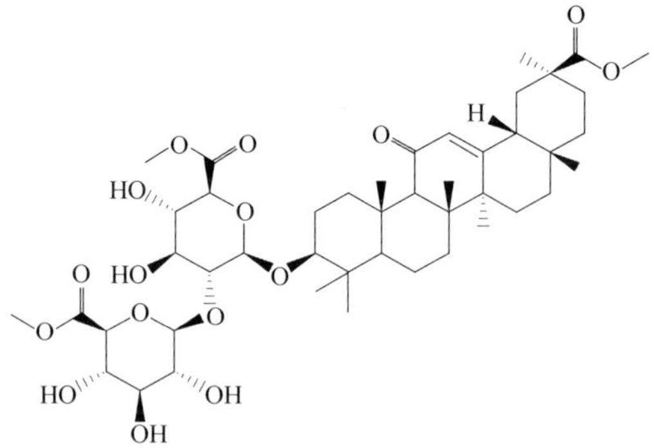

图 14-20　甘草酸化学结构

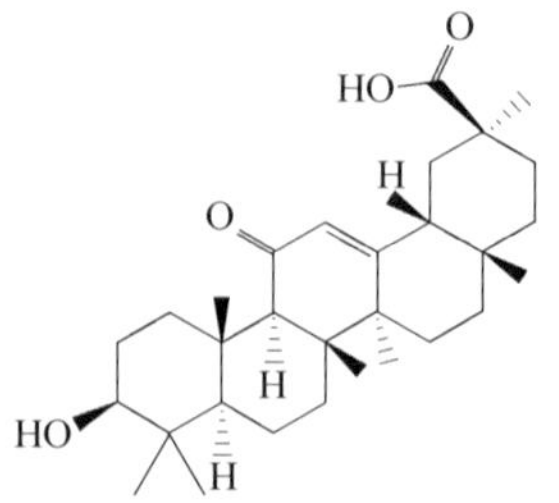

图 14-21　甘草次酸化学结构

基本理化性质：呈黄褐色至黑褐色粉末，味道甘甜。

应用：甘草提取物美容功效主要是对皮肤有美白作用，它通过抑制酪氨酸酶和多巴色素互变酶（TRP-2）的活性、阻碍 5,6-二羟基吲哚（DHI）的聚合，以此来阻止黑色素的形成，从而达到美白皮肤的效果。另外，甘草提取物可有效防止头发稀疏，并作为一种治疗脱发的天然疗法，研究表明甘草提取物有较强的抑制睾酮 5α-还原酶的功能，睾酮 5α-还原酶与脱发密切相关。

（12）葛根提取物

分子式：$C_{21}H_{20}O_{12}$（葛根素），化学结构见图 14-22。

基本理化性质：棕黄色粉末。

来源：葛根。

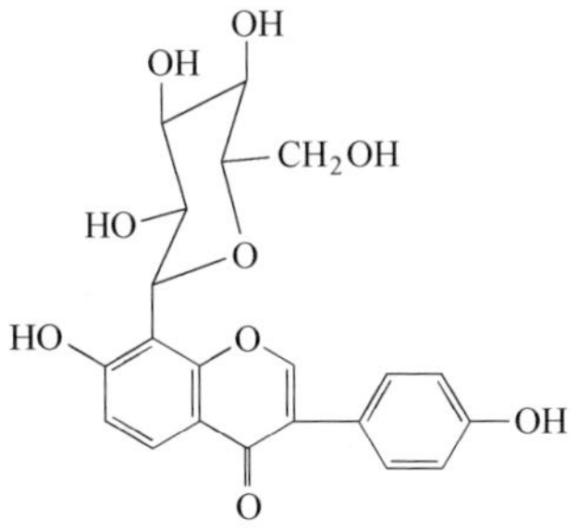

图 14-22　葛根素化学结构

应用：葛根素能够调节头皮内分泌，减少雄性激素对毛囊的损害，从而有助于缓解雄性型脱发。此外，葛根素还能够促进头皮血液循环，为毛囊提供充足的营养，有助于头发生长。异黄酮是野葛根提取物中的主要活性成分之一，具有显著的抗炎作用。研究表明，异黄酮能够抑制头皮炎症，减轻毛囊损伤，从而有助于预防和治疗脱发。此外，异黄酮还具有抗氧化作用，能够清除自由基，保护头皮细胞免受氧化损伤。其中包括生物素，棕榈酸酯和叶酸。这些头发的再生特性在促进头发生长方面非常有益。由于葛根含有丰富的维生素和蛋白质，因此有助于恢复受损的秀发并使其恢复原状。

（13）女贞果提取物

基本理化性质：棕色粉末。

来源：女贞果。

应用：女贞果提取物中具有防脱发作用的成分主要包括黄酮类化合物、皂苷类化合物和多糖类化合物。这些成分通过抑制 5α-还原酶活性、促进毛囊血液循环、刺激毛囊细胞增殖与分化等途径，发挥防脱发作用。女贞果能够有效地减缓发丝脱落，稳固发丝，可以起到缓解脱发作用。

（14）姜提取物

基本理化性质：淡黄色至黄棕色粉末，具有生姜的特征香气和辣味，可部分溶于水中。

来源：生姜。

应用：生姜中含有姜辣素、姜烯油等成分，可以使头部皮肤血液循环正常化，促进头皮新陈代谢，活化毛囊组织，有效防止脱发、白发，刺激新发生长，并可抑制头皮瘙痒，强化发根。

思　考　题

1. 染发原料的作用机理？
2. 简述烫发产品的作用机理及常见的烫发类原料。
3. 烫发染发产品在国家药监局抽检过程中，不合格比例较高，请调研并思考不合格原因和可能带来的风险。

4. 造成非正常型脱发的原因有哪些？
5. 简述防脱发产品的作用机理及常见的防脱发类原料。
6. 市场上常见的防脱发产品有哪些？并调研防脱发产品中常用到的防脱发原料。

第 15 章　美白祛斑功效原料

15.1　色斑的形成

15.1.1　色　素　斑

当皮肤过度曝晒于阳光下，经紫外线照射后，表皮内黑素细胞密度增大并释放黑色素至皮肤表层，以抵御紫外线强烈的刺激；当皮肤的各种机能及角化作用无法顺利工作，再生能力也趋于衰弱时，黑色素就无法完全排出而沉积于表皮外层，使皮肤出现色素沉着，形成色素斑。色素斑，从生成原理上来说，就是黑色素沉积的一种表现形式。

色素斑的种类包括黑色素斑和褐色素斑。黑色素斑主要有太田痣、黑色素痣，各种外伤性文身及不良文眉、文眼线等。褐色素斑则种类繁多，有雀斑、晒斑、黄褐斑、雀斑样痣、老年斑、咖啡样斑、药物性色素斑等。

15.1.2　色 素 沉 着

色素沉着主要由表皮中黑色素的含量、分布、类型所决定。黑色素分为真黑素和褐黑素，均产生于黑色素细胞中的黑素体中，并由周围的角质形成细胞转运至皮肤上层。因此控制黑色素生成和转运是调节色素沉着的关键因素。引起皮肤色素沉着的原因主要有人体内分泌失调，新陈代谢功能减弱，皮肤干燥、衰老，日晒、紫外线辐射，睡眠不足、身体劳累等。随着年龄的增长，色斑增多，严重影响人们的面部美观，带来了衰老的心理压力，从而影响生活质量。

色素沉着是由于种种原因而致人体皮肤呈现不同颜色、不同范围及不同深浅的色素变化，是人体自身产生的色素，如存在于皮肤中的黑色素细胞产生的黑色素。由于黑色素所在部位深浅不同而表现出不同的色调：在表皮则呈黑色或褐色，在真皮浅层则呈灰蓝色，在真皮深层则呈青色等。内源性色素还有脂色素、胆色素等。另一类为外源性的外来色素，如胡萝卜素（胡萝卜素血症）、药物（如阿的平可致皮肤黄染等）和重金属（如砷、铋、银等沉着症）以及异物所致着色，如文身、泥沙、铁渣、煤渣等在皮肤的沉着症等。

15.1.3　色　　斑

（1）雀斑（Freckle）　雀斑是一种浅褐色小斑点，针尖至米粒大小，常出现于前额、鼻梁和脸颊等处，偶尔也会出现于颈部、肩部、手背等处。除有碍美容以外，并无任何主观感觉或其他影响。

雀斑多由肺经风热、遗传所致，经脉不通，导致瘀血内停、阻滞不畅，心血不能到达皮肤颜面以营养肌肤，而皮肤中的代谢垃圾、有害物和黑色素就不能随着人体的正常新陈代谢排出去，逐渐沉积形成了雀斑。

至于去除雀斑的最佳方法，则取决于个体的具体情况。如果雀斑较少，可以通过使用美白产品和防晒产品来改善；如果雀斑较多，可能需要考虑医疗美容治疗，如激光治疗、光子嫩肤等。

雀斑等色素沉着的病理原因是多方面的，病因也相当复杂，至今也尚未完全明晰。医学上认为主要是内分泌系统的失调、紊乱所引起的，和色素代谢异常有关，还认为雀斑与遗传有关，中医认为是肝脾郁结、失和肾虚所致。紫外线的照射也是外在的诱发因素。

（2）黄褐斑（Chloasma） 黄褐斑也称肝斑和蝴蝶斑，是面部黑变病的一种症状，表现为在颜面部出现色素沉着斑。主要包括遗传、紫外线照射、性激素变化、年龄增长和皮肤炎症等多种因素。遗传易感性、日光照射、性激素水平变化是黄褐斑三大主要发病因素，黑素合成增加、皮损处血管增生、炎症反应及皮肤屏障受损均参与了黄褐斑的发生。黄褐斑主要通过避免诱发因素，调整生活方式，修复皮肤屏障，防晒和使用美白类护肤品等方式来治疗和缓解。研究表明，含甘草提取物、4-*N*-丁基间苯二酚、白藜芦醇、谷胱甘肽、鞣花酸、芦荟素等成分的美白类功效性护肤品可用于黄褐斑的治疗。含有滇山茶、马齿苋、青刺果、三七的新型复合美白制剂也能有效地改善黄褐斑症状。综合来看，建议在医生指导下，选择有功效性和安全性且经过临床验证的美白类护肤品。

（3）老年斑（Old age spots） 老年斑，全称为老年性色素斑，医学上又被称为脂溢性角化。是指在老年人皮肤上出现的一种脂褐质色素斑块，属于一种良性表皮增生性肿瘤，一般多出现在面部、额头、背部、颈部、胸前等，有时候也可能出现在上肢等部位。进入60~70岁，随着年龄的增长，老年斑的数目逐渐增多，面积也逐步扩大。对于老年斑的产生，目前，有以下三种说法：

① 进入老年以后，细胞代谢机能减退，体内脂肪容易发生氧化，产生老年色素。这种色素不能排出体外，于是沉积在细胞体，从而形成老年斑。

② 人到老年后，体内新陈代谢开始走下坡路，细胞功能的衰退在逐年加速，血液循环也趋向缓慢，加上老年人在饮食结构上的变化和动植物脂肪摄入量的比例失调等原因，促使一种叫作脂褐质的极微小的棕色颗粒堆积在皮肤的基底层细胞中。这种棕色颗粒是脂质过氧化反应过程中的产物。衰老的组织细胞失去应有的分解和排异功能，导致超量的棕色颗粒堆积在局部细胞基底层，从而在人体表面形成老年斑。

③ 老年体内具有抗过氧化作用的过氧化物歧化酶的活力降低，自由基也就相对增加，自由基及其诱导的过氧化反应长期毒害生物体。人体在代谢过程中，会产生一种叫作“游离基”的物质，即脂褐质色素，这种色素在人体表面聚集，形成老年斑。

（4）晒斑（Solar dermatitis） 晒斑，即日光性皮炎，是由紫外线、毒素累积、细胞遭受刺激或其他光线照射形成，是皮肤暴露时间过长超过耐受，对强光照射引起的一种急性损伤性反应。晒斑通常是因为晒太阳过度，肌肤底层中麦拉宁色素（黑色素）增加，在皮肤表面渐渐积聚而成。大部分为面状和块状，颜色为黄褐色或褐色，裸露的皮肤经过暴晒发生红斑、水肿等症状，过后有糠秕样脱屑，并出现皮肤色素沉着。

晒斑是一种皮肤问题，通常可以通过以下方法来淡化或去除。

① 使用防晒霜。避免阳光直接照射皮肤，使用防晒霜可以减少晒斑的产生。

② 使用美白产品。选择含有维生素 C、熊果苷或烟酰胺等成分的美白产品，可以帮助淡化晒斑。

③ 化学剥离。通过化学剥离可以去除皮肤表面的色素沉着，减轻晒斑的颜色。

④ 激光治疗。激光治疗可以帮助去除深层的色素沉着，达到淡化晒斑的效果。

⑤ 食疗。一些食物如番茄、胡萝卜、芹菜等含有丰富的抗氧化物质，可以帮助减轻晒斑。

（5）咖啡斑（Cafe-au-lait-spots）　一般认为，咖啡斑属于遗传性皮肤病，与日晒无关，可单独发生，亦可作为多系统疾病的一种标志，如神经纤维瘤病、多发性黑子综合征及共济失调毛细血管扩张症等。病理上一般表现为表皮的损害，基底层黑素细胞增加，色素合成增多。咖啡斑病损处黑素细胞明显增多，角质形成细胞与黑素细胞里面可以看到异常增大的黑素颗粒，这种特点不受人为控制。咖啡斑属于色素增加性皮肤病，一般通过手术治疗，目前用得比较多的是激光治疗咖啡斑，如超皮秒、调 Q 激光等。

15.2　美白祛斑作用机理

黑色素的形成过程，如图 15-1 所示。根据黑色素形成过程，目前常见的美白祛斑作用机理或者途径如下。

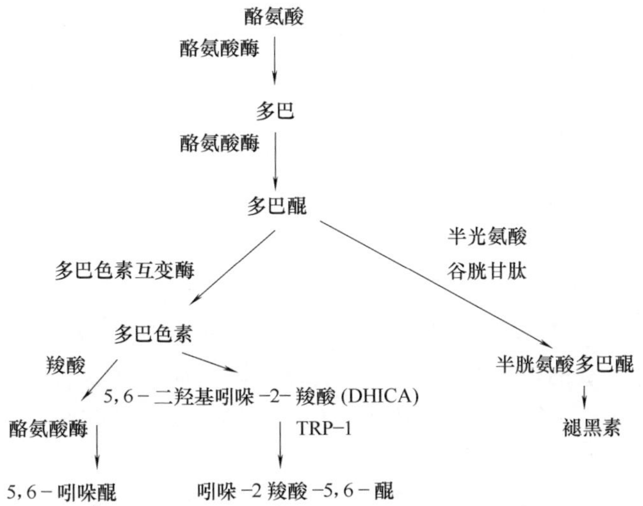

图 15-1　黑色素的形成过程

15.2.1　控制或抑制黑色素生成过程中各环节中所需的酶

酶是一种生物催化剂，有着极高的催化效率，抑制了酶的活性，就可以使整个生化反应停止或反应速率大幅度下降，因此抑制住了黑色素在细胞内生成过程中各个环节所必需的酶，就能够阻碍黑色素生成从而有效减少黑色素的数量。其中主要抑制酪氨酸酶、多巴色素互变异构酶、DHICA 氧化酶的活性。

（1）酪氨酸酶（TYR） 祛斑美白最主要的作用机理是通过抑制酪氨酸酶而达到美白效果。酪氨酸酶的作用机理可分为抑制酪氨酸酶的活性、减少酪氨酸酶的产生和合成、抑制酪氨酸酶的糖化及加速酪氨酸酶的分解。

酪氨酸酶是一种含铜离子的金属酶，属于多酚类氧化酶，它是黑色素在生成过程中一系列化学反应重要的限速酶。目前化妆品美白剂最常见的是酪氨酸酶竞争性抑制剂。这些竞争剂通常与酪氨酸酶的底物，例如酪氨酸或者多巴在化学结构上有非常高的相似性，从而在化学反应中可以去竞争酪氨酸酶分子上的结合点，最终导致酪氨酸酶的活性受到抑制。目前常选用的原料有：熊果苷、间苯二酚、已基间苯二酚、4-丁基间苯二酚、苯乙基间苯二酚等。另外阿魏酸、氨甲环酸（传明酸）、4-甲氧基水杨酸钾（4-MSK）在结构上也与酪氨酸酶有一定的相似性。

大多数美白剂的作用机理是抑制酪氨酸酶的活性。这个机理又可以细分为：①美白剂与铜离子发生螯合作用，将酪氨酸酶凝结，使其失去活性；②竞争性抑制酪氨酸酶；③抑制酪氨酸酶、多巴色素互变酶、DHICA 氧化酶的活性。常见的原料有苯二酚的衍生物、曲酸及其衍生物、壬二酸等。

（2）多巴色素互变异构酶（TRP-2） 多巴色素互变异构酶（TRP-2）是一种与酪氨酸酶有关的蛋白质，其作用机理是促使所作用的底物发生重排，生成底物的同分异构体，最终生成黑色素。即在由多巴色素自发脱羧，重排生成 5,6-二羟基吲哚（DHI）的同时，黑色素细胞内部分多巴色素由于多巴色素异构酶的存在而发生重排生成 5,6-二羟基吲哚-2-羧酸（DHICA）。因此该酶主要调节 DHICA 的生成速率，从而影响所生成的黑色素分子的大小、结构和种类。目前对该酶的抑制主要是竞争性抑制，即寻求一种物质作该酶的底物，通过与原能形成黑色素的底物竞争，从而破坏黑色素生物合成途径，达到抑制黑色素的目的。

目前对多巴色素异构酶的活性影响因素研究较少，已知曲酸及其衍生物、甘草素等黄酮化合物对其活动有一定抑制作用。

（3）DHICA 氧化酶（TRP-1） 多巴色素逐渐分解，大部分脱羟生成二羟基吲哚（DHI），而少部分生成二羟基吲哚羧酸（DHICA）。其中 DHICA 氧化酶（TRP-1）是催化 DHICA 氧化成真黑素的重要酶。目前对该酶的抑制研究较少，主要仍是竞争性抑制，即寻求一种物质作为该酶的底物，通过与原来能够形成黑色素的底物竞争，从而破坏黑色素生物合成，达到抑制黑色素的目的。

15.2.2 内皮素拮抗剂

内皮素（ET）是迄今已知收缩血管作用最强、持续最久的活性多肽，人体内的内皮素有 3 种，其中 ET-1 主要在内皮细胞内表达，通过旁分泌方式调节局部血管紧张度。20 世纪 90 年代初，皮肤学家 Imokawa 等人发现，在紫外线照射下，角质细胞释放出一种细胞分裂素，当其被黑色素细胞受体接受后，会刺激黑色素细胞增殖并激发酪氨酸酶活性，从而加大黑色素的合成量。这种细胞分裂素即为内皮素（Endothelin）。

黑素细胞上有特殊受体能与内皮素结合，内皮素被黑色素细胞膜上的受体接受后，刺激了黑色素细胞的分化、增殖并激活酪氨酸酶的活性，从而使黑色素急剧增加。离体试验也证明了内皮素不仅能刺激黑素细胞产生黑素，同时也是黑素细胞分裂剂，其细胞信号传递机理已初步阐明。如果添加一种物质，能够对抗内皮素作用，就能够消除内皮素所带来的负面影响，这种物质可称为内皮素拮抗剂。内皮素拮抗剂的作用机理不同于酪氨酸酶活性的抑制，是通过抑制内皮素对黑色素细胞增殖的调控来达到美白祛斑效果的。内皮素和前面所提到的酪氨酸酶、多巴色素异构互变酶、DHICA 氧化酶合称“三酶一素”。内皮素拮抗剂的发现为化妆品研发提供了新策略，雏菊花提取物是配方中常用的内皮素拮抗剂。

内皮素拮抗剂主要作用于黑色素母细胞，因为它在进入皮肤后首先与黑色素细胞膜的受体结合，从而抑制黑色素细胞的活性。黑色素细胞丰富的皮肤区域往往也是斑点相对较多的位置，内皮素拮抗剂主要集中作用于皮肤斑点部位，其淡化斑点的能力要强于其整体美白皮肤的效果，让肤色呈现得更为均匀。

15.2.3　还原黑色素

决定人体皮肤颜色的最主要的因素是黑色素，而人类的表皮基层中存在着一种黑素细胞，能够形成黑色素。当黑素细胞内黑素含量高时皮肤即由浅褐色变为黑色。黑素细胞的分布密度无人种差异，各种肤色的人基本相同，全身共约 10 亿~20 亿个。人体皮肤色泽主要决定于各黑素细胞产生黑色素的能力。一般认为，黑色素的生成机理是在黑素细胞内的黑素体上的酪氨酸经酪氨酸酶催化而合成的。黑色素量越多，皮肤越黑。酪氨酸氧化成黑色素的过程是复杂的，紫外线能够引起酪氨酸酶的活性和黑素细胞活性的增强，因而会促进这一氧化作用，尤其对原有的色素沉着也会因太阳的照射而进一步加深，甚至恶化。因此，紫外线的辐射是使皮肤变黑的物理因素。而黑色素产生后，不正常的代谢会产生聚集、沉积，进一步形成色斑。

还原黑色素类原料可将氧化状态的黑色素还原成为无色的还原型黑色素。黑色素是一种较大分子的氨基酸衍生物，它可以在强还原剂的作用下转换生成无色的前体物质，可有效减少黑色素沉着。而强还原剂其实在黑色素的形成过程中对其他的中间体结合也有一定作用，同时还可以减少外源性刺激产生的自由基对皮肤的损伤。自由基会造成一系列恶性循环如炎症、斑点、皱纹、痘痘等。过多的自由基还会使糖化进一步加剧，让皮肤暗黄和失去弹性。此类原料一般具有抗氧化作用，目前常选用的原料有：维生素 C 及其各类衍生物、维生素 E、谷胱甘肽、维 A 醇或者维 A 醛类、白藜芦醇以及多酚类物质等。需要注意的是，由于这类原料的活泼性和不稳定性，通常会对原料做细微的结构改性，例如，维生素 C 改性成抗坏血酸葡糖苷、抗坏血酸棕榈酸酯或 2-O-乙基抗坏血酸等，维生素 E 改性成维生素 E 醋酸酯。另外谷胱甘肽、光甘草定、茶多酚等原料相对安全、温和，效果也很好，但在停用后还原状态的黑色素会自行缓慢氧化为正常的黑色素。除此以外，烟酰胺也是美白剂中一个重要的原料，它除了有美白、亮肤和抗氧化功能外，还有维护皮肤屏障、减少细纹等作用。

15.2.4　阻止黑色素聚集或转移

已经生成的黑色素，如果其无法顺利转运至角质层（皮肤表面），就无法引起视觉上的“变黑”，如果能抑制黑色素的运输和转运，使其到达不了角质层，就不会导致变黑。

这也是另一种角度的美白，黑色素产生了，但不会被肉眼看到。

烟酰胺可有效阻止黑色素从黑色素细胞向角质细胞的迁移，是常用的美白活性成分，此外传明酸也可通过此途径减少黑色素的转运，达到美白的效果。

15.2.5 加速代谢和剥脱

黑素细胞中黑色素通过树突转运至基底层细胞，进一步代谢到角质层，最终会随角质细胞脱落，如果加速老化角质细胞的脱落，从而加速黑色素的代谢，可进一步改善肤色和外观。早期常用的手段是剥脱、去角质，典型代表原料有水杨酸、果酸、杏仁酸等，通过加快角质细胞更新速度，实现黑色素代谢加速。使用此类原料时应注意它们对皮肤屏障产生的影响，容易造成屏障受损，使皮肤出现敏感发红等症状。目前常用的加速黑素细胞代谢的原料以酵母发酵液类原料为主，典型代表有半乳糖酵母样菌发酵产物滤液、二裂酵母发酵产物溶胞物、乳酸菌发酵溶胞产物。这类混合物含有有机酸、氨基酸、多糖复合物等，除了具有温和剥脱作用外，与皮肤的微生态平衡、构建完整皮肤屏障也息息相关。

15.2.6 防止紫外线对皮肤的照射

众所周知，紫外线可以促使黑色素合成，从而引起色素沉着，长期接触紫外线会增加黄褐斑等色斑的发生。紫外线刺激黑色素细胞，使其产生更多的黑色素，导致斑点的形成。长时间的紫外线照射，局部会出现红肿、灼痛、疼痛等症状，导致皮肤晒伤。UVA（320~400nm）可以透射到皮肤真皮层，辐射强度大，其辐射到皮肤表面的能量高达紫外线总能量的98%，对皮肤的损伤作用较UVB缓慢但具有累积性，可使皮肤晒黑；UVB（280~320nm）透射能力较弱，只能到达皮肤表皮层，但对皮肤的损伤作用强，使皮肤出现红斑或晒斑；UVC（200~280nm）具有较强的生物破坏作用，但日光中的UVC已被大气层中臭氧层吸收。

防晒是预防紫外线对人体造成损害的重要措施，防晒化妆品就是一类具有吸收紫外线作用，防止或减轻皮肤晒伤、黑色素沉着及皮肤老化的化妆品。防晒剂则是防晒化妆品中起防晒作用的关键物质，按防护作用机理可分为物理防晒剂和化学吸收剂以及天然防晒剂。

将紫外线散射或反射出去，保护皮肤免受损伤，起到物理屏蔽作用，通常称为物理防晒剂或无机防晒剂。如二氧化钛、氧化锌、高岭土、滑石粉等。

一些化学物质能够吸收紫外线，将吸收的能量转化为无害的热能等形式释放出去，也叫化学防晒剂或有机防晒剂。如对氨基苯甲酸、甲氧基肉桂酸辛酯、水杨酸辛酯等。

另外，一些天然植物中存在着具有防晒作用的物质，称为天然防晒剂。它们的分子从紫外线中吸收光能与引起分子“光化学激发”所需的能量相等，这样就能把光能转化为热能或无害的可见光放射出来，从而有效地防止紫外线对皮肤的晒黑和晒伤。如芦荟、葡萄籽萃取物、沙棘、薏苡仁、槐米、紫草、桂皮、绿茶、黄蜀葵、金凤菊、黄芩等。

15.3　化妆品中常见美白祛斑原料

15.3.1　酪氨酸酶活性抑制剂

（1）曲酸及其衍生物　1907 年，日本学者第一次在酿造酱油的曲霉代谢物中发现了曲酸。20 世纪 80 年代初，日本科学家中山秀夫用 0.25%曲酸粉饲养黑色金鱼，黑色金鱼逐渐变成黄色，最后变成白色。此后中山秀夫在日本第六次化妆品科学学术会议上，首次作了关于用 2.5%曲酸霜治疗黄褐斑病人有效率为 95%的学术报告，引起了各界的重视。1988 年 4 月，日本批准了具有祛斑、防晒、美白作用的曲酸作为化妆品原料，最大允许使用浓度为 3%。目前我国采用葡萄糖半曲霉发酵生产较高纯度的曲酸产品。曲酸是酪氨酸酶抑制剂，抑制酪氨酸酶形成黑色素的生化反应过程，化学结构见图 15-2。其常见的衍生物主要是曲酸二棕榈酸酯，它是曲酸的脂溶性衍生物，不但克服了曲酸对光、热的不稳定以及遇金属离子变色的缺点，而且由于其分子结构中不存在羟基基团，不会与化妆品体系中的防腐剂、防晒剂或其他活性成分形成氢键而影响这些添加剂的功效复配性能，化学结构见图 15-3。

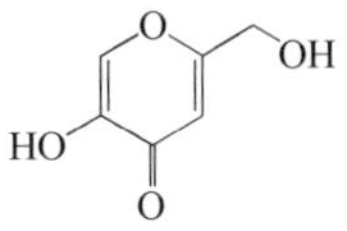

图 15-2　曲酸化学结构

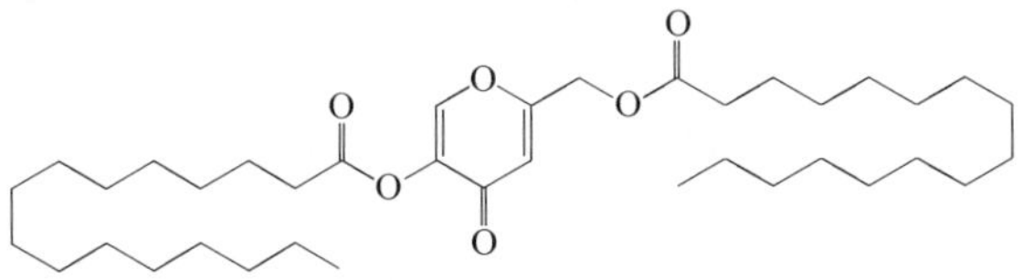

图 15-3　曲酸二棕榈酸酯化学结构

性质：曲酸又称曲菌酸，分子式：$C_6H_6O_4$，相对分子质量：142.06，是黄曲霉菌、米曲霉菌用糖、无机盐于 30℃条件下培养获得的代谢产物，在 pH3～10 的范围内稳定。对皮肤还有增白和防晒的效果。无色棱柱状晶体，溶于水，易溶于丙酮和乙醇，微溶于乙醚、乙酸乙酯、氯仿和吡啶，不溶于苯，熔点为 153～154℃。曲酸不稳定，对光、热敏感，在空气中易被氧化。另外，曲酸与很多金属离子螯合，尤其是与 Fe^{3+}螯合而产生黄色的复合物。

应用：曲酸是一种环状结构的化合物，是一种黑色素专属性抑制剂，分子中含有两个双键，能够吸收紫外线，在紫外长波段 280～320mm 有一大吸收峰，具有防晒功效。曲酸进入皮肤细胞后能够与细胞中的铜离子配合，改变酪氨酸酶的立体结构，阻止酪氨酸酶的活化，从而抑制黑色素的形成。曲酸可促进蛋白凝集，对皮肤有收敛样作用，可用于紧肤类制品；曲酸对透明质酸酶的活性有抑制，可抑制皮肤过敏；曲酸配伍性好，有增白、去屑、抗皱、润湿皮肤的辅助作用。曲酸安全，无不良反应。在膏霜类化妆品中添加量一般为 1%～2%。

（2）熊果苷（熊果素）　化学名为 4-羟基苯基-β-D-吡喃葡萄苷。这种化合物是从杜鹃花科熊果属植物的叶子中分离出来的一种苷类化合物，也被称为熊果素。熊果苷在 20 世纪 90 年代初由日本率先应用于化妆品中作为美白添加剂，作为一种酪氨酸酶抑制剂，能阻断黑色素的形成，减少黑色素积聚，从而达到美白效果。

分子式：$C_{12}H_{16}O_7$，相对分子质量约 272.25，化学结构见图 15-4。

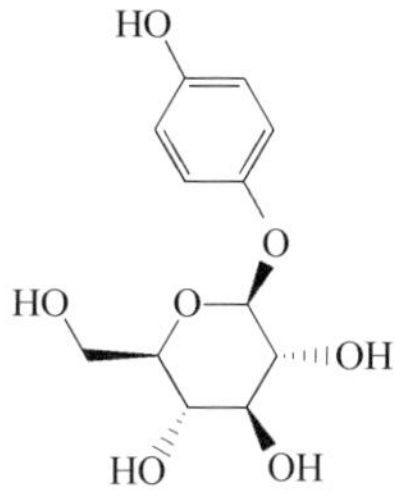

图 15-4　熊果苷化学结构

性质：白色带苦味针状晶体或粉末，熔点为 197~200℃，易溶于水，溶液 pH 为 5，是一种天然存在的、由氢醌分子联结葡萄糖分子组成的 D-吡喃葡萄糖苷。熊果苷的空间构型与酪氨酸类似，是酪氨酸酶竞争性抑制剂。它有两种异构体，α-熊果苷和β-熊果苷，二者都有高纯度的市售商品，α-熊果苷更为有效和稳定。

应用：能显著抑制酪氨酸酶在皮层中的积累，阻断黑色素的形成，减少黑色素积聚，可用于皮肤色斑和雀斑的治疗，作用强于曲酸和抗坏血酸。主要用于黄褐斑和增白皮肤，外用无毒、安全性高。熊果苷在化妆品中的常用量为 1%~3%，配方应用时需注意，其在低 pH、高温、紫外线照射、配方中有强还原剂等条件下，可能在皮肤微生物或葡萄糖苷酶作用下转化为氢醌，从而产生致敏的潜在风险。

（3）甘草提取物　甘草是一种药用价值较大的植物。根及根状茎供药用，味甘、性平，作为主药能益气补中、缓急止痛、润肺止咳、泻火解毒；作为调和剂能调和诸药，缓解其他药材的烈性和毒性，减轻药剂的苦味、辣味。甘草提取物，是从甘草中提取的有药用价值的成分，一般包含：甘草甜素、甘草酸，甘草苷、甘草黄酮（光甘草定）、槲皮素等。

应用：美白作用主要是通过抑制酪氨酸酶和多巴色素互变酶（TRP-2）的活性、阻碍 5,6-二羟基吲哚（DHI）的聚合，以此来阻止黑色素的形成，从而达到美白皮肤的效果。

光甘草定是光果甘草中的主要黄酮类成分之一，能有效抑制黑色素生成过程中多种酶的活性，尤其是抑制酪氨酸酶活性。同时还具有防止皮肤粗糙，具有抗炎、抗菌的功效。另外，甘草酸和甘草次酸有较强的抗炎和抗菌作用，能抑制毛细血管的通透性，在唇膏中使用可防止脆性嘴唇的破裂。甘草酸无溶血作用，有表面活性剂样作用，其水溶液有微弱的起泡性，以甘草酸为主成分的洗面用品去脂性温和，对皮脂的去除效率高，不对皮肤产生刺激，在洁肤的同时有缓解和活肤调理功能；甘草酸有广泛的配伍性，常与其他活性剂共用，可加速皮肤对它们的吸收而增效，可用于防晒、增白、止痒和生发护发等。

（4）白藜芦醇（Resveratrol）　属于多酚类化合物，在植物中广泛存在。药用中草药黎芦、虎杖中含有大量白藜芦醇。白藜芦醇可从葡萄果皮中提取，也能化学合成。

分子式：$C_{14}H_{12}O_3$，相对分子质量约 228.24，化学结构见图 15-5。

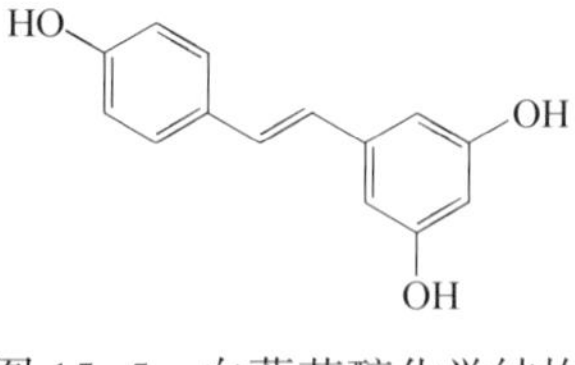

图 15-5　白藜芦醇化学结构

性质：无色针状结晶，熔点 256~257C，易溶于乙醇、甲醇、氯仿、丙酮等，难溶于水，在碱性条件下（pH>10）不稳定，溶解度：0.03g/L（水）、50g/L（乙醇）。

应用：可用作化妆品抗氧剂、抗菌剂、皮肤美白剂、防晒剂和抗衰抗老剂。白藜芦醇可抑制细胞增殖，对细胞内酪氨酸酶活性有明显抑制作用，能有效减少细胞内黑色素的含量，从而起到美白作用。研究表明，与熊果苷和维生素 C 乙基醚相比，白藜芦醇在 0.5μg/mL 的较低浓度下即可达到前二者在 50μg/mL 浓度下的抑制效果。

15.3.2　多巴醌还原剂

（1）维生素 C 及其衍生物　维生素 C 又称抗坏血酸（Ascorbic acid）。维生素 C 及其衍生物能够抑制酪氨酸酶活性、还原黑色素，起到减少雀斑对抗不规则色素沉淀的作用。同时，还可以清除自由基，促进胶原蛋白生成的作用。因此，维生素 C 及衍生物广泛用于美白抗衰产品。维生素 C 在高浓度时对皮肤会有一定刺激性，其缺点是不够稳定，容易氧化，在配方中溶液变色。因此，在配方应用时常用更温和、更稳定的维生素 C 衍生物来代替维生素 C。常见的维生素 C 衍生物有维生素 C 乙基醚、抗坏血酸磷酸酯镁/钠、抗坏血酸葡糖苷、抗坏血酸棕榈酸酯等，其衍生物是配方中常用到的美白类原料。

分子式：$C_6H_8O_6$，相对分子质量：176.1，化学结构见图 15-6。

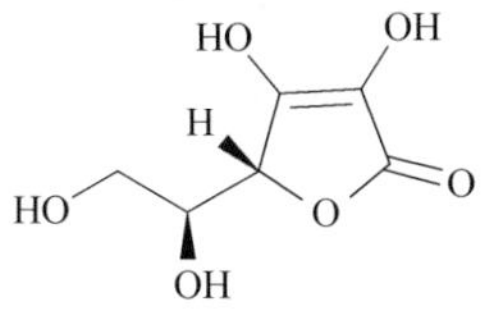
图 15-6　抗坏血酸化学结构

性质：呈白色结晶或结晶性粉末，无臭、味酸，熔点为 190~192℃。易溶于水，不溶于有机溶剂。在酸性环境中稳定，遇空气中氧，热、光、碱性物质，特别是有氧化酶及微量铜、铁等金属离子存在时，可促进其氧化破坏。

应用：抗坏血酸是多功能原料，具有高度的抗氧化、抗自由基性能；能够抑制酪氨酸酶活性，抑制黑色素的生成；可促进胶原蛋白的合成，达到抗衰老效果。主要应用在防皱、抗衰老和增白的护肤化妆品中，浓度范围一般为 0.3%~5%。

（2）原花青素　是植物中广泛存在的多酚类化合物的总称，其共同的特点是在酸性介质中加热均可产生花青素，故被称为原花青素。在结构上，原花青素是由不同数量的儿茶素（Catechin）或表儿茶素（Epicatechin）结合而成的多酚类混合物。最简单的原花青素是儿茶素、表儿茶素或儿茶素与表儿茶素形成的二聚体，此外还有三聚体、四聚体等直至十聚体。

性质：类白色粉末，可溶于水、乙醇、丙酮和乙酸乙酯。葡萄籽中原花青素含量最高。

应用：纯天然、水溶性的，且在 280nm 处有较强的紫外吸收性。可抑制酪氨酸酶的活性；可将黑色素的邻苯二醌结构还原成酚型结构，使色素褪色，而抑制了脂褐素、老年斑的形成。其在护肤品中起到多重作用，如抗衰老、抗紫外线、抗辐射、增白、保湿等，对多种因素造成的皮肤老化都有独特的功效。

15.3.3　黑色素运输阻断剂

（1）壬二酸（Azelaic acid）　又称杜鹃花酸，是由蓖麻油裂解制得的菱形结晶。因结构中含有 9 个碳原子，对应中国古文化中地支排序的“壬”，因此称为壬二酸。壬二酸存在于天然的大麦、小麦等谷物植物中，人皮肤上的马拉色菌（一种皮肤里共生的真菌）也可以合成和分泌壬二酸。

分子式：$C_9H_{16}O_4$，相对分子质量：188.22，化学结构见图 15-7。

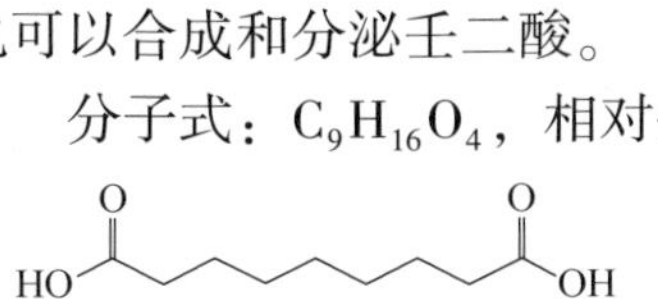
图 15-7　壬二酸化学结构

性质：是一种天然的有 9 个碳原子的直链饱和的二酸，无色到淡黄色晶体或结晶粉末，微溶于水，较易溶于热水和乙酸。

应用：作为酸类，没有光敏性，白天也能使用，比起常见水杨酸、果酸等有机酸，刺激性小，更温和。壬二酸为酪氨酸酶的竞争性抑制剂，直接干扰黑色素的生物合成，对活性高的黑色素细胞有抑制作用，阻断黑色素的运输，但不影响正常黑色素细胞，在化妆品中的浓度常为5% ~10%。

（2）茶多酚（Camellia sinensis polyphenols） 是茶叶中所含的一种多羟基酚类化合物的总称。茶多酚取自茶叶提取物，其主要成分为儿茶素类（黄烷醇类）、黄酮、黄酮醇类、花青素类、酚酸、缩合酚酸类和聚合酚类等，其中儿茶素类化合物是茶多酚的主要成分，约占茶多酚总量的65%~80%，儿茶素类化合物主要是表儿茶素、棓酸儿茶素、表儿茶素棓酸酯等。

性质：茶多酚为淡黄色至褐色粉末，具吸湿性，易溶于水、乙醇、乙酸乙酯等极性较强的溶剂，微溶于油脂，水溶液的 pH 为 3~4。耐热性和耐酸性较好，在 pH 大于 8 或光照下易聚合。茶多酚有抗菌性。

应用：茶多酚不仅是良好的油脂抗氧化剂，还具有抗菌、活肤、保湿、增进毛细血管韧性等功效，同时可减少皮肤黑色素的形成，能一定程度上去除雀斑与老年斑，达到美白护肤的目的。

15.3.4 其他美白成分

（1）烟酰胺 普遍存在于各种生物体中，是烟酸的最重要衍生物。与烟酸一样，烟酰胺现均采用合成法制取。烟酰胺是维生素家庭中重要一员，能减少黑色素的生成。

分子式：$C_6H_6N_{20}$，相对分子质量：122.13，化学结构见图 15-8。

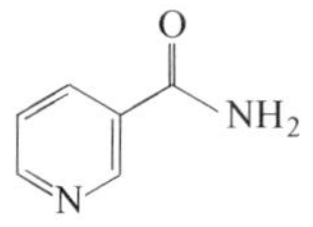

图 15-8 烟酰胺化学结构

性质：白色针状结晶或粉末无臭或几乎无臭，味苦，熔点为 128~131℃在水或乙醇中易溶，在甘油中溶解，不溶于油。紫外最大吸收波长为 261nm。在 pH 4~9 稳定。对热、酸、碱均稳定。

应用：具有抑制黑色素转移到角质形成细胞的作用，从而实现美白效果。对人体可产生多种作用，包括抗炎、抗氧化、抗紫外线。国外已有在防晒剂中加入烟酰胺来达到防晒效果的研究。由于烟酰胺的分子较小，可直接由细胞吸收。烟酰胺能保持皮肤能量平衡的同时恢复细胞能量，加速胶原蛋白合成，从而避免肌肤因油脂含量低、角质层变薄而导致的黑色素过度沉着。此外烟酰胺通过加速肌肤更新而促进含有黑色素的角质细胞脱落。烟酰胺用于护肤品，可以起到美白抗皱、抗粉刺的效果；用于洗护发用品中，可以刺激毛囊，改善毛囊的血液循环，起到防脱发的作用，推荐用量为1%~5%。

（2）阿魏酸 化学名称为 3-甲氧基-4-羟基肉桂酸，在阿魏、当归、川芎、升麻、酸枣仁等中药材中的含量较高，是这些中药的有效成分之一。现阿魏酸可合成制取，人工合成的阿魏酸是顺反异构体的混合物，从植物中提取的阿魏酸为顺式结构。

分子式：$C_{10}H_{10}O_4$，相对分子质量：194.18，化学结构见图 15-9。

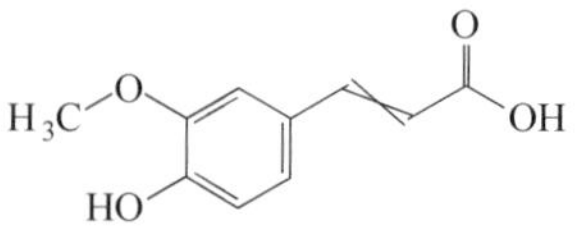

图 15-9 阿魏酸化学结构

性质：有顺反异构体，顺式为黄色油状物，反式为正方棱形结晶，能溶于醇、热水和乙酸乙酯，难溶于苯和石油醚。顺式的紫外吸收特征波长为 322nm，反式的为 317nm。

在微酸的水溶液中，在光影响下顺反式异构体能互相转化达到一个平衡。

应用：具有抗氧化、吸收紫外线、结合铜离子、抑制酪氨酸酶活性等功能。阿魏酸抗氧化性为维生素 E 的 4 倍，能有效吸收 280~360nm 波长的紫外线，也可以作为其他紫外线吸收剂中间体。阿魏酸耐热稳定，可以直接加入油相，参与加热乳化过程。用于美白祛斑产品、防晒产品及抗衰老产品。推荐用量为 0.1%~3.0%。

15.4　化妆品美白祛斑原料发展趋势

（1）基于经典美白成分的“复配”体系进阶　市场调查发现近几年化妆品中所应用到的核心美白成分仍然以经典成分为主，包括烟酰胺、377、熊果苷、维生素 C、光甘草定、珍珠成分等，在这些原本就很强大的经典成分的基础上进行成分复配或技术应用来使得产品效果最大化，是美白产品开发的一种主要思路。

（2）技术创新推动市场发展　随着科技的不断发展，越来越多的创新技术被应用于美白化妆品的研发和生产中。通过科技创新来提升其功效和稳定性，例如，纳米技术可以提高产品的渗透性和吸收率；基因工程技术可以研发出更加高效的美白剂等。这些技术创新将推动美白化妆品市场的不断发展，包括提取技术的改进、纳米技术的应用、稳定剂的选择等，以及基于美白的作用机理在经典成分上进行的创新。

（3）天然和安全成分受到青睐　随着消费者对产品安全性的重视程度不断提高，自然透亮的“健康白”才是当下消费者最为追求的美白状态，天然、安全的原料有了更多的机会，如植物提取物、氨基酸等。这些原料不仅具有较好的美白效果，还具有抗炎、抗氧化等作用，能够更好地满足消费者的需求。

（4）美白作用机理的创新：从黑色素“抑制”进阶为黑色素“管理”　市场上最新美白产品实现“美白目标”的路径已经更加深入，相比于最初的侧重于单一作用机理，品牌们如今已将解决方案扩大到黑色素生成的全过程。这也对于美白原料机理的深入研究提出了更高的要求。

思　考　题

1. 常见的色斑种类及形成原因。
2. 黑色素形成过程及美白作用途径。
3. 常见的美白活性成分及其美白作用机理。

第 16 章 防晒功效原料

16.1 紫外线与皮肤的关系

16.1.1 紫外线的分类

紫外线通常用“UV（Ultrsviolet）”表示，它是指太阳光中波长为 100~400nm 的射线，约占太阳光总能量的 6%。

按紫外线对皮肤的作用不同，可分为三个区段：UVA、UVB 和 UVC 区段。

（1）UVA 区段 紫外线的波长为 320~400nm，又称晒黑段、长波紫外线，透射能力可达真皮层，具有透射力强、作用缓慢持久的特点。UVA 虽然不会引起皮肤急性炎症，但它对玻璃、衣物、水及人体表皮有很强的穿透力，可以先穿透表皮到达皮肤的底层并潜伏起来，而且这种作用具有不可逆的累积性。长时间就会严重扰乱皮肤的免疫系统，造成体内氧化游离基（自由基）增多，损害弹性组织。由此产生的后果是：肌肤提前衰老，肌肉松弛、下垂，角质层过厚，表皮粗糙，有皱纹和色斑出现，同时增加 UVB 对皮肤的损伤。

（2）UVB 区段 紫外线的波长为 280~320nm，又称晒红段、中波紫外线，透射力可达人体表皮层，能引起红斑。该段是防止紫外线晒伤的主要波段，是导致皮肤晒伤的根源。轻者可使皮肤红肿、产生疼痛感，重者则会产生水泡、脱皮等。红斑反应是迅速的，阳光直晒几个小时即可出现，在 12~24h 内发展到高潮，数天后逐渐消退。皮肤反应的剧烈程度视皮肤对阳光的敏感性及其吸收能量的高低而有所不同，UVA 和 UVB 射线照射过量，可能会引起细胞 DNA 的突变，是导致皮肤癌产生的致病因素之一。

（3）UVC 区段 紫外线的波长为 100~280nm，又称杀菌段、短波紫外线，透射力只到皮肤的角质层，且绝大部分被大气层阻留（主要是臭氧层的吸收），所以不会对人体皮肤产生危害。太阳光经过地球的过滤（主要是臭氧层的吸收）到达地面时，其波长低于 280nm 的波段所剩无几。但波长 280~400nm 的紫外线照射仍很强烈，而且除了直接照射外，间接由大气层散射的紫外线也不能忽视。

16.1.2 紫外线对皮肤的作用

紫外线对皮肤的作用，主要涉及以下两种化学反应。

（1）紫外线与维生素 D_3 的合成 太阳光中的紫外线能抑制和杀死皮肤表面细菌，能促进人体皮肤中的 7-脱氢胆固醇转化为维生素 D_3，对人体的生长发育具有重要作用。

维生素 D_3 属 D 族维生素，是 D 族维生素生理活性最强的一种。缺少它会引起缺钙等症状，严重不足时，婴儿会引起佝偻病，成人则会发生软骨病。其反应式如图 16-1 所示。

（2）紫外线与黑色素形成 皮肤表皮层的基底层黑色素细胞内黑色素含量，是决定人体皮肤颜色的重要因素。紫外线照射可促使酪氨酸酶的活性升高，促使皮肤黑色素增多

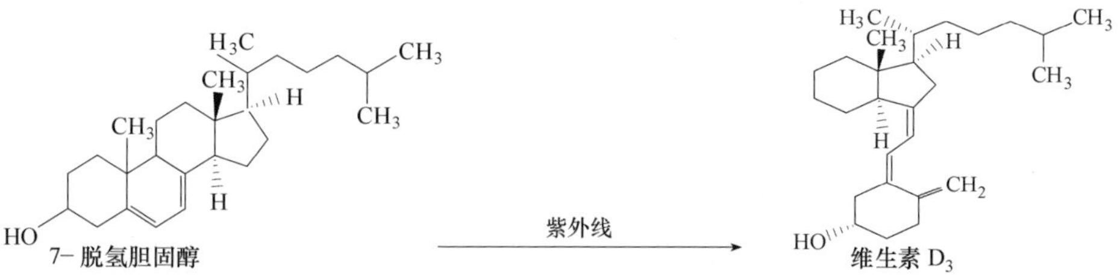

图 16-1　维生素 D_3 合成反应示意图

而变黑。面部皮肤上的雀斑、黄褐斑等色斑，也会因日光照射而加重。

适宜的日光照射对身体有益，过度的日晒对皮肤可能会有一定程度的伤害。紫外线对皮肤的光辐射损伤主要包括：紫外线辐射的急性损伤、紫外线辐射导致的慢性光老化以及紫外线辐射引起的皮肤肿瘤。

研究表明，紫外线照射是导致细胞中活性氧（ROS）大量增加的主要外界因素之一。其中，UVA 不仅可直接诱导生成活性氧，还可通过一些间接的方式使皮肤中活性氧浓度异常升高。紫外线照射后数小时皮肤局部可以出现炎症细胞浸润，这些细胞可产生大量的活性氧簇，为皮肤中异常升高的活性氧来源之一。有研究发现，角质形成细胞和成纤维细胞反复暴露于太阳光下，或人的皮肤经生理剂量的 UVA 照射，均可诱导这些细胞的线粒体 DNA（mtDNA）出现大范围缺失性突变，该突变会导致线粒体功能损害，损害的线粒体存在电子传递和氧化磷酸化功能缺陷，可在能量代谢中产生大量活性氧，使皮肤中活性氧浓度异常升高。这些异常升高的活性氧通过氧化和交联作用，使细胞 DNA、蛋白质、脂类及辅酶受损，造成 DNA 复制错误，细胞膜受损及细胞酶类破坏。此外，线粒体膜也受到损伤，而线粒体是细胞能量的加工厂，它的损伤会导致三磷酸腺苷（ATP）生成减少，不足以维持细胞生存而诱发细胞凋亡。人体内过量产生的自由基是引起人体衰老、致病甚至致癌的重要因素之一。异常情况下过量生成的活性氧对细胞的损伤机理主要有以下几方面。

① 细胞膜损伤。生物膜是活性氧攻击的重要目标，活性氧主要攻击生物膜上的不饱和脂肪酸，引发脂质过氧化链式反应，导致膜结构的通透性改变，最终导致细胞凋亡。

② 细胞 DNA 损伤。DNA 中的碱基、核糖及磷酸都有可能受到活性氧的攻击，活性氧可破坏皮肤角质形成细胞 DNA，若 DNA 损伤不能修复，便会诱导细胞凋亡形成晒伤细胞，如果细胞周期继续进行，则会导致一系列皮肤疾病，如光老化、皮肤癌等的发生。

③ 蛋白质损伤。对蛋白质的损伤表现在一级结构断裂、氨基酸组成改变以及蛋白质空间构象改变，最终导致蛋白质变性、酶失活。在正常细胞内存在比较完备的活性氧的防御体系，包括酶类和非酶类抗氧化物质，前者包括超氧化物歧化酶（SOD）、谷胱甘肽过氧化物酶（GSH-Px）、过氧化氢酶（CAT）等，后者包括谷胱甘肽、维生素 C、维生素 E、辅酶 Q 等。紫外线辐射可下调抗氧化系统的活性，进一步使皮肤中活性氧量增加并在局部蓄积，过多产生的活性氧与抗氧化防御系统间的失衡，最终可引起细胞的氧化损伤。

16.2　防晒类原料作用机理

在 20 世纪 50 年代国际上开始广泛使用防晒化妆品，我国自从 1991 年由原卫生部批准第 1 款防晒化妆品以来，防晒化妆品品类日益增多，品质也在不断地提升。从理论上说，能吸收紫外线的化合物，只要具有足够的安全性和很好的溶解性，都可以作为紫外线吸收剂。但由于评价紫外线吸收剂的安全性是个复杂长期的过程，各国都严格控制紫外线吸收剂的使用，如美国把紫外线吸收剂类产品归为非处方出售的药品（OTC），由 FDA 管理。虽然各大公司研究出很多各种结构的紫外线吸收剂，但被批准使用的紫外线吸收剂类别有限。在我国，按其防护作用机理可分为紫外线散射剂与紫外线吸收剂。

16.2.1　紫外线散射剂

紫外线散射剂主要是利用某些无机物，如二氧化钛、氧化锌等对紫外线的散射或反射作用来减少紫外线对皮肤的侵害。这些细小的粒子能在皮肤表面形成阻挡层，通过反射和散射紫外线对皮肤起到保护作用。优点是稳定性高，安全性好。缺点是透明感差，易在皮肤表面沉积成白色层而脱落，使用过多易堵塞毛孔，影响汗腺分泌，甚至导致皮肤病等。

16.2.2　紫外吸收剂

紫外吸收剂是对紫外线具有吸收作用的物质。这类物质的分子结构一般具有羰基共轭或杂环的芳香族有机化合物。紫外线吸收剂的作用机理是基于其分子内氢键。由苯环上的羟基氢和相邻的羰基氧之间形成的分子内氢键构成一个螯合环。当吸收紫外光后，分子发生热振动，氢键破裂，螯合环打开，形成离子型化合物。这个化合物处于不稳定的高能状态，要恢复到原来的低能稳定状态，需要把多余的能量以热能或其他能量释放出来，螯合环又闭环，这样周而复始地吸收紫外光，起到保护作用。其次，因羰基会被激发，发生互变异构现象生成烯醇式结构，也可消耗一部分能量，可把光能转成热能或无害的可见光放射出来，从而有效地防止紫外线对皮肤的晒黑和晒伤作用。

我国《化妆品安全技术规范》（2022 版 征求意见稿）中可以使用的有 26 种防晒剂，其中紫外线吸收剂占绝大部分。

16.3　化妆品中常见防晒原料

16.3.1　物理防晒剂

（1）物理防晒剂简介　物理防晒剂是一类白色无机矿物粉末，是一类物理紫外线屏蔽防晒剂，通过在皮肤表面反射和散射紫外线，从而起到保护皮肤的作用。物理防晒剂的防晒机理与其粉末粒径大小有关。当粒径较大（颜料级别）时，防晒机理是简单的遮盖作用，这类粉末在皮肤表面形成覆盖层，把照射到皮肤表面的紫外线反射或散射出去，从而减少进入皮肤中的紫外线含量，就像一束光照在镜子上被反射出去一样，属于物理性的屏蔽作用，所以也称为紫外线屏蔽剂，防晒作用较弱。但随着粉末粒径的减小，此类防晒剂对紫外线的反射、散射能力降低，而对 UVB 的吸收性明显增强，当粒径小到纳米级时，防晒机理是既能反射、散射 UVA，又能吸收 UVB，防晒作用较强。

按照我国《化妆品安全技术规范》（2015 版），防晒化妆品的重要成分——防晒剂是准用组分，规范中列出 2 种物理防晒剂：二氧化钛（TiO_2）和氧化锌（ZnO），并规定在化妆品中使用时最大浓度为 25%。

（2）物理防晒剂的作用机理　二氧化钛（TiO_2）的强抗紫外线能力是由于其具有高折光性和高光活性。其抗紫外线能力及其机理与其粒径有关：当粒径较大时，对紫外线的阻隔是以反射、散射为主，且对中波区和长波区紫外线均有效。随着粒径的减小，光线能透过二氧化钛的粒子面，对长波区紫外线的反射、散射性不明显，而对中波区紫外线的吸收性明显增强。其防晒机理是吸收紫外线，主要吸收中波区紫外线。由此可见，二氧化钛对不同波长紫外线的防晒机理不一样，对长波区紫外线的阻隔以散射为主，对中波区紫外线的阻隔以吸收为主。

氧化锌（ZnO）是一种重要而且使用广泛的物理防晒剂，屏蔽紫外线的原理为吸收和散射。氧化锌吸收紫外线的原理来自它本身，氧化锌属于 N 型半导体，其价带上的电子可以接受紫外线中的能量发生跃迁，而散射紫外线的原理就和材料的粒径相关，当尺寸远小于紫外线的波长时，粒子就可以将作用在其上的紫外线向各个方向散射，从而减小照射在皮肤上的紫外线强度。市场上使用的氧化锌多是纳米级别，具有较好的分散性、透明性和耐光性。

16.3.2　化学防晒剂

（1）化学防晒剂简介　化学防晒剂又称紫外线吸收剂，是指能吸收有伤害作用的紫外辐射的有机化合物。按照防护辐射的波段不同，UV 吸收剂可分为 UVA 和 UVB 两种吸收剂。

这类防晒剂是通过吸收紫外线而达到保护皮肤的效果，把吸收的紫外线转化成其他形式的能力，如以热能、可见光的形式释放出来，从而起到防晒的目的。化学防晒剂的优点是效果非常明显，而且透明度极高，价格也比较低。缺点也比较明显，对皮肤有一定的刺激性，容易引起皮肤痒、过敏等症状出现，其添加的种类受到国家严格限制。

我国《化妆品安全技术规范》（2022 版 征求意见稿）中规定可以使用化学防晒剂有：甲酚曲唑三硅氧烷、二甲基 PABA 乙基己酯、4-甲基苄亚基樟脑、二苯酮-3、二苯酮-4 二苯酮-5、亚苄基樟脑磺酸及其盐类、双-乙基己氧苯酚甲氧苯基三嗪、丁基甲氧基二苯甲酰基甲烷、樟脑苯扎铵甲基硫酸盐、二乙氨羟苯甲酰基苯甲酸己酯、二乙基己基丁酰胺基三嗪酮、苯基二苯并咪唑四磺酸酯二钠、甲氧基肉桂酸乙基己酯、水杨酸乙基己酯、乙基己基三嗪酮、胡莫柳酯、对甲氧基肉桂酸异戊酯、亚甲基双-苯并三唑基四甲基丁基酚、奥克立林、PEG-25 对氨基苯甲酸、苯基苯并咪唑磺酸及其钾、钠和三乙醇胺盐、聚丙烯酰胺甲基亚苄基樟脑、聚硅氧烷-15、对苯二亚甲基二樟脑磺酸及其盐类这 25 种。在实际应用研发生产中，具体种类和限量要求，可按照我国《化妆品安全技术规范》（2015 版）执行。

（2）化学防晒剂的作用机理　化学防晒剂中都会含有苯环以及给电子基团，比如：羟基、氨基、甲氧基等，以二苯酮类化合物为例，其防晒作用机理如图 16-2 所示。

从图中可以看出，二苯酮类在苯环上含有羟基氢以及羰基氧，从而形成稳定的内氢键，当紫外线照射到此类防晒剂上时会产生大量的热量，从而引起分子热振动，破坏氢键，打开整合环。这样二苯酮类非常不稳定，当需要恢复到原来状态时需要把多余的热量释放出去，从而把高能量有害的紫外线转化成低能量无害的热能，在这一过程中，羰基氧

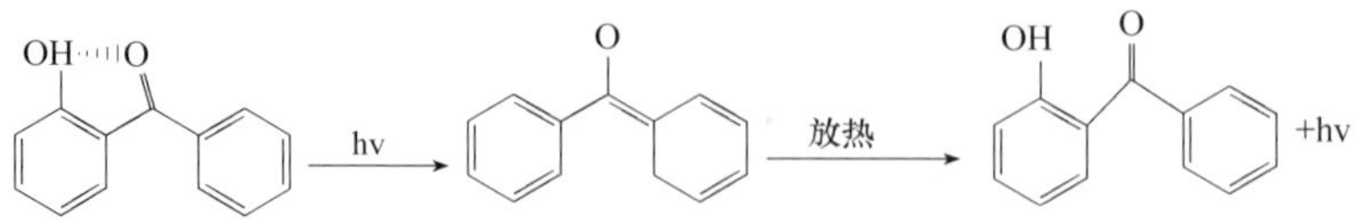

图 16-2 化学防晒剂防晒作用机理

也会被激发，发生互变异构现象，也需要消耗大量的热能，从而降低紫外线对人体皮肤的伤害。

16.3.3 天然防晒剂

（1）天然防晒剂简介 天然防晒剂是从动植物、矿物中提取的天然物质，具有防护紫外线的同时，还具备晒后修护功能。这些防晒剂因其安全无毒性和特殊的晒后修复性而受到人们的重视。

天然防晒剂主要包括多酚类、黄酮类、多肽类、油脂类等化合物，这些成分广泛存在于自然界中。众多植物中含有天然防晒活性成分，如中药黄芩、芦荟、甘草、紫草、桂皮、沙棘、白芷，以及富含多酚类化合物的植物等。

天然防晒剂主要通过四个方面发挥功效：加强产品的防晒效果而提高体系的 SPF 值；通过抗氧化作用保护产品中其他活性成分如防晒剂等；防止产品接触空气后的氧化变色；还可以发挥其他生物学功效如营养皮肤、延缓衰老、美白祛斑等。

（2）天然防晒剂的作用机理 天然防晒剂能从紫外线中吸收光能与引起分子“光化学激发”所需的能量相等，这样就能把光能转化为热能或无害的可见光放射出来，从而有效地防止紫外线对皮肤的晒黑和晒伤。天然防晒剂取自天然，与皮肤相容性好，生物学效果佳，不易产生过敏等副作用，是防晒护肤发展方向，也是人们追求的理想防晒剂。

16.4 化妆品防晒功效评价

紫外线的照射是引起皮肤老化的主要因素之一，其波长范围为 100~400nm，分为三部分。UVC（波长在 100~280nm）完全被臭氧层吸收，不能到达地球表面；UVB（波长在 280~320nm）主要作用于皮肤表皮层，能够引发红斑；UVA（波长在 320~400nm）可直达真皮层，能够引起皮肤黑化、色素沉着以及老化，甚至诱发皮肤癌。

防晒是预防紫外线对人体皮肤造成损害的重要措施，主要功效体现在对 UVB 和 UVA 的防护上，并且向着广谱防晒兼具有防水功能的趋势发展。随着各种防晒剂及新型防晒化妆品的开发研究，为了保证其安全有效性，就必须采取适当的方法对化妆品的防晒效果进行科学、合理和正确的评价。

16.4.1 防晒化妆品防晒系数测试方法

防晒类化妆品防晒效果的评价用防晒系数（Sun protection factor，SPF）表示。所谓防晒产品的防晒系数是指引起被防晒化妆品防护的皮肤产生红斑所需的最小红斑量（Minimal erythemal dose，MED），与未被防护的皮肤产生红斑所需的最小红斑量之比，为该防晒化妆品的 SPF，SPF 是衡量防晒产品对 UVB 防护能力的核心指标。其中，最小红斑量（Minimal erythema dose，MED）：引起皮肤清晰可见的红斑，其范围达到照射区域边界，且红斑面积超过照射面积 50%所需要的紫外线照射最低剂量（J/m^2）或最短时间（s），红斑判读应在照射后 16~24h 内进行。

美国食品和药物管理局（FDA）对防晒类产品的 SPF 测定有较为明确的规定。以人体为测试对象，采用氙弧日光模拟器模拟太阳光或用日光对 20 名以上的被测试者的背部进行照射。先不涂防晒产品，以确定其固有的 MED，然后在测试部位涂上一定量的防晒产品，再进行紫外线照射，测得已防护部位的 MED，对每个受试者的每个测试部位，由式（16-1）计算各个 SPF：

$$\text{SPF}=\frac{\text{使用防晒化妆品防护皮肤的 MED}}{\text{未防护皮肤的 MED}} \tag{16-1}$$

然后取平均值作为样品的 SPF。

SPF 的高低从客观上反映了防晒产品紫外线防护能力的大小。目前，对 SPF 高低的基本判定依据为：SPF15~30，UVB 阻挡率为 93%~97%，适用场景为日常通勤、短时间户外活动，长时间户外活动需补涂防晒；SPF30~50，UVB 阻挡率为 97%~98%，适用场景多为长时间户外活动；SPF50+，UVB 阻挡率≥98%。

16.4.2　防晒化妆品防水性能测试方法

从防晒化妆品发展的历史来看，防晒产品具备抗水抗汗功能是一项经典的属性。由于防晒化妆品尤其是高 SPF 产品通常在夏季户外运动中使用，季节和使用环境的特点要求防晒产品具有抗水抗汗性能，即在汗水的浸洗下或游泳情况下仍能保持一定的防晒效果。具有防水效果的产品通常在标签上标识“防水防汗”“适合游泳等户外活动”等。

通过测试水浴后 SPF，并和水浴前 SPF 的比较来测试防晒化妆品的防水性能。室内水池，旋转或水流浴缸均可。水池内流速应在 0.02~0.05m/s，循环水出水口不能直接对着受试部位，且需要设计有效的消毒措施。水质应当符合当地的健康和安全要求，水温维持在（30±2）℃。室内温度应保持在（23±3）℃的范围内。记录水温和室温。要求防晒化妆品防水性能测定水浴后和水浴前需选择相同的受试者，且必须在水浴后 SPF 测定前完成水浴前 SPF 的测试；水浴后 SPF 相比水浴前减少超过 50%的，不得宣称具有防水效果。

16.4.3　防晒化妆品长波紫外线防护指数测试方法

为了检测受试物防护人体皮肤受到来自 UVA 照射的功效性。最小持续性黑化量（Minimal persistent pigment darkening dose，MPPD）：即辐照后 2~4h 在整个照射部位皮肤上产生轻微黑化所需要的最小紫外线辐照剂量（J/cm^2）或最短辐照时间。观察 MPPD 应选择曝光后 2~4h 之内一个固定的时间点进行，室内光线应充足，至少应有两名受过培训的观察者同时完成。UVA 防护指数（Protection factor of UVA，PFA）：引起被防晒化妆品防护的皮肤产生黑化所需的 MPPD 与未被防护的皮肤产生黑化所需的 MPPD 之比，为该防晒化妆品的 PFA。

PFA（protection factor of UVA）是 UVA 的防护指数，其计算方法如式（16-2）。

$$\text{PFA}=\frac{\text{有保护的皮肤的 MPPD}}{\text{未受保护的皮肤的 MPPD}} \tag{16-2}$$

注：MPPD（Minimum persistent pigment darkening 表示最小晒黑剂量）；

2≤PFA<4 相当于 PA+（有效）；

4≤PFA<8 相当于 PA++（相当有效）；

PFA>8 相当于 PA+++（非常有效）。

由于 UVA 引起红斑需较长时间才能发生，故评价遮光剂对 UVA 的作用可测定其光毒防护系数（Phototoxic protection factor，PPF），计算公式见式（16-3）。

$$PPF=\frac{\text{有保护的皮肤的 MPD}}{\text{未受保护的皮肤的 MPPD}} \tag{16-3}$$

MPD 即为应用遮光剂与未用遮光剂处之最小光毒剂量（Minimal phototoxic dose，MPD）的比值表示。最小光毒剂量是试验者用光致敏剂后的皮肤产生红斑所需最小 UVA 量，其反映的是防护 UVA 能力的大小。

思　考　题

1. 长时间 UVA 和 UVB 的照射，对皮肤造成的伤害有哪些？
2. 什么是 SPF、PA？
3. 简述常见的物理防晒剂及防晒作用机理。
4. 简述常见的化学防晒剂及防晒作用机理。
5. 简述化妆品原料及成品防晒功效评价方法。

第 17 章　化妆品及原料的相关法律法规

早期护肤品化妆品起源于化学工业，这些原料价格相对低廉，原料中可能含有潜在的致癌物。随着科学技术的发展，萃取分离技术日趋成熟，陆续开发了各种植物及中草药提取物，现阶段发酵技术及生物合成学已是研究热点，但化妆品底料多是沿用化学工业时代的成分，有些原料中还存在着潜在的风险物质，再加上个别生产者胡乱添加等原因，在化妆品的发展历史中，不良反应问题屡见不鲜，劣质化妆品严重危害人类健康，化妆品安全性必须得到重视，而化妆品原料的安全性与监管尤为重要。

本章节主要介绍国内化妆品原料的相关法律法规。通过本章节的学习，了解国内化妆品原料的相关规定和要求，培养化妆品从业人员的专业素质，增强法律意识，提高化妆品原料使用的合法性和安全性。

17.1　化妆品立法的重要性

1949 年以前，中国化妆品工业生产大多为手工作坊，技术落后且品种较少。中华人民共和国成立初期，我国化妆品生产企业很少，只有少数大城市有化妆品生产，既没有专门的法律法规，也没有专门的行政管理部门监管。改革开放后，化妆品行业增长迅猛，一方面进口化妆品大量涌入，产品质量参差不齐，品质得不到保证，另一方面，化妆品小生产企业可能存在监管盲区，产品质量难以保证，甚至个别企业为降低成本并让消费者快速看到效果，人为加入有毒有害物质，短期内造成消费者的皮肤出现问题，如激素脸、重金属脸等。化妆品安全问题主要表现在：

① 使用禁止使用的原料和超量使用限量的原料。

② 使用被微生物污染的化妆品导致安全隐患。

③ 化妆品成分中某些化学物质作用于皮肤、器官的黏膜后引起刺激性接触性皮炎。

④ 化妆品内存在的致敏性物质引起过敏性皮炎。

⑤ 标签标示不规范，存在虚假宣传。

20 世纪 80 年代，由于突出的化妆品安全性问题，化妆品作为一个独立行业受到社会关注，政府部门、企业、消费者都认识到立法管理化妆品的迫切性和必要性，提高化妆品产品质量，确保消费者健康。至此，化妆品监管正式进入法制化阶段。

17.2　化妆品立法的历程

17.2.1　地方性化妆品管理办法出台

1986 年，上海市政府发布了《上海市化妆品卫生监督办法》，这个办法规定市和区、县的卫生防疫站是化妆品的卫生监督机构，负责化妆品的生产，经营的卫生监督工作。

1987 年，北京市人民政府发布《关于化妆品卫生监督管理的暂行规定》，规定了北京市和区、县卫生局是本市化妆品卫生监督工作的主管机关。市和区、县卫生防疫站在同级卫生局的领导下，负责本辖区内化妆品生产、经营的卫生监督管理工作。

到 1989 年，全国共有 8 个省（区、市）颁布政府文件，17 个省（区、市）颁布各部门联合发布的管理办法，9 个省（区、市）卫生部门发布化妆品管理规定。这些地方性文件的出台，推动了当时的我国卫生部和轻工部制定全国性的管理法规。

17. 2. 2　国家化妆品管理法规的建立

1985 年，卫生部组织起草《化妆品管理条例》和《化妆品卫生标准系列》。

1986 年 12 月，轻工业部颁布了《化妆品生产管理条例》（试行），它是我国第一个化妆品生产管理法规，标志着我国化妆品生产管理工作已经进入了法制管理和科学管理的时代。

1987 年 5 月，卫生部发布《化妆品卫生标准》。

1989 年 11 月，为加强化妆品的卫生监督，保证化妆品的卫生质量和使用安全，保障消费者健康制定。1989 年 9 月 26 日经国务院批准。卫生部发布《化妆品卫生监督条例》，自 1990 年 1 月 1 日起施行。《化妆品卫生监督条例》规定，对化妆品生产企业的卫生监督实行卫生许可证制度，《化妆品生产企业卫生许可证》由省、自治区、直辖市卫生行政部门批准并颁发。《化妆品生产企业卫生许可证》有效期 4 年，每 2 年复核 1 次。未取得《化妆品生产企业卫生许可证》的单位，不得从事化妆品生产。

1991 年 3 月，卫生部发布《化妆品卫生监督条例实施细则》。

从 1985 年到 1991 年，这个阶段标志着我国化妆品的安全性检验、监督和管理走上了法制化管理的轨道，形成了化妆品管理法规的基本内容与框架，为化妆品卫生监督工作的开展和化妆品管理法规的完善奠定了基础。

17. 2. 3　化妆品管理法规的完善和发展

1999 年 11 月，卫生部颁布《化妆品卫生规范》，它是对《化妆品卫生标准》的完善和补充。

2005 年，卫生部修订了《化妆品卫生监督条例实施细则》，详细说明了《化妆品生产企业卫生许可证》的审核批准程序及相关管理办法。特殊用途化妆品投放市场前必须进行产品卫生安全性评价，并由国务院卫生行政部门审查批准。

2002 和 2007 年，卫生部先后两次对《化妆品卫生规范》进行了修订。

2007 年，卫生部印发《化妆品卫生规范》（2007 年版），新规中关于原料的变化焦点为禁用物质由 421 种增至 1208 种；化妆品标识要标注全成分表。

2011 年，国家食品药品监督管理局印发了《国产非特殊用途化妆品备案管理办法》，里面详细规定了国产非特殊用途化妆品的备案要求和相应手续。国产非特殊用途化妆品应在产品投放市场后 2 个月内，由生产企业向所在行政区域内的省级食品药品监督管理部门申请备案，并按照有关要求提交备案资料，履行备案手续。

2013 年，国家食品药品监督管理局下发了《关于调整化妆品注册备案管理有关事宜的通告》，规定自 2014 年 6 月 30 日起，国产非特殊用途化妆品生产企业应当在产品上市前，按照《国产非特殊用途化妆品备案要求》，对产品信息进行网上备案。备案的产品信息经省级食品药品监管部门确认后在国家食品药品监管总局政务网站统一公布，供公众查询，省级食品药品监管部门不再发放国产非特殊用途化妆品备案凭证。美白化妆品纳入祛斑类化妆品管理。

2015 年，国家食品药品监督管理总局下发《关于化妆品生产许可有关事项的公告》（2015 年第 265 号），对化妆品生产企业实行生产许可制度，从事化妆品生产应当取得食品药品监管部门核发的《化妆品生产许可证》，《化妆品生产许可证》有效期为 5 年，其式样由国家食品药品监督管理总局统一制定。

2015 年，国家食品药品监督管理总局发布《化妆品安全技术规范（2015 年版）》，技术规范中规定化妆品禁用组分：1388 项；限用组分 47 项。限用组分：51 项准用防腐剂、27 项准用防晒剂、157 项准用着色剂和 75 项准用染发剂。

2015 年，国家食品药品监督管理总局起草《化妆品安全风险评估指南》（征求意见稿），对化妆品安全风险评估提供基本原则和要求。在产品安全风险的评估上，对人员要求、评估程序、毒理学研究以及相应的安全风险评估报告四个方面都更加细化。

2017 年，国家食品药品监督管理总局办公厅印发了《化妆品监督抽验工作规范》，该规范规定现场检查过程中发现抽样检验计划外的可能存在质量安全问题的下列化妆品，可采取针对性抽样：可疑使用化妆品禁用原料、未经批准的化妆品新原料或超量超范围使用限用物质生产的化妆品；可疑使用不符合国家法规或标准的原料、辅料以及直接接触化妆品的容器和包装材料生产的化妆品。

2018 年，国家食品药品监督管理总局制定了《化妆品风险监测工作规程》，根据规程，六大类化妆品将被重点监测，包括：可能含有潜在危害因素的产品；流通范围广、消费量大的产品；引起化妆品安全事故或受到消费者关注的产品；涉嫌虚假夸大宣传误导消费者的产品；根据不良反应监测结果显示具有潜在风险的产品；技术上无法避免，导致风险物质作为杂质带入的产品。以上六大类化妆品的监测总结报告，将直接报送国家食品药品监督管理总局。

2018 年，《化妆品功效宣称评价指导原则》中指出，化妆品企业需对产品功效宣称类别进行评价，要求功效宣称与其证据水平（评价）相一致。除了能直接识别的功效外，特定功效宣称均应经过相应评价，包括但不限于防晒、美白祛斑、育发、美乳、健美、除臭、抗皱、祛痘、控油、去屑、修复、保湿（>2 小时）功效。

2018 年，司法部正式向 WTO 通报了《化妆品监督管理条例（草案）》，标志着条例的修订工作取得重大进展。结合条例的修订，化妆品生产质量管理规范、化妆品网络销售监督管理办法、非特殊用途化妆品备案管理办法等法规标准也有序推进。这也是我国自 1989 年颁布《化妆品卫生监督条例》之后，首次对这一产业的监管规范进行更新。

2019 年，国家药品监督管理局发布《化妆品注册和备案检验工作规范》，该规范共二十四条，旨在进一步规范化妆品注册和备案检验工作，保证化妆品注册和备案检验工作公开、公平、公正、科学。

2020 年 1 月，国务院常务会议通过《化妆品监督管理条例（草案）》，条例按照放管并重的要求，规定对化妆品产品和原料，按风险高低分别实行注册和备案管理，并简化流程；完善监管，明确企业对化妆品质量的安全主体责任，加大企业和相关责任人违法惩戒力度。

2020 年 6 月，《化妆品监督管理条例》正式公布，自 2021 年 1 月 1 日起施行。

2021 年，国家药品监督管理局综合司发布了《儿童化妆品监督管理规定》，该规定是为了规范儿童化妆品生产经营活动，加强儿童化妆品监督管理，保障儿童使用化妆品安全。

2021 年，国家市场监督管理总局令第 35 号公布了《化妆品注册备案管理办法》，该办法规定国家对特殊化妆品和风险程度较高的化妆品新原料实行注册管理，对普通化妆品和其他化妆品新原料实行备案管理。

2021 年，国家药品监督管理局发布了《化妆品注册备案资料管理规定》，该规定对资料的格式和规范性要求、用户开通资料、化妆品注册备案资料、变更和延续资料等进行了具体规定。按照《化妆品注册备案资料管理规定》，自 2022 年 1 月 1 日起，注册人备案人申请注册或者进行备案时，应当提供具有防腐、防晒、着色、染发、祛斑美白功能原料的安全相关信息。自 2022 年 1 月 1 日起，申请特殊化妆品注册或者进行普通化妆品备案，应开展化妆品安全评估。

2021 年，国家药品监督管理局发布了《化妆品新原料注册备案资料管理规定》，该规定指出，化妆品新原料注册和备案资料应当以科学研究为基础，客观、准确地描述新原料的性状、特征和安全使用要求等。

2021 年，国家药品监督管理局发布《化妆品安全评估技术导则（2021 年版）》（以下简称《技术导则》）的公告，该《技术导则》规定，原料的安全性是化妆品产品安全的前提条件，化妆品安全评估应遵循证据权重原则，以现有科学数据和相关信息为基础等。国家药监局对《技术导则》中化妆品安全评估有关规定设置了三年过渡期。自 2022 年 1 月 1 日起，化妆品注册人、备案人申请特殊化妆品注册或者进行普通化妆品备案前，必须依据《技术导则》的要求开展化妆品安全评估，提交产品安全评估资料，在 2024 年 5 月 1 日前，可提交简化版《化妆品安全评估报告》。自 2022 年 1 月 1 日起，申请特殊化妆品注册或者进行普通化妆品备案，应上传产品功效宣称依据的摘要。

2021 年，国家药品监督管理局发布《化妆品标签管理办法》（以下简称《办法》），自 2022 年 5 月 1 日起施行，该《办法》管理范围覆盖到文字表述规范、化妆品成分排序，功效宣称等细分领域，健全化妆品生产运作的社会体系。公告显示，自 2022 年 5 月 1 日起，申请注册或者进行备案的化妆品，必须符合《办法》的规定和要求；此前申请注册或者进行备案的化妆品，未按照《办法》规定进行标签标示的化妆品注册人、备案人必须在 2023 年 5 月 1 日前完成产品标签的更新，使其符合《办法》的规定和要求。

2022 年，国家药品监督管理局组织制定了《化妆品生产质量管理规范》（以下简称《规范》），自 2022 年 7 月 1 日起施行，化妆品注册人、备案人、受托生产企业应当按照《规范》要求组织生产化妆品。应当建立生产质量管理体系，实现对化妆品物料采购、生产、检验、储存、销售和召回全过程的控制和追溯，确保持续稳定地生产出符合质量安全要求和预定功效的化妆品。

2022 年，国家药品监督管理局发布《化妆品不良反应监测管理办法》，由国家药品监督管理局负责全国化妆品不良反应监测管理工作。县级以上地方人民政府负责药品监督管理的部门负责本行政区域的化妆品不良反应监测管理工作。化妆品注册人、备案人应当建立化妆品不良反应监测和评价体系，充分发挥社会监督作用，促进化妆品安全社会共治，建立国家化妆品不良反应监测信息系统，加强化妆品不良反应监测信息化建设。《化妆品不良反应监测管理办法》对各监管、生产、销售部门职责与义务进行了规范，包括国家以及各省、市、县级监管部门和检测机构；化妆品注册人、备案人；受托生产企业；化妆品经营者；医疗机构；化妆品电子商务平台以及国家监测基地。

2023 年 3 月，国家市场监督管理总局发布《牙膏监督管理办法》，国家药品监督管理局负责全国牙膏监督管理工作，牙膏实行备案管理，牙膏备案人对牙膏的质量安全和功效宣称负责。牙膏新原料应当遵守化妆品新原料管理的有关规定，具有防腐、着色等功能的牙膏新原料，经国家药品监督管理局注册后方可使用；其他牙膏新原料实行备案管理。

2023 年，国家药品监督管理局组织制定并公布《化妆品网络经营监督管理办法》，自 2023 年 9 月 1 日起施行。针对化妆品原料，在第十六条中指出，有证据表明入网经营的化妆品中使用禁用原料或者非法添加可能危害人体健康物质的，应当自发现之日起 10 日内将相关情况及平台内化妆品经营者涉嫌违法经营的线索报告平台内化妆品经营者实际经营地省级药品监督管理部门，内容包括涉及平台内化妆品经营者的主体信息、涉及产品的信息、质量安全重大信息相关情况说明、化妆品电子商务平台经营者已做出的处置措施等信息。

2024 年 4 月 23 日，国家药品监督管理局发布优化化妆品安全评估管理若干措施的公告（2024 年第 50 号）。公告指出，为进一步优化化妆品安全评估管理工作，有序推进化妆品安全评估制度实施，根据《化妆品监督管理条例》《化妆品注册备案管理办法》《化妆品安全评估技术导则（2021 年版）》（以下简称《导则》）等相关法规要求，国家药品监督管理局制定了《优化化妆品安全评估管理若干措施》，现予以发布，自 2024 年 5 月 1 日起施行。有关事宜有：①对化妆品安全评估资料实施分类管理，允许部分符合条件的普通化妆品提交安全评估基本结论，安全评估报告由化妆品企业存档备查；②鉴于化妆品研发需要一定周期，为了避免企业研发资源重复投入，在 2025 年 5 月 1 日前，化妆品注册人、备案人申请注册或者进行备案时仍可以提交符合《导则》要求的简化版安全评估报告。

2024 年 4 月 26 日，国家药品监督管理局发布《化妆品检查管理办法》的公告（2024 年第 52 号）。公告指出，为加强化妆品监督管理，规范化妆品检查工作，根据《化妆品监督管理条例》《化妆品注册备案管理办法》《化妆品生产经营监督管理办法》等法规、规章，国家药品监督管理局组织制定了《化妆品检查管理办法》，现予公布，自 2024 年 11 月 1 日起施行。

2024 年 5 月 6 日，国家药品监督管理局发布关于成立化妆品标准化技术委员会的公告（2024 年第 53 号）。其中通用技术要求、原料和包装材料、安全评价等 3 个分技术委员会秘书处设在中国食品药品检定研究院。这对化妆品原料的标准化管理具有划时代的意义。

2024 年 7 月 8 日，国家药品监督管理局发布关于全面实施化妆品及化妆品新原料注册备案资料电子化有关事项的公告（2024 年第 91 号）。公告指出，为进一步提高化妆品监管政务服务水平，推动实现化妆品（含牙膏，下同）、化妆品新原料注册备案档案电子化，提高化妆品注册备案工作效率，针对化妆品新原料注册备案资料电子化有关事项，自

2024 年 9 月 1 日起，境内的化妆品及化妆品新原料注册人、备案人、境内责任人和化妆品生产企业在提交用户信息资料、化妆品及化妆品新原料注册备案资料时，仅需要通过化妆品注册备案信息服务平台（以下简称信息服务平台）提交电子版资料，相关纸质版资料无需提交，由境内的化妆品及化妆品新原料注册人、备案人、境内责任人或者化妆品生产企业自行存档。

近几年，中国化妆品行业的政策法规密集出台，反映出国家对行业规范的高度重视和推动高质量发展的决心。随着监管趋严，化妆品行业正逐步迈向规范化和高质量发展的道路。《化妆品监督管理条例》中第九条指出，鼓励结合我国传统优势项目和特色植物资源开发化妆品新原料，支持运用现代科学技术进行化妆品原料研究创新。中国化妆品原料的发展也迎来了春天，越来越多的美妆企业和品牌意识到原料创新的重要性，开始加大原料研发投入，行业中陆续出现了众多功效显著、品质高的国产原料。在新原料备案中，中国本土企业占据大头，这有望改变中国美妆在化妆品原料板块被国际企业“卡脖子”的困境，摆脱强进口依赖属性，走上自主研发新道路。

思 考 题

1. 相比《化妆品卫生监督条例》，《化妆品监督管理条例》（2012 年版）有哪些重大调整？

2. 查找相关资料，分析美国、日本和欧盟等国家对化妆品的管理与我国有哪些相同点和不同点。

3. 根据《化妆品标签管理办法》，化妆品标签上需标注哪些强制性内容？

4. 假如某企业因生产未备案或者未注册的化妆品而被查处，请结合《化妆品监督管理条例》，分析其可能需要承担的法律责任。

第 18 章　化妆品新原料注册与备案

2021 年化妆品新法元年开启，国家各监管部门陆续发布了一系列法规、公告文件，一连串监管动作持续发力，推动了化妆品行业的规范发展，保障了消费者的用妆安全。针对化妆品原料安全及新原料备案注册等内容，发布了《化妆品注册备案管理办法》《化妆品新原料注册备案资料管理规定》《化妆品新原料界定及研究技术导则（征求意见稿）》《化妆品新原料安全使用历史研究和判定》（征求意见稿）等重要的法律法规文件。化妆品新原料备案与注册已是当下热点，本章节将从化妆品新原料及注册备案的定义、趋势、当前数据以及流程等方面进行介绍，让大家系统了解新原料备案和注册所需流程和要准备的材料，掌握基本的要求。

18.1　化妆品新原料概述

18.1.1　化妆品新原料定义

在我国境内首次使用于化妆品的天然或者人工原料为化妆品新原料。

18.1.2　化妆品新原料注册

化妆品新原料注册是指注册申请人依照法定程序和要求提出注册申请，药品监督管理部门对申请注册的化妆品、化妆品新原料的安全性和质量可控性进行审查，决定是否同意其申请的活动。这个过程是为了保证化妆品原料的质量和安全，从而保障消费者的健康和权益。

18.1.3　化妆品新原料备案

化妆品新原料备案是指备案人依照法定程序和要求，提交表明化妆品、化妆品新原料安全性和质量可控性的资料，药品监督管理部门对提交的资料存档备查的活动。化妆品新原料备案人完成备案后，国家药监局公布新原料备案信息，仅代表该原料已完成备案资料的提交，符合形式要求，而对其资料内容的真实性、科学性、充分性可能尚未核查。

18.1.4　管理与审核

具有防腐、防晒、着色、染发、祛斑美白功能的化妆品新原料，经国务院药品监督管理部门注册后方可使用；其他化妆品新原料应当在使用前向国务院药品监督管理部门备案。国务院药品监督管理部门可以根据科学研究的发展，调整实行注册管理的化妆品新原料的范围，经国务院批准后实施。

国家对特殊化妆品和风险程度较高的化妆品新原料实行注册管理，对普通化妆品和其他化妆品新原料实行备案管理。

国家药品监督管理局负责特殊化妆品、进口普通化妆品、化妆品新原料的注册和备案管理，并指导监督省、自治区、直辖市药品监督管理部门承担的化妆品备案相关工作。

国家药品监督管理局化妆品技术审评机构（以下简称技术审评机构）负责特殊化妆品、化妆品新原料注册的技术审评工作，进口普通化妆品、化妆品新原料备案后的资料技术核查工作，以及化妆品新原料使用和安全情况报告的评估工作。

18.1.5　安全监测与报告

已经取得注册、完成备案的化妆品新原料实行安全监测制度。安全监测的期限为3年，自首次使用化妆品新原料的化妆品取得注册或者完成备案之日起算。

安全监测的期限内，化妆品新原料注册人、备案人可以使用该化妆品新原料生产化妆品。化妆品注册人、备案人使用化妆品新原料生产化妆品的，相关化妆品申请注册、办理备案时应当通过信息服务平台经化妆品新原料注册人、备案人关联确认。

化妆品新原料注册人、备案人应当建立化妆品新原料上市后的安全风险监测和评价体系，对化妆品新原料的安全性进行追踪研究，对化妆品新原料的使用和安全情况进行持续监测和评价。化妆品新原料注册人、备案人应当在化妆品新原料安全监测每满一年前30个工作日内，汇总、分析化妆品新原料使用和安全情况，形成年度报告报送国家药品监督管理局。

有证据表明化妆品新原料存在安全问题的，化妆品新原料注册人、备案人应当立即采取措施控制风险，并向技术审评机构报告。

使用化妆品新原料生产化妆品的化妆品注册人、备案人，应当及时向化妆品新原料注册人、备案人反馈化妆品新原料的使用和安全情况。

化妆品新原料安全监测期满3年后，技术审评机构应当向国家药品监督管理局提出化妆品新原料是否符合安全性要求的意见。对存在安全问题的化妆品新原料，由国家药品监督管理局撤销注册或者取消备案；未发生安全问题的，由国家药品监督管理局纳入已使用的化妆品原料目录。

18.2　化妆品新原料注册备案的趋势及数据

从国家药品监督管理局网站上，对现有的公布的数据进行了统计梳理，结果详见表18-1～表18-6。利用表中的数据，可以查阅和了解化妆品新原料备案情况和企业基本信息，了解新原料发展趋势，让学生和企业了解市场需求，把握行业动态，从而更好地进行产品研发和市场布局。

表18-1　　截至2023年新原料注册备案统计数据表

2021年　　单位:件

项目			国产	进口	合计
新原料	审批	受理	0	1	1
		批准	0	1	1
		未批准	2	4	6

续表

2021 年					单位:件
项目			国产	进口	合计
新原料	备案	受理	3	1	4
		批准	3	1	4
		未批准	2	0	2
2022 年					单位:件
项目			国产	进口	合计
新原料	审批	受理	1	1	2
		批准	0	0	0
		未批准	0	0	0
	备案	信息公开	27	15	42
2023 年					单位:件
项目			国产	进口	合计
新原料	审批	受理	0	1	1
		批准	0	0	0
		未批准	1	2	3
	备案	信息公开	53	16	69

来源：NMPA 药品监督管理统计年度数据。

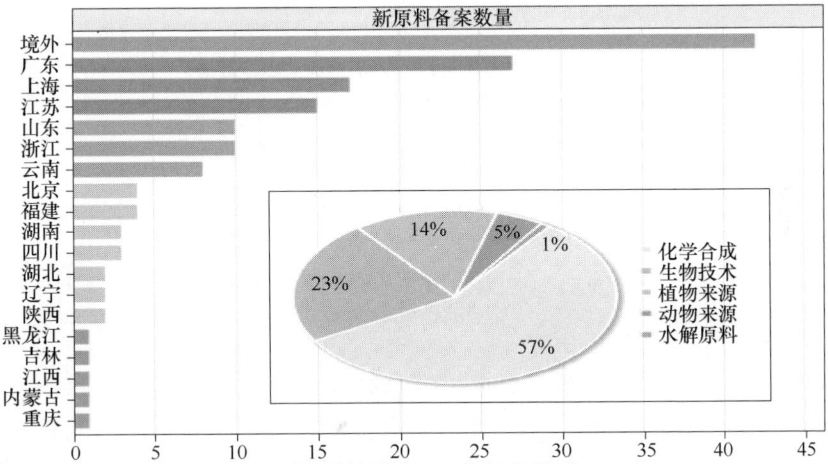

数量统计截至 2024 年 5 月 31 日；来源统计截至 2023 年 11 月 30 日

图 18-1　截至 2024 年 5 月 31 日化妆品新原料备案数量的统计数据

表 18-2　　2021 年化妆品新原料备案名单

序号	标准中文名称	备案号	备案人中文	状态
1	四氟丙烯	国妆原备字 20210005	霍尼韦尔国际公司	—
2	*N*-乙酰神经氨酸	国妆原备字 20210001	武汉中科光谷绿色生物技术有限公司	监测期
3	月桂酰甲基羟乙基磺酸钠	国妆原备字 20210006	英诺斯派化工(北京)有限公司	监测期
4	β-丙氨酰羟脯氨酰二氨基丁酸苄胺	国妆原备字 20210003	深圳市维琪医药研发有限公司	监测期
5	雪莲培养物	国妆原备字 20210004	大连普瑞康生物技术有限公司	监测期
6	月桂酰丙氨酸	国妆原备字 20210002	苏州维美生物科技有限公司	监测期

表 18-3　　2022 年化妆品新原料备案名单

序号	标准中文名称	备案号	备案人中文	状态
1	月桂酰/肉豆蔻酰甲基葡糖酰胺	国妆原备字 20220034	科莱恩国际有限公司	监测期
2	β-烟酰胺单核苷酸	国妆原备字 20220007	康盈红莓(中山)生物科技有限公司	监测期
3	南极磷虾油	国妆原备字 20220039	中冠生物科技(珲春)有限公司	监测期
4	补骨脂酚	国妆原备字 20220027	赛胜公司	监测期
5	苄基磺酰基 D-丝氨酰基高苯丙氨酸脒基苄胺乙酸盐	国妆原备字 20220014	帝斯曼维生素(上海)有限公司	监测期
6	蝉花菌丝体提取物	国妆原备字 20220038	上海葡萄王企业有限公司	—
7	β-烟酰胺单核苷酸	国妆原备字 20220013	余姚莱孚斯本健康科技有限公司	监测期
8	水解透明质酸锌	国妆原备字 20220008	华熙生物科技股份有限公司	—
9	环己基甘油	国妆原备字 20220023	株式会社 ADEKA	—
10	红藜(*Chenopodium formosanum*)提取物	国妆原备字 20220006	百岳特生物科技(上海)有限公司	监测期
11	山芙蓉根/茎提取物	国妆原备字 20220036	嘉文丽(福建)化妆品有限公司	—
12	寡肽-215	国妆原备字 20220012	深圳市维琪医药研发有限公司	监测期
13	双-二异丙醇胺-PG-丙基聚二甲基硅氧烷/双-异丁基 PEG-14 共聚物	国妆原备字 20220033	陶氏(张家港)投资有限公司	—
14	TMP 月桂基聚二甲基硅氧烷	国妆原备字 20220019	丝而得公司	—
15	烟酰四肽-30	国妆原备字 20220042	深圳市维琪医药研发有限公司	监测期
16	聚乳酸	国妆原备字 20220028	LX HAUSYS 株式会社	—
17	聚二甲基硅氧烷/双-异丁基 PPG-20 交联聚合物	国妆原备字 20220020	陶氏(张家港)投资有限公司	监测期
18	燕窝肽	国妆原备字 20220041	厦门市燕之屋丝浓食品有限公司	监测期
19	双-鲸蜡硬脂基氨端聚二甲基硅氧烷	国妆原备字 20220005	迈图(上海)贸易有限公司	监测期
20	驴乳粉	国妆原备字 20220040	东阿阿胶股份有限公司	—
21	藏猪脂	国妆原备字 20220015	四川鹿鸣丘高原生态农业科技有限公司	监测期
22	哌啶丙酸	国妆原备字 20220022	株式会社资生堂	监测期
23	全氟丁基乙基硬脂基聚二甲基硅氧烷	国妆原备字 20220037	埃肯有机硅(上海)有限公司	—
24	羟乙基咪唑烷酮	国妆原备字 20220021	株式会社资生堂	监测期
25	β-烟酰胺单核苷酸	国妆原备字 20220002	余姚莱孚斯本健康科技有限公司	监测期
26	聚氨酯-48	国妆原备字 20220025	科思创德国股份有限公司	—
27	聚硅氧烷季铵盐-20	国妆原备字 20220018	丝而得公司	—
28	水解马铃薯淀粉十二烯基琥珀酸钠	国妆原备字 20220035	诺力昂表面化学有限责任公司	—
29	反式-1-氯-3,3,3-三氟丙烯	国妆原备字 20220017	霍尼韦尔贸易(上海)有限公司	—
30	*N*-乙酰神经氨酸	国妆原备字 20220026	华熙生物科技股份有限公司	监测期
31	水解透明质酸钙	国妆原备字 20220016	华熙生物科技股份有限公司	—
32	聚甲基倍半硅氧烷/三甲基硅烷氧基硅酸酯	国妆原备字 20220003	格苒特工业公司	监测期
33	棕榈酰二肽-18	国妆原备字 20220032	日产化学株式会社	—
34	醋酸杆菌/乳酸杆菌/酵母菌/茶(CAMELLIA SINENSIS)叶提取物/蔗糖发酵产物滤液	国妆原备字 20220030	仙婷(广州)科技研发有限公司	监测期
35	聚氨酯-34	国妆原备字 20220024	科思创德国股份有限公司	—
36	铁皮石斛原球茎	国妆原备字 20220010	大连普瑞康生物技术有限公司	—
37	酵母菌/珍珠发酵溶胞产物滤液	国妆原备字 20220029	浙江欧诗漫集团德清生物科技有限公司	—
38	β-烟酰胺单核苷酸	国妆原备字 20220009	深圳市维琪医药研发有限公司	—

续表

序号	标准中文名称	备案号	备案人中文	状态
39	聚硅氧烷季铵盐-26	国妆原备字 20220031	迈图(上海)贸易有限公司	—
40	N-乙酰神经氨酸	国妆原备字 20220011	武汉中科光谷绿色生物技术有限公司	监测期
41	丙烯酰基二甲基牛磺酸钠/VP 交联聚合物	国妆原备字 20220004	科莱恩国际有限公司	—
42	鲸蜡基二甘油三(三甲基硅氧基)硅乙基聚二甲基硅氧烷	国妆原备字 20220001	陶氏(张家港)投资有限公司	监测期

表 18-4　2023 年化妆品新原料备案名单

序号	标准中文名称	备案号	备案人中文	状态
1	吡咯并喹啉醌二钠盐	国妆原备字 20230030	湖南水羊生物科技有限公司	—
2	维生素 K_2	国妆原备字 20230041	南京盛德百泰生物科技有限公司	监测期
3	低聚异麦芽糖	国妆原备字 20230050	仙婷(广州)科技研发有限公司	—
4	平卧菊三七(GYNURA PROCUMBENS)提取物	国妆原备字 20230013	温州古木生物科技有限公司	监测期
5	尿石素 A	国妆原备字 20230036	阿马森提斯	—
6	丙烯酸 TEA 盐/丙烯酰二甲基牛磺酸 TEA 盐共聚物	国妆原备字 20230020	广州百孚润化工有限公司	监测期
7	羟基甲氧基苯基癸酮	国妆原备字 20230014	德之馨香精香料(南通)有限公司	监测期
8	壬二酸单酰胺丙基二甲胺	国妆原备字 20230002	新钰生技股份有限公司	监测期
9	乙酰基六肽-95 酰胺	国妆原备字 20230009	深圳市维琪科技股份有限公司	监测期
10	裂褶菌(SCHIZOPHYLLUM COMMUNE)菌丝体发酵产物提取物	国妆原备字 20230035	浙江立恩生物科技有限公司	监测期
11	β-烟酰胺单核苷酸	国妆原备字 20230044	哈尔滨敷尔佳科技股份有限公司	—
12	宽叶夜香树(Cestrum Latifolium)叶提取物	国妆原备字 20230037	巴斯夫(中国)有限公司	—
13	乙酰基肌肽	国妆原备字 20230016	深圳瑞德林生物技术有限公司	监测期
14	咖啡酰六肽-9	国妆原备字 20230008	深圳市维琪科技股份有限公司	监测期
15	蜂生假丝酵母/葡萄糖/椰子油/扁核木油发酵产物	国妆原备字 20230060	云南贝泰妮生物科技集团股份有限公司	—
16	可拉酸钠	国妆原备字 20230056	深圳柏垠生物科技有限公司	监测期
17	补骨脂酚	国妆原备字 20230055	云南衡金药业有限公司	监测期
18	吡咯并喹啉醌二钠盐	国妆原备字 20230057	湖南水羊生物科技有限公司	监测期
19	半乳甘露聚糖	国妆原备字 20230025	北京瓜尔润科技股份有限公司	—
20	聚硅氧烷季铵盐-16/环氧丙氧基聚二甲基硅氧烷交联聚合物	国妆原备字 20230053	陶氏(张家港)投资有限公司	—
21	驴油	国妆原备字 20230001	东阿阿胶股份有限公司	监测期
22	阿胶粉	国妆原备字 20230039	东阿阿胶股份有限公司	—
23	双-聚香茅醇壬二酸酯	国妆原备字 20230052	P2 科技股份公司	—
24	蜂生假丝酵母/葡萄糖/扁核木油发酵产物	国妆原备字 20230059	云南贝泰妮生物科技集团股份有限公司	监测期
25	β-烟酰胺单核苷酸	国妆原备字 20230005	音芙医药科技(上海)有限公司	监测期
26	双-聚香茅醇琥珀酸酯	国妆原备字 20230051	P2 科技股份公司	—
27	双歧杆菌/乳酸杆菌/大豆籽提取物发酵产物滤液	国妆原备字 20230032	广州逸仙电子商务有限公司	监测期

续表

序号	标准中文名称	备案号	备案人中文	状态
28	磷酰胆碱聚合物-MBH	国妆原备字 20230054	上海奥利实业有限公司	—
29	己基/琥珀酰聚二甲基硅氧烷交联聚合物	国妆原备字 20230015	陶氏(张家港)投资有限公司	—
30	氢化法尼烯	国妆原备字 20230006	艾普丽华有限责任公司	—
31	α-葡聚糖多糖	国妆原备字 20230012	国际香料集团公司	—
32	β-烟酰胺单核苷酸	国妆原备字 20230031	江西海文生物科技有限公司	监测期
33	乙酸丙酸纤维素	国妆原备字 20230027	伊士曼化工公司	—
34	桦褐孔菌/白桦树汁发酵产物滤液	国妆原备字 20230018	养生堂(安吉)化妆品有限公司	监测期
35	纤维素橄榄油酸酯	国妆原备字 20230063	普罗森植物科技(苏州)有限公司	监测期
36	水龙(LUDWIGIA ADSCENDENS)提取物	国妆原备字 20230029	云南贝泰妮生物科技集团股份有限公司	监测期
37	α-葡聚糖羟丙基三甲基氯化铵	国妆原备字 20230058	国际香料集团公司	—
38	冰叶日中花(MESEMBRYAN THEMUM CRYSTALLINUM)愈伤组织提取物	国妆原备字 20230017	百岳特生物科技(上海)有限公司	—
39	植物乳杆菌/海茴香(CRITHMUM MARITIMUM)发酵产物滤液	国妆原备字 20230066	广州环亚化妆品科技股份有限公司	监测期
40	β-烟酰胺单核苷酸	国妆原备字 20230067	广州富肽生物有限公司	—
41	山梨醇聚醚-230 四油酸酯	国妆原备字 20230047	苹果化学	监测期
42	乙酰基八肽-1	国妆原备字 20230040	常州市智态生创科技有限公司	监测期
43	水解 α-葡聚糖多糖	国妆原备字 20230004	国际香料集团公司	监测期
44	岩藻黄质	国妆原备字 20230068	浙江海肽生物科技有限公司	—
45	天山雪莲细胞培养物	国妆原备字 20230033	安赛搏(重庆)生物技术有限公司	监测期
46	三肽-105	国妆原备字 20230024	深圳市维琪科技股份有限公司	—
47	香露兜叶提取物	国妆原备字 20230028	广东芭薇生物科技股份有限公司	—
48	聚香茅醇聚醚-11	国妆原备字 20230065	P2 科技股份公司	—
49	氨基乙酰丙酸 HCl	国妆原备字 20230046	华熙生物科技股份有限公司	—
50	二氢燕麦生物碱 D 钾	国妆原备字 20230003	福州碧昂缇生物科技有限公司	监测期
51	补骨脂酚	国妆原备字 20230048	赛胜公司	监测期
52	环肽-161	国妆原备字 20230023	浙江湃肽生物股份有限公司	监测期
53	生育酚视黄酸酯	国妆原备字 20230019	上海克琴科技有限公司	监测期
54	月桂酰甲基羟乙基磺酸钠	国妆原备字 20230062	广州天赐高新材料股份有限公司	—
55	乙基聚甲基硅氧烷	国妆原备字 20230022	丝而得公司	—
56	平卧菊三七(GYNURA PROCUMBENS)叶/茎提取物	国妆原备字 20230061	广东完美生命健康科技研究院有限公司	监测期
57	乳酸克鲁维酵母菌/紫芝(GANODERMA SINENSIS)发酵产物滤液	国妆原备字 20230069	广州环亚化妆品科技股份有限公司	监测期
58	羟基-α-山椒素	国妆原备字 20230043	四川昇嘉科技有限公司	—
59	芋螺肽	国妆原备字 20230010	深圳市维琪科技股份有限公司	监测期
60	大叶冬青(ILEX LATIFOLIA)叶提取物	国妆原备字 20230021	广州汉方医学生物科技有限公司	监测期
61	磷脂酰丝氨酸	国妆原备字 20230049	南京盛德百泰生物科技有限公司	—
62	羧癸基三硅氧烷	国妆原备字 20230011	株式会社资生堂	—
63	指橙提取物	国妆原备字 20230034	广东丸美生物技术股份有限公司	监测期

续表

序号	标准中文名称	备案号	备案人中文	状态
64	海参肽	国妆原备字 20230064	西安惠普生物科技有限公司	—
65	黑参提取物	国妆原备字 20230042	湖南水羊生物科技有限公司	—
66	球药隔重楼(PARIS FARGESII)根茎提取物	国妆原备字 20230026	云南白药集团上海科技有限公司	监测期
67	3,3,5-三甲基环己醇琥珀酸酯二甲基酰胺	国妆原备字 20230045	珀莱雅化妆品股份有限公司	监测期

表 18-5　2024 年化妆品新原料备案名单

序号	标准中文名称	备案号	备案人中文	状态
1	明胶交联聚合物	国妆原备字 20240017	深圳华诺生物科技有限公司	—
2	补骨脂酚	国妆原备字 20240041	深圳市维琪科技股份有限公司	监测期
3	金耳(NAEMATELIA AURANTIALBA)子实体提取物	国妆原备字 20240040	广州嘉创生物科技有限公司	监测期
4	维生素 K_2	国妆原备字 20240045	广东双骏生物科技有限公司	监测期
5	杜香(Ledum Palustre)叶油	国妆原备字 20240025	内蒙古大兴安岭林下产品有限责任公司	监测期
6	RGD 酰胺化透明质酸	国妆原备字 20240033	陕西佰鸿合成生物科技有限公司	—
7	β-丙氨酰羟脯氨酰二氨基丁酸苄胺	国妆原备字 20240005	深圳市维琪科技股份有限公司	监测期
8	东北刺参(OPLOPANAX ELATUS)不定根提取物	国妆原备字 20240002	广东南芯医疗科技有限公司	—
9	南方红豆杉(TAXUS WALLICHIANA MAIREI)籽油	国妆原备字 20240018	云南贝泰妮生物科技集团股份有限公司	—
10	β-烟酰胺单核苷酸	国妆原备字 20240004	深圳市维琪科技股份有限公司	监测期
11	青稞(HORDEUM VULGARE VAR. COELESTE)籽提取物	国妆原备字 20240024	北京东方淼森生物科技有限公司	—
12	吡哆素三-己基癸酸酯	国妆原备字 20240001	上海克琴科技有限公司	监测期
13	金线莲(ANOECTOCHILUS ROXBURGHII)提取物	国妆原备字 20240031	福建片仔癀化妆品有限公司	监测期
14	10-羟基-2-癸烯酸	国妆原备字 20240052	山东福瑞达生物股份有限公司	—
15	乙酰基二肽-1	国妆原备字 20240030	山东济肽生物科技有限公司	监测期
16	紫檀芪	国妆原备字 20240050	珠海市柏瑞医药科技有限公司	—
17	环四肽-24 氨基环己烷甲酸酯	国妆原备字 20240043	深圳市维琪科技股份有限公司	监测期
18	二氢槲皮素	国妆原备字 20240039	广东芭薇生物科技股份有限公司	—
19	苦参碱水杨酸盐	国妆原备字 20240051	哈尔滨敷尔佳科技股份有限公司	监测期
20	刺云实(CAESALPINIA SPINOSA)胶/AMPS 铵交联聚合物	国妆原备字 20240021	科莱恩国际有限公司	—
21	β-烟酰胺单核苷酸	国妆原备字 20240013	华熙生物科技股份有限公司	—
22	羟基四氢甲基嘧啶羧酸	国妆原备字 20240042	浙江华睿生物技术有限公司	监测期
23	杯芳烃 8A-12C	国妆原备字 20240034	苏州隽德生物科技有限公司	—
24	总状绿绒蒿(MECONOPSIS RACEMOSA)提取物	国妆原备字 20240044	云南贝泰妮生物科技集团股份有限公司	监测期
25	补骨脂酚	国妆原备字 20240020	广东粤微生物科技有限公司	监测期
26	鸢尾苷元	国妆原备字 20240049	上海澄穆实业发展有限公司	—
27	岩藻糖基乳糖	国妆原备字 20240046	苏州一兮生物技术有限公司	—

续表

序号	标准中文名称	备案号	备案人中文	状态
28	驴乳粉	国妆原备字 20240029	桑阳生物科技(北京)有限公司	—
29	短绒野大豆(*Glycine tomentella*)根提取物	国妆原备字 20240037	森田药妆股份有限公司	监测期
30	二羟基苯乙醇	国妆原备字 20240003	杭州唯铂莱生物科技有限公司	监测期
31	荔枝草(SALVIA PLEBEIA)提取物	国妆原备字 20240011	云南贝泰妮生物科技集团股份有限公司	—
32	塔凯榛桐(CARYODENDRON ORINOCENSE)籽油	国妆原备字 20240009	仙婷(广州)科技研发有限公司	—
33	亚异丙基甘油	国妆原备字 20240048	索尔维(上海)国际贸易有限公司	—
34	双羟基乙基 PPG/PEG-7/4 二氰甲基噻吩偶氮甲苯胺三乙氧基硅丙基氨基甲酸酯	国妆原备字 20240012	莹特丽股份公司	—
35	短莛飞蓬(ERIGERON BREVISCAPUS)提取物	国妆原备字 20240010	云南贝泰妮生物科技集团股份有限公司	—
36	双-(异硬脂酰/油酰异丙基)二甲基铵甲基硫酸盐	国妆原备字 20240008	赢创运营有限公司	—
37	两色金鸡菊(COREOPSIS TINCTORIA)花提取物	国妆原备字 20240016	禾大化学品(上海)有限公司	—
38	两色金鸡菊(COREOPSIS TINCTORIA)花提取物	国妆原备字 20240015	深圳市护家科技有限公司	监测期
39	无柄灵芝菌丝体发酵产物滤液	国妆原备字 20240047	湖南水羊生物科技有限公司	—
40	聚甘油-3 硬脂酸酯/癸二酸酯交联聚合物	国妆原备字 20240007	赢创运营有限公司	监测期
41	双-1,4[三乙氧基硅丙基氨基甲酰基聚(己二酸乙二醇酯)丙胺基]蒽醌	国妆原备字 20240014	莹特丽股份公司	—
42	3-羟基丁酸甘油酯	国妆原备字 20240038	浙江华睿生物技术有限公司	—
43	山桐子(Idesia polycarpa)果/籽油	国妆原备字 20240036	中林油科技有限公司	—
44	梁王茶(METAPANAX DELAVAYI)提取物	国妆原备字 20240054	云南贝泰妮生物科技集团股份有限公司	监测期
45	双-(苯基偶氮甲苯胺双-(三乙氧基硅丙基氨基甲酰基 PEG-5/PPG-5 乙醇)砜	国妆原备字 20240028	莹特丽股份公司	—
46	岩藻糖基乳糖	国妆原备字 20240006	华熙生物科技股份有限公司	—
47	乳酸杆菌/小粒咖啡(COFFEA ARABICA)籽发酵产物滤液	国妆原备字 20240055	深圳市护家科技有限公司	监测期
48	AMPS/HEMA 交联聚合物	国妆原备字 20240035	斯高特巴德(上海)贸易有限公司	—
49	金线莲(ANOECTOCHILUS ROXBURGHII)提取物	国妆原备字 20240053	广州远想生物科技股份有限公司	—
50	甲基苯并噻唑偶氮甲苯胺双-(三乙氧基硅丙基氨基甲酰基 PEG-5/PPG-5 乙醇)	国妆原备字 20240027	莹特丽股份公司	—
51	山梨醇聚醚-230 五硬脂酸酯	国妆原备字 20240023	苹果化学	—
52	马来酸大豆油甘油酯/辛基十二醇酯	国妆原备字 20240032	Ashland Inc.	监测期
53	环六肽-9	国妆原备字 20240026	上海中翊日化有限公司	监测期
54	南方红豆杉(TAXUS WALLICHIANA MAIREI)嫩枝提取物	国妆原备字 20240019	云南贝泰妮生物科技集团股份有限公司	—
55	聚丙烯酸酯交联聚合物-11	国妆原备字 20240022	科莱恩国际有限公司	—

表 18-6　　2024 年化妆品原料已注销名单

序号	标准中文名称	注销日期	备案号	备案人中文	状态
1	阿西曲普	2024-02-01	国妆原备字 20230007	株式会社爱茉莉太平洋	已注销
2	补骨脂酚	2024-06-12	国妆原备字 20230038	赛胜公司	已注销

18.3　化妆品新原料分类及判定

18.3.1　化妆品新原料管理属性分类

根据原料性能和预期用途，从管理属性上化妆品新原料可以分为作用于化妆品产品的新原料、作用于人体表面的新原料、作用于产品且对人体表面有影响的新原料。

（1）作用于化妆品产品的原料　作用于化妆品产品的原料是指对产品的剂型、稳定、颜色、气味等产生作用，以保护或提升产品性能，且在一定作用范围内对人体不产生影响的原料，主要包括基质原料和辅助原料。

① 基质原料是形成化妆品剂型的基本原料，新原料注册人、备案人在对新的基质原料研究时，应对原料的性能进行分析，重点关注其安全性和质量可控性。从其化学组成特征、来源属性等分析可能带入的安全风险物质，如甲醇、二噁烷、二甘醇、丙烯酰胺、农药残留、微生物、重金属等，明确其安全使用量，建立有针对性的质量控制指标。

② 辅助原料是对化妆品剂型起到稳定、修饰作用的原料，新原料注册人、备案人在对新辅助原料研究时，重点关注其安全性，充分研究其在化妆品中发挥作用的使用量，尤其是防腐剂和抗氧化剂，需结合化妆品配方组成、剂型、使用方法及适用人群等，研究确定满足其在化妆品中发挥防腐、防止或延缓油脂酸败作用的安全使用量，避免在正常使用条件下对人体健康带来安全风险。

（2）作用于人体表面的原料　作用于人体表面的原料是指对皮肤、毛发、指甲、口唇等人体表面产生实际功效作用的原料，新原料注册人、备案人在研发新的作用于人体表面的原料时，需阐明其使用目的与其在化妆品中发挥实际作用的相关性，重点关注其安全性、有效性和质量可控性。注册人、备案人应研究清楚其来源属性或者化学组成和结构，明确其使用目的和作用机理，开展功效评价试验研究，逐一研究确定其各个使用目的的起效量（着色剂除外），明确其在该使用目的和适用范围下对人体所用剂量的安全性和有效性。新原料的功效评价方法和结果应能充分证明其在预期使用量下对人体具有与其预期使用目的相一致的实际功效。

（3）作用于产品且对人体表面有影响的原料　有些原料在作用于化妆品产品的同时，也会对人体表面产生影响。新原料注册人、备案人应根据原料特性和预期在化妆品中发挥的作用，科学、准确地确定其使用目的，若其在化妆品中的实际功效是作用于人体，在关注其安全性和质量可控性基础上，还应关注其有效性，并开展能够证明原料具有与其使用目的相一致的相关研究。

18.3.2　化妆品新原料管理类别

在符合上述化妆品原料作用和属性前提下，根据新原料的研发创新程度，从管理要求上化妆品新原料可以分为国内外首次使用的新原料、国内首次使用的新原料，以及对已使用化妆品原料进行改进创新的新原料等。

（1）国内外首次使用的新原料　首次发现并确认适用于化妆品的原料，或者是已知原料但在国内外尚未用于化妆品的原料。

（2）境内首次使用的新原料　已在境外应用于化妆品，但在我国境内尚未应用于化妆品的原料。

（3）改进创新的新原料　改进创新的新原料具体包括以下两种情形：

① 对使用目的、安全使用量明确的已使用化妆品原料，调整其使用目的为防腐剂、防晒剂、着色剂、染发剂、祛斑美白剂。

② 对使用目的、安全使用量明确的已使用原料进行改进和创新，可通过优化原料制备技术和生产工艺，且改变原料物质基础等方面开展实质创新性研究，同时提升原料安全、功效、稳定、质量可控性。

18.3.3　不属于化妆品新原料的情形

原料在化妆品中的预期使用方法、使用部位或者使用目的超出化妆品定义范畴的，不属于化妆品新原料，包括但不限于以下几种情形：

① 原料预期在化妆品中的使用方法应为涂擦、喷洒或其他类似方法，若使用方法为口服、注射、填埋、熏蒸、吸入、导入、刺入、植入等的，不属于化妆品新原料。

② 原料预期在化妆品中的施用部位应为皮肤、毛发、指甲、口唇等人体表面，若施用部位直接到达角质层以下、耳道、眼内以及口腔、鼻腔、生殖系统等人体黏膜部位的，不属于化妆品新原料。

③ 原料预期在化妆品中的实际功效超出清洁、保护、美化、修饰范围，如用于治疗皮肤疾病、皮肤创面恢复、瘢痕修复等医疗目的，用于减轻或防止蚊虫侵扰、杀灭微生物或病原体的，以及作用机理涉及调节激素水平、促进组织再生、促进细胞分裂和增殖、修复受损细胞、修复 DNA 损伤、抑制皮肤炎症等的，不属于化妆品新原料。

化妆品相关技术法规中已规定为禁用原料或与禁用原料基本结构、理化性质和实际功能相似的原料，或者经过安全性风险评估，认为在正常、合理的及可预见的使用条件下，对人体健康产生危害的原料，不属于化妆品新原料。

已收录于《已使用化妆品原料目录》（以下简称《目录》）的原料或者包含于《目录》中已收载的类别原料中的具体原料，以及发挥功效的物质基础与《目录》中的原料一致的，不属于化妆品新原料。

例如，《目录》中已收载了类别原料“胶原”，即胶原蛋白，表示为某一类别原料的总称，该类别原料包含了不同工艺来源如动物组织提取、基因重组的胶原，也包含了不同分型如Ⅰ型胶原、Ⅲ型胶原等；《目录》中收录了“某某植物提取物”原料，例如“人参提取物”表示人参全株及其提取物均为已使用原料，则“人参汁”或者人参某个具体部位的原料归类为“人参提取物”；此外，透明质酸钠与透明质酸发挥功效的物质基础相同，其属于同一类原料。

18.4　化妆品新原料申报流程

18.4.1　化妆品新原料注册申报流程

化妆品新原料注册申报流程见图 18-1。

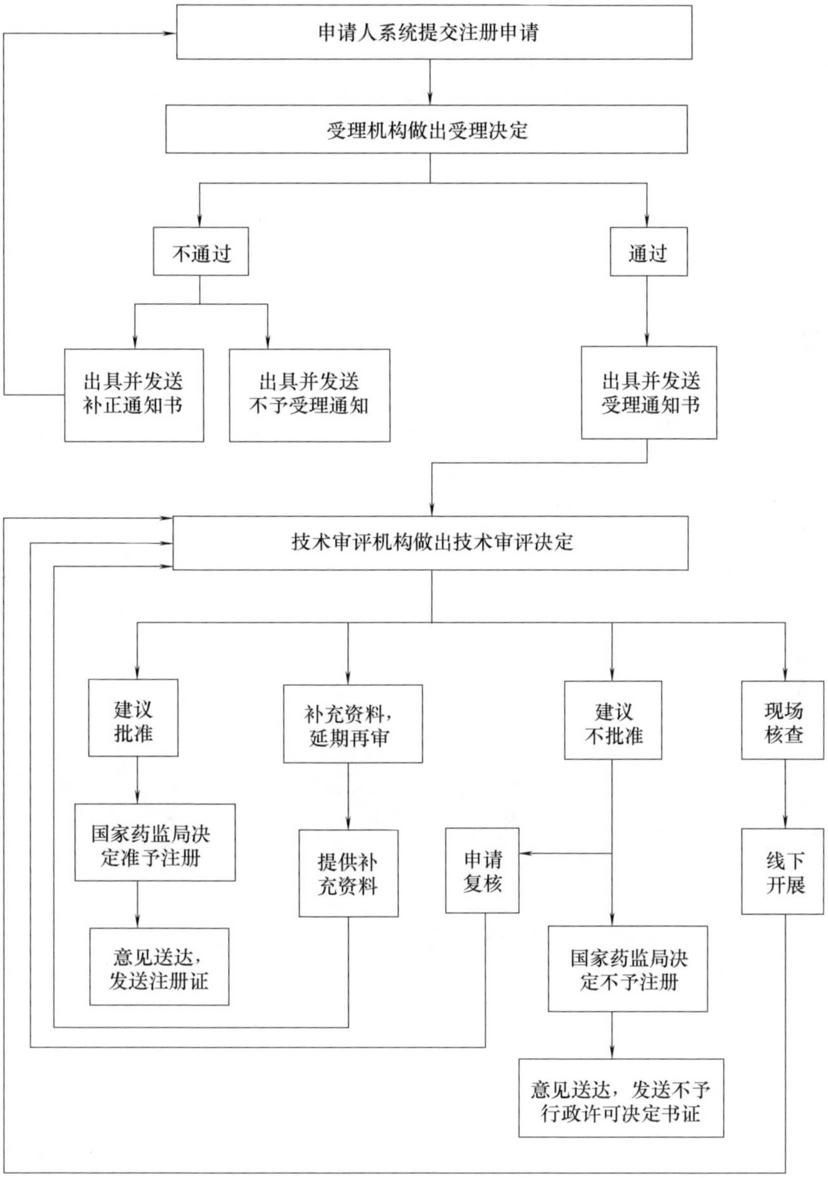

图 18-1　化妆品新原料注册申报流程

18.4.2 化妆品新原料备案申报流程

化妆品新原料备案申报流程见图 18-2。

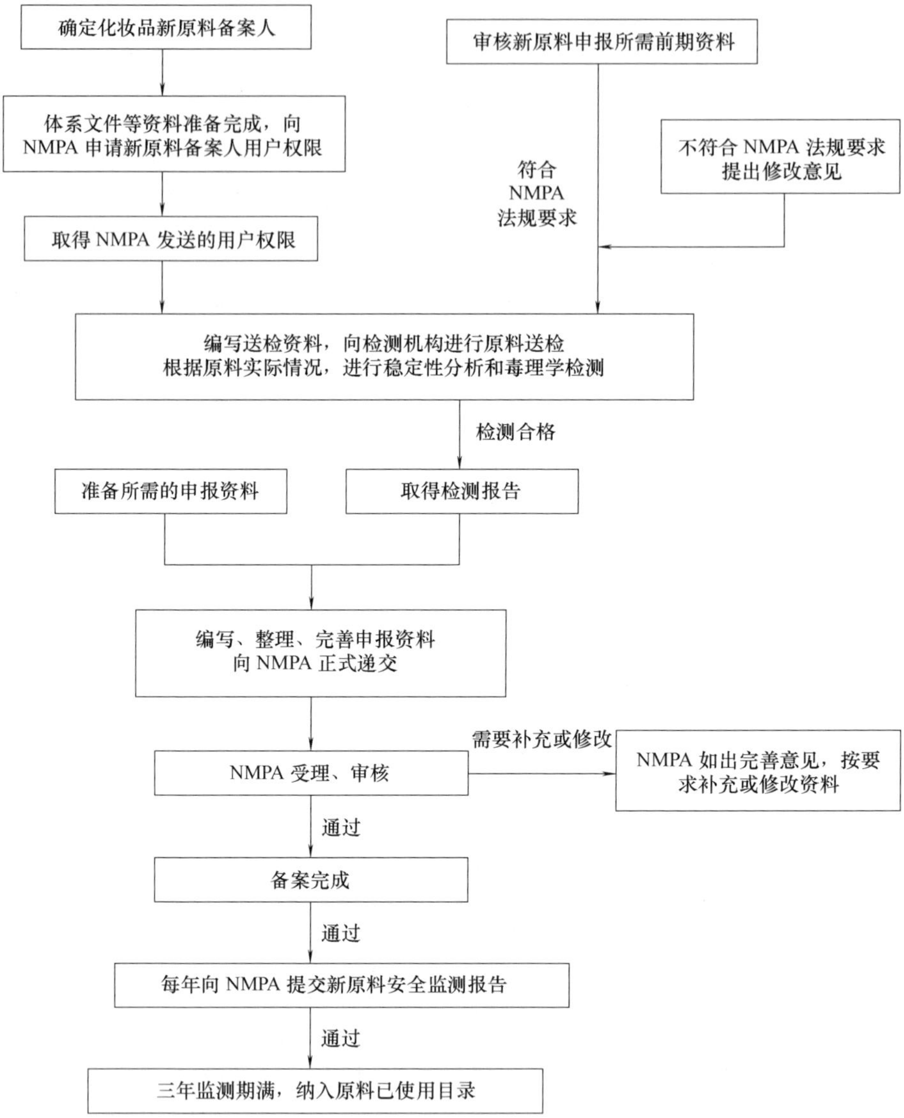

图 18-2 化妆品新原料备案申报流程

18.5 化妆品新原料注册备案资料

化妆品新原料注册人、备案人申请化妆品新原料注册或办理新原料备案的，应当提交以下资料：

（1）注册人、备案人和境内责任人的名称、地址、联系方式。

（2）新原料研制报告。

（3）新原料的制备工艺、稳定性及其质量控制标准等研究资料。

（4）新原料安全评估资料。

化妆品新原料注册人、备案人或境内责任人应当根据所申报注册或进行备案新原料的具体情形分类，按照化妆品新原料注册和备案资料要求整理并提交相应的注册和备案资料。

化妆品新原料注册人、备案人或境内责任人应当结合新原料注册和备案资料相关技术信息，编制并提供用于注册和备案信息公开的化妆品新原料技术要求资料（样例见表 18-7），在新原料获得批准或完成备案后，作为批准证书或备案凭证的附件对外公布，供社会公众查询参阅。

表 18-7　　化妆品新原料技术要求（样例）

【基本信息】

中文名称			
INCI 名称		ID 号	
英文等外文名称			
化学名			
动植物原料名称(拉丁学名)			
常见别名		缩写	
CAS 号			
EINECS/ELINCS 登记号			
原料来源			
	纳米原料	□是	□否
	较高生物活性原料	□是	□否
原料组成			
分子式			
化学结构式			
相对分子质量			

【性状指标】

项目	指标
颜色	
性状	
气味	
其他	

【理化常数】

项目	指标

【技术要求】

原料使用目的	
原料适用或使用范围	
安全使用量(化妆品使用时的最大允许浓度)	
其他限制和要求	

【其他要求】

注意事项*	
警示用语	
贮存条件*	
使用期限*	

18.5.1 命名要求

化妆品新原料的名称应根据其组成特征、来源属性和制备工艺等准确命名，并与制备工艺终产物形式相符，例如从植物、动物、发酵产物中提取的单一化学成分（含量≥80%），应当按照单一化学成分进行命名。若新原料存在同分异构体，应在原料名称中予以明确，如α型或β型。

化妆品新原料名称一般包括原料标准中文名称、英文名称/INCI名称及其ID号，根据国际通行的命名原则确定原料标准中文名称；直接来源于植物的新原料可按照“中文名+拉丁学名+使用部位+使用形式”的格式命名等。如果原料已经被《国际化妆品原料字典和手册》收录，应明确原料的INCI名称及其ID号码。

18.5.2 新原料研制报告

（1）原料研发背景　包括研发背景、研发目的、研发过程及研发结果等；其中，研发背景部分一般应包括新原料的立项原因、背景来源、研究和管理现状（包括相关法规标准、文献、专利等）、国外化妆品中应用情况、国内外其他行业应用情况、判定为新原料的分析说明等，并列出主要参考文献。研发过程部分应结合注册人、备案人对新原料的研发实际，对生产工艺、质量、功效、安全等关键研究过程进行简述。研发目的和研发结果应客观明确。

（2）原料基本信息　包括原料名称、来源、组成、相对分子质量、分子式、化学结构、理化性质等信息。

① 原料名称。原料名称一般包括原料标准中文名称、INCI名称及其ID号、化学名称、动植物原料名称（拉丁学名）、《中华人民共和国药典》名称、常见别名或缩写及CAS号和EINECS/ELINCS登记号等。

a. 原料标准中文名称。《国际化妆品原料标准中文名称目录》中已经收录的原料，应根据目录予以明确；未收录的原料可参照《中华人民共和国药典》等其他权威目录中收录的中文名称，并结合通行的命名原则制定原料标准中文名称。

b. 原料INCI名称及其ID号。已经被《国际化妆品原料字典和手册》收录的原料，应当明确原料的 INCI 英文名称和对应的 ID 号码；未被收录的，提供相应的英文名称。

c. 其他名称。包括化学名称、动植物原料名称（拉丁学名）、矿物名称、广泛使用的别名、俗称、商品名、缩写等。

② 原料来源说明

a. 新原料来源包括化学原料、植物原料、矿物原料、生物技术原料（如基因工程、细胞工程、发酵工程、酶工程和蛋白质工程来源等）等。化妆品新原料注册人、备案人应当对申报注册和进行备案的化妆品新原料的来源予以明确，并根据原料来源，提供相应的基本信息。

来源于植物/动物的新原料，其质量安全与所用植物/动物密切相关。因此，应由专业机构（如科研院所、高等院校等）出具种属鉴定报告，明确物种信息、拉丁名。来源于藻类和大型真菌类的新原料参照此要求执行。

b. 新原料应当是单一来源，不应是经过物理方法混合而成的复配原料，在原料生产或制备过程中由于技术上不可避免的原因导致多种成分同时存在的除外。如：为保护原料而添加的溶剂、防腐剂、稳定剂等成分，或通过化学反应或发酵过程不可避免的产生的与原料同时存在的其他成分等情形。在原料生产或制备过程中由于技术上不可避免的原因导致多种成分存在的，化妆品新原料注册人、备案人还应当提供两种或两种以上成分不可避免共同存在的相关研究资料、原料组成及相关比例。

（3）原料组成、结构及成分鉴定

① 原料组成应体现注册备案新原料的整体组成情况。对于原料中可能存在的少量杂质、残留溶剂等，应在生产中尽量去除，对原料质量安全有实质影响的，应在质量控制措施中设定科学合理的指标予以控制，无需在“原料组成”项下填写。

例如，对于结构明确的单一化合物，可填写原料含量，并明确必要信息，如“按干燥品计算”“按无水物计算”或“按无水、无溶剂物计算”等。

对于植物提取物，“原料组成”一项可直接填写为“XX 提取物”。提取物所含指标性成分等在“使用规格”中予以明确，无需在“原料组成”项下填写。

② 有明确化学结构的原料应当提供化学结构和相对分子质量，以及化学结构的确认依据（如核磁共振谱图、元素分析、质谱、红外谱图等）、检测报告；聚合物还应当提供聚合度以及平均相对分子质量及其分布的检测方法和结果；生物技术来源原料应根据本身特性设定鉴别方法。无明确化学结构的原料应说明原料的组成成分，并提供鉴别参数、鉴定方法和鉴定报告。

（4）理化性质

① 根据原料的性质，提供性状指标包括颜色、气味、状态，及其他显著特性（如可燃性、溶解性、吸湿性等），并结合原料性质选择其他理化指标项目，如熔点、沸点、相对密度、黏度、pH、折射率、旋光度、羟值、碘值、皂化值、酸值、pKa、分配系数（LogPow）等。

② 纳米原料。除提供上述理化指标外，还应当提供粒子大小和分布、原料的聚集和团聚特性、表面化学信息、形态学信息等特异性参数。

③ 对于结构明确的单一化合物，一般应有溶解度、pH 等；固体原料一般应有熔点；液体原料一般应有沸点；当化学结构中含手性碳时应考虑比旋度信息。部分理化指标应明

确具体测定条件。如 pH，应明确配制溶剂和样品浓度。

（5）原料使用信息　包括原料在化妆品中的使用规格、使用目的、适用或使用范围、安全使用量、使用期限、注意事项、警示用语等；原料在境外使用于化妆品的状况以及批准状况。

使用规格：指原料规格，应为能够代表新原料质量标准的主要指标信息，以在质量特性上区分相同名称原料，而非新原料销售的包装规格。

例如，对于结构明确的单一化合物，可填写原料含量，并明确必要信息，如“按干燥品计算”“按无水物计算”或“按无水、无溶剂物计算”等。对于植物提取物，可填写原料的指标性成分及其含量范围。如有其他必要指标，也可一并注明，并说明作为原料规格指标的原因，必要时一并提供相应的研究资料。

（6）功能依据资料　化妆品新原料功能依据是指能够证明原料具有与使用目的相一致的相关资料，一般包括科学文献、法规资料、实验室研究数据、人体功效性评价试验资料等。

新原料注册人、备案人应当对新原料已知或应有的功能进行充分研究，依据相关研究结果确定新原料的实际功能，明确新原料的使用目的。对同时具有多种功能的新原料，在新原料具有功能的起效量和安全使用量范围内，只要其中某一功能属于防腐、防晒、着色、染发、祛斑美白、防脱发、祛痘、抗皱（物理性抗皱除外）、去屑、除臭功能之一的，应按照上述功能的要求开展功能评价和安全评估，并按照相关要求申请注册或进行备案。

对作用于化妆品产品的新原料，结合产品配方、剂型开展原料对产品的作用机理研究，明确其在产品的主要作用和使用量。对作用于人体表面的新原料，根据新原料的理化性质，配制成一定浓度的溶液或以不影响其功效的极简组合进行功效评价，选择与所发挥功效相适应的功效评价方法，并设置相应的对照，逐一研究确定新原料各个使用目的的起效量（着色剂除外）和安全使用量，证明其在该使用目的和适用范围、所使用剂量下对人体的安全性和有效性。对于新原料发挥的功效能够通过视觉、嗅觉等感官直接识别的如清洁、芳香、染发、烫发、脱毛、除臭等；或者通过简单物理遮盖、附着、摩擦等方式发生效果如遮盖、摩擦等，需明确其作用机理，可通过实验室试验研究数据或相关科学文献资料以证明新原料的功能。

（7）新原料研制相关的其他资料　上述研制资料中未能包括的其他资料，应当根据实际情况提供。

18.5.3　新原料的制备工艺、稳定性及其质量控制标准等研究资料

（1）制备工艺　新原料注册人、备案人应当对新原料制备工艺开展充分研究，明确关键工艺步骤和工艺参数，保证不同批次间新原料质量的稳定性；明确生产过程中起始物、中间产物、终产物和可能带入的安全性风险物质的情况及其控制措施。

新原料注册人、备案人应当确定新原料规模化生产的主要工艺参数和完整工艺流程，应当结合起始物和制备途径特征，对原料生产或制备的主要工艺步骤、工艺参数等进行明确，确定所有涉及物质包括中间产物、终产物等的具体名称。新原料生产或者制备工艺应当合理、完整，应当明确可能带入的安全性风险物质的情况及其控制措施。

不同来源的新原料制备工艺简述编制要求如下：

① 化学合成原料应当列出具体起始物、反应条件、使用的助剂、反应过程的中间产物及副产物、终产物中残留的杂质或助剂等。

② 天然原料应当说明原料来源、加工工艺、提取方法等，包括前处理方法、提取条件、除杂或分离/纯化方法、使用的溶剂、可能残留的杂质或溶剂等。

③ 生物技术来源原料应当说明培养、提取、分离、纯化等原料制备过程。包括工艺过程中可能产生的杂质、原料中可能含有的杂质和可能存在的有害微生物。

④ 其他来源原料，根据原料特性和具体制备过程提交相关资料。

（2）稳定性试验　化妆品新原料稳定性试验重点考察项目应当选择在保存期间易于变化，可能会影响新原料质量安全的项目，包括但不限于观察原料性状（颜色、气味等）、理化性质、成分含量等在温度、湿度、光线等的影响下随时间变化的规律。

稳定性试验一般包括破坏性试验、加速试验、长期试验等实验方法。化妆品新原料注册人、备案人应当根据所申报注册或进行备案的新原料的特性，选择提供稳定性试验数据的类型，并根据原料稳定性试验结果确定原料的贮存条件和使用期限。

对于国内外首次使用的新原料，应当提交至少 3 批原料的加速试验或 1 年以上的长期保存试验资料，并根据原料的使用期限，一次性或者在 3 年监测期内逐年补充提供其剩余使用期限的长期保存试验资料。

① 破坏性试验。至少提供 1 批原料在高温（如 60℃）、低温（如-20℃）、高湿（如 90%RH±5% RH）或强光照射保存条件下的稳定性试验数据。可根据原料的特性选择影响因素和具体参数的设置条件。

② 加速试验。至少提供 3 批原料在一定温度、湿度（如 40℃±2℃、75%RH±5% RH）保存条件和保存期间下的稳定性试验数据。可根据原料的特性确定试验条件、保存期。

③ 长期保存试验。至少提供 3 批原料在一定温度、湿度（如 25℃±2℃、60%RH±10% RH）保存条件下，长期保存的稳定性试验数据。可根据原料的特性确定试验条件、保存期。

（3）质量规格指标及其检验方法

① 原料性状及其检验方法。原料性状包括颜色、气味、状态等。

② 原料的理化性质。应当根据原料特性提供适当的理化指标以及检测方法，如熔点、沸点、相对密度、黏度、pH、旋光度等。

③ 定性鉴别方法。应当针对原料的结构特点，设定适合的鉴别方法，如红外光谱法、紫外光谱法、核磁共振谱法、化学反应法、色谱法等。

④ 原料纯度控制指标及其检验方法。应当提供原料的纯度或含量、杂质种类以及各自的控制指标及其检验方法，并提供检测报告。由于技术原因不可避免存在的溶剂、防腐剂、稳定剂等的新原料，应当提供原料组成及相关比例的控制指标。

⑤ 原料的包装、运输和贮存要求。

⑥ 原料的使用目的、适用或使用范围、规格及安全的使用量、注意事项、警示用语等。

（4）可能存在的安全性风险物质及其控制标准　在原料质量规格中设定适当的质量

安全限值指标及检测方法，如微生物、重金属、有害物质（如有害组分、有害杂质、有害溶剂等）等控制指标。

18.5.4 新原料安全评估资料

（1）毒理学试验项目要求　申请注册或进行备案的化妆品新原料，原则上应当提供以下毒理学试验项目资料，可以根据申报注册或进行备案新原料的用途、理化特性、定量构效关系、毒理学资料、临床研究、人群流行病学调查以及类似化合物的毒性等情况，增加或减免相应的毒理学试验项目：

① 急性经口或急性经皮毒性试验；

② 皮肤和眼刺激性/腐蚀性试验；

③ 皮肤变态反应试验；

④ 皮肤光毒性试验（原料具有紫外线吸收特性需做该项试验）；

⑤ 皮肤光变态反应试验（原料具有紫外线吸收特性需做该项试验）；

⑥ 致突变试验（至少应当包括一项基因突变试验和一项染色体畸变试验）；

⑦ 亚慢性经口或经皮毒性试验（如果该原料在化妆品中使用经口摄入可能性大时，应当提供亚慢性经口毒性试验）；

⑧ 致畸试验；

⑨ 慢性毒性/致癌性结合试验；

⑩ 吸入毒性试验（原料有可能吸入暴露时须做该项试验）；

⑪ 长期人体试用安全试验；

⑫ 根据原料的特性和用途，需提供其他项目的毒理学试验资料。

国内外首次使用的有健康危害效应（不包括局部毒性）的新原料，应当提供上述第1~12项毒理学试验资料，还应当提交毒物代谢及动力学试验资料。

国内外首次使用的具有较高生物活性的寡肽、多肽、蛋白质类新原料，应当提供上述第1~12项毒理学试验资料，还应当同时提交皮肤吸收/透皮试验和免疫毒性试验资料。

纳米新原料应当提供上述第1~12项毒理学试验资料，还应当提供各项毒理学试验方法适用于纳米原料检测的适用性说明。对拟用于皮肤部位的纳米新原料，还应当提供皮肤吸收/透皮吸收试验资料；对于有可能吸入暴露的纳米新原料，还应当同时提供吸入毒性试验资料。

（2）情形分类和相应的资料项目要求　根据申报注册或进行备案的新原料的功能、性状，以及在国内外化妆品中使用历史情况，或者食用历史情况等，新原料分为以下六种情形，新原料注册人、备案人应当结合申报注册和进行备案新原料的特征，判定新原料应当属于的具体情形，分别提交相应的毒理学试验项目资料（详见表18-9）：

情形1：国内外首次使用的具有防腐、防晒、着色、染发、祛斑美白、防脱发、祛痘、抗皱（物理性抗皱除外）、去屑、除臭功能以及其他国内外首次使用的具有较高生物活性的化妆品新原料，应当提交上述第1~12项毒理学试验资料；

情形2：国内外首次使用的，不具有防腐、防晒、着色、染发、祛斑美白、防脱发、祛痘、抗皱（物理性抗皱除外）、去屑、除臭功能的新原料，应当提交上述第1~7项毒理学试验资料；

情形 3：不具有防腐、防晒、着色、染发、祛斑美白、防脱发、祛痘、抗皱（物理性抗皱除外）、去屑、除臭功能的新原料，且能够提供充分的证据材料证明该原料在境外上市化妆品中已有三年以上安全使用历史的，应当提交上述第 1~6 项毒理学试验资料；

能够同时提供国际权威安全评价机构评价结论认为在化妆品中使用是安全的安全评估报告或符合伦理学条件下的人体安全性检验报告的，可不提供急性经口或急性经皮毒性试验资料；

情形 4：具有防腐、防晒、着色、染发、祛斑美白、防脱发、祛痘、抗皱（物理性抗皱除外）、去屑、除臭功能，且能够提供充分的证据材料证明该原料在境外上市化妆品中已有三年以上安全使用历史的新原料，应当提交上述第 1~7 项毒理学试验资料；

情形 5：具有安全食用历史的化妆品新原料（原料所使用的部位应与食用部位一致），应当提交上述第 2~5 项毒理学试验资料，并应根据原料的暴露量、使用方式等对原料进行风险评估；

情形 6：化学合成的由一种或一种以上结构单元，通过共价键连接，平均相对分子质量大于 1000 道尔顿，且相对分子质量小于 1000 道尔顿的低聚体含量少于 10%，结构和性质稳定的聚合物（具有较高生物活性的原料除外），应当提交上述第 2 项和第 4 项毒理学试验资料。

已有国际权威机构评价结论认为在化妆品中使用是安全的新原料，或者境外化妆品监管部门已经批准使用的新原料，应当分别根据上述情形分类的资料要求，将国际权威安全评价机构的评估报告、境外化妆品监管部门批准证书以及其他相关资料中相应的内容进行整理并提交。

（3）安全使用历史相关资料要求　具备以下所有条件的，可被视为在境外上市化妆品中已有三年以上安全使用历史的新原料，符合上述情形 3 和情形 4 的新原料应当同时提供相应的资料：

① 新原料与在境外上市化妆品中使用的原料的质量规格、使用目的、适用或使用范围相同，新原料的安全使用量不高于境外上市化妆品中的使用量；

② 含该原料的化妆品在境外上市不得少于 3 年；

③ 能够证明含该原料的化妆品在境外已有足够使用人群的相关证据材料；

④ 在境外上市的含该原料的化妆品未出现过因该原料引起的严重不良反应或者群体不良反应事件；

⑤ 未见该原料涉及可能对人体健康产生危害的相关文献报道。

（4）安全食用历史相关资料要求　具备以下条件之一的，可被视为具有安全食用历史的新原料，符合上述情形 5 的新原料应当同时提供相应的资料：

① 取得我国相关监督管理部门食品安全认证或其他相应资质的食品用原料；

② 经国内外相关监督管理部门、技术机构或其他权威机构发布的可安全食用的原料。

化妆品新原料情形分类和资料项目要求见表 18-8。

表 18-8　　化妆品新原料情形分类和资料项目要求

资料要求		情形 1	情形 2	情形 3	情形 4	情形 5	情形 6
一、基本信息	1. 注册或备案原料信息表	○	○	○	○	○	○

续表

资料要求		情形 1	情形 2	情形 3	情形 4	情形 5	情形 6
二、研制报告	2. 研发背景	○	○	○	○	○	○
	3. 原料基本信息	○	○	○	○	○	○
	4. 原料使用信息①	○	○	○	○	○	○
	5. 功能依据资料	○	○	○	○	○	○
	6. 研制相关的其他资料	○	○	○	○	○	○
三、制备工艺及质量控制标准	7. 制备工艺简述	○	○	○	○	○	○
	8. 稳定性试验数据	○	○	○	○	○	○
	9. 质量规格指标及其检验方法	○	○	○	○	○	○
	10. 可能存在的安全性风险物质及其控制等资料②						
四、安全性评价	11. 毒理学安全性评价综述	○	○	○	○	○	○
	12. 急性经口或急性经皮毒性试验③	○	○	○	○		
	13. 皮肤和眼刺激性/腐蚀性试验	○	○	○	○	○	○
	14. 皮肤变态反应试验	○	○	○	○	○	
	15. 皮肤光毒性试验④						
	16. 皮肤光变态反应试验⑤						
	17. 致突变试验	○	○	○	○		
	18. 亚慢性经口或经皮毒性试验	○	○		○		
	19. 致畸试验	○					
	20. 慢性毒性/致癌性结合试验	○					
	21. 吸入毒性试验⑥						
	22. 长期人体试用安全试验	○					
	23. 其他毒理学试验⑦						
	24. 安全性评估报告	○	○	○	○	○	○
五、其他资料	25. 新原料技术要求	○	○	○	○	○	○
	26. 可能有助于化妆品新原料注册和备案的其他资料⑦						

注：上表中画“○”的，表示必须提交该项资料。资料项目要求的上角标注含义解释如下：

① 对于境外有使用历史的新原料，应说明原料在境外使用于化妆品的情况。

② 可能存在的安全性风险物质的新原料应当提交该项资料。

③ 在情形 3 中，能够同时提供国际权威安全评价机构评价结论认为在化妆品中使用是安全的安全评估报告或符合伦理学条件下的人体安全性检验报告的，可不提交该项资料。

④ 原料具有紫外吸收特性时需提交该项试验资料。

⑤ 除情形 6 外，原料具有紫外吸收特性时需提交该项试验资料。

⑥ 原料有可能吸入暴露时须提交该项资料。

⑦ 根据每个新原料的实际情况提交的其他资料。

18.6　化妆品新原料安全监测和安全风险控制

18.6.1　化妆品新原料安全监测

化妆品新原料注册人、备案人或境内责任人应当按照新原料安全监测期相关要求，收集、整理以下信息资料，并根据收集整理的信息资料，编制化妆品新原料安全监测年度报告。

① 使用新原料生产化妆品的化妆品注册人、备案人或受托生产企业信息。

② 使用新原料生产的化妆品信息，包括产品名称，产品注册证书或备案凭证编号，产品生产或进口、销售数量等。

③ 使用新原料生产的化妆品监督抽检、查处、召回情况。

④ 化妆品生产企业对使用新原料生产的化妆品的不良反应监测制度、产品不良反应统计分析情况及采取措施等。

⑤ 化妆品生产企业对使用新原料生产的化妆品的风险监测与评价管理体系制度及采取措施等。

化妆品新原料注册人、备案人或境内责任人应当在化妆品新原料安全监测每届满一年前 30 个工作日内，通过信息服务平台提交新原料安全监测年度报告。

18.6.2　化妆品新原料安全风险控制

化妆品新原料注册人、备案人或境内责任人发现新原料使用过程中存在《化妆品注册备案管理办法》规定应当向技术评审机构报告的情况，或其他认为需要报告情形的，应当立即收集整理新原料基本信息、生产和使用情况、安全性问题或突发情况的原因分析、采取的处置措施和处理结果等信息，编制化妆品新原料安全风险控制报告，并通过信息服务平台向技术审评机构提交。

思　考　题

1. 国内原料或产品的安全评估报告需要准备哪些材料？
2. 国内化妆品新原料注册与备案需要准备哪些材料？
3. 国内化妆品新原料注册与备案的流程？
4. 化妆品新原料的发展趋势如何？
5. 如何判定化妆品新原料？

参考文献

[1] 董银卯. 化妆品工艺学 [M]. 北京：中国轻工业出版社，2005.
[2] 张婉萍. 化妆品配方科学与工艺技术 [M]. 北京：化学工业出版社，2018.
[3] 章苏宁. 化妆品工艺学 [M]. 北京：中国轻工业出版社，2014.
[4] 裘炳毅，高志红. 现代化妆品科学与技术 [M]. 北京：中国轻工业出版社，2016.
[5] 董川，马琦，马骏. 化妆品原料学 [M]. 北京：化学工业出版社，2018.
[6] 宋晓秋. 化妆品原料学 [M]. 北京：中国轻工业出版社，2018.
[7] 唐冬雁，董银卯，化妆品：原料类型·配方组成·制备工艺 [M]. 北京：化学工业出版社，2010.
[8] KUMAR V，KUMAR N，SINGH G. Natural Products and Derivatives Applied for Skin Care：an Updated Review [J]. Current Traditional Medicine，2024，10 (1)：e180123212858.
[9] MOHD-SETAPAR S H，JOHN C P，MOHD-NASIR H，et al. Application of Nanotech nology Incorporated with Natural Ingredients in Natural Cosmetics [J]. Cosmetics，2022，9 (6)：110.
[10] FERNANDES A，RODRIGUES P M，PINTADO M，et al. A systematic review of natural products for skin applications：Targeting inflammation，wound healing，and photo-aging [J]. Phytomedicine，2023，115：154824.
[11] 奥尔顿·爱德华·贝雷. 油脂化学与工艺学 [M]. 徐生庚，裘爱泳，译. 北京：中国轻工业出版社，2001.
[12] 李意芳，王洪滨，煦风. 化妆品中的油脂 [J]. 中国化妆品，2005 (7)：88-90.
[13] BHATTACHARYA K，SHUKLA V，LAWRENCE B M. Mango butter in cosmetic for mulations [J]. Cosmetics and Toiletries，2002，117 (6)：65-70.
[14] QIAN X J，LEI H R，ZHOU X H. Engineering *Scheffersomyces segobiensis* for palmitoleic acid-rich lipid production [J]. Microbial Biotechnology，2024，17 (1)：e14301.
[15] 钟振声，章莉娟. 表面活性剂在化妆品中的应用 [M]. 化学工业出版社，2003.
[16] 闫鹏飞. 精细化学品化学 [M]. 北京：化学工业出版社，2004.
[17] XIAO Q，CHEN G，ZHANG Y H. Agarose Stearate-Carbomer940 as Stabilizer and Rheology Modifier for Surfactant-Free Cosmetic Formulations [J]. Marine Drugs，2021，19 (6)：344.
[18] KIM K M，OH H M，LEE J H. Controlling the emulsion stability of cosmetics through shear mixing process [J]. Korea-Australia Rheology Journal，2020，32 (4)：243-249.
[19] 俞福良. 日用化工原料手册 [M]. 北京：中国轻工业出版社，1995.
[20] 李明阳. 化妆品化学 [M]. 北京：科学出版社，2002.
[21] TADROS T F. Formulations in Cosmetic and Personal Care [M]. Berlin/Boston：Walter de Gruyter GmbH，2016.
[22] 董银卯. 化妆品配方工艺手册 [M]. 北京：化学工业出版社，2005.
[23] 余丽丽，姚琳，刘少静.《护肤化妆品原料及配方实例》系列讲座（Ⅰ）——保湿剂和保湿类护肤化妆品 [J]. 日用化学品科学，2023，46 (11)：69-75.
[24] 许雷，李湛，周火兰，等. 酶解褐藻胶寡糖的吸湿及保湿性能研究 [J]. 日用化学工业，2011，41 (1)：42-45.
[25] 李瑞国. 壳聚糖衍生物的合成及其在化妆品中的应用 [J]. 日用化学工业，2004，34 (5)：319-322.
[26] 毕天宇，岳娟，蒋丽刚，等. 粉体原料在即时美白提亮化妆品中的应用研究 [J]. 日用化学品科

学，2019，42（11）：27-32.
[27] 薛绘，杨盼盼，吕旭阳，等. 化妆品常用肤感改良粉体的性质与发展趋势［J］. 日用化学工业，2022，52（1）：77-83.
[28] 邱璟. 化妆品用粉体原料的种类和特性［J］. 中国化妆品，2002，10（1）：68-69.
[29] 申东升. 香料香精实验［M］. 北京：科学出版社，2003.
[30] 相宝荣. 香精香料生产技术问答［M］. 北京：化学工业出版社，2005.
[31] 毛海舫，李琼著. 天然香料加工工艺学［M］. 北京：中国轻工业出版社，2006.
[32] 刘思然，朱英. 化妆品中香料的安全性及检验技术研究进展［J］. 中国卫生检验杂志，2017，27（9）：1365-1368.
[33] 王丹，谢小丽，胡璇，等. 天然香料在化妆品中的应用现状［J］. 现代生物医学进展，2013，13（31）：6189-6193.
[34] 张建斌，查飞，左国防，等. 化妆品中香料的研究进展［J］. 日用化学品科学，2011，34（12）：27-30.
[35] 李晓霞，蒋林，王德友，等. 辣椒红色素在化妆品中的稳定性研究［J］. 日用化学品科学，2011，34（11）：21-25.
[36] 温竹，黄正梅，高艳玲. VISIA 全脸分析与黑红色素测定相结合评价化妆品的美白功效［J］. 日用化学品科，2009，32（4）：23-26.
[37] 徐良. 色素沉着与美白祛斑化妆品（上）［J］. 中国化妆品，2000，（10）：64-66.
[38] 刘纲勇. 化妆品原料［M］. 2 版. 北京：化学工业出版社，2021.
[39] TRAN V V，NGUYEN T L，MOON J Y，et al. Core-shell materials，lipid particles and nanoemulsions，for delivery of active anti-oxidants in cosmetics applications：challenges and development strategies［J］. Chemical Engineering Journal，2019，368：88-114.
[40] FERNANDO I P S，SANJEEWA K K A，SAMARAKOON K W，et al. The potential of fucoidans from *Chnoospora minima* and *Sargassum polycystum* in cosmetics：antioxidant，anti-inflammatory，skin-whitening，and anti-wrinkle activities［J］. Journal of Applied Phycology 2018，30：3223-3232.
[41] WANG Y，NIU Y Q，YE C D. EFficacy of a moisturizing cream and facial mask for alleviating skin problems associated with medical mask use：A half-face，randomized controlled study［J］. Journal of Cosmetic Dermatology，2024，23（6）：2097-2102.
[42] IWAI M，NAKAOJI K，HAMADA K. Correlations between serum cytokine levels and the use of a moisturizer in elderly women in accordance with the improvement of objective and subjective skin condition［J］. Clinical，Cosmetic and Investigational Dermatology，2024，17：237-246.
[43] MADNANI N，DEO J，DALAL K. Revitalizing the skin：Exploring the role of barrier repair moisturizers［J］. Journal of Cosmetic Dermatology，2024，23（5）：1515-1932.
[44] RAJKUMAR J，CHANDAN N，LIO P，et al. The skin barrier and moisturization：function，disruption，and mechanisms of repair subject area：dermatology，pharmacology［J］. Skin Pharmacol Physiol，2023，36（4）：174-185.
[45] DRAELOS Z D. The science behind skin care：Moisturizers［J］. Journal of Cosmetic Dermatology，2018，17（2）：138-144.
[46] MCDANIEL D H，DOVER J S，WORTZMAN M，et al. In vitro and in vivo evaluation of a moisture treatment cream containing three critical elements of natural skin moisturization［J］. Journal of Cosmetic Dermatology，2020，19（5）：1121-1128.
[47] SPADA F，BARNES T M，GREIVE K A. Skin hydration is significantly increased by a cream formulated to mimic the skin's own natural moisturizing systems［J］. Clinical，Cosmetic and Investigational Dermatology，2018，11：491-497.

[48] NI C，ZHANG Z J，WANG Y L，et al. Hyaluronic acid and HA-modified cationic liposomes for promoting skin penetration and retention [J]. Journal of Controlled Release，2023，357：432-443.

[49] 裘炳毅. 化妆品化学与工艺技术大全 [M]. 北京：中国轻工业出版社，2006.

[50] 弗兰克·德雷尔，艾尔莎·荣格曼，坂本龙一，等. 化妆品科学与技术手册 [M]. 田艳丽，廖勇，等译. 北京：清华大学出版社，2023.

[51] 何黎，郑志忠，周展超. 实用美容皮肤科学 [M]. 北京：人民卫生出版社，2018.

[52] 余丽丽. 护肤化妆品原料及配方实例 [M]. 北京：化学工业出版社，2023.

[53] HöHN A，WEBER D，JUNG T，et al. Happily (n) ever after：Aging in the context of oxidative stress，proteostasis loss and cellular senescence [J]. Redox Biology，2017，11：482-501.

[54] RORTEAU J，CHEVALIER F P，FROMY B，et al. Functional integrity of aging skin，from cutaneous biology to anti-aging strategies [J]. Med Sci (Paris). 2020，36 (12)：1155-1162.

[55] BERNEBURG M，PLETTENBERG H，KRUTMANN J. Photoaging of human skin [J]. Photodermatol Photoimmunol Photomed，2000，16 (6)：239-244.

[56] DE ARAÚJO R，LÔBO M，TRINDADE K，et al. Fibroblast Growth Factors. Fibroblast Growth Factors：A Controlling Mechanism of Skin Aging [J]. Skin Pharmacol Physiol，2019，32 (5)：275-282.

[57] SCHUMACHER B，POTHOF J，VIJG J，ET AL. THe central role of DNA damage in the ageing process [J]. Nature. 2021，592 (7856)：695-703.

[58] SOLÁ P，MEREU E，BONJOCH J，et al. Targetinglymphoid-derived IL-17 signaling to delay skin aging [J]. Nature aging，2023，3 (6)：688-704.

[59] NIU Y W，XIE T，GE K，et al. Effects of extracellular matrix glycosylation on proliferation and apoptosis of human dermal fibroblasts via the receptor for advanced glycosylated end products [J]. American Journal of Dermatopathology，2008，30 (4)：344-351.

[60] CHAKRAVARTI D，LABELLA K A，DEPINHO R A. Telomeres：history，health，and hallmarks of aging [J]. Cell，2021，184 (2)：306-322.

[61] KAWADA A，KONISHI N，OISO N，et al. Evaluation of anti-wrinkle effects of a novel cosmetic containing niacinamide [J]. Journal of Dermatology，2008，35 (10)：637-642.

[62] NAEIMIFAR A，AHMAD NASROLLAHI S，SAMADI A，et al. Preparation and evaluation of anti-wrinkle cream containing saffron extract and avocado oil [J]. Journal of Cosmetic Dermatology，2020，19 (9)：2366-2373.

[63] MAWAZI，S M，ANN J，OTHMAN N，et al. A Review of Moisturizers：History，Preparation，Characterization and Applications [J]. Cosmetics 2022，9 (3)：61.

[64] 郝飞，高兴华，吴艳，等. 保湿润肤类产品应用指导专家共识（2023 版）[J]. 中华皮肤科杂志，2023，(8)：711-717.

[65] 庆田朋子. 护肤全书 [M]. 吴梦迪，译. 江苏：江苏凤凰文艺出版社，2022.

[66] 朱学骏，吴艳，仲少敏，跟皮肤专家学护肤 [M]. 北京：人民卫生出版社，2016.

[67] 李丽，董银卯，郑立波，化妆品配方设计与制备工艺 [M]. 北京：化学工业出版社，2018.

[68] KANWAR I L，HAIDER T，KUMARI A，et al. Models for acne：A comprehensive study [J]. Drug discoveries & therapeutics，2018，12 (6)：329-340.

[69] FOURNIÈRE M，LATIRE T，SOUAK D，et al. Staphylococcus epidermidis and Cutibacterium acnes：two major sentinels of skin microbiota and the influence of cosmetics [J]. Microorganisms，2020，8 (11)：1752.

[70] TURNER G A，HOPTROFF M，HARDING C R. Stratum corneum dysfunction in dandruff [J]. International journal of cosmetic science，2012，34 (4)：298-306.

［71］ ZDRADA J，ODRZYWOŁEK W，STOLECKA-WARZECHA A，et al. The influence of cosmetics dedicated to oily and acne-prone skin on skin parameters ［J］. Journal of Cosmetic Dermatology，2022，21（11）：6092-6099.

［72］ CHAUDHARY M，VERMA V，SRIVASTAVA N. In vitro antiacne and antidandruff activity of extracted stigmasterol from seed waste of safflower（*Carthamus tinctorius L.*）［J］. Plant Science Today，2019，6（sp1）：568-574.

［73］ 赖维，刘玮. 美容化妆品学［M］. 北京：科学出版社，2006.

［74］ 吴可克. 功能性化妆品［M］. 北京：化学工业出版社，2006.

［75］ 谢珍茗. 探秘美容化妆品［M］. 北京：化学工业出版社，2016.

［76］ 王建新. 化妆品天然成分原料手册［M］. 北京：化学工业出版社，2016.

［77］ 董银卯. 化妆品植物原料开发与应用［M］. 北京：化学工业出版社，2020.

［78］ 孙海峰. 中药化妆品开发与应用［M］. 北京：人民卫生出版社，2017.

［79］ 陈宇津. 天然植物染发剂与化学合成染发剂染发后稳定性的对比研究［J］. 香料香精化妆品，2017，（1）：46-48.

［80］ 彭冠杰. 美白化妆品科学与技术［M］. 北京：中国轻工业出版社，2019.

［81］ 刘恕. 我国化妆品功效宣称监管浅析［J］. 日用化学科学，2019，42（1）：22-25.

［82］ 何锦风，王维民，董银卯. 皮肤黑色素的产生及美白浅析［J］. 日用化学品科学，2013，36（2）：33-35，49.

［83］ 亨利·W·林，佐伊·戴安娜·德雷洛斯. 防晒与光防护临床指南［M］. 梅鹤祥，译. 郑州：河南科学技术出版社，2020.

［84］ 王艳. 我国与欧盟化妆品法规标准体系的比较研究［D］. 北京：中国疾病预防控制中心，2011.

［85］ 殷露琴，吴艳. 日本普通化妆品法规概述［J］. 香料香精化妆品，2023（5）：45-51.

［86］ 国家药品监督管理局. 国家药监局关于发布《化妆品安全评估技术导则（2021 年版）》的公告（2021 年第 51 号）［EB/OL］.（2021-04-08）. https：//www. nmpa. gov. cn/xxgk/ggtg/hzhpggtg/jmhzhptg/20210419163037171. html.

［87］ 国家药品监督管理局. 国家食品药品监督管理总局关于发布化妆品安全技术规范（2015 年版）的公告（2015 年第 268 号）［EB/OL］.（2015-12-23）. https：//www. nmpa. gov. cn/xxgk/ggtg/hzhpggtg/jmhzhptg/20151223120001986. html.

［88］ 国家药品监督管理局. 国家药监局关于贯彻实施《化妆品监督管理条例》有关事项的公告（2020 年 第 144 号）［EB/OL］.（2020-12-28）. https：//www. nmpa. gov. cn/xxgk/ggtg/hzhpggtg/jmhzhptg/20201228172643166. html.

［89］ 国家药品监督管理局. 国家药监局关于发布《化妆品新原料注册备案资料管理规定》的公告（2021 年第 31 号）［EB/OL］.（2021-02-26）. https：//www. nmpa. gov. cn/xxgk/ggtg/hzhpggtg/jmhzhptg/20210304140454159. html.

［90］ 国家药品监督管理局. 国家药监局关于发布《化妆品注册备案资料管理规定》的公告（2021 年第 32 号）［EB/OL］.（2021-02-26）. https：//www. nmpa. gov. cn/xxgk/ggtg/hzhpggtg/jmhzhptg/20210304140747119. html.

［91］ 国家药品监督管理局. 国家药监局关于全面实施化妆品及化妆品新原料注册备案资料电子化有关事项的公告（2024 年第 91 号）［EB/OL］.（2024-07-08）. https：//www. nmpa. gov. cn/xxgk/ggtg/hzhpggtg/jmhzhptg/20240708171629190. html.

［92］ 国家药品监督管理局. 国家药监局关于发布《已使用化妆品原料目录（2021 年版）》的公告（2021 年 第 62 号）［EB/OL］.（2021-04-27）. https：//www. nmpa. gov. cn/xxgk/ggtg/hzhpggtg/jmhzhptg/20210430162707173. html.